小麦籽粒休眠研究

杨 燕 孙永伟 冯玉梅 等◎著

中国农业大学出版社
· 北京 ·

内 容 简 介

小麦是一种在世界各地广泛种植的禾本科植物，最早起源于中东的新月沃土地区，是世界三大粮食作物之一，全世界有35%～40%的人口以小麦为主要粮食。小麦穗发芽是小麦在成熟期遇到阴雨潮湿的天气发生穗上发芽的现象，严重影响小麦的产量和品质。如何控制小麦成熟期穗发芽是我国小麦育种的重要目标，也是目前世界小麦品种改良和生产中亟待解决的难题。

本书系统整理了笔者研究团队近些年来对小麦穗发芽抗性机理研究及分子标记研发的相关成果，重点从籽粒胚休眠和种皮休眠两个方向解析小麦种子的休眠机理。同时对我国的地方小麦品种、历史小麦品种和当代小麦品种进行了抗穗发芽基因型筛选。该成果已经被应用到抗穗发芽的育种研究中，为我国乃至世界的小麦抗穗发芽育种工作奠定了坚实的基础。

图书在版编目(CIP)数据

小麦籽粒休眠研究 / 杨燕等著. --北京：中国农业大学出版社，2024.5
ISBN 978-7-5655-3214-6

Ⅰ.①小…　Ⅱ.①杨…　Ⅲ.①小麦-种子休眠-研究　Ⅳ.①S511.032

中国国家版本馆CIP数据核字(2024)第094476号

书　　名　小麦籽粒休眠研究
　　　　　Xiaomai Zili Xiumian Yanjiu
作　　者　杨　燕　孙永伟　冯玉梅　等著

策划编辑　潘晓丽　赵　艳　　**责任编辑**　赵　艳
封面设计　中通世奥图文设计
出版发行　中国农业大学出版社
社　　址　北京市海淀区圆明园西路2号　　**邮政编码**　100193
电　　话　发行部 010-62733489,1190　　读者服务部 010-62732336
　　　　　编辑部 010-62732617,2618　　出　版　部 010-62733440
网　　址　http://www.caupress.cn　　**E-mail** cbsszs@cau.edu.cn
经　　销　新华书店
印　　刷　河北虎彩印刷有限公司
版　　次　2024年5月第1版　　2024年5月第1次印刷
规　　格　185 mm×260 mm　16开本　16.25印张　404千字
定　　价　88.00元

编写人员

杨　燕　内蒙古农业大学

孙永伟　内蒙古大学

冯玉梅　中国农业科学院草原研究所

韩　冰　内蒙古农业大学

李淑芬　内蒙古农业大学

邢燕平　内蒙古农业大学

韩　洋　内蒙古农业大学

张晓敏　内蒙古农业大学

张冰雪　内蒙古农业大学

周新玲　呼和浩特市秋实中学

党梦圆　内蒙古农业大学

李晓龙　内蒙古农业大学

刘斯颖　内蒙古农业大学

前　言

小麦是一种在世界各地广泛种植的禾本科植物，最早起源于中东的新月沃土地区，是世界三大粮食作物之一，全世界有35%～40%的人口以小麦为主要粮食。小麦穗发芽是小麦在成熟期遇到阴雨潮湿的天气发生穗上发芽的现象。穗发芽严重影响了小麦的产量和品质。受穗发芽影响，世界小麦的产量年损失近1×10^9 t。穗发芽能够引起种子内部发生一系列化学反应导致贮藏营养的消耗，籽粒重量减轻，更严重的是穗发芽可造成小麦品质和种子活力下降，失去商用价值和留种价值。在国际市场上，穗发芽率超过5%的小麦就被定为饲料麦，造成重大的经济损失。在我国，约占小麦总面积83%的种植区都发生过严重的穗发芽灾害。我国长江流域、西南地区和东北春麦区经常遭受穗发芽危害，北部冬麦区大部分白粒小麦品种对穗发芽高度敏感，收获期遇雨极易引起穗发芽。如何控制小麦成熟期穗发芽是我国小麦育种的重要目标，也是目前世界小麦品种改良和生产中亟待解决的难题。

影响小麦穗发芽的因素很多，概括起来主要分为环境因素和遗传因素。小麦属于大田作物，环境因素很难实现人为控制，解析小麦穗发芽的遗传因素，将为小麦抗穗发芽育种提供理论基础，从源头上解决不定期发生的穗发芽损害，为我们国家乃至全世界的小麦高效、优质和安全生产保驾护航。籽粒的休眠特性是影响小麦穗发芽抗性的主要遗传因素，籽粒的休眠特性包括种皮休眠和胚休眠。针对引起小麦穗发芽损害的主要遗传因素开展抗穗发芽机理研究并进行种质资源创新是解决生产上小麦穗发芽损害瓶颈问题的最有力措施。

本书系统整理了笔者研究团队近些年来对小麦穗发芽抗性机理研究及分子标记研发的相关成果，重点从籽粒胚休眠和种皮休眠两个方向解析小麦种子的休眠机理，同时对我国的地方小麦品种、历史小麦品种和当代小麦品种进行了抗穗发芽基因型筛选。其成果已经被应用到抗穗发芽的育种研究当中，为我国乃至世界的小麦抗穗发芽育种工作奠定了坚实的基础。这些研究存在的弊端是均采用反向遗传学的方法，从与籽粒休眠相关的基因入手，然后通过和表型相关，进一步对其在小麦中的功能进行机理研究，而小麦的穗发芽抗性是一个由多基因共同影响的数量性状，在某一个代谢通路中这些基因之间是以什么关系来相互作用的还是未知的。所以本书为抗穗发芽研究奠定了基础，打开了新的思路。

本书中的研究得到了国家自然科学基金项目(31760382、31260320、31160247和30960177)、内蒙古自然科学基金重点项目(2023ZD08)、内蒙古自然科学基金面上项目(2019MS03016、2014MS0338和2009BS0301)和内蒙古自治区直属高校基本科研业务费(BR231519)的大力支持，在此深表感谢！

编　者

2023年12月

目　　录

第1章

小麦籽粒特性

小麦籽粒是小麦的收获目标，籽粒的特性直接决定小麦的产量、原粮品质、面粉品质和面粉加工产品的品质。小麦籽粒的灌浆特征、形态特征、淀粉特性、蛋白质特性、微量元素特性、颜色特性和磨粉特性等均与小麦的品质密切相关。

1.1 小麦籽粒的灌浆特征

小麦籽粒是小麦作物成熟时最后形成的器官，也是小麦的结实器官，小麦籽粒的形成是一个连续的过程（李世清等，2003），在形成过程中淀粉和蛋白质是主要组成部分，其含量直接关系到籽粒重量和产量，也决定着小麦营养和加工品质。

小麦从开花受精到籽粒成熟历时 30～40 d（少数地区可达到 60 d 以上）（陈集贤，1994）。根据此期籽粒内外部的变化，可分为 3 个过程，即籽粒形成过程、籽粒灌浆过程和籽粒成熟过程（李世清等，2003）。在籽粒形成过程中，籽粒的胚和胚乳迅速发育，此阶段是形成籽粒潜在库容的时期，也是胚乳细胞数目决定时期，此过程对粒重形成非常重要。在此期间，籽粒特点为长度增长较快，宽度和厚度增长较为缓慢，干物质的增加很少（千粒重日增长量为 0.4～0.6 g）。当籽粒长度达最大长度的 3/4 时（多半仁），该过程结束（高建华，2013）。

籽粒灌浆过程从开始，经过乳熟期和面团期，在蜡熟期之前结束。在乳熟期，籽粒长度继续增加并达到最大，其宽度和厚度也显著增加，并在开花后 20～24 d 达到最大值，此时籽粒体积最大（“顶满仓”）。胚乳细胞内的淀粉质体随着体积的增加，迅速沉积淀粉并分化成新的淀粉粒，籽粒干物质重呈线性增加。在小麦籽粒灌浆的高峰期，储存在茎、叶等营养器官中的物质也开始向籽粒转移，参与籽粒物质的积累。进入面团期后，干物质增加速度减慢，胚乳呈面筋样，体积开始减小。在这个阶段，干物质的积累速度特别快。提高干物质积累速率和延长这一阶段的持续时间可以改善土壤颗粒质量（高建华，2013；张晓龙，1982）。

籽粒成熟过程包括蜡熟期和全熟期。蜡熟时，叶片大部分或全部呈黄色，穗下节间呈金黄色。籽粒干重在蜡熟末期，即生理成熟期和收获期时达到最大。成熟时，干物质停止积累，体积缩小，籽粒变硬，这是非常短暂的时期。此时采收，不仅穗裂、籽粒易落，而且因呼吸消耗而降低千粒重(高建华，2013)。

大量研究表明，小麦籽粒灌浆速率主要受遗传控制(李世清等，2003；Wiegand 和 Cueear，1981；陈集贤，1994)，籽粒灌浆速率与粒重呈显著正相关(李世清等，2003；Gebeyehou 等，1982；Zeng，1996；Brocklehurst，1977)，灌浆时间主要受环境因素(尤其是温度)的调控。关于籽粒灌浆与粒重的关系有不同的报道。有人认为它们之间没有密切的相关性(陈集贤，1994；Chang，1982；Li，1985；李世清等，2003)，也有人认为它们之间有密切的相关性。注浆时间和注浆速率是影响最大颗粒质量的主要因素。目前，根据各种文献评价，粒重的差异与不同基因型在同一地区粮食填充率的差异密切相关，而小麦谷粒重量在不同地区的差异不仅与颗粒填充率有关，而且还与灌浆期时间的长短相关。从籽粒生长发育来看，籽粒生长第一阶段(生长阶段)主要是籽粒形成和胚乳细胞分裂阶段。这一阶段产量和能量储备基本形成，这对粒重的形成尤为重要。小麦籽粒生长最快阶段(快速生长期)干物质积累速度较快。增加干物质积累速率，延长生育期可提高粒重(李世清等，2003；Chang，1982)。小麦籽粒体积是小麦贮存能力的一项指标，对粒重有显著影响。研究表明，成熟期籽粒体积与千粒重呈极显著正相关，小麦的粒重和粒重优势与最大灌浆速率、平均灌浆速率和最大粒体积呈显著正相关(李世清等，2003；Xu 等，2001)。最大粒容对粒重和粒重优势的直接影响最大，其次是平均灌浆速率。最大灌浆速率对粒重和粒重优势的直接影响不大。显然，在粮食生长的第一阶段形成较大的储层容量是高产的先决条件；在第二阶段，贮藏物质(即同化物)的运输是保证高产的基础(李世清等，2003)。

小麦籽粒灌浆特性是实现产量目标和制定高产栽培技术措施的重要依据。高温、干旱和干热风是黄淮海冬麦区小麦籽粒灌浆过程中经常遇到的自然灾害，导致籽粒饱满度下降、千粒重下降、产量损失严重，严重威胁国家粮食安全战略(刘红杰等，2019；苗永杰等，2018)。籽粒灌浆期是冬小麦产量形成的重要时期。粒重是决定小麦产量的重要因素，籽粒灌浆特性是决定粒重的重要因素。不同基因型小麦籽粒灌浆速率显著影响千粒重，灌浆中后期籽粒灌浆速率与千粒重呈显著正相关。不同品种灌浆时间虽然存在一定差异，但灌浆时间对千粒重的增加影响不大。注浆特征参数与千粒重的相关性分析表明，快速生长期和生长期的注浆速率对千粒重起决定性作用，而与各阶段注浆时间相关性不显著(刘红杰等，2019)。粒重由注浆速率和注浆时间决定(刘红杰等，2019；Yang 和 Zhang，2006；Kamaluddin 等，2007)。

在小麦籽粒灌浆期，籽粒不断充实，重量增加，叶片逐渐老化，光合能力逐渐下降，叶片、茎鞘、茎干等营养物质和贮藏物质被转移到穗(特别是籽粒)。小麦籽粒灌浆物质的来源按形成时间可分为两部分：一部分来自开花前营养器官的临时贮存，即灌浆时向籽粒转移的同化物；另一部分来自开花后的同化物，包括直接运输到籽粒的光合产物和开花后形成的临时贮藏物质，再运输到籽粒(李世清等，2003；Zhang，1988；McCaig 和 Clarke，1982)。

1.2 小麦籽粒的形态特征

小麦籽粒外观形态是描述小麦籽粒大小和形状的几何测度，主要包括长轴、短轴、籽粒投影积、椭圆度、等效圆直径等参数，反映小麦籽粒的初始形态特征。目前，籽粒外观特征已成为判断小麦品质的首选，也是区分不同小麦和不同品质小麦的重要标志，对小麦籽粒的进一步研究和经济价值的开发具有重要的参考价值(张浩等，2013)。

小麦籽粒的形状特征是对小麦外观最直观的描述。通过提取小麦籽粒形状特征参数，可以很好地表达同一种小麦籽粒的品质差异。一般来说，对于不同种类的小麦籽粒，区分的主要依据是不同种类小麦籽粒的大小和形状。小麦籽粒的大小可以用小麦籽粒图像的面积和周长来表示，种子的形状可以用小麦籽粒图像的圆度和伸长来表示(张浩等，2013；王强和康戈文，2010；刘飞，2018)。

粒重是小麦产量的重要组成部分之一。这是一个典型的由微效基因控制的数量性状。它由晶粒长度、宽度和厚度等基本元素组成(陈卫国，2019；Dholakia 等，2003；Campbell 等，1999；Gegas 等，2010)。小麦粒长、粒宽、粒厚与粒重呈显著正相关。这 3 个因素对千粒重影响较大(陈卫国，2019；Cui 等，2011)。研究表明，小麦籽粒的长、宽、厚不仅直接影响小麦的产量，而且是衡量小麦品质的重要指标，决定着小麦的市场分类和商品价值(陈卫国，2019；Campbell 等，1999；Cheng 等，2017；Sun 等，2018)。同时，籽粒大小也影响幼苗活力。小麦籽粒本身的物理性质是衡量小麦产量和品质的重要指标。籽粒属性包括籽粒长度、籽粒宽度、籽粒圆度、籽粒直径、籽粒周长、籽粒面积、1 000 粒种子重量等。近年来，大量的研究人员对小麦籽粒性状相关的数量性状基因座(QTL)、籽粒性状与产量的关系以及籽粒性状与品质性状的关系进行了大量的研究(陈卫国，2019)。

小麦籽粒的形成离不开发育和育种时期的各个环节，与之最直接相关的是穗部性状的组成。小麦的穗形会在一定程度上影响籽粒的物理性质，从而决定小麦的总产量。少数研究集中在穗粒形态之间的相互作用上，强调了穗粒形态的重要性(李豪圣等，2017)。在灌浆后期，小麦穗部中粒的蛋白质含量增加最快，显著大于上、下粒，中、下强粒和下弱粒蛋白质的增加。所以在培育高产和优质小麦的过程中，我们在优质小麦育种中应该充分考虑到增加着生在穗中部小花的数目来提高小麦的穗粒数和品质。

高等植物的籽粒形态发生和发育受多种遗传信号和调控途径控制和影响，包括亲本效应、植物激素信号途径调控、G 蛋白调控、发育代谢信号调控等。随着更多调控籽粒大小和发育的基因的分离，更多的调控机制将被揭示，人们将更好地理解高等植物籽粒发育的机制。作物籽粒的形状和大小与产量密切相关，所以籽粒发育机制的揭示为小麦的分子改良育种奠定了基础(李怀珠，2014)。

1.3 小麦籽粒的淀粉特性

小麦是中国最重要的粮食作物之一。淀粉是小麦籽粒含量最高的组分，占籽粒重的 65%～70%，它对小麦的加工品质起着关键作用。淀粉主要以不同大小的淀粉粒的形式贮存在籽粒胚乳中。淀粉颗粒主要由直链淀粉和支链淀粉聚合而成。直链淀粉和支链淀粉的含量和比例与淀粉的黏度、糊化和陈化特性等加工品质密切相关(Ao 和 Jane，2007；Kim 和 Huber 等，2010)。直链淀粉、支链淀粉、脂类等成分的分子结构和组成(淀粉的分子精细结构)也显著影响淀粉的加工品质(Kim 和 Huber,2010;Tester 等,2004;Patindol 等,2009;Syahariza 等,2013)。不同粒度的淀粉颗粒不仅支链淀粉含量差异很大,而且由于淀粉颗粒的发育,淀粉分子结构也发生了很大的变化,对淀粉的加工质量有显著影响(Vandeputte 和 Declour,2004;Blazek 等,2009)。小麦籽粒淀粉主要在胚乳粉中合成。生物合成的关键酶包括 ADP 葡萄糖焦磷酸化酶(AGPase)、淀粉合酶(SS)、淀粉分支酶(SBE)、淀粉去分支酶(DBE)和淀粉磷酸化酶(SP)。根据与淀粉颗粒结合的程度和功能,淀粉合酶可分为颗粒结合淀粉合酶(GSS)和可溶性淀粉合酶(SSS)。目前,淀粉生物合成过程中关键酶及其编码基因的功能已基本明确,但不同酶之间的相互作用及其编码基因如何调控酶活性和影响小麦籽粒淀粉合成尚不清楚。这对于探索小麦籽粒淀粉品质形成机理,丰富小麦品质优化理论,促进优质小麦专用品种育种和品质优化栽培技术创新具有重要意义;同时对阐明小麦籽粒淀粉组分的形成规律和时空分布特征,研究淀粉分子的精细结构和淀粉粒度分布,掌握形成过程中相关酶活性和编码基因表达的生理生化机制具有重要意义(宋韵琳和蔡剑,2018)。

小麦胚乳重量的 3/4 是淀粉。淀粉在小麦籽粒中所占比例最大(李桢,2006),是品质的决定因素。然而,相对于对小麦蛋白质特别是谷蛋白的研究,对淀粉在各种食物中作用的研究还不够。近年来,人们发现小麦粉的成分对小麦粉食品的质量有很大的影响,尤其是东方食品如面条。随着社会的发展和人民生活水平的提高,以小麦粉为原料的各种精制食品、方便食品、保健食品和营养食品的生产迅速增加,小麦粉的应用范围也扩大了。人们对小麦及其成品的品质提出了更高的要求(Hatcher 等,2008;甄世利等,2004),对小麦品质的研究也随之深入。小麦淀粉作为小麦籽粒的主要成分之一,国内外对其理化性质、遗传规律及其与小麦品质的关系进行了广泛的研究。大量研究表明,小麦淀粉的许多特性优于玉米淀粉,如黏度高、糊化温度低、低热糊稳定性好、耐热改性后的淀粉乳化性好、冷却后的淀粉凝胶强度高,这对小麦加工品质和食品品质也有重要影响(甄世利等,2004;王彦波,1995)。

1.4 小麦籽粒的蛋白质特性

蛋白质是小麦籽粒的主要成分之一,占成熟籽粒重的 9%～15%。蛋白质和淀粉(约占成熟籽粒重的 70%)的含量和组成决定了小麦籽粒的品质和最终加工用途,也是评价小麦品质的重要依据。

小麦籽粒淀粉的合成酶主要有可溶性淀粉合酶和颗粒结合淀粉合酶。颗粒结合淀粉合酶,又称 Wx 蛋白,与直链淀粉的合成密切相关。六倍体普通小麦含有 3 个 Wx 蛋白亚基:WxA1、WxB1 和 WxD1,分别由位于染色体 7a、4Al 和 7ds 上的 *WxA1*、*WxB1* 和 *WxD1* 基因编码。同时含有 3 个 Wx 蛋白亚基基因的小麦是普通小麦;缺少一个或两个 Wx 蛋白亚基的突变体称为部分蜡质小麦(Payne 等,1984;Yamamori 等,1994)。同时缺少 3 个 Wx 蛋白亚基的突变体称为蜡质小麦(Miura 等,1999)。蜡质小麦具有独特的高支链淀粉和谷蛋白,具有独特的加工特性和良好的营养品质。

近年来,对小麦品质的改良越来越受到重视,而蛋白质的含量和质量对小麦加工品质具有决定性作用。根据溶解性差异,可将小麦籽粒蛋白质分为 4 类,分别是清蛋白、球蛋白、麦谷蛋白和醇溶蛋白，其中，清蛋白溶于水和稀释缓冲液，球蛋白溶于盐溶液且不溶于水，醇溶蛋白溶于70%～90%乙醇，麦谷蛋白溶于稀酸或稀碱溶液（Gebeyehou 等，1982）。前两者合称为代谢蛋白，后两者合称为贮藏蛋白；麦谷蛋白占种子贮藏蛋白的35%～45%，麦谷蛋白的含量对面筋强度有着重要影响。根据分子量大小的不同，可将麦谷蛋白分为高分子量麦谷蛋白亚基（HMW-GS）和低分子量麦谷蛋白亚基（LMW-GS），其中LMW-GS约占麦谷蛋白的60%（张晓龙，1982）。小麦种子蛋白的分类见图1-1。

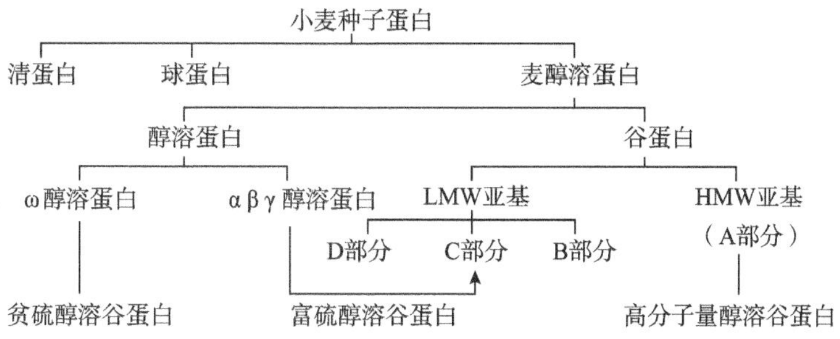

图 1-1 小麦种子蛋白的分类

果（种）皮、糊粉层、胚乳和胚的结构构成小麦的籽粒。不同部位的蛋白质成分含量和性质不同，这是其加工特性不同的原因之一。通过从研磨过程或研磨过程中的不同节点逐层收集面粉，可以从边缘到中心代表颗粒的不同部位（代美瑶，2020）。小麦籽粒主要由胚乳、皮层和胚组成，分别占82.7%～ 83.7%、13.1%～14.3%和3%～3.2%。小麦籽粒腹沟贯穿整个籽粒的腹部，其深度可达胚乳中心。这就导致了研磨过程中各种成分与鼓皮腹部沟槽处的小麦层混合。籽粒胚乳蛋白质组分的不平衡分布是不同加工特性小麦的物质基础（代美瑶，2020）。

根据前期研究，小麦籽粒中粗蛋白质和面筋含量由中心向表面先增加后降低，可溶性蛋白和谷蛋白大聚合体（GMP）含量逐渐降低（Poji 等，2014）。以往对蛋白质含量变化趋势的研究很多，但也有其他结论。蛋白粉在不同部位的理化性质以及面粉在小麦籽粒不同部位的食品加工特性尚未完全阐明。目前，小麦籽粒不同部位的元素分布信息可以通过相应方法获得（代美瑶，2020；Singh 等，2014）。

1.5 小麦籽粒的微量元素特性

小麦作为世界三大粮食作物之一，为人类提供了大量的植物蛋白和微量元素。小麦籽粒中微量元素的含量影响着小麦的品质、食品安全以及人们的健康。

与微量元素的大量存在相比，生物体内微量元素的含量非常少。适量的微量元素有利于作物的生长发育，提高产量和品质；同时对人体营养状况和健康有益（鲁璐和吴瑜，2010）。小麦籽粒中不同微量元素含量差异较大；同一微量元素在不同小麦品种中的含量也不同。同时，小麦籽粒中的微量元素也受到环境、气候、种植管理等因素的影响。以往提高小麦籽粒微量元素含量的研究主要集中在微量元素的施用上（谭金芳和刘玉堂，1995；孙发宇等，2017），但效果往往不明显，还增加了种植成本。有报道利用多种技术，根据基因型差异，筛选出了一些富含微量元素的功能性营养小麦品种(鲁璐和吴瑜,2010)。这些研究为提高小麦籽粒中微量元素含量提供了新的思路和参考依据(纪思萌等,2019)。

既往研究表明,铁、锰、锌等微量元素参与小麦组织,调节多种代谢活动,在小麦生长发育中发挥重要作用(张睿等,2004)。铁、锌、铜等微量元素含量与小麦籽粒蛋白质含量呈显著正相关,影响小麦品质;同时,这些微量元素与影响小麦产量的每穗粒数、千粒重等产量性状有关(刘娜等,2013;Calderini 和 Ortiz-Monasterio,2015)。

人体缺锌是世界性的重大问题,特别是在以粮食为主食的地区。小麦是我国的主要粮食作物,占人均日能量摄入的 30%,其营养质量直接影响人体健康。满足人体健康需要的麦粒锌的营养目标值为 45 mg/kg,而我国麦粒锌的平均含量仅为 23.3 mg/kg,远低于营养目标值。土壤有效锌含量低是我国小麦籽粒锌含量低的主要原因。因此,施用锌肥补充作物对锌的吸收对改善小麦锌营养具有重要意义(薛艳芳等,2021)。

施用锌肥可有效提高小麦产量和籽粒锌含量。在土壤中施用锌肥不仅能保证产量的增加,而且能提高籽粒锌含量,已被广泛应用。然而,锌肥在土壤中仅有 0.5%～4.0%被作物吸收,土壤中锌肥的利用率较低,这也是目前需要解决的研究问题。在叶片上喷施锌,保持叶片大量的生理有效锌也是提高产量和籽粒锌浓度的重要手段。小麦营养器官具有贮存或吸收锌的特性,韧皮部具有较强的流动性,能有效地将锌转移到籽粒中,提高籽粒锌含量(薛艳芳等,2021)。

氮和硫是蛋白质的重要组成部分,是所有生物体所必需的(Tea 等,2007)。镁是叶绿素和核酸酶的重要组成部分。植物缺镁会严重影响光合作用,人体缺镁会导致精神抑郁、心肌坏死等疾病(Ma 等,2017)。铁参与叶绿素的合成和呼吸作用。植物缺铁会影响养分的吸收,人体缺铁易导致缺铁性贫血等疾病(Evans 和 Pierce,1982)。锌与人类智力发展和免疫功能有关,缺锌易导致智力低下、免疫力下降等疾病(Sever,1975)。目前,全球约有 1/3 的人口缺乏铁、锌等矿物质营养(Prasad,2012)。粮食是人体重要的矿质营养物质来源。作为我国三大主粮之一,2016 年小麦总产量为 1.3 亿 t,占世界总产量的 17.6%。灌溉旱地小麦占世界小麦产量的 88%以上。干旱的土壤贫瘠缺水,限制了小麦的生长和营养元素的吸收和积累。关注旱地小麦的矿质营养品质对人体健康具有重要意义(王丽等,2020)。

在我国灌区,适当增加氮肥、钾肥,减少后期追肥,可提高弱筋小麦籽粒蛋白质含量(武际等,2007)。增加施氮量或追肥比例可提高小麦谷蛋白比和籽粒含氮量(戴廷波等,2005)。稻田施氮使籽粒蛋白质含量增加 9.80%,籽粒铁、锰含量分别增加 28.96%、22.16%,籽粒铜、锌含量分别增加 58.31%、16.00%(Hao 等,2007)。旱地施氮、磷肥使高氮小麦品种籽粒氮含量提高了 37.5%,磷、钾含量分别降低了 5.9%、11.9%,茎叶氮、磷、钾含量分别提高了150.0%、33.3%、28.9%(刁超朋,2018)。小麦籽粒锌含量随施氮量的增加而增加,随施磷量的增加而降低(王丽等,2020)。

氮是影响小麦品质最重要的营养元素。大量研究表明,施氮量、施氮期和追肥比显著影响小麦的光合特性、籽粒淀粉合成关键酶的含量和活性以及总淀粉、直链淀粉和支链淀粉的积累速率和强度,改变直支比对淀粉的糊化特性有显著影响。硫也是所有生物必需的营养元素。一些研究认为,它是作物中仅次于氮、磷和钾的第四大营养元素。硫肥的施用对作物的产量和品质有很大的影响。国内外学者研究了小麦对硫的需求、硫的积累与分布以及硫肥对小麦光合作用、籽粒产量、蛋白质组成和面团流变学性质的影响。

小麦籽粒中铁、锰、铜、锌等微量元素含量低，不仅直接关系到小麦植株的生长发育和籽粒的营养品质，而且与人类的饮食健康密切相关(Trethowan 等，2015；Welch 等，2005)。研究表明，不同遗传来源的小麦品种籽粒中微量元素含量存在较大差异(Batten，1994；Cakmak，2008)。另有研究表明，种植区土壤气候条件和农艺措施会影响作物籽粒中微量元素的含量(张睿等，2004)。有研究认为，作物籽粒中微量元素的含量与品种有关，但也受栽培条件和农艺措施的影响。不同栽培方法对小麦籽粒铜、锰含量有显著影响(Kutman 等，2011)。克服粮食矿质元素营养失衡最经济有效的途径之一是对富含矿质元素的粮食进行遗传改良或改进其配套栽培和防治措施(Bouis，2010)。氮肥是农作物获得高产的重要肥料之一，对籽粒中微量元素含量也有一定的影响。结果表明，小麦氮素营养状况将影响锌在生长介质中的吸收、锌在木质部和韧皮部中的转运和活化以及锌在籽粒中的积累等关键过程。因此，氮在植物对锌的吸收和积累中起着关键作用(Erenoglu 等，2011)。改善氮素营养，尤其是与叶面锌肥同时施用，可有效提高籽粒铁、锌含量(Kutman 等，2011)。不同土壤条件下，叶面喷施铁肥对小麦分蘖和籽粒铁含量影响不大，但配施氮肥可提高分蘖和籽粒铁含量(Aciksoz 等，2011)。土壤缺铁条件下，施氮能促进小麦根系分泌植物铁载体(一种能促进小麦吸收高价铁的非蛋白质氨基酸)，提高小麦对铁的吸收能力；当土壤铁供应充足时，施氮效果很小(Aciksoz 等，2011)。适量氮肥可显著增加籽粒锌的积累。超过适宜量后，继续施氮。虽然籽粒锌含量不断增加，但最佳施氮处理与最佳施氮处理之间差异不显著(Xue 等，2012；Kutman 等，2012)。结果表明，随着施氮量的增加，土壤酸化程度增加，铁、锰、锌、铜的有效性也增加，有利于植株吸收和籽粒积累。氮肥可在一定程度上调节水稻籽粒中微量元素的含量。植物氮素营养状况可影响根系对营养元素的吸收和籽粒中营养元素的积累(Kutman 等，2012)。其他研究表明，在高肥力水平下增加氮肥施用有利于提高小麦籽粒铁含量，不同肥力条件下氮肥对小麦籽粒锰、铜、锌含量的影响不明显。不同栽培模式对籽粒铁、锰、铜含量有显著影响，对锌含量无显著影响；施氮显著提高了小麦籽粒中锌、铁、锰、铜的含量。微量元素是小麦籽粒的重要组成部分，其含量直接影响小麦籽粒的营养价值(张睿等，2004；李峰等，2006)。

1.6 小麦籽粒的颜色特性

颜色性状是小麦加工后面粉品质的一项重要指标。它受多种因素的影响，包括加工方式、面粉产量等外部环境。基因型对表型的影响最大(左爱辉，2012)。

由于品种和栽培条件不同，小麦籽粒颜色差异较大。与形态特征一样，颜色特征也是小麦籽粒的重要特征。它们直接或间接地反映了小麦品种和栽培条件的信息，也能在一定程度上反映小麦籽粒的品质。大量研究表明，小麦籽粒颜色可作为品质育种的重要参考指标(张恒敢等，2008；陈彦惠等，2002；杨国航等，2006)，这是小麦品种分类的重要依据。颗粒颜色和质量之间可能存在某种形式的相关性。研究粒色与品质的相关性，可以提高品质育种科学判断的准确性和效率(张恒敢等，2008)。

小麦穗萌发不仅影响品质，而且影响来年的贮藏和播种品质，对小麦生产产生不利影响。小麦穗的萌发是种子生理过程与环境相互作用的结果。降雨是诱导穗萌发的环境因子，其关键是籽粒本身的萌发能力。种子的萌发能力取决于种子的成熟和休眠特性以及种皮颜色。红小麦休眠时间长,不易发芽。白小麦休眠周期短,易发芽。小麦种子吸水速率慢,传导性、呼吸强度和萌发能力差。小麦皮色越深,休眠时间越长,发芽越困难。不同颜色的种子萌发特性存在显著差异,颜色越深,发芽率越低。虽然品种间发芽率有显著差异,但品种间吸水率无显著差异,说明不同颜色籽粒间种皮透水性无显著差异,而吸水率可能不是影响发芽率的主要原因。种子萌发率与呼吸强度、电导率和淀粉酶活性有关。萌发速度越快,呼吸强度越高,电导率越高,淀粉酶活性越高(吴纪民和刘世家,1995)。

面粉及其制品的色度是衡量小麦品质的重要指标。随着人们生活水平的提高,越来越多的人关注它。小麦籽粒多酚氧化酶(PPO)活性和黄色素含量对面条、馒头等熟食的表观色泽有重要影响,已成为小麦品质改善的重要内容(陈杰,2013)。小麦籽粒中 PPO 和黄色素含量是影响面制品色泽特性的重要指标。多酚氧化酶是面粉制品加工过程中酶促褐变的主要原因,黄色素含量过高会使面粉黄度增加,面粉白度降低(左爱辉,2012)。

黄色素也是小麦籽粒中最重要的天然色素。谷物黄色素含量与面粉、面团黄色度的相关系数高达 0.8～0.9,对面条、馒头等食品的外观品质有重要影响。黄色素含量高,有利于改善其外观品质。日本及东南亚地区已将提高黄色素含量作为育种的重要目标。在中国的传统食物中,亮白色更受人们的青睐。因此,降低黄色素含量是我国普通小麦品质改良的重要目标之一(陈杰,2013)。

研究发现,面粉黄度和黄色素含量是影响面包和面条黄度的主要因素,与面包、面条黄度的相关系数分别为 0.78、0.76 和 0.83、0.76。此外,黄色素含量与面包品质性状呈显著负相关,与面条的适口性、韧性、膨化度等品质性状呈显著负相关。可见,黄色素的含量不仅有利于产品质量的提高,也有利于其他相关性能的提高(陈杰,2013;杨金等,2004)。

1.7 小麦籽粒的磨粉特性

现代轧机主要分为断辊和减径辊。皮磨机主要用于粉碎颗粒,芯磨机主要用于粉碎细胚颗粒。路粉按粉碎机和出粉位置可分为前路粉、中路粉和后路粉,从内到外可近似代表小麦胚乳的组成。麦粒削刮是利用滚筒与麦粒之间的摩擦,对麦粒逐层进行削刮,从而得到代表麦粒不同部位的部件。

小麦加工是小麦加工利用的首要环节。碾磨质量是小麦加工质量指标的重要组成部分。面粉的质量直接影响着面粉企业的效益以及面包、馒头等食品的加工质量。粉料得率和粉料灰分是主要的磨矿质量指标,千粒重、硬度和粒度是影响磨矿质量的主要粒度特征(周艳华和何中虎,2001)。在面粉产量方面,前人认为小麦粉产量是一个具有中等遗传力的数量性状。同时,受品种生态环境和遗传特性的影响,变异范围高达 9%(于亚雄等,2001;顾尧臣,2001)。有研究认为,在适宜施氮钾肥的基础上,增加磷肥施用量可显著提高强筋冬小麦碾磨产量(马冬云等,2010)。

籽粒灌浆过程对碾磨质量有重要影响,碾磨质量指标可通过籽粒灌浆参数进行预测。小麦产量和制粉品质不仅受基因型的控制,而且受环境的影响也很大。环境对小麦产量和品质的很大一部分影响是通过调节灌溉过程来实现的。因此，在生产实践中，应根据不同品种类型和不同品质性状对环境和栽培措施的响应，科学制定栽培管理模式，实现产量、品质和效益的协调统一（马冬云等，2010）。

全面了解小麦籽粒特性对小麦品质的影响将为小麦的品质改良提供理论依据，并为全面实现专用型和特用型小麦的培育指明了育种方向。

参考文献

陈集贤．青海高原春小麦生理生态[M]．北京：科学出版社，1994．

陈杰．小麦籽粒和面粉颜色相关性状的基因型鉴定及其功能标记开发[D]．郑州：河南农业大学，2013．

陈卫国．小麦农艺性状与籽粒形态性状稳定性 QTL 挖掘与候选基因预测[D]．晋中：山西农业大学，2019．

陈彦惠，张世煌，吴连成，等．中国主要玉米改良群体杂种优势组合模式的初步评价[J]．华北农学报，2002，17(4)：30-36．

代美瑶．师栾 02-1 品种小麦籽粒不同部位面粉蛋白质理化特性研究[D]．北京：中国农业科学院，2020．

戴廷波，孙传范，荆奇，等．不同施氮水平和基追比对小麦籽粒品质形成的调控[J]．作物学报，2005，31(2)：248-253．

刁超朋．旱地高产小麦品种籽粒氮磷含量差异与产量形成及养分吸收利用的关系[D]．咸阳：西北农林科技大学，2018．

高建华．Rht10 小麦籽粒灌浆特性及其蛋白质组学研究[D]．泰安：山东农业大学，2013．

顾尧臣．小麦制粉特性、制粉效果评定(一)[J]．粮食与饲料工业，2001(9)：3．

纪思萌，陈真勇，彭正松，等．小麦三雌蕊突变体与四川主要小麦品种籽粒的微量元素含量分析[J]．西华师范大学学报(自然科学版)，2019，40(2)：6．

李峰，田霄鸿，陈玲，等．栽培模式、施氮量和播种密度对小麦子粒中锌、铁、锰、铜含量和携出量的影响[J]．土壤肥料，2006(2)：5．

李豪圣，曹新有，宋健民，等．不同小麦品种粒重和蛋白质含量的穗粒位效应分析[J]．作物学报，2017，43(2)：15．

李怀珠．小麦籽粒发育形态建成时期转录组学研究[D]．咸阳：西北农林科技大学，2014．

李世清，邵明安，李紫燕，等．小麦籽粒灌浆特征及影响因素的研究进展[J]．西北植物学报，2003，23(11)：9．

李桢．小麦品种主要淀粉品质性状的研究及其 Waxy 蛋白的鉴定[D]．合肥：安徽农业大学，2006．

刘飞．基于形态和颜色特征的小麦籽粒分类识别[D]．郑州：河南农业大学，2018．

刘红杰，倪永静，任德超，等．不同基因型冬小麦籽粒灌浆特征及其与千粒重的关系[J]．中国农业气象，2019，40(10)：7．

刘娜，王彬，张琪，等．北京地区不同年代冬小麦品种籽粒微量元素含量的变化及其对水分的响应[J]．麦类作物学报，2013，33(4)：6．

鲁璐,吴瑜.3种微量元素对小麦生长发育及产量和品质的影响研究进展[J].应用与环境生物学报,2010,16(3):5.

马冬云,郭天财,宋晓,等.籽粒灌浆特性对小麦磨粉品质的影响及其氮肥调控效应研究[J].华北农学报,2010,25(4):226-230.

苗永杰,阎俊,赵德辉,等.黄淮麦区小麦主栽品种粒重与籽粒灌浆特性的关系[J].作物学报,2018,44(2):8.

宋韵琳,蔡剑.小麦籽粒淀粉理化特性与品质关系及其生理机制研究进展[J].麦类作物学报,2018,38(11):14.

孙发宇,李长成,王安,等.叶面喷施硒酸钠对不同小麦品种(系)籽粒硒及其他矿质元素含量的影响[J].麦类作物学报,2017,37(4):6.

谭金芳,刘玉堂.锰肥对小麦增产效应的研究[J].河南农业大学学报,1995,29(2):5.

王丽,王朝辉,郭子糠,等.黄土高原不同地点小麦籽粒矿质元素的含量差异[J].中国农业科学,2020,53(17):14.

王强,康戈文.基于HSI颜色模型的特征分类方法研究及应用[J].自动化信息,2010(5):3.

王彦波.小麦全湿法生产淀粉,谷朊粉工艺与参数的研究[J].郑州粮食学院学报,1995,16(4):6.

吴纪民,刘世家.不同颜色小麦籽粒的发芽特性和生理特征的研究[J].种子,1995(1):4.

武际,郭熙盛,王允青,等.氮钾配施对弱筋小麦氮、钾养分吸收利用及产量和品质的影响[J].植物营养与肥料学报,2007,13(6):8.

薛艳芳,夏海勇,崔振岭,等.冬小麦微量元素肥料高效施用方法及籽粒微量元素营养强化:CN112470651A[P].2021.

杨国航,孙世贤,张春原,等.从品种性状及遗传背景看全国玉米杂交种推广[J].种子,2006,25(3):3.

杨金,张艳,何中虎,等.小麦品质性状与面包和面条品质关系分析[J].作物学报,2004,30(8):6.

于亚雄,陈坤玲,刘丽,等.云南低纬高原不同生态环境与小麦品质关系的初步研究[J].麦类作物学报,2001,21(1):51-54.

张浩,李和平,叶娟.小麦籽粒外观形态特征测定技术研究[J].粮食与饲料工业,2013(3):3.

张恒敢,杨四军,顾克军,等.应用数字图像处理获取小麦籽粒颜色特征参数[J].安徽农业科学,2008,36(9):2.

张睿,郭月霞,南春芹.不同施肥水平下小麦籽粒中部分微量元素含量的研究[J].西北植物学报,2004,24(1):5.

张晓龙.小麦品种籽粒灌浆研究[J].作物学报,1982,8(2):87-94.

甄世利,张永清,高志强.小麦籽粒淀粉特性研究进展[J].山西师范大学学报(自然科学版),2004,18(3):6.

周艳华,何中虎.小麦品种磨粉品质研究概况[J].麦类作物学报,2001,21(4):5.

左爱辉.小麦籽粒颜色性状相关基因型鉴定及其优异基因挖掘[D].郑州:河南农业大

学,2012.

Aciksoz S B,Yazici A,Ozturk L,Cakmak I. Biofortification of wheat with iron through soil and foliar application of nitrogen and iron fertilizers[J]. Plant and Soil,2011,349(1-2):215-225.

Ao Z,Jane J L. Characterization and modeling of the A-and B-granulestarches of wheat, triticale,and barley[J]. Carbohydrate Polymers,2007,67(1):46-55.

Batten G D. Concentrations of elements in wheat grains grown in Australia, North America,and the United Kingdom[J]. Australian Journal of Experimental Agriculture,1994, 34(1):51-56.

Blazek J,Salman H,Rubio A L,et al. Structural characterization of wheat starch granules differing in amylose content and functional characteristics[J]. Carbohydrate Polymers,2009,75(4):705-711.

Bouis H. Enrichment of food staples through plant breeding: a new strategy for fighting micronutrient malnutrition[J]. Nutrition Reviews,2010,54(5):131-137.

Brocklehurst P A. Factors controlling grain weight in wheat[J]. Nature,1977,24(5600):348-349.

Cakmak I. Enrichment of cereal grains with zinc: agronomic or genetic biofortification?[J]. Plant & Soil,2008,302(1-2):1-17.

Calderini D F, Ortiz-Monasterio I. Grain position affects grain macronutrient and micronutrient concentrations in wheat[J]. Crop Science,2015,43(1):141-151.

Campbell K G,Bergman C J,Gualberto D G,et al. Quantitative trait loci associated with kernel traits in a soft × hard wheat cross[J]. Crop Science,1999,39(4):1275-1285.

Chang X. Study on the grain filling of wheat [J]. Acta Agronomica Sinica,1982(2):87-93.

Cheng R,Kong Z X,Zhang L W,et al. Mapping QTLs controlling kernel dimensions in a wheat inter-varietal RIL mapping population[J]. Theoretical and Applied Genetics,2017,130(7):1405-1414.

Cui F,Ding A,Li J,et al. Wheat kernel dimensions: how do they contribute to kernel weight at an individual QTL level ? [J]. Journal of Genetics,2011,90(3):409-425.

Dholakia B B,Ammiraju J S S,Singh H,et al. Molecular marker analysis of kernel size and shape in bread wheat [J]. Plant Breed,2003,122(5):392-395.

Erenoglu E B,Kutman U B,Ceylan Y,et al. Improved nitrogen nutrition enhances root uptake,root-to-shoot translocation and remobilization of zinc (^{65}Zn) in wheat[J]. New Phytologist,2011,189(2):438-448.

Evans W J,Pierce A G. Interaction of phytic acid with the metal ions,copper (II),cobalt (II),iron (III),magnesium (II),and manganese (II)[J]. Journal of Food Science,1982,47(3):1014-1015.

Gebeyehou G,Knott D R,Baker R J. Rate and duration of grain filling in durum wheat cultivars[J].Crop Science,1982,22(2):337-340.

Gegas V C, Nazari A, Griffiths S, et al. A genetic framework for grain sizeand shape variation in wheat[J]. Plant Cell, 2010, 22(4): 1046-1056.

Hao H L, Wei Y Z, Yang X E, et al. Effects of different nitrogen fertilizer levels on Fe, Mn, Cu and Zn concentrations in shoot and grain quality in rice (*Oryza sativa*) [J]. Rice Science, 2007(4): 289-294.

Hatcher D W, Edwards N M, Dexter J E. Effects of particle size and starch damage of flour and alkaline reagent on yellow alkaline noodle characteristics[J]. Cereal Chemistry, 2008, 85 (3): 425-432.

Kamaluddin, Singh R M, Abdin M Z, et al. Inheritance of grain filling duration in spring wheat (*Triticum aestivum* L em Thell) [J]. Journal of Plant Biology, 2007, 50(4): 504-507.

Kim H S, Huber K C. Physicochemical properties and amylopectin fine structures of A-and B-type granules of waxy and normal soft wheat starch[J]. Journal of Cereal Science, 2010, 51 (3): 256-264.

Kutman U B, Kutman B Y, Ceylan Y, et al. Contributions of root uptake and remobilization to grain zinc accumulation in wheat depending on post-anthesis zinc availability and nitrogen nutrition[J]. Plant & Soil, 2012, 361(1-2): 177-187.

Kutman U B, Yildiz B, Cakmak I. Improved nitrogen status enhances zinc and iron concentrations both in the whole grain and the endosperm fraction of wheat[J]. Journal of Cereal Science, 2011, 53(1): 118-125.

Li W. Studies on the increase of grain weight in spring wheat[J]. Scientia Agricultura Sinica, 1985(6): 14-20.

Ma D L, Zhang J P, Zhang Y Y, et al. Inhibition of myocardial hypertrophy bymagnesium isoglycyrrhizinate through the TLR4/NF-κB signaling pathway in mice [J]. International Immunopharmacology, 2017, 55: 237.

McCaig T N, Clarke J M. Seasonal changes in nonstructural carbohydrate levels of wheat and oats grown in a semiarid environment[J]. Crop Science, 1982, 22(5): 963-970.

Miura H, Araki E, Tarui S. Amylose synthesis capacity of the three *Wx* genes of wheat cv. Chinese Spring[J]. Euphytica, 1999, 108(2): 91-95.

Patindol J, Gu X, Wang Y J. Chemometric analysis of the gelatinizationand pasting properties of long-grain rice starches in relation to fine structure[J]. Starch-Strke, 2009, 61(1): 31.

Payne, P I, Holt L M, Jackson E A, et al. Their genetics and their potential for manipulation by plant breeding and discussion [J]. Philosophical Transactions of the Royal Society B Biological Sciences, 1984.

Poji M M, Spasojevi N B, Atlas M. Chemometric approach to characterization of flour mill streams: chemical and rheological properties[J]. Food and Bioprocess Technology, 2014, 7(5): 1298-1309.

Prasad R. Micro mineral nutrient deficiencies in humans, animals and plants and their amelioration[J]. Proceedings of the National Academy of Sciences India, 2012, 82(2): 225-233.

Sever L E. Zinc and human development: a review[J]. Human Ecology, 1975, 3(1):

43-57.

Singh S P, Vogel-Mikuš K, Vavpetič P, et al. Spatial X-ray fluorescence micro-imaging of minerals in grain tissues of wheat and related genotypes[J]. Planta, 2014, 240(2): 277-289.

Sun X X, Liu T T, Ning T Y, et al. Genetic dissection of wheat kernel hardness using conditional QTL mapping of kernel size and protein-related traits[J]. Plant Molecular Biology Reporter, 2018, 36(1): 1-12.

Syahariza Z A, Sar S, Hasjim J, et al. The importance of amylose and amylopectin fine structures for starch digestibility in cooked rice grains[J]. Food Chemistry, 2013, 136(2): 742-749.

Tea I, Genter T, Naulet N, et al. Effect of foliar sulfur and nitrogen fertilization on wheat storage protein composition and dough mixing properties[J]. Cereal Chemistry, 2007, 81(6): 759-766.

Tester R F, Karkalas J, Qi X. Starch: composition, fine structure and architecture[J]. Journal of Cereal Science, 2004, 39(2): 152.

Trethowan R M, Reynolds M, Sayre K, et al. Adapting wheat cultivars to resource conserving farming practices and human nutritional needs[J]. Annals of Applied Biology, 2015, 146(4): 405-413.

Vandeputte G E, Delcour J A. From sucrose to starch granule to starch physical behaviour: a focus on rice starch[J]. Carbohydrate Polymers, 2004, 58(3): 245-266.

Welch R M, House W A, Ortiz-Monasterio I, et al. Potential for improving bioavailable zinc in wheat grain (*Triticum* species) through plant breeding[J]. Journal of Agricultural & Food Chemistry, 2005, 53(6): 2176-2180.

Wiegand C L, Cueear J A. Duration of grain filling and kernel weight of wheat as affected by temperature[J] Crop. Sci, 1981, 21(1): 95-101.

Xu X L, Wang Z M, Zhang J P. Effect of heat stress on photosynthetic characteristics of different green organs of winter wheat during grain-filling stage[J]. Acta Botanica Sinica, 2001, 43(6): 571-577.

Xue Y F, Yue SH C, Zhang Y Q, et al. Grain and shoot zinc accumulation in winter wheat affected by nitrogen management[J]. Plant & Soil, 2012, 361(1-2): 153-163.

Yamamori M, Nakamura T, Endo T R, et al. Waxy protein deficiency and chromosomal location of coding genes in common wheat[J]. TAG Theoretical & Applied Genetics, 1994, 89(2-3): 179-184.

Yang J, Zhang J. Grain filling of cereals under soil drying[J]. The New Phytologist, 2006, 169(2): 223-236.

Zeng Z. Grain filling properties of winter wheat varieties in northern part of China[J]. Acta Agronomica Sinica, 1996(6): 720-728.

Zhang L. Accumulation, a translocation and distribution of dry matter afterafthesis and yield formation in high-yield stands of winter wheat[J]. Journal of Beijing Agricultural College, 1988(2): 76-83.

第2章

小麦籽粒休眠特性的鉴定方法及影响因素

2.1 小麦籽粒休眠的鉴定方法

小麦品种的穗发芽抗性一般在小麦的成熟收获期或成熟收获后进行，但是小麦的穗发芽损害主要发生在收获前。因为大量的研究表明，籽粒萌发与胚的成熟度有关。不同品种在开花后35 d左右均出现易发芽峰值，并且有籽粒休眠相关的基因在此时期表达量剧增，所以这个时期是小麦对穗发芽最为敏感的时期（肖世和等，1995；Yang 等，2007，2009，2014；Wang 等，2016）。Hanft 和 Wych（1982）提出，以穗的外观指标即小麦的颖壳和旗叶褪色作为外观指标，并结合开花后天数可以基本确定穗发芽抗性鉴定的最适宜时期。

小麦穗发芽抗性的鉴定方法有很多种，归纳起来可以概括为3类：穗发芽试验、种子发芽试验及酶活性测定。鉴定指标则更多，有形态指标（如粒色、穗型、角度、芒型等鉴定抗性的间接指标）、生化指标（如 α-淀粉酶活性、对外源脱落酸的反应、面粉的降落值等评价品种的抗性）、直接用种子的发芽率或发芽指数作为鉴定指标。

小麦剥粒培养皿发芽法在穗发芽抗性的敏感期取样，测定籽粒的发芽率。小麦的剥粒发芽率与穗发芽率呈极显著的正相关。但这只是反映小麦籽粒的休眠情况，不能反映小麦穗发芽总体抗性（吴兆苏等，1987）。

整穗发芽试验一般在开花后25、30和35 d前后进行，7 d后检查穗上发芽率，包括以下6种方法：①湿润室中测定穗发芽，②沙中测定穗发芽，③发芽纸中测定穗发芽，④塑料袋保湿法测定穗发芽，⑤模拟降雨测定穗发芽，⑥纱布保湿测定穗发芽。这些方法都能很好地鉴定出不同品种的穗发芽抗性差异，在实际操作中应根据具体条件采取相应方法。其中，塑料袋保湿法对穗发芽的选择压力小，与田间的自然选择压力相近，测定结果与田间较为一致且简便易行，可以对材料进行大批量鉴定，适合对育种材料进行大规模筛选鉴定（沈正兴等，1991）。

目前 α-淀粉酶活性测定主要包括以下 4 种方法：①分光光度法，②凝胶扩散法，③底物染色法，④降落值(falling number，FN)测定法。研究表明：小麦籽粒中 α-淀粉酶活性与其穗发芽率呈极显著正相关，降落值与穗发芽率呈显著的负相关，因而小麦籽粒内 α-淀粉酶活性和降落值可间接反映小麦的穗发芽抗性程度。另外，在穗发芽水平较低和严重穗发芽时，降落值与穗发芽抗性之间的相关性较差，而穗发芽程度居中时，降落值与穗发芽抗性才具有较好的相关性。这主要是由于穗发芽抗性的大小依赖于籽粒成熟期的气候环境，而降落值则是反映在一定的 α-淀粉酶水平下籽粒淀粉粒的品种特性。α-淀粉酶活性和降落值都是反映穗发芽后籽粒品质恶化的程度，其对加工品质的优劣反映更直接，易被小麦生产厂家接受(沈正兴等，1991)。

另外，穗发芽抗性不同的品种其籽粒对外源脱落酸的敏感性也不同，因而也可用籽粒对 ABA 的反应来鉴定穗发芽抗性的大小。

2.2 影响小麦籽粒休眠和穗发芽抗性的因素

不同小麦品种具有不同的穗发芽抗性机制(何震天，2000)。小麦穗发芽受多基因控制，穗形态特征及生理生化特性，如种子休眠特性、α-淀粉酶活性、α-淀粉酶抑制剂、迟熟 α-淀粉酶活性、穗部结构及种皮颜色、颖壳抑制物，均对穗发芽有明显影响(张海峰和卢荣禾，1993；沈正兴等，1991；Gale，1989，2002；何震天等，2000)。

2.2.1 小麦籽粒休眠特性

品种的休眠期与穗发芽率呈显著的负相关(Derera 和 Bhatt，1977)。一般情况下红粒小麦比白粒小麦具有更强的穗发芽抗性。目前，所选育出的抗穗发芽的品种大部分都是红粒品种，只有少数白粒品种表现出较强的休眠性。闫长生(2002)对我国小麦主产区 50 多年来的 781 份主要推广品种进行了穗发芽抗性鉴定，结果表明，抗穗发芽品种很少，尤其是白粒品种更少，只有 12 份表现抗穗发芽，占全部供试材料的 2.7%。控制种皮颜色的 *R* 基因是一个转录调节因子，它通过调节控制类黄酮合成的几个基因的表达而影响籽粒的休眠性，从而影响穗发芽抗性(Himi 和 Kazuhiko，2005)。

1.赤霉素(GA)和脱落酸(ABA)影响种子休眠

种子内源激素赤霉素(GA)和脱落酸(ABA)对种子休眠起着重要作用。GA 能够促进胚乳中贮藏物的代谢，可以解除种子休眠，从而诱发种子萌发。休眠在某种程度上可解释为 GA 含量不足或过量，而 ABA 的作用与 GA 正好相反。GA 和 ABA 在种子萌发过程中存在互作，ABA 可以直接干预 GA 的合成而抑制萌发，如 ABA 抑制 *SbGA20ox* 基因的表达(Laura 和 Fernando，2003)。GA 可以促进水解酶的分泌，而 ABA 则起抑制作用。α-淀粉酶合成能力不同的基因型对 GA 的依赖性也不同，GA 依赖性的丧失导致籽粒中 GA 含量的增加或者籽粒在未成熟时萌发，而籽粒中 ABA 的含量较低时也能导致籽粒过早萌发；施用 ABA 可以抑制 GA 的作用，并且能触发 α-淀粉酶抑制蛋白和其他一些淀粉酶抑制蛋白的合成。ABA 可以影响禾谷类籽粒糊粉层中酶的转录，在阻碍 α-淀粉酶积累的同时抑制了 GA 控制的相关转录，萌发后的大麦种子在水分胁迫下，胚乳中的 ABA 含量也会升高，并且诱导了 α-淀粉酶抑制因子产生(Peter 和 Rosa，2005)。

2.GA 与种子休眠

在小麦籽粒中，有生物活性的 GA 主要包括低极性的 GA_9、GA_{15}、GA_{20}、GA_{24}，高极性的 GA_{19}、GA_{44}和 5 个 C-1 β-OH 的 GA(GA_{54}、GA_{55}、GA_{60}、GA_{61}、GA_{62})。其中 GA_{54}的含量最多，平均每粒种子中约含 10 ng。小麦的胚和外果皮主要包含高极性的 GA，而在胚乳和外层种皮中主要含低极性的 GA(GA_{15}、GA_{20}、GA_{24}、GA_{61}、GA_{62})，GA 是胚乳贮藏物代谢的触发因子，种子的休眠反应是由于胚乳中 GA 的缺乏。Lullien-Pellerin 和 Popineau(2001)研究拟南芥的 GA 突变体后，发现后熟和层积作用可以通过增加对 GA 的敏感性来降低 GA 缺陷突变体的休眠，表明 GA 可能直接参与了打破自发休眠的过程。ABA 能阻止小麦籽粒胚萌发，并保持胚的正常发育。休眠和无休眠种子胚中 ABA 含量差异很小，表明它对休眠的影响是通过胚对外源 ABA 的敏感性来反映的(Upadhyay，1988)。在 GA 氧化酶的合成过程中，GA20 氧化酶的合成受一个基因位点调控，从高粱中把编码 GA20 氧化酶的 cDNA 克隆后在低休眠的高粱中表达，结果发现在种子吸胀以后产生了大量的特殊 mRNA(*SbGA20ox*)；相反在休眠的颖果中几乎没有这种现象的发生。同时，他们又发现内源的 GA_4的变化水平与 *SbGA20ox* mRNA 的变化一致，表明 GA 的产生可能受这个基因不同转录水平的调控(Laura 和 Fernando，2003)。

3.ABA 与种子休眠

在禾谷类籽粒中，ABA 的主要作用是对萌发进行调节，保持种子胚的发育，抑制萌发，阻止水解酶(主要是 α-淀粉酶)的产生；在未成熟种子中启动休眠和导致成熟种子的休眠；保持成熟种子的休眠(Li 等，2004)。通过对拟南芥和番茄的 GA 突变体和 ABA 突变体的研究发现，种子是否抗穗发芽与胚对 ABA 的敏感程度有关，而与胚中 ABA 含量无关(Holdsworth 和 Kurup，1999)。ABA 在种子休眠中扮演关键角色，在诱导休眠和保持休眠方面起着重要的作用，是种子发育和休眠的潜在调节因子之一(Derera，1989)。用 ABA 处理烟草种子后，玉米黄素环氧酶过量表达，引起休眠的加深。通过反义 RNA 技术敲除掉这个基因后，烟草后代表现出休眠性变弱(Lullien-Pellerin 和 Popineau，2001)。在一般情况下，ABA 在未成熟胚中是大量存在的，已经发现在小麦的籽粒增大和贮藏物积累的过程中，ABA 含量最高(Kermode 和 Fisher，1995)。虽然外源 ABA 不能对与小麦胚发育相关的某些基因正常的时空表达进行调节，但是外源的 ABA 能明显抑制几个与萌发后贮藏物降解有关的酶，如 α-淀粉酶、麦芽糖酶、异柠檬酸裂解酶、核糖核酸酶的活性(Derera，1989)。内源 ABA 的水平和萌发能力呈负相关，成熟时的 ABA 含量与休眠性相一致，通过籽粒的干燥速率可以决定 ABA 的含量；休眠在某种程度上解释为 GA 含量不足或过量。而 ABA 的作用与 GA 是相反的(Gale 和 Flintham，2002)。外源 ABA 能明显抑制与萌发后贮藏物降解有关酶的活性，如 α-淀粉酶、麦芽糖酶、异柠檬酸裂解酶、核糖核酸酶(Derera，1989)。籽粒内源 ABA 的含量和萌发能力呈负相关，成熟时的 ABA 含量与休眠性相一致。利用 ABA 处理休眠和无休眠小麦品种的胚，通过双向电泳-质谱技术比较其蛋白质表达，发现休眠的小麦胚中共有 18 个 ABA 反应型蛋白点的表达存在显著差异(张海萍等，2006)，从蛋白质角度证明 ABA 促进种子休眠。

ABA 调控植物重要的生理和发育进程，影响植物生命周期的诸多方面。大量研究表明，

ABA 的敏感性及其含量与成熟种子的休眠性有关。ABA 能阻止小麦籽粒胚的萌发，并保持胚的发育。通过对休眠和无休眠种子胚的比较，胚中 ABA 含量和水平差异很小，表明休眠并不是简单地由籽粒 ABA 含量和水平决定的（Lan 等，1997；Varghese 等，1996）。ABA 对休眠的影响是通过胚对外源 ABA 的敏感性反映出来的（Upadhyay 等，1988）。在种子发育及休眠过程中，ABA 含量的增加是协调诸多胚特异基因表达的潜在信号（Saito 等，2004；Garello 和 Page-Degivry，1999）。ABA 在植物中的作用是由其合成及降解作用的精细平衡所调控的。

近年来，有关 ABA 合成途径的研究取得了显著的进展。ABA 合成途径的第一个关键环节是 9-顺式环氧类胡萝卜素氧化裂解形成 ABA 前体类黄质，类黄质进一步氧化形成脱落醛，进而形成 ABA（Schwartz 等，2003）。现有证据表明氧化裂解反应是 ABA 合成过程中的关键步骤。截至目前，ABA 合成过程中的许多基因已经在许多物种中分离出来，编码裂解酶的基因最先在玉米中被克隆（Schwartz 等，1997；Tan 等，1997）。ABA 合成过程中的分子鉴定使明确 ABA 合成过程中复杂的调控细节成为可能（Seo 和 Koshiba，2002；Xiong 等，2003）。

植物中 ABA 的水平不仅由其合成所控制，还与降解过程有关。然而，与 ABA 合成途径的研究相比，ABA 分解代谢中的许多基因与酶以及它们的调控过程仍不清楚（Cutler 和 Krochko，1999；Nambara 和 Marion-Poll，2005）。ABA 分解代谢过程中的关键步骤是 8′-甲基化 ABA 的羟化过程，在 ABA-8′羟化酶的作用下形成 8′-OH-ABA，8′-OH-ABA 不稳定，可以自动异构进而形成红花菜豆酸（phaseic acid，PA），这一反应被证明是在细胞色素 P450 单氢加氧酶作用下完成的（Krochko 等，1998）。

Hoth 等（2002）认为，在拟南芥中基于基因组的基因表达谱与 ABA 诱导有关，在诸多 ABA 诱导的基因之中，9 个 *P450* 基因被成功分离，其中 *CYP707A* 家族很可能是 *P450* 编码 ABA-8′羟化酶的候选基因。由于 *CYP707A* 家族的生化特性对证明其酶促及生理功能至关重要，近年来 *CYP707A* 基因在拟南芥中的表达得到了广泛研究（Masaharu 和 Yasushi，2006）。*CYP707A* 基因的表达在拟南芥各个器官中普遍存在，但其转录积累量却不同，说明 *CYP707A* 基因在不同器官中表达调控机制不同（Masaharu 和 Yasushi，2006）。ABA 通过加强 ABA-8′羟化酶的活性来负向调控其积累量，而 4 个 *CYP707A* 基因的表达量出现增加，这说明 ABA 通过激活 *CYP707A* 基因的表达进而转化为 PA。高盐及干旱等逆境会诱导多种植物中 ABA 及 PA 的积累量。在干旱胁迫下，4 个 *CYP707A* 基因，尤其是 *CYP707A1* 和 *CYP707A3* 基因，转录表达量随着 ABA 水平的降低而急剧增加。因此，*CYP707A* 基因在转录水平上调控 ABA 的分解代谢，在 ABA 介导的生理过程中，每个 *CYP707A* 基因的功能都超量表达。由于 ABA-8′羟化酶催化了 ABA 氧化失活的第一步反应，所以被认为是控制 ABA 分解代谢过程中的关键酶。

鉴定 *CYP707A* 基因将有助于我们对 ABA 在代谢水平上的调控及反馈调控有更深入的认识。在以 *CYP707A* 为探针在 TIGR 网站上可以搜索出植物基因组中相似的 EST 序列（Masaharu 和 Yasushi，2006）。Okamoto 等（2006）认为 *CYP707A1* 基因在拟南芥成熟中期表达最高而在成熟晚期下降，它在成熟中期控制 ABA 水平上有重要作用。有研究者在大麦中也克隆出 *CYP707A1* 基因（*HvCYP707A1*），并认为 *HvCYP707A1* 是 *CYP707A* 基因家族中的主要基因，在种子吸胀过程中，该基因在胚中的表达模式与胚中 ABA 含量一致。

尽管许多研究已经证明，ABA 在成熟期分解代谢过程中的关键步骤是在 ABA-8′羟化酶的作用下形成 PA，*CYP707A* 基因在这一反应过程中起了重要作用，但在小麦中还没有对该基因进行研究，因此研究该基因对深入认识小麦 ABA 的代谢机理及生命周期中的许多逆境反应都有重要意义。

4. α-淀粉酶活性

在小麦籽粒形成过程中，随着营养物质的积累，α-淀粉酶也随之合成（Gale，1983）。籽粒中的 α-淀粉酶同工酶（α-AMY）的种类及其在籽粒中分布的位置不同。α-AMY2 对贮藏物质分解能力较弱，分布于籽粒形成初期的外果皮及种皮内；而在籽粒形成后期，分布于胚乳中。活性较高的 α-AMY1 在适宜的外界条件下，能活跃分解胚乳中的贮藏物质，促进籽粒发芽。α-AMY1 随籽粒成熟度的增加而增多，随着水分的散失、籽粒干燥，ABA 水平降低，α-淀粉酶合成的障碍因子得以解除，使 α-AMY1 积累。α-淀粉酶活性值与种子萌发率显著正相关（$r=0.973$），因而认为抗穗发芽的主要机理是低 α-淀粉酶活性。α-淀粉酶受 2 个主效互补基因控制，低 α-淀粉酶为显性，高 α-淀粉酶为隐性，α-淀粉酶活性低的品种抗穗发芽，反之易穗发芽（张海峰和卢荣禾，1993）。由此可见穗发芽的进程和结果与内源 α-淀粉酶活性的提高密切相关，所以抑制或降低内源 α-淀粉酶活性是解决小麦穗发芽问题的关键。收获前降雨时，如种子内具有抑制或推迟 α-淀粉酶合成的因素显然有利于防御穗发芽，所以寻找这一基因并将其导入小麦，将会降低穗发芽的发生。麦类作物胚乳中存在一种蛋白，可抑制 α-淀粉酶活性，称为 α-淀粉酶抑制蛋白（ASI）。在大麦、小麦、黑麦等作物中都存在，它通过抑制各种 α-淀粉酶的合成或活性来阻止籽粒发芽，麦类 ASI 就是通过与 α-淀粉酶作用形成复合物的方式来使酶失活，从而控制穗发芽（Gale，1983）。

迟熟 α-淀粉酶（late maturity α-amylase，LMA）是指籽粒发育后期在没有发生穗发芽的条件下所合成的一系列 α-淀粉酶的同工酶，主要是具有高等电点（isoelectric point，pI）、受位于第六部分同源群染色体长臂上的 *Amy-1* 基因控制（Gale，1983）。LMA 是在糊粉层中合成，然后释放到邻近的胚乳中，其合成与受赤霉酸（GA）调控的一些水解酶的增加有关，其表达存在基因和环境的互作效应（Gale，1983；Mrva 和 Mares，2004），有些品种的 LMA 可在所有环境下表达，而另一些品种的 LMA 仅在籽粒发育中期经历一段冷处理后才得以表达（Morris 和 Anderberg，1991）。LMA 不同于在籽粒发育早期在果皮中合成的那些 α-淀粉酶，而是在籽粒成熟后期合成的一类新酶，它的合成机制与发芽期间的 α-淀粉酶也有所不同，但其种类与发芽期间合成的高 PI 的 α-淀粉酶同属受 *Amy-1* 基因控制的 α-淀粉酶同工酶。LMA 在成熟籽粒中的表达位置也不同于发芽籽粒中 α-淀粉酶，LMA 活性平均分配在成熟籽粒两端，而萌芽籽粒中 α-淀粉酶活性主要分布在种子近胚端（Mrva 和 Mares，1996）。目前，可以用酶联免疫吸附测定（ELISA）抗体试剂盒来快速测定高等电点同工酶的活性。另外，半矮秆基因的存在降低了 LMA 的表达，而矮秆基因（*Rht3*）或双矮秆基因（*Rht1* +*Rht2*）的存在使得 LMA 的表达完全被抑制；具有 1BL/1RS 易位的基因型其 LMA 不表达（Mrva 和 Mares，1996，2004）。

5. α-淀粉酶抑制剂

小麦中 α-淀粉酶活性的高与低直接影响小麦的加工品质（原亚萍等，2003）。α-淀粉酶抑制剂对相应 α-淀粉酶的抑制作用可以减轻或预防籽粒穗发芽的危害。在小麦籽粒形成过程中，伴随着营养物质的积累，α-淀粉酶也随之合成（Mathewson 等，1981；白先权等，1999）。小麦 α-淀粉酶分为两大类：一类是麦芽 α-淀粉酶（malt-α-amylase，α-AMY1）由 6A、6B 和 6D 上的 *α-AMY1* 基因控制；另一类为绿 α-淀粉酶（green-α-amylase，α-AMY2），由第 7 部分同源染

色体的 *α-AMY2* 基因控制（Mathewson 等，1981；白先权等，1999；Hageman 和 Ciha，1982；Gale 和 Flintham，1983）。α-AMY1约有 14 个同工酶，α-AMY2 有 17 个同工酶。两组 α-淀粉酶在功能上存在差异，α-AMY1可被完整的淀粉粒吸收，然后把它们分解为高分子量的碳水化合物和寡糖；而 α-AMY2 可进一步分解这些产物。

小麦 α-淀粉酶抑制蛋白是一种具有双功能的抑制蛋白，简称为 ASI。Masojc 和 Zawistowski（1993）利用等电聚焦电泳和单克隆抗体免疫印迹等方法对小麦内源 α-淀粉酶抑制蛋白的多态性进行了研究。在普通小麦及其 47 个野生近缘物种中检测到 10 个抑制蛋白的异构体，定位于 5 个同源位点上，而且在普通小麦中确定了 3 个 α-淀粉酶抑制蛋白的基因位点（Isa-1），分别位于 2A、2B 和 2D 染色体的长臂上。等电聚焦电泳分析结果表明，在 Isa-1 位点有 2 个活性等位基因（表达）和 1 个惰性等位基因（不表达），Isa-D1 有 1 个等位基因（肖世和等，1998）。

研究发现在大麦、小麦、黑麦和小黑麦中的 α-淀粉酶抑制剂 ASI 对小麦 α-淀粉酶的抑制作用最强，小黑麦和黑麦中的 ASI 对小麦 α-淀粉酶的抑制作用最弱，而其他作物的 ASI 对小麦 α-淀粉酶没有抑制作用（Masojc 和 Marths，1991）。大麦 α-淀粉酶抑制蛋白基因（*BASI*）位于 2H 染色体的长臂上。利用小麦品种中国春-2H 异附加系进行发芽实验，结果表明中国春-2H 异附加系产生的 α-淀粉酶总量增加缓慢。这可能是由于大麦 2H 染色体上的 *Isa-1* 基因编码产生的抑制蛋白与小麦 α-淀粉酶形成复合物（原亚萍和陈孝，2004）。大麦中 ASI 在小麦穗发芽研究中有着非常重要的作用，可以通过向小麦中导入控制 BASI 的基因来抑制小麦中 α-淀粉酶的活性以减轻或防御穗发芽的危害，同时也可以直接在面粉中加入 BASI 来中和面粉中的 α-淀粉酶的活性（原亚萍和陈孝，2004）。

6.穗及籽粒特征

穗发芽也受穗和籽粒的吸水特性影响，因而穗部及籽粒性状是影响小麦穗发芽的重要因素之一。穗大小、密度、弯曲程度、蜡质状态、有无绒毛、小花开放状态，芒的有无，颖壳的坚韧度、形状、包裹籽粒紧实度，内源抑制物，籽粒成熟度、大小、吸水速率，种皮色泽与厚度等因素对小麦穗发芽均有不同程度的影响（Derera，1989；肖世和，1985）。穗的形态特征对限制籽粒吸水和穗发芽的影响是相当显著的。颖壳是某些品种抑制穗发芽的重要因素。穗间最初的吸水差异主要来源于芒和颖壳结构，二者可能影响穗的吸水及水分向籽粒的转移。颖壳中含有的发芽抑制物无论对穗上发芽还是脱离母体的籽粒发芽都有一定的抑制作用，其对穗发芽抗性品种的抑制作用大于敏感品种，开花后 20 d 时的抑制作用最强，以后逐渐降低（兰秀锦和王志容，1996）。用颖壳浸提液处理种子 24 h 时，品种间差异最大（蒋国梁等，1998）。颖壳还可能通过限制氧气的利用来抑制萌发。高温下，大麦颖壳消耗的氧气占总耗氧量的 50%，从而诱导含有颖壳的籽粒休眠，当籽粒成熟后颖壳的耗氧量会减少。由颖壳引起的耗氧量增加可在吸胀最初 10 h 观察到，而无颖壳籽粒的耗氧量高峰则延迟到 20～30 h（Come 等，1984）。芒对穗发芽也有影响，无芒品种的穗含水量和发芽率一般低于有芒品种（Derera，1989）。籽粒的生理状态和色泽对萌发有显著影响。秦代红（1990）将小麦籽粒形成过程中发芽能力的变化分为 3 种类型：低峰值型、高峰值型和无峰值型，并认为低峰值型才是真正的抗穗发芽类型。小麦种子在成熟过程中萌发能力和萌发率逐渐提高，在生理成熟前后达到最高值并与其含水量高度负相关，干燥可显著地促进未成熟种子萌发（赵笃乐，1999）。田间条件下，品种的穗发芽敏感性因年份和种子发育时期而异。穗上和籽粒发芽率随成熟度而变化，至黄熟期（花后 35～40 d）达最大值，此时品种间差异大，以后逐渐下降。因而，鉴定品种穗发芽时以扬花 35 d

后取材更好些；对于大量的初步筛选，以在生理成熟期取样为宜（兰秀锦和王志容，1996；蒋国梁等，1998；张海峰等，1989）。研究表明，生理成熟期的种子萌发率也和田间的穗发芽灾害高度相关。穗发芽程度还与籽粒在穗上的部位有关，一般发育较早、较大的穗中部籽粒发芽早（张海峰等，1989）。颖壳表面茸毛及张开角度等形态因素主要影响籽粒发芽前的物理吸水过程。颖壳中的水溶性抑制物，对小麦籽粒发芽有抑制作用（Mrva 和 Mares，1996）。酚类物质有抑制穗发芽的作用（Weidner 等，2002），粗山羊草颖壳中的发芽抑制物质有酚类化合物等物质，受位于 2D 染色体上的隐性单基因控制，它们有两种作用方式：一是直接作用于生长激素，二是间接与 ABA 互作（Gatford 等，2002）。

7.籽粒颜色与休眠的关系

小麦种皮对发芽的抑制作用可分为两个方面：种皮的物理抑制和化学物质抑制。物理抑制的原因可能是种皮的透水性差，限制水分吸收；同时种皮还能阻止胚根伸出，从而抑制萌发。Khan 和 Prusinski（1989）研究表明，种皮是扩散的主要障碍物，刺破种皮在解除休眠上最有效。化学物质的抑制主要集中在种皮的色素上。

吴兆苏和赵同芳（1959）认为，红粒小麦品种一般休眠期长，白粒品种休眠期短。种皮色级与穗发芽率存在显著负相关，浅色较深色品种的穗发芽率高（昌小平，1997），品种间的穗发芽抗性存在着较大差异，有些白皮品种也具有较强的穗发芽抗性，甚至超过某些红皮品种（闫长生，2002）。研究表明籽粒颜色对吸水速率影响不明显，但呼吸强度、电导率和 α-淀粉酶活性随色级的增加而降低（吴纪民等，1995）。Flintham 和 Gale（1996）通过比较近等基因系的休眠性认为，控制红色种皮的等位基因同时也控制休眠的表达。闫长生（2002）认为休眠常常与红色种皮相关，但并不是所有红粒小麦都是休眠的。Bewley 和 Black（1994）认为，小麦种皮的抑制剂（儿茶酸和儿茶酸单宁）可能是红皮色素的前体，随着种子后熟过程中休眠的解除而降低，但并非所有红粒小麦都较白粒小麦品种的休眠程度高。Torada 和 Amano（2002）认为种皮颜色对种子休眠性的影响随籽粒发育过程的环境变化而不同，并不只是种皮颜色基因涉及休眠控制。

种皮色素是小麦种子发育后期沉积在表皮组织的一种鞣酐类物质，其实质是类黄酮的多聚物。Miyamoto 等（1961）发现在籽粒蜡熟后期种皮的色素浓度与儿茶酸和儿茶酸-单宁的总量是平行的，估计是种皮色素的前体抑制了胚的萌发。后经证实，小麦成熟籽粒种皮中存在水溶性发芽抑制物质，这类抑制物质主要是儿茶素、单宁类物质，是种皮色素合成的前体物质（Miyamoto 等，1961），这类物质在红粒小麦中的含量是白粒小麦中的 2 倍（Flintham，1990）。这些抑制物可代表小麦稃皮中 20%的抑制活性，大约 50 μg/g 就可抑制麦胚的萌发（Henry 等，1992；Hucl 和 Baker，1995）。小麦色素合成是由位于第 3 同源群长臂上的粒色 *R* 基因控制，具有粒色 *R* 基因一般休眠期长，不易穗发芽。

2.2.2 环境因素的影响

1.温度

籽粒发育期间和萌发时的温度都会影响收获后籽粒的萌发能力。籽粒成熟时温度越高休眠期越短，反之则长。高温下（≥26 ℃）发育的籽粒休眠程度低或无休眠，低温（≤15 ℃）会使休眠程度加深，而发育后期 35～40 ℃的高温可导致成熟籽粒的萌发能力降低（Nielsen 等，

1984；Reddy 和 Metzger，1985）。Lunn 等（2002）发现种子休眠期与籽粒发育期间的平均温度有关，较高的平均温度会使休眠期变短。同时籽粒成熟过程中任一阶段的高温都可减轻休眠，如开花后 10～20 d 的高温可有效地降低大麦籽粒的休眠程度（Takahashi，1980）。高温对不同发育期籽粒的休眠程度影响不同。扬花 15 d 和 25 d 后的小麦籽粒高温下干燥会提高其萌发能力，但扬花后 35 d 的籽粒萌发能力几乎不受干燥温度影响（Ueno 和 Kato，1998）。发芽前的温度也影响籽粒发芽。47 ℃高温对于不休眠的籽粒可降低发芽率，而对于休眠的籽粒可提高发芽率（赵同芳，1957）。在许多情况下，休眠的表达显示了较强的温度依赖性。许多草类和禾谷类的籽粒只在特定的温度时（小麦在 20 ℃）才表现休眠，这个特定的温度值会随着种子成熟度的变化而变化。种子成熟度和萌发温度对籽粒萌发能力的影响存在相关性。小麦在扬花 20 d 后即可获得萌发能力，但萌发缓慢且只能在低温下进行（Black 和 Butler，1987），随着成熟度的提高其籽粒萌发所需温度升高，至成熟收获时温度达 20 ℃，使多数小麦籽粒易发芽，而休眠水平高的品种则萌发缓慢或受抑制（Mares，1984）。成熟籽粒萌发时，温度变化是一个很复杂的因素。在潮湿条件下，高温对小麦籽粒萌发是不利的，而低温能有效地打破休眠。种子在高温下不萌发主要是种皮抑制作用造成的相对休眠，低温时相对休眠的籽粒也可萌发，这是在冷湿气候下穗发芽流行的原因（Derera，1989）。温度对不同成熟度籽粒的萌发也有影响。扬花 20 d 后的小麦籽粒即使未经干燥，其萌发能力也可随着温度的调节而增加（Ueno 和 Kato，1998）。变温处理较持续的低温处理更能促进萌发。将扬花后 20 d 的籽粒去掉胚部的种皮，先 20 ℃后 10 ℃处理的籽粒萌发率较一直在 10 ℃处理下高。5 d 循环变温处理的种子萌发率又远远较 1 d、2 d 和 10 d 循环的变温处理高（Ueno，2002）。所以，室内鉴定种子休眠性时，高温（≥30 ℃）可以增加休眠，而低温（≤10 ℃）可以提高吸胀种子的萌发能力，适中的温度（15～20 ℃）能使不同品种表现其真正休眠深度（Nyachiro 等，2002）。温度是休眠变化的主要调节因素，而细胞膜是最敏感的温度感受器。小麦的休眠只在特定的温度时出现，这种休眠对温度变化的突然性也暗示了细胞膜及相关的膜蛋白，如离子通道、接受体、转移蛋白和酶的活性可以发生显著的变化（Bewley 和 Black，1994）。已知温度可以通过影响膜的物理状态来控制基因表达，如不饱和脂肪酸的含量对热激蛋白 HSP70 和 HSP82 基因的转录活性有显著影响（Hilhorst 和 Cohn，2000）。

2. 水分

种子含水量和吸水速率是决定小麦种子休眠和穗发芽的重要因素之一。一方面，吸水膨胀使小麦种皮软化，增加了种皮的通透性；另一方面，水分还可以把细胞质从凝胶状态转化为溶胶状态，使代谢加强，并且在一系列酶的作用下，使胚乳中的贮藏物质逐渐转化为可溶性物质，提供小麦发芽所需的营养物质。水分是导致小麦穗发芽的直接外因。种子发育期间的空气湿度对收获后籽粒的休眠性有明显影响，潮湿天气会导致籽粒休眠期增加（Neilsen 等，1984）。在不同气候条件下品种间的休眠存在差异。Torada 和 Amano（2002）发现在干燥条件下发育的红皮与白皮小麦种子休眠没有差异，休眠和胚对 ABA 的敏感性高度相关。但在潮湿条件下发育的白皮种子休眠性明显低于红皮种子的休眠性。小麦收获前的降雨时间影响穗发芽的发生。品种间穗发芽危险期和最高发芽率存在差异，从而导致对降雨的敏感时间不同。因此只要品种在田间能安全度过穗发芽危险期，即使其最高发芽率较高也不会发生穗发芽（秦代红，1990）。穗发芽也受穗和籽粒的干燥速率影响，但与穗部性状关系不密切（Derera，1989）。水分对不同成熟度的小麦种子休眠与萌发有重要的调控作用。休眠性与种子成熟度有关，小麦种子的休眠性在接近成熟时获得（肖世和，1985）。也有人认为种子休眠性随发育程度的提高而减弱，生理成熟前后的种子没有休眠性（赵笃乐，1999）。种子含水量和吸水速率是决定穗发芽的重要因素。籽粒含水量与穗发芽率呈负相关关系但不显著（张海峰和卢荣禾，1993），只有干燥的籽粒才能吸水并合成大量淀粉酶，最终导致穗发芽发生，所以穗发芽灾害主要出现在“收获期”。但在籽粒干燥过程中，若遇到冷湿气候，即使外观没有发芽的籽粒也有高含量 A2 淀粉酶的合成（Derera，1989）。籽粒吸水速率与穗发芽呈显著正相关，吸水速度快的穗发芽严重，反之则轻（蒋国梁等，1998）。籽粒间吸水特性的差异受基因型控制，有人发现小麦籽粒在吸胀 2 h 后，品种间的吸水量差异可达 2 倍以上（King，1984）。种皮是小麦籽粒吸水的最大障碍，种皮细胞壁的纤维含量和厚度影响水分的吸收。干燥后的籽粒种皮变薄，提高了水分和氧气的透性，利于发芽（Derera，1989）。

3. 光照

光对种子也有诱导作用，光的质量、强度都能为植物的光受体所感知，是种子萌发的另一个诱因（Ryu 等，2005）。光周期变化影响种皮的厚度和颜色。种皮硬度取决于种子的干燥程度，在干燥过程中酚类物质被氧化成深色物质，这种物质可降低种皮的渗透性（Bewley 和 Black，1994）。光周期还与种子的激素水平及敏感性有关（Ziegler，1995），但是受多种因素制约，其内在机制的研究较困难。Jacobsen 和 Pearce（2002）报道光照可影响大麦种子的萌发，−20 ℃贮藏 180 d 的休眠种子在光照下浸种 3 d 后萌发率为 0，而在黑暗中萌发率为 40%。

4. 土壤

土壤中不同的氮养分不仅能改变小麦籽粒的蛋白质含量，而且影响淀粉酶的合成，籽粒蛋白质含量与穗发芽呈正相关（Huang 和 Marston，1980）。

参考文献

白先权，王楚桃，刘大永. 青霉素促进小麦胚乳 α-淀粉酶合成机理初探[J]. 核农学报，1999(1)：40-47.

昌小平. 对冬小麦品种穗发芽抗性的初步研究[J]. 作物品种资源，1997(4)：35-36.

何震天，陈秀兰，韩月澎. 白皮小麦抗穗发芽研究进展[J]. 麦类作物学报，2000(2)：84-87.

蒋国梁，陈兆夏，刘世家，等. 白皮小麦收获前穗发芽及品种抗性机制探讨[J]. 作物学报，1998(6)：793-798.

兰秀锦，王志容. 小麦抗穗发芽的鉴定及其灌浆过程中胚、种皮和颖壳三因素与籽粒发芽率的关系[J]. 四川农业大学学报，1996(4)：533-536，570.

秦代红. 小麦抗穗发芽生理[J]. 植物生理学通讯，1990(6)：62-64.

沈正兴，俞世蓉，吴兆苏. 小麦品种抗穗发芽性的研究[J]. 中国农业科学，1991，24(5)：7.

吴兆苏，魏燮中，俞世蓉，等. 小麦品种抗穗发芽性的鉴定筛选技术及其相关性的研究初报[J]. 种子，1987(1)：5-8.

吴兆苏，赵同芳. 小麦品种种子休眠特性的研究[J]. 农业学报，1959，10(6)：461-474.

吴纪民，刘世家，魏燮中，等. 不同颜色小麦籽粒的发芽特性和生理特征的研究[J]. 种子，1995(1)：21-24.

肖世和，陈孝，徐慧君，等．大麦 α-淀粉酶抑制基因对小麦 α-淀粉酶的抑制作用研究[J]．作物学报，1998(6)：763-767．

肖世和，吴兆苏，沈又佳，等．从长江流域白粒小麦地方品种中开拓抗穗发芽种质的研究[J]．中国农业科学，1995(1)：56-60．

肖世和．国外小麦抗穗发芽研究概况[J]．麦类作物学报，1985(6)：13-16．

闫长生．中国北方冬小麦品种穗发芽抗性的遗传变异[D]．北京：中国农业科学院，2002．

原亚萍，陈孝．大麦有益基因向普通小麦导入的研究进展[J]．麦类作物学报，2004(4)：129-132．

原亚萍，陈孝，肖世和．小麦穗发芽的研究进展[J]．麦类作物学报，2003(3)：136-139．

张海萍，常成，肖世和．小麦胚休眠中 ABA 信号转导的蛋白质组分析[J]．作物学报，2006(5)：690-697．

张海峰，卢荣禾．小麦穗发芽抗性机理与遗传研究[J]．作物学报，1993(6)：523-530．

张海峰，Zemetra R S，Liu C T．冬小麦穗发芽抗性及其鉴定方法的研究[J]．作物学报，1989(2)：116-122．

赵笃乐．冬小麦籽粒发育过程中休眠性的变化[J]．种子，1999(3)：18-20．

赵同芳．成熟度与收获后各种处理对小麦休眠的影响[J]．植物学报，1957，6(1)：80-90．

Bewley J D，Black M. Seed physiology of development and germination [J]. New York：Plenum Press，1994：199-389.

Black M，Butler J. Control and development of dormancy in cereals. In：Mares D J (Eds.)，4th Int Symp of Pre-harvest Sprouting in Cereals[C]. 1987：379-392.

Come D，Lenoir C，Corbineau F. Ladormancy desaerials etson elimination[J]. Seed Sci Technol，1984，12：633.

Cutler A J，Krochko J E. Formation and breakdown of ABA[J]. Trends in Plant Science，1999，4(12)：465-507.

Derera N F. Preharvest field sprouting in cereal [M]. Boca Raton：CRC Press，1989.

Derera N F，Bhatt G M. On the problem of pre-harvest sprouting of wheat [J]. Euphytica，1977，26：299-308.

Flintham J E，Gale M. D. Dormancy gene maps in homologous cereal genomes[C]. In：Noda K，Mares D J (Eds)，Seventh International Symposium on Pre-harvest Sprouting in Cereals. Center for Acad Soc. Japan. Osaka. Japan，1996：143-149.

Flintham J E. Sprouting risks and genetic strate-gies for breeding resistant wheats[C]. In：Ringlund K，Mosleth E，Mares D J (Eds). Pre-harvest sprouting in cereals 1989，Westview Press/Boulder，San Francisco，Oxford，1990：176-182.

Gale M D，Flintham J E. Cereal comparative genetics and pre-harvest sprouting [J]. Euphytica，2002，126：21-25.

Gale M D. The genetics of pre-harvest sprouting in cereals，particularly in wheat[C]. In：Pre-harvest Field Sprouting in Cereals. Derera N F (Eds). Boca Raton：CRC Press，1989：85-110.

Gale M D，Flintham J E. Alpha-amylase production in the late stages of grain developmentan early sprouting damage risk period?. In: Third International Symposium on Pre-Harvest Cereals [C]. Kruger J E, LaBege D E (Eds). Westview Press Inc. ,Boulder Co. USA,1983: 29-35.

Garello G,Page-Degivry M T Le. Evidence for the role of abscisic acid in the genetic and environmental control of dormancy in wheat (*Triticum aestivum* L.)[J]. Seed Science Research, 1999,9(3): 219-226.

Gatford K T,Hearnden P,Ogbonnaya F,et al. Novel resistance to pre-harvest sprouting in Australian wheat from the wild relative *Triticum tauschii*[J]. Euphytica,2002,126(1): 67-76.

Hageman M C, Ciha A J. Evalution of methods used in testing wheat susceptibility to preharvest sprouting [J]. Crop Science,1982,22: 584-588.

Hanft J M, Wych R D. Visual indicators of physiological maturity of hard red spring wheat[J]. Crop Science,1982,22(3): 584-588.

Henry R J, Battershell V G, Brennan P S, et al. Control of wheat α-amylase using inhibitors from cereals[J]. Journal of the Science of Food and Agriculture, 1992, 58(2): 281-284.

Hilhorst H W M, Cohn M A. Are celluar membranes involved in the control of seed dormancy? [M] In: Viemont J D, Crabbe J(Eds). Dormancy in plants-from whole plant behavior tocellular control UK. Wallingford: CABI Press,2000:275-285.

Himi E, Kazuhiko N. Red grain color gene (*R*) of wheat is a Myb-type transcription factor [J]. Euphytica,2005,143: 238-242.

Holdsworth M, Kurup S, McKibbin R. Molecular and genetic mechanisms regulating the transition from embryo development to germination[J]. Trends Plant Sci, 1999, 4:275-280.

Hoth S, Morgante M, Sanchez J P, et al. Genome-wide gene expression profiling in *Arabidopsis thaliana* reveals new targets of abscisic acid and largely impaired gene regulation in the abi1-1 mutant[J]. Journal of Cell Science, 2002, 115(24):4891-4900.

Huang G,Marston E V. α-amylase activity and pre-harvestsp routing damage in Kansas red and white wheat [J].J Agric Food Chem,1980,28: 509.

Hucl P, Baker R J. LOTIL high-yielding spring wheat[J]. Canadian Journal of Plant Science,1995,75(1): 209-210.

Jacobsen J V, Pearce D W. Abscisic acid, phaseic acid and gibberellin contents associated with dormancy and germination in barley [J]. Physio Logia Plantarum,2002,115: 428-441.

Kermode A R, Fisher S A. Accumulation and proteolytic processing of vicilin deletion-mutant proteins in the leaf and seed of transgenic tobacco [J]. Planta,1995,197: 501-513.

Khan A A, Prusinski J. Kinetin enhanced 1-aminocyclopropane-1-carboxylic acid utilization during alleviation of high temperatures stress in lettuce seeds[J]. Plant Physiology, 1989, 91 (2): 733-737.

King R W. Water up take and pre-harvest sprouting damage in wheat: grain characteristics [J]. Aust J Agric Res,1984,35: 337-345.

Krochko A, Loewen A, Cutler A J. (+)-Abscisic acid 8′-hydroxylase is a cytochrome P450 monooxygenase[J]. Plant Physiology, 1998, 118(3): 849-860.

Lan X, Liu D, Wang Z. Inheritance in synthetic hexaploid wheat 'RSP' of sprouting tolerance derived from *Aegilops tauschii* Cosson[J]. Euphytica, 1997, 95(3):321-323.

Laura P, Fernando C. Expression analysis of a GA 20-oxidase in embryos form two sorghum lines with contrasting dormancy: possible participation of this gene in the hormonal control of germination [J]. J Exp Bot, 2003, 54: 2071-2079.

Li C, Ni P, Francki M, et al. Genes controlling seed dormancy and pre-harvest sprouting in a rice-wheat-barley comparison[J]. Functional & Integrative Genomics, 2004, 4(2): 84-93.

Lullien-Pellerin V, Popineau Y. Reversible changes of the wheat gamma 46 gliadin conformation submitted to high pressures and temperatures [J]. Eur J Biochem, 2001, 268: 5705-5712.

Lunn G D, Kettlewell P S, Major B J, et al. Variation in dormancy duration of the U.K. wheat cultivar hornet due to environmental conditions during grain development [J]. Euphytica, 2002, 126(1): 89-97.

Chono M, Ichiro H, Shoko S, et al. Field studies on the regulation of abscisic acid content and germinability during grain development of barley: molecular and chemical analysis of pre-harvest sprouting[J]. Journal of Experimental Botany, 2006, 57(10): 2421-2434.

Masaharu M, Yasushi T. ABA 8′-hydroxylase and its chemical inhibitors [J]. Phytochemistry Reviews: Proceedings of the Phytochemical Society of Europe, 2006, 5(2/3): 384-404.

Mares D J. Temperature dependence of germ inability of wheat grain (*Triticum aestivum* L.) in relation to pre-harvest sprouting [J]. Aust J Agric Res, 1984, 35: 115-128.

Masojc P, Zawistowski J. A combined monoclonal and polyclonal antibody sandwich ELISA for quantification of the endogenous alpha-amylase inhibitor in barley and wheat [J]. Journal of Cereal Science, 1993, 17:115-124.

Masojc P, Marths L R. Variations of the levels of α-amylase and endogenous α-amylase inhibitor in rye and tritical grain [J]. Swedish J Agric Res, 1991, 21: 3-9.

Mathewson P R, Fahrenholz C H, Booth G D, et al. Colorimetric alpha-amylase, falling number, and amylograph assays of sprouted wheat: collaborative study[J]. Journal of AOAC International, 1981, 64(5): 1243-1251.

Miyamoto T, Tolbert N E, Everson E H. Germination inhibitors related to dormancy in wheat seeds[J]. Plant Physiology, 1961, 36(6): 739-746.

Morris C F, Anderberg R J. Molecular cloning and expression of abscisic acid-reponsive genes in embryos of dormant wheat seeds [J]. Plant Physiology, 1991, 95: 814-821.

Mrva K, Mares D J. Molecular markers associated with late maturity alpha-amylase (LMA) in wheat [J]. In: Proceedings of 54th Australian Cereal Chemistry Conference and 11th Wheat Breeders Assembly, 2004.

Mrva K, Mares D J. Inheritance of late maturity α-amylase in wheat[J]. Euphytica, 1996, 88(1): 61-67.

Nielsen M T, McCrate A J, Heyne E G, et al. Effect of weather variables during maturation on preharvest sprouting of hard white wheat[J]. Crop Science, 1984, 24(4): 779-782.

Nambara E, Marion-Poll A. Abscisic acid biosynthesis and catabolism[J]. Annual Review of Plant Biology, 2005, 56: 165-185.

Nyachiro J M, Clake F R, DePauw R M, et al. Temperature effects on seed germination and expression of seed dormancy in wheat [J]. Euphytica, 2002, 126: 123-127.

Okamoto M, Kuwahara A, Seo M, et al. CYP707A1 and CYP707A2, which encode abscisic acid 8′-hydroxylases, are indispensable for proper control of seed dormancy and germination in *Arabidopsis*. [J]. Plant Physiology, 2006, 141(1): 97-107.

Peter E T, Rosa M B. Differentially expressed genes associated with dormancy or germination of *Arabidopsis thaliana* seeds [J]. Planta, 2005, 221: 637-647.

Reddy L V, Metzger R J. Effect of temperature on seed dormancy of wheat [J]. Crop Science, 1985, 25: 455-458.

Ryu J S, Kim J I, Kunkel T, et al. Phytochrome-specific type 5 phosphatase controls light signal flux by enhancing phsytochrome stability and affinity for a signal transducer[J]. Cell, 2005, 120: 395-406.

Saito E, Hirata T, Sato D, et al. Effects of rice seeds, hulls, bran and straw, and of some herbicides on seed germination of *Monochoria vaginalis* var. *plantaginea* [J]. Journal of Weed Science and Technology, 2004, 49(Supplement): 172-173.

Schwartz S H, Léon-Kloosterziel K M, Koornneef M, et al. Biochemical characterization of the aba2 and aba3 mutants in *Arabidopsis thaliana* [J]. Plant Physiology, 1997, 114(1): 161-166.

Seo M, Koshiba T. Complex regulation of ABA biosynthesis in plants[J]. Trends in Plant Science, 2002, 7(1): 1-48.

Takahashi N. Effect of environmental factors during seed formation on pre-harvests sprouting [J]. Cereal Res Commun, 1980, 8: 175-183.

Tan B C, Schwartz S H, Zeevaart J A, et al. Genetic control of abscisic acid biosynthesis in maize[J]. Proceedings of the National Academy of Sciences of the United States of America, 1997, 94(22): 12235-12240.

Torada A, Amano Y. Effect of seed coat color on seed dormancy in different environments [J]. Euphytica, 2002, 126: 99-105.

Kushiro T, Okamoto M, Nakabayashi K, et al. The *Arabidopsis* cytochrome P450 CYP707A encodes ABA 8′-hydroxylases: key enzymes in ABA catabolism[J]. The EMBO Journal, 2004, 23(7): 1647-1656.

Ueno K. Effects of desiccation and a change in temperature on germination of immature grains of wheat (*Triticum aestivuml*) [J]. Euphytica, 2002, 126: 107-113.

Ueno K, Kato T. Control of germination ability during ripening and after ripening wheat seeds[C]. In: Weipert D (Eds.), Pre-harvest Sprouting in Cereals. Association of Cereal Research Federal. Center for Cereal, Potato and Lipid Research. Detmold, 1998: 49-56.

Upadhyay M P. Characterization of pre-harvest sprouting resistance in Clark′ scream white winter wheat [J]. Euphytica, 1988, 37: 85-92.

Varghese J P, Struss D, Kazman M E. Rapid screening of selected European winter wheat varieties and segregating populations for the Glu-D1d allele using PCR[J]. Plant Breeding, 1996, 115(6): 451-454.

Wang Y, Wang X L, Meng J Y, et al. Characterization of *Tamyb10* allelic variants and development of STS marker for pre-harvest sprouting resistance in Chinese bread wheat[J]. Molecular breeding: new strategies in plant improvement, 2016, 36(11): 148-159.

Weidner S, Krupa U, Amarowicz R, et al. Phenolic copounds in embryos of triticale caryopsis at different stages of development and maturation in normal environment and after dehydration treatment [J]. Euphytica, 2002, 126: 115-122.

Xiong Z, Xing G, Shi S, et al. Effects of cropping systems on nitrous oxide emissions from paddy soils during the rice-growing season[J]. The Journal of Applied Ecology, 2003, 14 (10): 1761-1764.

Yang Y, Ma Y Z, Xu Z S, et al. Isolation and characterization of *Viviparous-1* genes in wheat cultivars with distinct ABA sensitivity and pre-harvest sprouting tolerance[J]. Journal of Experimental Botany, 2007, 58(11): 2863-2871.

Yang Y, Chen X M, He Z H, et al. Distribution of *Vp-1* alleles in chinese white-grained landraces, historical and current wheat cultivars[J]. Cereal Research Communications, 2009, 37 (2): 169-177.

Yang Y, Zhang C L, Liu S X, et al. Characterization of the rich haplotypes of *Viviparous-1A* in Chinese wheats and development of a novel sequence tagged site marker for pre-harvest sprouting resistance[J]. Mol Breed, 2014, 33: 75-88.

Ziegler P. Carbohydrate degradation during germination[C]. In: Kigel J, Galili G (Eds). Seed Development and Germination. New York: Marcel Dekker Press, 1995.

第3章

Vp-1 在普通小麦及其近缘种中的研究

3.1 *Vp-1* 基因的功能

小麦收获前遇雨发生穗发芽的现象是世界主要小麦生产国存在的重要问题。穗发芽导致小麦加工品质严重降低甚至完全丧失(Humphreys 和 Noll,2002)。由于穗发芽影响,世界小麦的产量年损失近 1×10^9 t。在我国约占全国小麦总面积 83%的种植区都发生过严重的穗发芽灾害。我国长江流域、西南地区和东北春麦区经常遭受穗发芽危害,北部冬麦区大部分白粒小麦品种对穗发芽高度敏感,收获期遇雨极易引起穗发芽。1992 年,仅陕西关中地区小麦穗发芽就造成减产 4×10^9 kg 以上,直接经济损失 2.6 亿元。京津冀地区 1995 年和 2001 年穗发芽严重,造成巨大经济损失。1998 年,解放军总后勤部嫩江农场 20 000 hm^2 小麦发生严重穗发芽,受灾面积达 100%,造成下年断种而不得不从外地调运(肖世和等,2004)。据统计,2009 年江苏省小麦穗上发芽面积达 324 万亩(1 亩≈667 m^2),湖北省襄樊市(现为湖北省襄阳市)460 万亩小麦中约有 380 万亩出现穗发芽。2016 年,黄淮地区小麦灌浆期和收获期普遍受降雨影响,穗发芽问题在江苏、安徽、河南和湖北非常明显。如何控制小麦成熟期穗发芽是我国小麦育种的重要目标,也是目前世界小麦品种改良和生产中亟待解决的难题。

穗发芽的影响因素很多,除环境因素外,小麦穗发芽抗性主要受几个与休眠性状相关基因及数量性状基因座(quantinative trait locus,QTL)位点的控制(Bailey 和 Mckibbin,1999;Flintham,2000;Mares 等,2005;Tan 等,2006)。已经鉴定出控制种子休眠性和与穗发芽抗性相关的候选基因有 *Vp-1*、*ABI3*、*FUS3* 以及 *LECI* 等,这些基因都具有双重功效,既抑制萌发又促进与胚成熟有关的过程(Li 等,2004)。这几个基因均编码一个含高度保守 B_3 区段的氨基酸序列,该保守域最早在玉米 *Vp-1* 的转录因子中发现(Patrick 和 Margare,1997)。*Vp-1* 的突变体导致玉米的胚在未脱离母体时就提前萌发,同时发现 *Vp-1* 转录因子可抑制与发芽相关水解酶的活性,并参与调控成熟胚向穗发芽的转变。在发育的玉米籽粒中,*ABI3* 和 *FUS3* 基因编码的蛋白有几个保守区域,表现出高度同源性,并调节 *Vp-1* 基因的表达。*Vp-1* 突变体

的表型与 *ABI3* 的突变体相似，包括种子对 ABA 的敏感性以及在种子成熟期间未成熟胚顶端分生组织的活性，这些都表明 ABI3 和 FUS3 蛋白在拟南芥和玉米中具有相同的功能（Li 等，2004；Bailey 和 Mckibbin，1999；Jones 和 Peters，1997）。

在影响小麦穗发芽的众多基因中，*Vp-1* 是调节胚发育、促进胚成熟和休眠的主要转录调节因子（McCarty 和 Hattori，1991）。*Vp-1* 基因序列已定位在小麦第三组同源染色体 3A、3B 和 3D 的长臂上（Bailey 和 Mckibbin，1999）。Nakamura 等（2001）在研究强休眠品种 Minamino 和非休眠品种 Tozan 的 *Vp-1* 基因的表达时发现，Minamino 成熟胚中的 *Vp-1* 的表达量大于 Tozan，又以成熟期小麦胚为材料，分析 *Vp-1* 的转录结构，发现每个同源基因都会产生一套不同大小的转录本，原因是转录后前体 mRNA 发生了不正确的剪接，导致无法编码全长 VP-1 蛋白，从而表现对穗发芽敏感。通过比较普通六倍体小麦和四倍体小麦及其野生近缘物种中 *Vp-1* 转录产物，发现它们都存在 *Vp-1* 转录后的错误剪接，而且它们的转录本结构相似。说明普通小麦 *Vp-1* 转录本的非正常剪切是由其近缘种遗传而来的，也就是说 *Vp-1* 的非正常表达在普通小麦出现之前就已形成（McKibbin 等，2002）。燕麦 *Vp-1* 只形成一种转录本，把燕麦 *Vp-1* cDNA 转入小麦中，转基因小麦穗发芽程度明显降低（Jones 和 Peters，1997）。根据 *Vp-1* 序列中跨越 5 个内含子的 B_3 区段设计引物，对 2 个 CIMMYT 人工合成六倍体小麦进行 RT-PCR，发现这 2 个合成小麦之间存在不同的剪切模式，从而进一步证明了 *Vp-1* 在转录时不同的剪切方式是导致品种间穗发芽抗性差异的重要因素之一；而且 3 个 *Vp-1* 同源基因各产生一套大小不同的 mRNA，这些 mRNA 在转录时都有不正确的剪切发生（Wilkinson 和 Mckibbin，2002）。

3.2 与小麦种子休眠相关的分子标记研究进展

小麦的穗发芽抗性是由多基因控制的复杂性状，同时受环境因素的影响较大。穗发芽的分子标记开发是近年来国内外研究的重点领域之一，现已报道的与穗发芽有关的各种分子标记有近 20 个（表 3-1）。

Flintham 等（1990）用 Bezostaya 替换 Hobbit 的全套染色体置换系，发现穗发芽抗性与 4D 和 7B 染色体有关。Anderson 等（1993）找到 8 个与穗发芽关联的基因组区域，定位出了 10 个与穗发芽抗性有关的限制性片段长度多态性（RFLP）标记，其中 *Xcnl.bcd1434* 和 *Xcnl.cdo431* 在 1AS 染色体上，*Xcnl.cdo64* 在 2AS 上，*Xcnl.Wg996a* 和 *Xcnl.bcd120a* 在 2AL 上，*Xcnl.bdcd450* 在 5DL 上，*Xcnl.cdo545* 在 4AL 上，*Xcnl.bcd450* 在 5DL 上，*Xcnl.bcd426* 在 6BL 上。Roy 等（1999）利用序列标签微卫星（sequence-tagged microsatellites，STMS）标记在 6BS 染色体上定位了 1 个控制穗发芽的主效基因，与 *Cwmc104* 标记紧密连锁；利用序列标签位点（sequence-tagged site，STS）标记在 7DL 染色体上还定位了 1 个控制穗发芽的主效基因，与 Xmst101 标记紧密连锁。有研究者以 α-淀粉酶和降落值为衡量穗发芽的指标，分别发现了 12 个和 13 个与穗发芽有关的 QTL 位点。Mares 等（2005）应用不同的群体将控制种子休眠性状的 QTL 定位于 4A 染色体上。

Flintham（2000）用一组红粒和白粒的近等基因系来研究休眠性与 *R* 基因的相关性，发现

R 基因是一种控制红粒种皮颜色的三重基因，位于第三部分同源群染色体的长臂端，也就是说A、B和D染色体组中都含有 *R* 基因位点，它控制种皮的颜色，属于母性遗传。不同来源的 *R* 基因具有对休眠性和籽粒颜色的双重效应，把这种差异解释为在胚中还存在一个与休眠性有密切关系的主效基因 *Phs*，后来这个基因被定位于4AL上，是影响休眠和后熟水平的基因位点(Flintham 和 Adlam，2002)。Himi 和 Kazuhiko(2005)证明了 *R* 基因能促进类黄酮基因的转录，在白粒品种中，由于 *R* 基因没有表达而使类黄酮基因的表达降低。*R* 基因位点和休眠基因紧密连锁，所以在小麦穗发芽抗性品种选育中，*R* 基因所控制的种皮颜色可作为一个穗发芽抗性的标记来应用。但这个标记不能应用于白粒小麦穗发芽抗性标记辅助育种。

表 3-1　目前已报道与小麦穗发芽抗性相关的分子标记

标记类型	标记名称	标记性状	染色体	文献
基因	三重 *R* 基因	种皮颜色	3A、3B、3D	Flintham (2000)
基因	*Phs*	休眠	4A	Flintham 和 Adlam (2002)
基因	*TaAFP-B*	休眠	2B	Yang 等(2007a)
STS	*Vp1B3*	休眠	3B	Yang 等(2007b)
STS	*Vp1A3*	休眠	3A	Yang 等(2014)
STS	*TaMYB10D*	休眠/种皮颜色	3D	Wang 等(2016)
CAPS	*TaDFR-B*	休眠	3B	Bi 等(2014)
CAPS	*TaSdr-A1a*	休眠	2A	Zhang 等(2014)
QTL	*Psr115-Ger*	休眠	4A	Flintham 和 Adlam(2002)
QTL	*ATPased-psr903b*	休眠	3A	Ulrike 和 Marison(2005)
QTL	*Gwm774*	休眠	6D	Ulrike 和 Marison(2005)
QTL	*gwm397*、*gwm269*、*barc170*	休眠	4A	Mares 等 (2005)
QTL	*Cdo545*	休眠	4A	Flintham 和 Adlam(2002)
STS	*MST101*	穗发芽抗性	7D	Roy 等(1999)
STMS	*WMC104*	穗发芽抗性	6B	Roy 等(1999)
QTL	*QPhs. ccsu-3A. 1*	穗发芽抗性	3A	KulWal 和 Kumar(2005)
QTL	*bcd402b-ksuf8a*	穗发芽抗性	4A	Ulrike 和 Marison(2005)
QTL	*Hd*	芒性	4B	Derera (1989)
QTL	*BI*	芒性	5A	Derera (1989)
QTL	B_2	芒性	6B	Derera (1989)
QTL	—	表皮蜡质	2B	King 和 Wettsitein(2000)
QTL	—	表皮蜡质	2D	King 和 Wettsitein(2000)
QTL	—	穗型	2D	Derera(1989)
QTL		淀粉酶活性	4B、4D	Flintham(2000)

注："—"表示该类型标记未命名。

Ulrike 和 Marison(2005)以随机选择的75份来自ITMI作图群体的重组自交系(RIL)为

试材，在 6DL 上发现 1 个主效 QTL。但由于小麦穗发芽抗性是一复杂性状，受基因型与环境互作影响较大，其可靠性有待进一步验证。KulWal 和 Kumar（2005）在 3AL 上发现一个与穗发芽抗性相关的主效 QTL 位点 *QPhs. ccsu-3A. 1*，在 6 种不同的环境中可以解释表型变异的 78.03%。

此外，还有许多穗发芽抗性的 QTL 被定位到不同的染色体区段上，包括 4BS 上的 Hd、5AL 上的 BI 和 6BL 上的 B2 等位点所控制的芒性，2DL 上的 C 位点控制的穗型（Derera，1989），2B 和 2D 位点上发现的控制上表皮蜡质的位点（King 和 Wettsitein，2000），以及在 4B 和 4D 短臂上发现的矮秆基因位点，均与降低淀粉酶活性相关（King 和 Wettsitein，2000）。虽然控制小麦芒性、穗型、株高和籽粒表皮蜡质的标记与穗发芽抗性相关，但它们并不是影响穗发芽抗性的主要因素。

除 1D 染色体外，其他染色体都携带有穗发芽抗性相关的基因，其中以 3A、3B、3D 和 4A 染色体与其关系最为密切。3A 和 3B 染色上的 STS 标记 *VP1A3* 和 *VP1B3* 均与根据 *Vp-1* 基因在不同穗发芽抗性小麦的序列差异开发出的与籽粒休眠特性密切相关分子标记（Yang 等，2007，2014）。TaMYB10 就是在发育的籽粒中调控黄酮类化合物生物合成的 *R* 基因，且位于 3A、3B 和 3D 染色体长臂上，在不同颜色的小麦品种中存在基因序列差异，引起开放阅读框架的移动，改变了基因所编码的氨基酸序列（Himi 和 Kazuhiko，2005）。位于 3D 染色体上的 STS 标记 *TaMYB10D*，不但与小麦的籽粒颜色密切相关，同时与小麦籽粒的休眠特性密切相关（Wang 等，2016）。*TaSdr* 是根据洋小麦和中优 9507 重组自交系群体定位的一个与籽粒休眠密切相关的 QTL 克隆到的一个与小麦籽粒休眠相关的基因，位于小麦 2A 染色体上，根据其在不同穗发芽抗性个体材料中的序列差异，开发出一个切割扩增多态性序列（cleaved amplified polymorphic sequence，CAPS）标记 *TaSdr-A1a*（Zhang 等，2017）。另外，根据小麦 DFR 在不同穗发芽抗性红粒小麦中的序列特征，开发出了位于 3B 染色体上的 CAPS 标记 *TaDFR-B*（Bi 等，2014）。另外研究人员利用 Presto 的代换系（黑麦的 D 染色体被小麦的 *D* 基因组替换）来研究黑麦基因组对小麦穗发芽影响，结果发现除了 6D(6R)外，其他的代换系比对照 Presto 的穗发芽抗性高，这就意味着黑麦的基因组影响了小麦的穗发芽抗性；3D(3R)代换系穗发芽抗性最高，发芽籽粒数最少，发芽实验第 9 天后发芽率仅为 7%；2D(2R)代换系的穗发芽抗性次之（发芽率仅为 16%）；6D(6R)代换系穗发芽的敏感性较高，发芽实验第 9 天后发芽率为 56%；在穗上发芽最快的是 5D(5R)代换系。从这些实验数据可知，在小麦的 D 基因组中，控制穗发芽抗性的基因很可能位于 3D 染色体上（Rybka，2003）。同时，这一结论也验证 *Vp-1* 位点在小麦 3A、3B 和 3D 染色体长臂上的结论（Bailey 和 Mckibbin，1999）。

Marta 等（2005）利用 541 和 Ot1-3 两个黑麦的种间杂交后代的 F_5 和 F_6 群体，应用 BSA 分析法寻找控制穗发芽和 α-淀粉酶活性的基因，结果发现 3 个随机扩增多态性 DNA（RAPD）标记（*Pr966*、*Pr429a*、*Pr354b*）与穗发芽抗性相关，另外 3 个 RAPD 标记（*Pr139*、*Pr502a*、*Pr1056c*）与控制 α-淀粉酶活性基因相关。虽然各个标记的作用并不高，但是它们累积后却能使穗发芽抗性升高。

3.3 *Vp-1* 基因在普通小麦中的分离及抗穗发芽分子标记的研发

3.3.1 材料和方法

1.试验材料

用穗发芽高度敏感品种中优 9507、高抗地方品种万县白麦和永川白麦及中抗品种西农 979 来扩增 *Vp-1A*、*Vp-1B* 和 *Vp-1D* 基因的全长序列。用来自中国小麦主要生产区、具有不同穗发芽抗性的白粒冬小麦品种(系)及一些地方品种共 89 份材料来验证开发的序列标签位点(sequence tagged site,STS)标记的有效性(表 3-2),这 89 份材料中有 39 份的平均发芽指数(germination index,GI)值小于 15%,30 份介于 31%~54%,20 份大于 70%。

表 3-2 用于验证 *Vp1B3* 标记的 89 份具有不同穗发芽抗性的白粒小麦品种

品种	发芽指数	片段类型/bp	品种	发芽指数	片段类型/bp
安选 2 号	4.0	569	德选 1 号	34.5	652
百壳早 2 号	5.0	569	丰抗 13	98.5	652
白秃子	12.5	569	丰抗 4 号	89.5	652
白玉皮	7.5	569	红穗白	13.5	652
巴麦 5 号	49.0	569	冀麦 1 号	95.0	652
碧玛 1 号	12.5	569	冀麦 14	99.0	652
川 81-11108	2.0	569	济麦 21	90.0	652
川农 94-DH343	5.5	569	冀麦 9 号	98.0	652
丰产 3 号	33.0	569	京 411	81.5	652
辉县红	15.0	569	京 437	95.0	652
京花 1 号	87.0	569	京核 3 号	97.5	652
泾阳 302	38.0	569	京双 10 号	93.5	652
开封 124	7.0	569	晋麦 10 号	84.0	652
鲁麦 1 号	39.5	569	晋麦 5 号	97.5	652
鲁麦 21	8.5	569	科遗 26	96.5	652
洛阳大口麦	11.0	569	临汾 7023	39.0	652
绵阳 15	0.0	569	鲁麦 12	33.5	652
绵阳 8186-0-14	5.0	569	鲁麦 7 号	34.0	652
绵阳 93-352	6.5	569	PH 8516	42.0	652
绵阳 94-315	7.5	569	山东 928802	46.5	652
南大 2419	4.5	569	山农辐 63	35.5	652

续表 3-2

品种	发芽指数	片段类型/bp	品种	发芽指数	片段类型/bp
内乡 173	4.0	569	石家庄 407	43.5	652
内乡 19	6.0	569	石家庄 54	88.5	652
平原 50	6.0	569	小偃 22	54.0	652
齐大 195	10.5	569	西农 88	39.5	652
山农 6521	6.0	569	叙永	<8.0	652
山农 9 号	13.0	569	宜宾白麦	<8.0	652
陕西 54	6.0	569	原冬 3 号	83.5	652
蜀万 761	0.5	569	原丰 1 号	50.0	652
SW95-16117	2.5	569	豫麦 15	50.5	652
小偃 168	8.0	569	豫麦 21	52.0	652
小偃 5 号	4.5	569	豫麦 62	47.0	652
西昌 5762	5.5	569	郑州 3 号	49.5	652
西昌 6028	8.0	569	郑州 6 号	36.0	652
信阳 1 号	9.0	569	周麦 13	78.5	652
豫麦 34	34.0	569	扁穗麦	47.5	845
豫麦 50	50.0	569	川育 21729	7.5	845
豫麦 8 号	31.0	569	涪陵白麦	<8.0	845
早洋麦	1.0	569	济南 4 号	44.0	845
中麦 2	92.5	569	阆中白麦	<8.0	845
兰花麦	8.5	652	鲁麦 2 号	38.0	845
935031	70.5	652	荣昌白麦	<8.0	845
951741	46.0	652	山农 3 号	32.0	845
CA9722	89.0	652	泰山 5 号	50.0	845
昌乐 5 号	52.0	652			

一套中国春的缺体-四体材料 N1A-T1D、N1B-T1D、N1D-T1B、N2A-T2B（来源于 M2A-T2B 系）、N2B-T2A、N2D-T2B、N3A-T3D、N3D-T3A、N3B-T3D、N4A-T4B、N4D-T4B、N5A-T5B、N5B-T5A、N5D-T5B、N6A-T6B、N6B-T6D、N6D-T6B、N7A-T7D、N7B-T7D、N7D-T7A 以及端体 3BL 和 3BS 用于对这一标记定位。

2. 田间试验

2000—2002 年连续 2 个生长季节将 89 份源于不同省份、具有不同穗发芽抗性且具有广泛遗传代表性的白粒品种、品系及地方品种(表 3-2)分别种植在郑州和北京 2 个生态条件不同的地区，田间设计采用单行区，行长 2 m，行距 0.3 m。郑州地区在 10 月上旬播种，北京地区在 9 月下旬播种，精细管理，适时收获。

3.3.2 研究方法

1.穗发芽抗性测定

用发芽指数(GI)值衡量小麦的穗发芽抗性。取蜡熟期种子,手工脱粒后,将100粒种子胚向上腹沟向下摆放在垫有吸水纸的培养皿中,加10 mL无菌水,室温下进行发芽试验,重复3次。每日统计发芽数,并拣出发芽种子。种子的发芽能力用发芽率或发芽指数表示。种子的发芽指数(GI)用以下公式计算(Walker-Simmons,1998)。

$$GI=\frac{7\times n_1+6\times n_2+5\times n_3+4\times n_4+\cdots+1\times n_7}{7\times 总种子数}$$

式中,n_1,n_2,…,n_7 分别表示种子在第1天、第2天……第7天的发芽粒数。

由于穗发芽与小麦芒的有无、颖壳及空间姿态也有一定的关系,在籽粒发芽试验时籽粒必须采用手工脱粒而不用机械脱粒,因为机械脱粒能损伤打破种子的休眠,可显著提高种子的发芽率。

2.引物设计

根据GenBank中注册的AJ400712、AJ400713和AJ400714序列,在DNAMAN软件中进行序列比对,然后根据特异碱基分别设计了3A、3B和3D染色体上扩增*Vp-1*基因的特异性引物(表3-3);为提高测序结果的准确性,采用分段嵌套法来获得*Vp-1A*、*Vp-1B*和*Vp-1D*的全长。图3-1是以扩增*Vp-1B*基因全长为例示意引物设计思路。

表3-3 获得*Vp-1A*、*Vp-1B*和*Vp-1D*的全长的12对引物

引物名称	上游引物序列(5′→3′)	下游引物序列(5′→3′)	退火温度/℃	片段/bp
Vp-1AF$_1$/R$_1$	ATCCAAACCGGCGGCTTCCCTCAAGA	CAAAATCGATCGATGGGAGTACTAG	56	1 108
Vp-1AF$_2$/R$_2$	AGGACATCGGCACATCTCA	CTGGTCAGTTTGCAACATGCAAC	53	912
Vp-1AF$_3$/R$_3$	TGGAGATCCGGCAGGGAGAG	CCAGAGGCCTCCCCAGCCA	67	1 253
Vp-1AF$_4$/R$_4$	GAATGAGCTGCAGGAGGGTGA	GCAATGCATGACTAACTAGG	58	1 207
Vp-1BF$_1$/R$_1$	ATCCAAACCGGCGGCTTCCCTCAAGA	CTTACCGGTACCGCATGCTCCAG	60	1 031
Vp-1BF$_2$/R$_2$	AGGACATCGGCACATCTCA	CAAAATGGCAGCAACTGATCAGTTC	55	960,1 153,877
Vp-1BF$_3$/R$_3$	ATGGACGCCTCCGCCGGCTC	CTGCTGCTGCAGGCACGACAA	65	1 227
Vp-1BF$_4$/R$_4$	CAATGAGCTGCAGGAGGGTGA	ATCATCCCTAACTAGGGCTACG	66	911

续表 3-3

引物名称	上游引物序列(5′→3′)	下游引物序列(5′→3′)	退火温度/℃	片段/bp
Vp-1DF$_1$/R$_1$	ATCCAAACCGGCGGCTT CCCTCAAGA	GAACGTGCGTGTCCCAC ACAC	60	1 214
Vp-1DF$_2$/R$_2$	AGGACATCGGCACATCT CA	CCGCCTTATATTTTGAT ACGC	60	1 025
Vp-1DF$_3$/R$_3$	TGGAGATCCGGCAGGGA GAG	CTGGCCCTGGACGGCAT GC	67	1 282
Vp-1DF$_4$/R$_4$	GAATGAGCTGCAGGAGC GGTGA	CGATAGCTACTTTAGT ATCAC	58	1 033

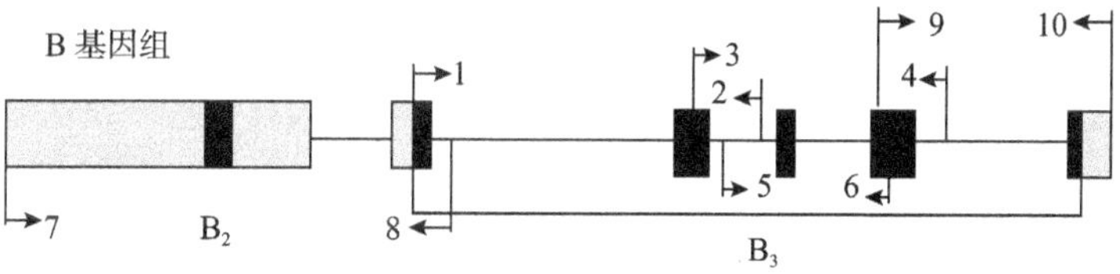

图 3-1 用 PCR 方法分段获得 *Vp-1B* 基因全长的引物设计示意图

外显子用框表示，内含子用线表示；编码区的 B_2 和 B_3 区段用黑色框表示。1/2 表示 Vp-1BF$_1$/R$_1$引物扩增区段，3/4 表示 Vp-1BF$_2$/R$_2$引物扩增区段，5/6 表示 Vp-1B$_3$F/R 引物扩增区段，7/8 表示 Vp-1BB$_3$F/R 引物扩增区段，9/10 表示 Vp-1BB$_4$F/R 引物扩增区段。

3. DNA 的提取和 PCR 扩增

(1)DNA 的提取：采用 CTAB 法提取小麦籽粒中的基因组 DNA(Gale 和 Ma，2001)。

(2)基因组 DNA 的扩增：扩增 PCR 在 MJ Research PTC-200 仪器上进行，反应体系总体积 50 μL，其中包括 10×PCR 缓冲液(buffer)、125 μmol/L of each dNTP、8 pmol 上游及下游引物、2.0 U rTaq 聚合酶(polymerase)(TaKaRa 产品)和 100 ng 模板 DNA。

(3)反应条件为：94 ℃预变性 5 min，36 个循环的 94 ℃变性 1 min，58～60 ℃ 退火 1 min，72 ℃延伸 1 min，最后 72 ℃ 延伸 10 min。PCR 产物用 2.0%的琼脂糖凝胶分离，电泳电压 5 V/cm，胶板在 0.01%溴化乙锭(EB)溶液中染色 15 min，用德国 Biometro UVIdoc 紫外成像系统仪照相。

4. 数据分析

用 SAS 软件(SAS Institute，1997)中 PROC MIXED 进行数据分析。

3.3.3 结果与分析

1. *Vp-1* 基因的扩增及其序列特征分析

Vp-1A、*Vp-1B* 和 *Vp-1D* 的全长均分为 4 个区段来分别扩增，每一段所用引物见表 3-3。扩增出的 PCR 片段双向测序后，根据正反向序列的重叠部分拼接片段全长，然后根据相邻序列重叠部分进行片段拼接的方法来获得目的序列的全长。通过分析 *Vp-1A* 和 *Vp-1D* 的全

长，结果在具有不同穗发芽抗性的品种（中优 9507、西农 979、万县白麦和永川白麦）中没有发现多态性，但是在分析 *Vp-1B* 的全长时，这 4 个品种间在 B_3 区段发现了多态性（引物 Vp-1BF$_2$/R$_2$）。万县白麦和永川白麦 2 个具有较高穗发芽抗性的地方品种在 *Vp-1Ba*（AJ400713）基因的第 3 个内含子中存在 193 bp 的插入，同时又发现在具有中等抗性的品种西农 979 中存在 83 bp 的缺失，而在对穗发芽敏感的品种中优 9507 中，则没有发生这种插入和缺失（图 3-2）。我们把 *Vp-1B* 的这两个等位变易分别命名为 *Vp-1Bb*（插入类型）和 *Vp-1Bc*（缺失类型）。序列分析表明，两种变异类型与 *Vp-1Ba* 相比分别具有 95.43%和 97.89%的同源性。我们在 GenBank 中注册了这两个新的等位变异，其注册号分别为 DQ517493 和 DQ517494。

Vp-1B3 正向引物

```
Y   CTCTGCATCACTGTGGGACACGCATGCTCCTTTCCCAATTGGGCAAGTGGGTCATATGAA   180
Z   CTCTGCATCACTGTGGGACACGCATGCTCCTTTCCCAATTGGGCAAGTGGGTCATATGAA   178
X   CTCTGCATCACTGTGGGACACGCATGCTCCTTTCCCAATTGGGCAAGTGGGTCATATGAA   38
Y   TACATATGATGGGAATCCGGGAGCAAAATTGCTTTACACACGACGGTTAGTGCACGACGC   240
Z   TACATATGATGGGA..............................................   192
X   TACATATGATGGGA..............................................   52
Y   TTGCACGATTCTCCCTCCCCAACAGGGCTCCTCCACACACGGTGGCTGCTGGTGCTTTTT   300
Z   ............................................................   192
X   ............................................................   52
Y   TTAATTGAGAATCGGTCGCTGCTGGTGCTGCCACGTATGAATCGTTCATGCATCGGCCGT   360
Z   ............................................................   192
X   ............................................................   52
Y   GCAGGCATCGTCTATCTAGCAACGCTCATCCGGGAGCCAAATAGTAGCATGCATTCGTAG   420
Z   ...........................ATCCGGGAGCCAAATAGTAGCATGCATTCGTAG   225
X   ...........................ATCCGGGAGCCAAATAGTAGCATGCATTCGTAG   85
Y   TGCGCTCTCTCTATATATACGTGAACGGGCGGGCATGCAGAAATTTTGTTTTCGCATCGT   480
Z   TGCGCTCTCTCTATATATACGTGAACGGGCGGGCATGCAGAAATTTTGTTTTCGCATCGT   285
X   TGCGCTCTCTCTATATATACGTGAACGGGCGGGCATGCAGAAATTTTGTTTTCGCATCGT   145
Y   CTCTTGGTTCACTCCTTGTTAGCATCACTCTAGACAGTATATTATCATAATGAAGTGGTG   540
Z   CTCTTGGTTCACTCCTTGTTAGCATCACTCTAGACAGTATATTATCATAATGAAGTGGTG   345
X   CTCTTGGTTCACTCCTTGTTAGCATCACTCTAGACAGTATATTATCATAATGAAGTGGTG   205
Y   TTTCTGATACCATACTTCCTATTTTTCCGTCTTCTTCTTCTTCTTCCGAAGTGTATCATA   600
Z   TTTCTGATACCATACTTCCTATTTTTCCGTCTTCTTCTTCTTCTTCCGAAGTGTATCATA   405
X   TTTCTGATACCATACTTCCTATTTTTCCGTCTTCTTCTTCTTCTTCCGAAGTGTATCATA   265
Y   TGTTGCTAGTTACTCCCTCCGTAAACTAATATAAGAGCGTTTAGATTACTATTTTAGTGA   660
Z   TGTTGCTAGTTACTCCCTCCGTAAACTAATATAAGAGCGTTTAGATTACTATTTTAGTGA   465
X   TGTTGCTAGT..................................................   275
Y   TCTAAATGCTCTTATATTAGTTTACAGAGGGAGTAATTAGCTAGAGCTATCAAAATGAGA   720
Z   TCTAAATGCTCTTATATTAGTTTACAGAGGGAGTAATTAGCTAGAGCTATCAAAATGAGA   525
X   .................................TAATTAGCTAGAGCTATCAAAATGAGA   302
Y   AAAAAAGAACTAGCTAGTTTGTATTCTGCATGCATGATAACAAATTGCTGGTACAATGAT   780
Z   AAAAAAGAACTAGCTAGTTTGTATTCTGCATGCATGATAACAAATTGCTGGTACAATGAT   585
X   AAAAAAGAACTAGCTAGTTTGTATTCTGCATGCATGATAACAAATTGCTGGTACAATGAT   362
```

Y GGCTCTTGATTTTTCATGCATGCAGATTTTGGCCCAACAACAAGAGCAGAATGTATCTTC 840
Z GGCTCTTGATTTTTCATGCATGCAGATTTTGGCCCAACAACAAGAGCAGAATGTATCTTC 645
X GGCTCTTGATTTTTCATGCATGCAGATTTTGGCCCAACAACAAGAGCAGAATGTATCTTC 422
Y TAGAGAACACTGGTGAGAGAAGAGAAGCAAACTTGCCTGATACAATTTTGAAACCAAATA 900
Z TAGAGAACACTGGTGAGAGAAGAGAAGCAAACTTGCCTGATACAATTTTGAAACCAAATA 705
X TAGAGAACACTGGTGAGAGAAGAGAAGCAAACTTGCCTGATACAATTTTGAAACCAAATA 482
Y TGTTGCTAGCTTCCCTTGTGTTCACAAAACGTTTCTTCTGCTTGACCTTGTAGGTGACTT 960
Z TGTTGCTAGCTTCCCTTGTGTTCACAAAACGTTTCTTCTGCTTGACCTTGTAGGTGACTT 765
X TGTTGCTAGCTTCCCTTGTGTTCACAAAACGTTTCTTCTGCTTGACCTTGTAGGTGACTT 542
Y TGTTCGGTCCAATGAGCTGCAGGAGGGTGATTTCATCGTGCTTTACTCTGATGTCAAGTC 1 020
Z TGTTCGGTCCAATGAGCTGCAGGAGGGTGATTTCATCGTGCTTTACTCTGATGTCAAGTC 825
X TGTTCGGTCCAATGAGCTGCAGGAGGGTGATTTCATCGTGCTTTACTCTGATGTCAAGTC 572

Vp-1B3 反向引物

图 3-2 *Vp-1Bb*、*Vp-1Ba* 和 *Vp-1Bc* 的序列比对分析

Y. 永川白麦；Z. 中优 9507；X. 西农 979；与中优 9507 相比，永川白麦有 193 bp 的插入，而西农 979 有 83 bp 的缺失。

2. *Vp-1B* 的 3 个等位基因在成熟种子中的表达特性分析

用半定量 RT-PCR 的方法研究 *Vp1-B* 基因的 3 个等位变异 *Vp-1Ba*、*Vp-1Bb* 和 *Vp-1Bc* 在成熟种子中的表达特性。结果表明，在开花后 35 d 时，可以检测到许多的转录本（图 3-3），其中片段大于或等于 672 bp 的转录本能够编码 Vp-1 蛋白，属于 *Vp-1* 基因的正确剪切；而小

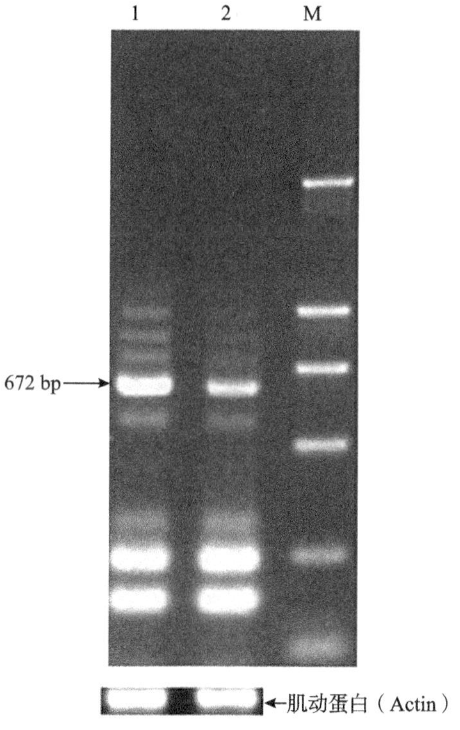

图 3-3 *Vp-1B* 在抗穗发芽品种和感穗发芽品种中存在的错误剪切现象

1. 永川白麦（*Vp-1Bb*）；2. 中优 9507（*Vp-1Ba*）；M. D-2000 ladder；箭头所指表示正确剪切的转录本。

于 672 bp 的转录本则不能编码 Vp-1 蛋白，属于 *Vp-1* 的错误剪切。图 3-3 表明，在 *Vp-1* 基因的正确剪切转录本中，*Vp-1Bb* 比 *Vp-1Ba* 具有更高的表达量，所以具有 *Vp-1Bb* 基因型的品种比 *Vp-1Ba* 基因型品种具有更强的休眠性。

3. 在 *Vp-1B* 基因中 1 个与穗发芽抗性相关的 STS 标记的开发

根据序列比对分析，从 *Vp-1B* 基因中开发了 1 个涵盖第 3 个内含子区域的 STS 共显性标记 *Vp1B3*（Vp-1B$_3$F/R）。用该标记对 17 个具有不同穗发芽抗性的白粒品种进行 PCR 扩增，得到 3 种长度的带型，即 845 bp、652 bp 和 569 bp。其中，扩增出 845 bp 片段的品种有早洋麦、川育 21729；扩增出 569 bp 片段的品种有南大 2419、陕西 54、白玉皮、川农 94-DH343、SW95-16117、蜀万 761、山农 9 号和内乡 173；扩增出 652 bp 片段的品种有科遗 26、辉县红、冀麦 21、石家庄 54、晋麦 5 号、丰抗 13 和 CA9722。有趣的是，在所用的 17 个品种中，所有抗穗发芽品种均扩增出 845 bp 或 569 bp 的片段，而所有感穗发芽的品种都扩增出了 652 bp 的片段(图3-4)。经用一套中国春的缺体-四体和端体 3BL 和 3BS 定位，确定 *Vp-1B3* 位于染色体 3BL 上(图 3-5)。

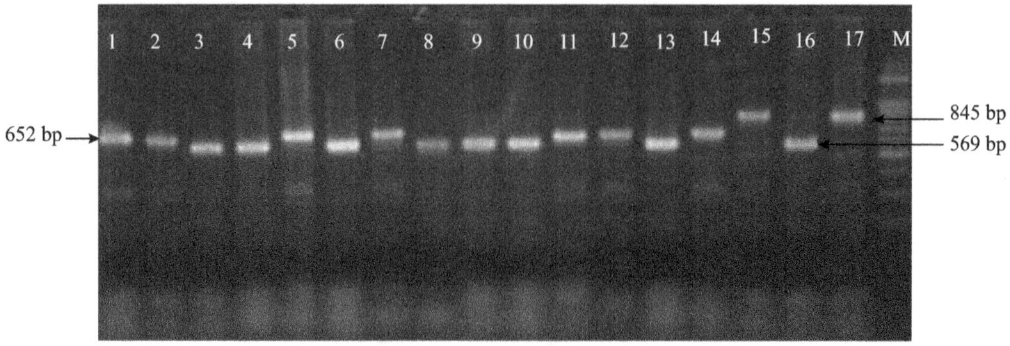

图 3-4 *Vp1B3* 扩增的 17 个具有不同穗发芽抗性的品种

1. CA9722(平均发芽率 91.5%)；2. 丰抗 13(98.5%)；3. 内乡 173 (4.0%)；4. 山农 9 号(11%)；5. 晋麦 5 号(97.5%)；6. 蜀万 761(0.5%)；7. 石家庄 54 (88.5%)；8. SW95-16117 (2.5%)；9. 川农 94-DH343 (5.5%)；10. 白玉皮(7.5%)；11. 冀麦 21 (90.0%)；12. 辉县红(15.0%)；13. 陕西 54 (6.0%)；14. 科遗 26 (96.5%)；15. 川育 21729 (7.5%)；16. 南大 2419(4.5%)；17. 早洋麦(1.0%)；M. 100 bp DNA ladder。注：括号中的数字表示 GI 值。

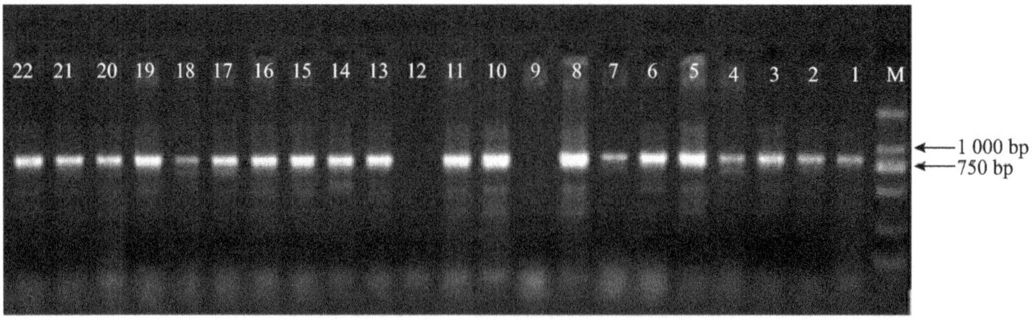

图 3-5 染色体定位图

1～10 分别为中国春缺体-四体 1D(N1A-T1D)、N1B-T1D、N1D-T1B、N2A-T2B(来源于 M2A-T2B 系)、N2B-T2A、N2D-T2B、N3A-T3D、N3B-T3D、N3D-T3A；11. ditelosomic line 3BL；12. ditelosomic line 3BS；13～23 分别为 4D(N4A-T4B)、N4D-T4B、N5A-T5B、N5B-T5A、N5D-T5B；M. D-2000 marker。

4.不同穗发芽抗性的小麦品种对 *Vp1B3* 的有效性验证

选用 89 份白粒小麦品种(系)对 STS 标记 *Vp1B3* 的有效性进行了验证。89 份品种(系)的 GI 值以及 PCR 扩增结果列于表 3-4,所扩增出 3 种片段的比例见图 3-6 和图 3-7。

表 3-4 *Vp1B3* 在 89 份白粒小麦品种中扩增出的 3 种 PCR 片段类型

穗发芽抗性	总数	平均 GI×100	范围 GI×100	845 bp	569 bp	652 bp
抗穗发芽品种数	39	7	0～26	36	30	3
中抗穗发芽品种数	30	42	24～70	5	7	18
感穗发芽品种数	20	90	61～100	0	2	18

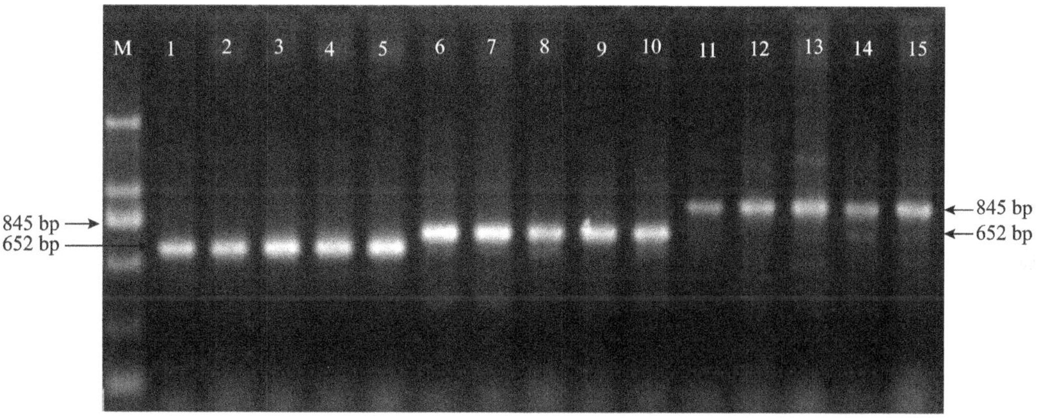

图 3-6 *Vp1B3* 扩增 10 份白粒抗穗发芽品种和 5 份感穗发芽品种的 PCR 片段多态性

M. D-2000 DNA marker;1. 绵阳 15 (平均发芽率 0);2. 小偃 5 号(2.5%);3. 内乡 19(6.0%);4. 白秃子(12.5%);5. 内乡 173(4.0%);6. 京双 10 号(96.5%);7. 周麦 13(78.5%);8. 京 411(81.5%);9. 石家庄 54(88.5%);10. 丰抗 13(98.5%);11. 宜宾白麦(<8%);12. 阆中白麦(<8%);13. 涪陵白麦(<8%);14. 万县白麦(8.0%);15. 旱洋麦(1.0%)。注:括号中表示平均发芽指数(GI)值。

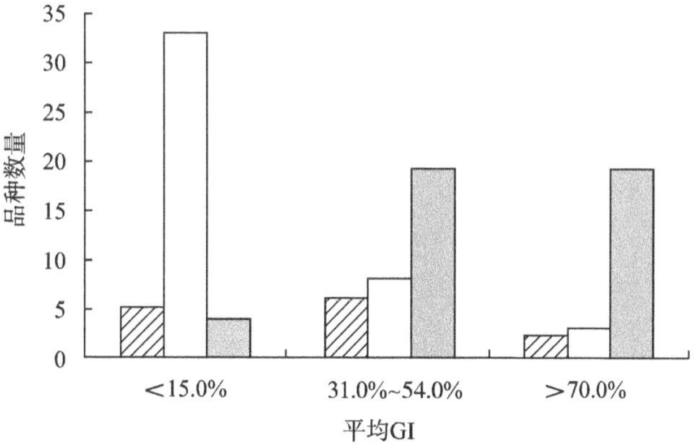

图 3-7 用 *Vp1B3* 在 84 份白粒小麦品种中扩增出 3 种类型片段的柱状图

□表示扩增出 569 bp 片段的品种数;▨表示扩增出 652 bp 片段的品种数;▩表示扩增出 845 bp 片段的品种数。

在 89 份品种中，9 份扩增出 845 bp 的片段，其中 3 份属于抗穗发芽品种，另外 6 份属于中间类型品种；39 份品种扩增出 569 bp 的片段，包括 30 份穗发芽抗性品种，7 份中间类型品种及 2 份感穗发芽品种；39 份品种扩增出 652 bp 的片段，包括 3 份抗穗发芽品种，18 份中间类型品种和 18 份感穗发芽品种。

89 份品种的 GI×100 值在 2 年间呈显著相关（$R=0.898$，$P<0.0001$），2001 年和 2002 年的平均值分别为（39.4±32）和（39.3±36）。另外，把 89 份品种按照所扩增出不同片段类型分类，结果表明扩增出 652 bp 基因型的品种（平均 GI×100 等于 62.6）比扩增出 845 bp（平均 GI×100 等于 21.7）和 569 bp（平均 GI×100 等于 16.9）基因型的品种对穗发芽更敏感，而后者则更抗穗发芽。数据统计分析显示，845 bp 和 569 bp 总是与抗穗发芽性状相关，而 652 bp 总是与对穗发芽敏感的性状相关。

3.3.4 讨论

与 *Vp-1Ba*（AJ400713）基因相比，*Vp-1Bb* 在第 3 个内含子的 2 497 bp 位有 1 个 193 bp 片段的插入，*Vp-1Bc* 在第 3 个内含子的 2 712 bp 位有 1 个 93 bp 的缺失。这个插入结构存在标准内含子的 GT-AG 结构，而 93 bp 的缺失结构是以 5′-GC 开始、3′-AG 结尾，可能也行使内含子的功能（图 3-2）（Yan 和 Bhave，2000；Alexei 和 Scott，2003）。这种形式的剪切究竟是如何形成的，到目前为止还不清楚，可能与潜在的内含子—外显子结构序列有关，从而导致了无效剪切（Wilkinson 等，2005）。所以这种插入和缺失可能影响了前体 mRNA 的稳定结构和 *Vp-1* 正确剪切后的表达水平，这个假设在本研究中得到了证实。开花后 35 d 的胚中，*Vp-1B* 正确剪切转录本的表达量 *Vp-1Bb* 基因型大于 *Vp-1Ba* 基因型（图 3-3），这种现象和 Nakamura 和 Toyama（2001）的研究结果相吻合，即 *Vp-1* 的表达量与种子的休眠水平相关。用于验证 STS 标记 *Vp1B3* 有效性的品种中，大多数具有 *Vp-1Bb* 或 *Vp-1Bc* 基因的品种是属于抗穗发芽品种，具有 *Vp-1Bb* 基因的品种主要是一些具有高穗发芽抗性的地方品种，多年试验结果表明其穗发芽率均小于 8%，如宜宾白麦、荣昌白麦、永川白麦、万县白麦、阆中白麦和涪陵白麦等。这些抗穗发芽的地方品种是穗发芽抗性育种极有价值的基因资源。

本研究共选用 89 份材料来验证新开发的 STS 标记 *Vp1B3* 的有效性。数据分析表明，*Vp1B3* 是一个能较好辨析穗发芽抗性的共显性标记，可以用于穗发芽抗性筛选的分子标记辅助育种中。但有 4 份对穗发芽敏感的品种也扩增出 569 bp 的片段（图 3-4），出现这种现象的原因可能是除了 *Vp-1* 基因以外，还有其他的因素（如 GA、种皮、穗部性状以及环境因素）影响了这些品种的休眠性状（Bailey 和 Mckibbin，1999；Li 等，2004；McCarty 和 Hattori，1991）。我们进一步研究了 *Vp1B3* 在红粒品种中的多态性，表明 *Vp1B3* 在不同穗发芽抗性的红粒品种中同样具有多态性（图 3-8），但是其片段类型与穗发芽抗性的差异显著性弱于白粒品种。虽然 *R* 基因控制的种皮颜色与种子的休眠性联系紧密（Flintham，2000；Warner 和 Kudrna，2000；Himi 和 Kazuhiko，2005），但并不是所有的红粒品种都抗穗发芽，在红色种皮的小麦中还存在另外一种休眠机制，与 *Vp-1* 基因共同控制种子的休眠特性。所以提高穗发芽抗性要综合考虑由种皮引起的休眠和由 *Vp-1* 基因引起的真正的胚休眠这两种因素（Bailey 和 Mckibbin，1999）。

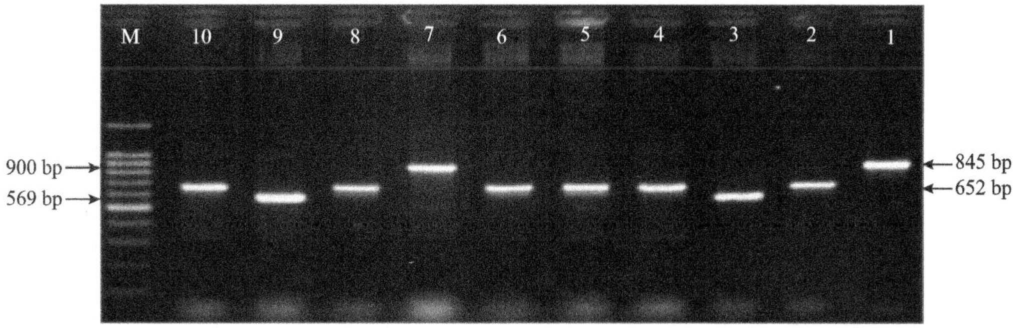

图 3-8 *Vp1B3* 在不同穗发芽抗性的红粒品种中的多态性

M. 100 bp DNA ladder；1. 中国春；2. 龙麦 15；3. 京冬 8 号；4. 03pm414；5. 轮选 987；6. 杂 08 野猫；7. 吉利；8. 龙 69；9. 龙 4526；10. 龙 3266。

3.4 *Vp-1* 基因在不同休眠特性小麦中转录本表达特性研究

3.4.1 材料和方法

1. 试验材料

本试验用永川白麦、西农 979、中优 9507 共 3 个小麦品种。永川白麦是一个典型抗穗发芽的地方品种，2005—2006 年分别种植于北京、安阳和郑州，三点平均发芽指数为 0.14；西农 979 属中等抗穗发芽品种，三点平均发芽指数为 0.50；中优 9507 为穗发芽敏感品种，三点平均发芽指数 0.84。在北京，3 个品种种植于中国农业科学院实验田，每个品种种植 3 行，2005 年 9 月下旬播种，收获前没有发生病害及穗发芽损坏。在开花后 25 d、30 d 和 35 d 取样，液氮迅速冷冻后于－70 ℃储存以备研究。

2. ABA 处理

小麦籽粒进入蜡熟期后，在无菌的条件下剥出胚置于用 30 μmol/L 的 ABA 水溶液浸润过的培养皿中（放 2 层滤纸），以清水处理作为对照。在 15 ℃黑暗的条件下放置 2 d、4 d 和 7 d，然后从胚中提取 RNA。

3. 引物设计

根据 GenBank 注册的 AJ400712、AJ400713 和 AJ400714 3 个同源基因分段设计基因特异性引物，用于扩增永川白麦、西农 979 和中优 9507 中每个品种的 *Vp-1A*、*Vp-1B* 和 *Vp-1D* 基因的全长。利用分段嵌套法共设计了 12 对引物（*Vp-1A*、*Vp-1B* 和 *Vp-1D* 各 4 对），即 Vp-1AF$_1$/R$_1$、Vp-1AF$_2$/R$_2$、Vp-1AF$_3$/R$_3$、Vp-1AF$_4$/R$_4$，Vp-1BF$_1$/R$_1$、Vp-1BF$_2$/R$_2$、Vp-1BF$_3$/R$_3$、Vp-1BF$_4$/R$_4$，Vp-1DF$_1$/R$_1$、Vp-1DF$_2$/R$_2$、Vp-1DF$_3$/R$_3$、Vp-1DF$_4$/R$_4$（表 3-3）。另外 3 对引物 RTVp-1AF/R、RTVp-1BF/R 和 RTVp-1DF/R 用来扩增 *Vp-1A*、*Vp-1B* 和 *Vp-1D* 基因 B$_3$ 区段的转录本。根据小麦的持家基因设计了 1 对引物，命名为 Actin，作为 *Vp-1* 基因表达水

平的内标。

4. RT-PCR 产物的检测

由于 RT-PCR 有多条转录需要分别回收测序，采用聚丙烯酰胺凝胶电泳来分离要测序的产物，表达量的分析采用琼脂糖凝胶电泳来检测。

3.4.2 结果与分析

1. 不同穗发芽抗性品种中 3 个 *Vp-1* 等位基因的分离及其序列分析

在前面的研究中已经从白粒品种得到 *Vp-1A*、*Vp-1B* 和 *Vp-1D* 的全长。序列分析表明，在所测试的 3 个品种中(万县白麦、西农 979 和中优 9507)只有 *Vp-1B* 基因在引物 Vp-1BF$_2$/R$_2$所扩增的区段有多态性，而 *Vp-1A* 和 *Vp-1D* 基因在所测试的这 3 个品种中没有多态性。在高抗穗发芽品种永川白麦中 *Vp-1B* 基因全长 4 227 bp，在第 3 个内含子中有 193 bp 的插入，抗穗发芽品种西农 979 *Vp-1B* 基因全长 3 942 bp，在第 3 个内含子中有 83 bp 的缺失。在 TIGR Plant Repeat Database(http://tigrblast.tigr.org)数据库中检索发现，193 bp 的插入与大麦的 gypsy/Ty3 反转录转座子(AY090462.1)有 92%的同源性；83 bp 的缺失与水稻的转录有关的序列具有高度的相似性，其同源性达 99.99%。序列分析表明，*Vp-1Bb* 和 *Vp-1Bc* 与 AJ400713(*Vp-1Ba*)相比分别具有 95.43%和 97.89%同源性。

2. *Vp-1A*、*Vp-1D* 和 *Vp-1B* 在 3 个不同抗性品种中的表达特性

为了确定 *Vp-1A*、*Vp-1D* 和 *Vp-1B* 这 3 个等位基因的表达特性及其与穗发芽抗性的关系，采用半定量 RT-PCR 的方法来研究 *Vp-1A*、*Vp-1D* 和 *Vp-1B* 基因的表达情况。开花后 35 d 时，在携带不同 *Vp-1B* 等位变异的 3 个小麦品种永川白麦、西农 979 和中优 9507 中均产生一套转录本，但只有其中 1 条转录本可以编码全长 VP-1 蛋白；*Vp-1A* 和 *Vp-1D* 在 3 种不同抗性的品种中，其转录本的表达量没有差异(图 3-9)，而 *Vp-1B* 基因的转录本存在错误剪切，在 *Vp-1Ba*、*Vp-1Bb* 和 *Vp-1Bc* 3 种基因型的品种中存在表达量的差异，*Vp-1Bb* 的表达量最高，而 *Vp-1Ba* 的表达量最低。

进一步用半定量 RT-PCR 法分析了在开花后 25 d、30 d 和 35 d 时，在 3 种不同 *Vp-1B* 基因型品种(中优 9507、永川白麦和西农 979)中的表达特性(图 3-10)。在开花后 25 d 时没有检测到 *Vp-1B* 的转录本；在开花后 30 d 时只有 1 种转录本被检测到，*Vp-1Bc* 的表达量最高，而 *Vp-1Ba* 的表达量最低；在开花后 35 d 时，3 种基因型品种的表达量都迅速增加，同时出现了转录本的错误剪切，*Vp-1Bb* 和 *Vp-1Bc* 基因型正确剪切的转录本表达量大于 *Vp-1Ba* 基因型，这与 Nakamura 和 Toyama(2001)的研究结果一致。转录本的错误剪切发生在种子发育的后期，正确剪切的转录本从开花后 25～35 d 是逐渐积累的。该研究结果表明与种子休眠性相关的 *Vp-1B* 基因及其等位基因的表达是受发育时间调控的，同时可能还受其他某几个因素的调控。

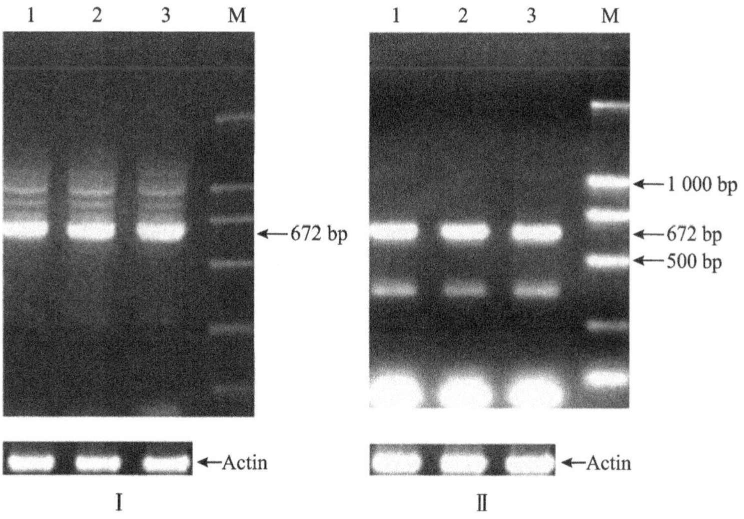

图 3-9 半定量 RT-PCR 分析在开花后 35 d 时 *Vp-1A* 和 *Vp-1D* 在不同穗发芽抗性品种中的表达特性

M. D-2000 DNA marker；1. 中优 9507；2. 西农 979；3. 永川白麦；Ⅰ. *Vp-1A* 在 3 种不同抗性品种中转录本的比较；Ⅱ. *Vp-1D* 在 3 种不同抗性品种中转录本的比较。

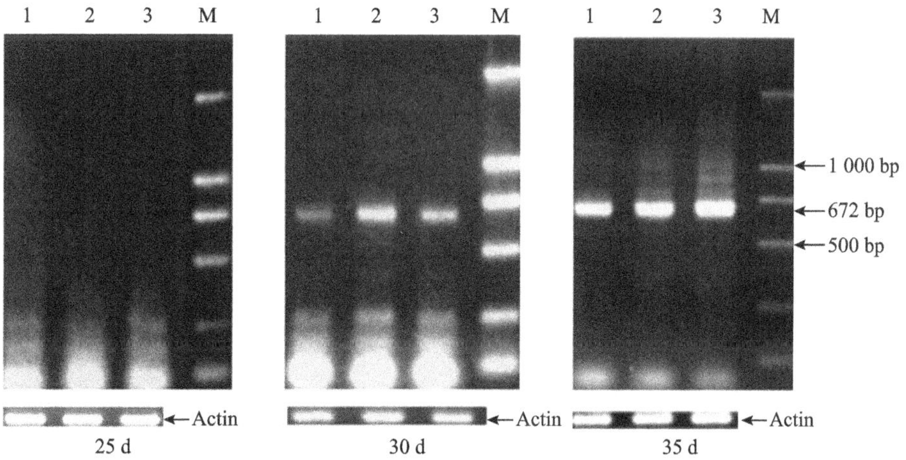

图 3-10 半定量 RT-PCR 分析在开花后 25 d、30 d 和 35 d 时 *Vp-1B* 的等位基因在胚中的表达特性

3. ABA 处理后 *Vp-1B* 等位基因的表达特性

用半定量 RT-PCR 方法分析了在开花后 35 d 用 30 μmol/L ABA 处理后(不处理为 CK) *Vp-1B* 3 个等位基因在胚中的表达特性，目的是确定在 *Vp-1B* 基因的第 3 个内含子中的插入和缺失是否改变了其对 ABA 的敏感性。如图 3-11 所示，在水中浸泡 2 d 后，*Vp-1B* 3 个等位基因在胚中的转录本的表达量用琼脂糖没有检测到，这时的胚已经萌发；相反用 30 μmol/L ABA 浸泡 2 d 后，*Vp-1B* 3 个等位基因在胚中均观测到了转录本的表达，尤以 *Vp-1Bb* 转录本的表达量最高；但在 30 μmol/L ABA 浸泡 4 d 后，*Vp-1Bb* 和 *Vp-1Bc* 转录本的表达量都没有观测到，而 *Vp-1Ba* 转录本的表达量基本没有变化。这些结果表明这 3 个等位基因对 ABA 的敏感性是不同的。

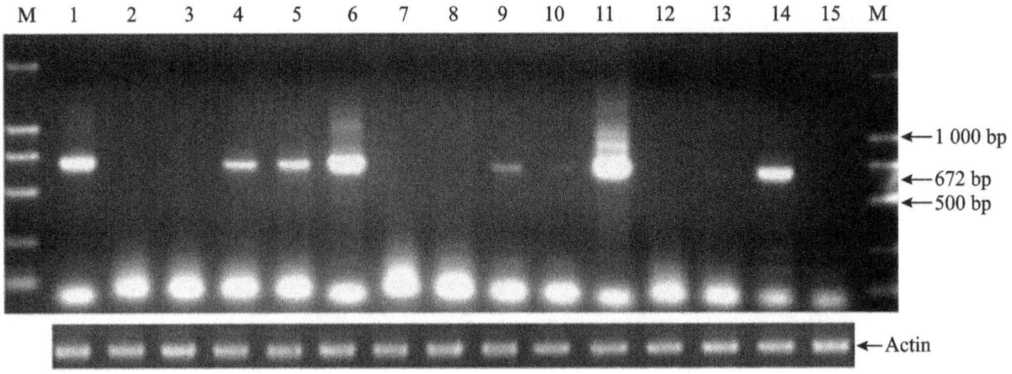

图 3-11 半定量 RT-PCR 分析 *Vp-1B* 等位基因在用 ABA 处理开花后 35 d 后胚后其转录本的表达

M. D-2000 DNA marker；泳道 1～5. 中优 9507（成熟种子胚、用水处理 2 d 和 4 d 的胚和用 30 μmol/L ABA 溶液处理 2 d 和 4 d 的胚），泳道 6～10. 西农 979（成熟种子胚、用水处理 2 d 和 4 d 的胚和用 30 μmol/L ABA 溶液处理 2 d 和 4 d 的胚）；泳道 11～15. 永川白麦（成熟种子胚、用水处理 2 d 和 4 d 的胚和用 30 μmol/L ABA 溶液处理 2 d 和 4 d 的胚）。

3.4.3 讨论

1. *Vp-1B* 基因的插入和缺失对表达特性及穗发芽抗性的影响

与 *Vp-1Ba*（AJ400713）基因相比，新等位变异 *Vp-1Bb* 在第 3 个内含子的 2 496 bp 位置有 1 个 193 bp 的插入（*Vp-1Ba*），*Vp-1Bc* 在第 3 个内含子 2 712～2 795 bp 的位置有 83 bp 的缺失。这个插入序列具有典型的外显子-内含子结构（GT-AG），而缺失的序列具有典型的内含子的结构特征，即 5′-GT 开始、3′-AG 结尾（Wilkinson 等，2005；Fedoroff 等，1983）。更为精确的剪切位点目前还不清楚，但是它们可能提高了内含子-外显子的非有效剪切的能力（Wilkinson 等，2005）。在玉米中，许多的 Spontaneous waxy 突变体就是由这种转录元件引起的（Fedoroff 等，1983；Wessler 和 Varagona，1985；Wessler 等，1987），所以这种插入和缺失有可能发生在基因进化过程中。进一步研究发现，在 *Vp-1Ba* 基因的 2 705～2 801 bp 的位置存在 1 个反向重复序列（图 3-12），这种插入和缺失可能影响了 pre-mRNA 的结构，进一步影响了 *Vp-1* 基因正确剪切转录本的表达量。在 *Vp-1B* 基因第 3 个内含子中的这种插入和缺失与其在开花后 35 d 时表达量的增加有密切关系（图 3-10）。抗穗发芽品种的基因型含有 *Vp-1Bb* 或者 *Vp-1Bc* 等位变异，而且发生插入的 *Vp-1Bb* 基因型抗穗发芽能力更强，一些具有 *Vp-1Bb* 基因型的地方品种其穗发芽率多年多点均小于 8%。在大麦中 *waxy* 基因启动子和第一个内含子区域的缺失也引起了基因表达量的降低和 α-淀粉酶含量的降低（Patron 和 Smith，2002；Domon 和 Fujita，2002）。所以确定 3 个 *Vp-1B* 等位基因在启动子区域是否也存在差异同时导致它们转录本水平差异的这一工作值得我们继续探讨。

McKibbin 等（2002）报道，在小麦 *Vp-1* mRNA 的群体中只有很小比例的转录本属于正确剪切的，在他研究的 7 个 *TaVp-1* cDNA 克隆中只有 3 个有能力编码全长 VP-1 蛋白。在 84 个随机测序的 RT-PCR 克隆中有 69% 正确剪切的转录本是来源于 B 基因组（Wilkinson 等，2005）。本研究显示，在种子发育后期（开花后 35 d 时）出现了错误剪切的转录本，这时主要转录本的剪切还是正确的。而且研究结果还表明随着种子的发育,*Vp-1B* 正确剪切转录本的表达量逐渐增加,表明剪切方式会随着种子的发育进程而变化。同时还发现,抗穗发芽的基因型比感穗发芽的基因型具有更多正确剪切转录本的表达,这与 Nakamura 和 Toyama(2001)关于种子休眠水平与转录本表达量密切相关的研究结果相吻合。另外,*Vp-1A* 和 *Vp-1D* 基因型在开花后 35 d 其在抗穗发芽和感穗发芽品种中的转录本表达量没有差异,但也存在着转录本的错误剪切。

2. *Vp-1B* 的 3 个等位基因对 ABA 的敏感性

ABA 在植物组织遇到逆境如干旱、高盐以及种子成熟和休眠时起到重要的调节作用。玉米的 *Vp-1* 基因和拟南芥 *ABI3* 基因是种子发育和 ABA 信号转导的主要调节因素(McCarty 和 Hattori,1991)。*Vp-1* 和 *ABI3* 基因失活突变体减弱了其对 ABA 的敏感性,从而导致玉米和拟南芥的种子不休眠,发生穗萌芽现象(Warner 和 Kudrna,2000;Nambara 和 Keith,1994)。有研究表明,种子的休眠性状与种子中 ABA 水平无关,而与胚对 ABA 的敏感性相关(Walker-Simmons 和 Sesing,1990)。另外,有研究表明,种子的休眠程度与 ABA 的敏感性以及成熟种子中 *Vp-1* 的表达量呈正相关(Nakamura 和 Toyama,2001)。在本研究中 *Vp-1Bb* 基因型是对 ABA 最敏感的,在用 ABA 处理成熟胚 2 d 后其转录本的表达量大于相同处理的 *Vp-1Bc* 和 *Vp1-Ba* 这 2 种基因型的表达量。ABA 处理 4 d 时 *Vp-1Bb* 基因型的转录本减少到几乎为零的程度,而 *Vp-1Ba* 基因型虽然对 ABA 不敏感,但其转录本的表达量与 ABA 处理第 2 天时没有差异,*Vp-1Bc* 基因型转录本的变化水平居于 *Vp-1Ba* 和 *Vp-1Bb* 2 种基因型之间。造成这种结果的原因目前还不十分清楚,但可能是由于存在其他调节因子或者 ABA 诱导的 microRNAs,当 microRNAs 积累到一定水平时就降解了 *Vp-1* 的 mRNA。在发芽的拟南芥种子中,有 2 种蛋白(ABI3 和与 ABI3 互作的 API2)可以使 ABA 调节的转录产物降解(Zhang 和 Chang,2006a)。同时 ABA 诱导了 microRNA159(miR159)的积累,microRNA159 在体内和体外都调节 MYB101 和 MYB33 这 2 个转录因子的表达,MYB101 和 MYB33 的功能是对 ABA 敏感的调节因子,使得其对 ABA 不敏感。ABA 诱导的 miR159 的积累导致 MYB101 和 MYB33 转录本降解(Zhang 和 Garreton,

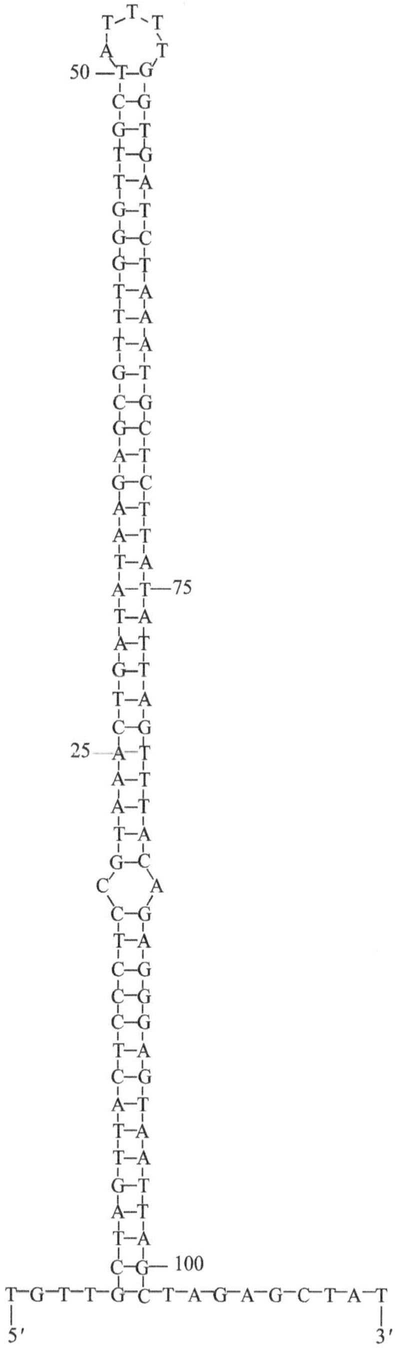

图 3-12 *Vp-1Ba* 的 2 705~2 803 bp 的位置存在一个反向重复序列

2006b)。另外,ABA 处理 2 d 和 4 d 时,*Vp-1Ba* 基因型转录本的变化很小,表明其对 ABA 敏感性的机制与 *Vp-1Bb* 和 *Vp-1Bc* 不同。*Vp-1Ba* 对 ABA 有一定的敏感性,但是其敏感性却弱于 *Vp-1Bb* 和 *Vp-1Bc*。永川白麦的胚(*Vp-1Bb* 基因型)比中优 9507 的胚(*Vp-1Ba* 基因型)对 ABA 更敏感(Zhang 和 Chang,2006a)。总之,有一点可以证明,那就是在 *Vp-1B* 基因中发生的这种插入和缺失增加了胚对 ABA 的敏感性,进而提高了穗发芽抗性。

3.5 *Vp-1B* 基因等位变异在中国小麦品种中的分布情况

3.5.1 材料和方法

1. 材料

选用从 1950—2000 年推广的白粒小麦品种 238 份用于 *Vp-1B* 等位基因的多样性检测,其中包括 38 份地方品种(表 3-5)、94 份历史品种(表 3-6)和 106 份当代品种(表 3-7),分别来自中国的北部麦区、长江流域和东北麦区,具有广泛的遗传代表性。

表 3-5 *Vp1B3* 在 38 份地方品种中的 PCR 扩增结果

编号	品种名称	*Vp-1B* 等位变异	编号	品种名称	*Vp-1B* 等位变异
1	扁穗麦	845	20	红穗白	652
2	女儿麦	845	21	洋小麦	652
3	永川白麦	845	22	歪头白	652
4	涪陵白麦	845	23	荣昌白麦	652
5	万县白麦	845	24	叙永	652
6	阆中白麦	845	25	红和尚头	573
7	宜宾白麦	845	26	白秃头	569
8	洛阳大口麦	652	27	白玉皮	569
9	红穗白	652	28	白秃子	569
10	温州红和尚	652	29	双丰收	569
11	蚰子麦	652	30	辉县红	569
12	方六柱	652	31	碧玉麦	569
13	大芒麦	652	32	白芒麦	569
14	黄县大粒半芒	652	33	旱洋麦	569
15	白齐麦	652	34	白玉花	569
16	燕京白芒白	652	35	小玉花	569
17	玉皮	652	36	遂宁坨坨麦	569
18	白穗白	652	37	白壳旱	569
19	秃葫芦头	652	38	白皮 224	569

表 3-6 *Vp1B3* 在 94 份历史品种中的 PCR 扩增结果

编号	品种名称	*Vp-1B* 等位变异	编号	品种名称	*Vp-1B* 等位变异	编号	品种名称	*Vp-1B* 等位变异
1	绵阳 15	569	38	宝鸡 42	569	60	复壮 30	845
2	蜀万 761	569	39	武农 132	652	61	官村 1 号	569
3	武农 99	569	40	郑州 17	569	62	豫麦 7 号	569
4	川 81-11108	569	41	川 484-769	569	63	安选 5 号	569
5	SW95-16117	569	42	西昌 2043-117	569	64	豫麦 8 号	569
6	安选 2 号	569	43	跃进 5 号	569	65	山农 3 号	845
7	内乡 173	569	44	小偃 4 号	569	66	丰产 3 号	569
8	小偃 5 号	569	45	青春 2 号	652	67	鲁麦 12	652
9	南达 2419	569	46	山农 17	652	68	鲁麦 7 号	652
10	小偃 5 号	569	47	内乡 5 号	569	69	豫麦 34	569
11	白壳旱 2 号	652	33	山农 9 号	569	70	德选 1 号	652
12	烟农 15	569	34	碧玛 1 号	652	71	长武 702	652
13	绵阳 8186-0-14	569	35	乾农 4 号	569	72	郑 6 辐	652
14	西昌 5762	569	36	孟麦 4 号	569	73	山农辐 63	652
15	川农 94-DH343 *	569	37	内乡 36	569	74	郑州 6 号	652
16	西昌 5763	569	38	宝鸡 42	569	75	泾阳 302	569
17	内乡 19	569	39	武农 132	652	76	鲁麦 2 号	845
18	平原 50	652	40	郑州 17	569	77	信阳 751	569
19	内乡 17	569	41	川 484-769	569	78	临丰 7023	652
20	山农 6521	569	42	西昌 2043-117	569	79	鲁麦 1 号	569
21	陕西 54	569	43	跃进 5 号	569	80	西农 88	652
22	郑州 683	569	44	小偃 4 号	569	81	PH 8516	652
23	绵阳 93-352	569	45	青春 2 号	652	82	石家庄 407	652
24	白农 3217	652	46	山农 17	652	83	济南 4 号	845
25	川育 21729	845	47	内乡 5 号	569	84	济麦 19	652
26	绵阳 94-315	569	48	咸农 68	569	85	豫麦 62	652
27	齐达 195	569	49	濮阳 5 号	652	86	巴麦 5 号	569
28	西农 6028	569	50	西北 612	569	87	郑州 3 号	652
29	小偃 168	569	51	泰农 153	569	88	泰山 5 号	845
30	鲁麦 21	569	52	咸农 39	569	89	原丰 1 号	652
31	信阳 1 号	569	53	跃进 8 号	569	90	豫麦 50	652
32	郑州 761	569	54	泰山 1 号	845	91	凤麦 27	569
33	山农 9 号	569	55	泰山 4 号	569	92	豫麦 15	652
34	碧玛 1 号	652	56	济南 12	845	93	昌乐 5 号	652
35	乾农 4 号	569	57	山农 1 号	569	94	豫麦 21	652
36	孟麦 4 号	569	58	泾阳 60	845			
37	内乡 36	569	59	绵阳 82-36	652			

表 3-7 *Vp1B3* 在 106 份当代品种中的 PCR 扩增结果

编号	品种名称	*Vp-1B* 等位变异	编号	品种名称	*Vp-1B* 等位变异	编号	品种名称	*Vp-1B* 等位变异
1	山东 928802	845	37	白硬冬 2 号	569	73	陕 253	569
2	中优 9507	652	38	石 4185	569	74	西农 979	569
3	轮选 987	652	39	石麦 12	569	75	淮麦 20	569
4	石新 733	652	40	石家庄 8 号	569	76	淮阴 9628	569
5	邯 3475	652	41	藁城 8901	569	77	鲁麦 22	569
6	邯 5316	652	42	衡观 35	569	78	鲁 95(6)161	569
7	邯 6172	652	43	衡 95 观 26	569	79	烟优 361	569
8	矮抗 58	652	44	衡水 7228	569	80	高优 503	569
9	新麦 11	652	45	冀师 02-1	569	81	豫麦 25	569
10	新麦 18	652	46	科农 9204	569	82	豫麦 35	569
11	偃展 1 号	652	47	白农 64	569	83	豫麦 49	569
12	偃师 4110	652	48	兰考 906	569	84	豫麦 50	569
13	豫麦 18	652	49	新麦 9 号	569	85	豫麦 54	569
14	豫麦 47	652	50	新麦 13	569	86	陕 229	569
15	濮麦 9	652	51	豫麦 2 号	569	87	陕 354	569
16	周 8425B	652	52	豫麦 34	569	88	运丰 898	569
17	周麦 16	652	53	郑麦 004	569	89	扬麦 158	569
18	周麦 18	652	54	郑 9023	569	90	扬麦 5 号	569
19	良星 99	652	55	郑 3666	569	91	扬麦 9 号	569
20	济南 19	652	56	中育 6 号	569	92	淮麦 16	569
21	济麦 20	652	57	周麦 19	569	93	淮麦 17	569
22	鲁麦 23	652	58	临安 16	569	94	淮麦 18	569
23	泰山 9818	652	59	济麦 21	569	95	皖麦 19	569
24	临麦 2 号	652	60	鲁麦 14	569	96	皖麦 38	569
25	淄麦 12	652	61	鲁麦 21	569	97	川育 12	569
26	小偃 22	652	62	PH82-2	569	98	凤麦 24	569
27	陕 213	652	63	泰山 008	569	99	凤麦 27	569
28	山东 757	652	64	Tanmai 8	569	100	云麦 42	569
29	西农 88	652	65	烟农 15	569	101	云麦 44	569
30	徐麦 856	652	66	烟农 19	569	102	云麦 46	569
31	PH85-16	652	67	烟辐 188	569	103	德麦 3 号	569
32	豫麦 51	652	68	赖州 95021	569	104	德麦 4 号	569
33	豫麦 62	652	69	小偃 6	569	105	绵阳 31	569
34	皖麦 33	652	70	小偃 54	569	106	中育 5 号	569
35	京冬 8 号	569	71	陕 160	569			
36	京 9428	569	72	陕优 225	569			

2. DNA 提取和 PCR 扩增

采用CTAB法来提取小麦籽粒中的DNA，每品种提取3份DNA，以纠正品种混杂造成的误判。STS标记 *Vp1B3*：5′-TGCTCCTTTCCCAATTGG-3′（上游引物）和 5′-ACCCTCCTG-CAGCTCATTG-3′（下游引物）用于 *Vp-1B* 等位变异的检测。PCR 的反应体系：总体积 25 μL 中包括 10×PCR buffer、70 μmol/L dNTP、4 pmol 上下游引物、1.0 U 的 rTaq 酶和 50 ng 模板 DNA。

PCR 的反应条件为 94 ℃预变性 5 min，每个循环 94 ℃变性 30 s，60 ℃退火 30 s，72 ℃延伸 1 min，35 个循环后最后 72 ℃延伸 10 min，PCR 产物于 4 ℃保存。PCR 产物用 2.5%的琼脂糖凝胶电泳 3 h，在 0.01% EB 溶液中染色 15 min 后紫外成像系统仪照相。

3. DNA 测序及序列分析

PCR 产物克隆采用 pGEM®-T Easy Vector Cloning System（Promega 公司）载体，每种片段挑选 5 个阳性克隆委托测序。采用生物软件 DNAMAN 进行序列分析（http://www.lynon.com）。

3.5.3 结果与分析

1. DNA 测序和 *Vp-1B* 新等位变异的发现

在之前的研究中，已从 *Vp-1B* 基因中发现了 4 个等位变异，即 *Vp-1Ba*、*Vp-1Bb*、*Vp-1Bc*（Yang 等，2007a）和 *Vp-1Bd*（Xia 等，2008）。本试验在抗穗发芽的地方品种红和尚中发现了 1 个新的等位变异（命名为 *Vp-1Be*），序列全长 573 bp，由标记引物 *Vp1B3* 扩增而来（图 3-13）。与 *Vp-1Ba* 相比，*Vp-1Be* 在第 3 个内含子的 2 653～2 654 bp 位存在 1 个 ATAT 的插入，在 2 712～2 796 bp位存在 83 bp 的缺失，并在 2 657 bp 和 2 808 bp 位存在 2 个单碱基突变（C/G、A/G）。

```
Vp-1Ba   TCTAGTAAAT GACATGATCA CTCTGCATCA CTGTGGGACA CGCATGCTCC
Vp-1Bc   TCTAGTAAAT GACATGATCA CTCTGCATCA CTGTGGGACA CGCATGCTCC
Vp-1Be   TCTAGTAAAT GACATGATCA CTCTGCATCA CTGTGGGACA CGCATGCTCC
Vp-1Bb   TCTAGTAAAT GACATGATCA CTCTGCATCA CTGTGGGACA CGCATGCTCC

Vp-1Ba   TTTCCCAATT GGGCAAGTGG GTCATATGAA TACATATGAT GGGA------
Vp-1Bc   TTTCCCAATT GGGCAAGTGG GTCATATGAA TACATATGAT GGGA------
Vp-1Be   TTTCCCAATT GGGCAAGTGG GTCATATGAA TACATATGAT GGGA------
Vp-1Bb   TTTCCCAATT GGGCAAGTGG GTCATATGAA TACATATGAT GGGAATCCGG

Vp-1Ba   ---------- ---------- ---------- ---------- ----------
Vp-1Bc   ---------- ---------- ---------- ---------- ----------
Vp-1Be   ---------- ---------- ---------- ---------- ----------
Vp-1Bb  GAGCAAAATT GCTTTACACA CGACGGTTAG TGCACGACGC TTGCACGATT

Vp-1Ba   ---------- ---------- ---------- ---------- ----------
Vp-1Bc   ---------- ---------- ---------- ---------- ----------
Vp-1Be   ---------- ---------- ---------- ---------- ----------
Vp-1Bb   CTCCCTCCCC AACAGGGCTC CTCCACACAC GGTGGCTGCT GGTGCTTTTT
```

```
Vp-1Ba    ---------- ---------- ---------- ---------- ----------
Vp-1Bc    ---------- ---------- ---------- ---------- ----------
Vp-1Be    ---------- ---------- ---------- ---------- ----------
Vp-1Bb    TTAATTGAGA ATCGGTCGCT GCTGGTGCTG CCACGTATGA ATCGTTCATG

Vp-1Ba    ---------- ---------- ---------- -------ATC CGGGAGCCAA
Vp-1Bc    ---------- ---------- ---------- -------ATC CGGGAGCCAA
Vp-1Be    ---------- ---------- ---------- -------ATC CGGGAGCCAA
Vp-1Bb    CATCGGCCGT GCAGGCATCG TCTATCTAGC AACGCTCATC CGGGAGCCAA

Vp-1Ba    ATAGTAGCAT GCATTCGTAG TGCGCTCTCT CTATATATAC GTGAACGGGC
Vp-1Bc    ATAGTAGCAT GCATTCGTAG TGCGCTCTCT CTATATATAC GTGAACGGGC
Vp-1Be    ATAGTAGCAT GCATTCGTAG TGCGCTCTCT CTATATATAC GTGAACGGGC
Vp-1Bb    ATAGTAGCAT GCATTCGTAG TGCGCTCTCT CTATATATAC GTGAACGGGC

Vp-1Ba    GGGCATGCAG AAATTTTGTT TTCGCATCGT CTCTTGGTTC ACTCCTTGTT
Vp-1Bc    GGGCATGCAG AAATTTTGTT TTCGCATCGT CTCTTGGTTC ACTCCTTGTT
Vp-1Be    GGGCATGCAG AAATTTTGTT TTCGCATCGT CTCTTGGTTC ACTCCTTGTT
Vp-1Bb    GGGCATGCAG AAATTTTGTT TTCGCATCGT CTCTTGGTTC ACTCCTTGTT

Vp-1Ba    AGCATCACTC TAGACAGTAT ATTATCATAA TGAAGTGGTG TTTCTGATAC
Vp-1Bc    AGCATCACTC TAGACAGTAT ATTATCATAA TGAAGTGGTG TTTCTGATAC
Vp-1Be    AGCATCACTC TAGACAGTAT ATTATCATAA TGAAGTGGTG TTTCTGATAC
Vp-1Bb    AGCATCACTC TAGACAGTAT ATTATCATAA TGAAGTGGTG TTTCTGATAC

Vp-1Ba    C----ATACT TCCTATTTTT CCGTCTTCTT CTTCTTCTTC CGAAGTGTAT
Vp-1Bc    C----ATACT TCCTATTTTT CCGTCTTCTT CTTCTTCTTC CGAAGTGTAT
Vp-1Be    CATATATACT TGCTATTTTT CCGTCTTCTT CTTCTTCTTC CGAAGTGTAT
Vp-1Bb    C----ATACT TCCTATTTTT CCGTCTTCTT CTTCTTCTTC CGAAGTGTAT

Vp-1Ba    CATATGTTGC TAGTTACTCC CTCCGTAAAC TAATATAAGA GCGTTTAGAT
Vp-1Bc    CATATGTTGC TAGT------ ---------- ---------- ----------
Vp-1Be    CATATGTTGC TAGT------ ---------- ---------- ----------
Vp-1Bb    CATATGTTGC TAGTTACTCC CTCCGTAAAC TAATATAAGA GCGTTTAGAT

Vp-1Ba    TACTATTTTA GTGATCTAAA TGCTCTTATA TTAGTTTACA GAGGGAGTAA
Vp-1Bc    ---------- ---------- ---------- ---------- -------TAA
Vp-1Be    ---------- ---------- ---------- ---------- -------TAA
Vp-1Bb    TACTATTTTA GTGATCTAAA TGCTCTTATA TTAGTTTACA GAGGGAGTAA

Vp-1Ba    TTAGCTAGAG CTATCAAAAT GAGAAAAAAA GAACTAGCTA GTTTGTATTC
Vp-1Bc    TTAGCTAGAG CTATCAAAAT GAGAAAAAAA GAACTAGCTA GTTTGTATTC
Vp-1Be    TTAGCTAGAG CTGTCAAAAT GAGAAAAAAA GAACTAGCTA GTTTGTATTC
Vp-1Bb    TTAGCTAGAG CTATCAAAAT GAGAAAAAAA GAACTAGCTA GTTTGTATTC

Vp-1Ba    TGCATGCATG ATAACAAATT GCTGGTACAA TGATGGCTCT TGATTTTTCA
Vp-1Bc    TGCATGCATG ATAACAAATT GCTGGTACAA TGATGGCTCT TGATTTTTCA
Vp-1Be    TGCATGCATG ATAACAAATT GCTGGTACAA TGATGGCTCT TGATTTTTCA
Vp-1Bb    TGCATGCATG ATAACAAATT GCTGGTACAA TGATGGCTCT TGATTTTTCA

Vp-1Ba    TGCATGCAGA TTTTGGCCCA ACAACAAGAG CAGAATGTAT CTTCTAGAGA
Vp-1Bc    TGCATGCAGA TTTTGGCCCA ACAACAAGAG CAGAATGTAT CTTCTAGAGA
Vp-1Be    TGCATGCAGA TTTTGGCCCA ACAACAAGAG CAGAATGTAT CTTCTAGAGA
```

```
Vp-1Bb    TGCATGCAGA TTTTGGCCCA ACAACAAGAG CAGAATGTAT CTTCTAGAGA

Vp-1Ba    ACACTGGTGA GAGAAGAGAA GCAAACTTGC CTGATACAAT TTTGAAACCA
Vp-1Bc    ACACTGGTGA GAGAAGAGAA GCAAACTTGC CTGATACAAT TTTGAAACCA
Vp-1Be    ACACTGGTGA GAGAAGAGAA GCAAACTTGC CTGATACAAT TTTGAAACCA
Vp-1Bb    ACACTGGTGA GAGAAGAGAA GCAAACTTGC CTGATACAAT TTTGAAACCA

Vp-1Ba    AATATGTTGC TAGCTTCCCT TGTGTTCACA AAACGTTTCT TCTGCTTGAC
Vp-1Bc    AATATGTTGC TAGCTTCCCT TGTGTTCACA AAACGTTTCT TCTGCTTGAC
Vp-1Be    AATATGTTGC TAGCTTCCCT TGTGTTCACA AAACGTTTCT TCTGCTTGAC
Vp-1Bb    AATATGTTGC TAGCTTCCCT TGTGTTCACA AAACGTTTCT TCTGCTTGAC

Vp-1Ba    CTTGTAGGTG ACTTTGTTCG GTCCAATGAG CTGCAGGAGG GTGATTTCAT
Vp-1Bc    CTTGTAGGTG ACTTTGTTCG GTCCAATGAG CTGCAGGAGG GTGATTTCAT
Vp-1Be    CTTGTAGGTG ACTTTGTTCG GTCCAATGAG CTGCAGGAGG GTGATTTCAT
Vp-1Bb    CTTGTAGGTG ACTTTGTTCG GTCCAATGAG CTGCAGGAGG GTGATTTCAT
```

图 3-13 中国小麦品种中 4 种 *Vp-1B* 的等位变异序列分析

序列分析表明，与 *Vp-1Ba* 相比，*Vp-1Bb* 存在 193 bp 的插入，*Vp-1Bc* 存在 83 bp 的缺失，*Vp-1Be* 除了有 83 bp 的缺失外还存在 4 bp 的插入和 2 个 SNP。插入部分用下划线表示，缺失部分用阴影表示，SNP 部分用粗下划线表示。

2. *Vp-1B* 等位变异在中国地方品种、历史品种和当代品种中的多样性检测

对 38 份地方品种、94 份历史品种和 106 份当代品种中 *Vp-1B* 等位变异的检测表明：分布最为广泛的是 *Vp-1Bc* 基因型，共有 141 份；78 份品种属于 *Vp-1Ba* 基因型；17 份品种属于 *Vp-1Bb* 基因型；1 份品种红和尚头属于 *Vp-1Be* 基因型；而 *Vp-1Bd* 基因型在本试验所有材料中没有发现。在所检测的 238 份材料中 *Vp1B* 5 种等位变异的分布频率为 *Vp-1Bc* (59%)>*Vp-1Ba*(33%)>*Vp-1Bb*(7%)>*Vp-1Be*(1%)>*Vp-1Bd*(0)(表 3-8)。在地方品种中 5 种等位变异：*Vp-1Ba* 的分布频率为(45%)>*Vp-1Bc*(34%)>*Vp-1Bb* (18%)>*Vp-1Be*(3%)>*Vp-1Bd*(0)；在历史品种中 5 种等位变异的分布频率为：*Vp-1Bc*(60%)>*Vp-1Ba*(30%)>*Vp-1Bb*(10%)>*Vp-1Be*(0)=*Vp-1Bd*(0)；在当代品种中 5 种等位变异的分布频率为：*Vp-1Bc*(68%)>*Vp-1Ba*(31%)>*Vp-1Bb* (1%)>*Vp-1Be*(0)≥*Vp-1Bd*(0)。

表 3-8 238 份中国小麦品种中 *Vp-1B* 等位基因的分布频率

品种类型	*Vp-1Ba*	*Vp-1Bb*	*Vp-1Bc*	*Vp-1Bd*	*Vp-1Be*
地方品种	17(45%)	7(18%)	13(34%)	0(0%)	1(3%)
历史品种	28(30%)	9(10%)	57(60%)	0(0%)	0(0%)
当代品种	33(31%)	1(1%)	72(68%)	0(0%)	0(0%)
总数	78(33%)	17(7%)	141(59%)	0(0%)	1(1%)

3.5.3 讨论

提高小麦穗发芽抗性是小麦品质育种中非常重要的任务之一。虽然已检测出一些具有较高穗发芽抗性的品种，但其抗性机制到目前为止还不十分清楚。本研究中发现了 17 个含有 *Vp-1Bb* 等位变异的基因型，包括宜宾白麦、永川白麦、万县白麦、遂宁坨坨麦、阆中白麦、涪陵

白麦等，这些品种几乎都是极抗穗发芽品种，其中有些品种在超过 10 年的穗发芽抗性测试中均具有非常低的穗发芽率(Xiao 等，2002)。在历史品种中泰山 1 号、泰山 5 号、鲁麦 2 号、济南 4 号、济南 12、泾阳 60、复壮 30、郑州 24 和川育 21729 也为 *Vp-1Bb* 基因类型。在 106 份当代品种中只有山东 928802 属于 *Vp-1Bb* 类型。*Vp-1Bb* 在地方品种、历史品种和当代品种中的分布频率分别为 18%、10% 和 1.0%。*Vp-1Bd* 基因类型与 *Vp-1Ba* 基因类型相比在第 3 个内含子中存在 25 bp 的缺失，我们在检测欧洲的 490 份小麦品种时发现有 20%的小麦品种属于 *Vp-1Bd* 基因类型，但在本研究中没有发现 *Vp-1Bd* 这种基因类型，原因可能是中国小麦与欧洲小麦的起源存在着差异。现在只在一个引进的红粒品种 Fornatana 中发现了这种基因类型，这进一步证明了我们的推断是正确的。*Vp-1Be* 类型除了在抗穗发芽的地方品种红和尚头中发现外，在其他被检测的中国白粒小麦品种中没有发现。最近几年，关于内含子在基因中所起的作用已经越来越清楚了，内含子编码调节元件、影响转录后剪切、基因的转录，以及影响核酸内切酶和反转录酶的合成(Lewin，2004)。我们以前的研究结果表明 *Vp-1Bb* 和 *Vp-1Bc* 发生的插入和缺失提高了基因转录本的表达量，因此 *Vp-1Be* 基因第 3 个内含子中发生的这些变化也可能影响 *Vp-1B* 基因转录本的变化，但需要做进一步的研究验证。

另外，在比较小麦及其近缘种的转录本结构时发现，*Vp-1* 基因的这种错误剪切早在进化前就已经存在(McKibbin 等，2002)，我们的研究还发现在小麦近缘种粗山羊草、普通二粒小麦和硬粒小麦的 D_3、A_3 和 B_3 区段第 3 内含子中同样也存在着内含子大片段的插入和缺失，表达特性分析的工作正在进行(数据未给出)。总之，我们可以得出这样一个结论：在 B_3 区段中的突变引起了小麦穗发芽抗性的变化，而且小麦的这种不同穗发芽抗性水平是其近缘中进化而来的。

3.6 小麦近缘种 *Vp-1* 基因的克隆与表达特性分析

3.6.1 材料和方法

1. 材料

本试验包括 11 份普通小麦近缘种材料，其中 3 个栽培一粒小麦和 3 个野生一粒小麦用于克隆 *Vp-1A* 的等位基因，2 个硬粒小麦和 3 个粗山羊草分别用于克隆 *Vp-1B* 和 *Vp-1D* 的等位基因。以普通小麦品种中优 9507(感穗发芽)、西农 979(中抗穗发芽)和万县白麦(抗穗发芽)作为对照分析不同小麦基因组供体材料中 *Vp-1* 基因的表达模式。所有材料由中国农业科学院作物科学研究所提供。

2. RNA 的提取和半定量 RT-PCR 分析

反转录反应体系如下：

Total RNA 50～5 000 ng/mRNA 5～500 ng	1 μL
Anchored Oligo(dT)18(0.5 μg/μL)	1 μL
2×TS Reaction Mix	10 μL

TransScript RT/RI Enzyme Mix　　1 μL

RNase-free Water　　up to 20 μL

轻轻混匀后 42 ℃孵育 30 min，85 ℃加热 5 min 失活 TransScript RT。

RT-PCR 反应体系及步骤：GC rich PCR kit (Clontech)，25 μL 体系中加 cDNA 约 2 μL，*Actin* 基因作为内标。94 ℃ 预变性 5 min，每个循环 94 ℃变性 1 min，50～60 ℃退火 1 min，72 ℃延伸 1 min，35 个循环后 72 ℃延伸 10 min。

3. *Vp-1* 各等位基因表达特性分析

试验采用半定量 RT-PCR 的方法对 *Vp-1* 基因表达量进行比较分析，内源基因 *Actin* 作为内参，用于小麦表达特性分析的引物见表 3-9。

表 3-9　半定量 RT-PCR 所用引物列表

引物	上游引物序列(5′→3′)	下游引物序列(5′→3′)	退火温度/℃
RTVp1AF/R	ATCCAAACCGGCGGCTTCCCTCAAGA	GCTTGGCTAGATCCTGTTGCGCT CTC	68
RTVp1BF/R	ATCCAAACCGGCGGCTTCCCTCAAGA	CTTGTGCTTGGCTAGATC CTGTTGA	60
RTVp1DF/R	ATCCAAACCGGCGGCTTCCCTCAAGA	CTTCTCTTTGCAACCACCGTCTTG	62
Actin up/down	GTTTCCTGGAATTGCTGATCGCAT	CATTATTTCATACAGCAGGCAAGC	62

4. 系统发育树的构建

本试验获得的所有小麦近缘种中 *Vp-1* 基因等位变异，连同目前已经公布的 *Vp-1* 等位基因均用来构建系统发育树。所有的基因序列应用软件 ClustalW 1.83(Thompson 等，1997)进行比对，导出结果后用于系统发育树的构建。邻位相连树(neighbor joining tree)和最大简约树(maximum parsimony tree)以软件 MEGA4(Kumar 等，2004)构建，最大似然树(maximum likelihood tree)应用 PHYLIP 软件包构建。

3.6.2　结果与分析

1. 小麦近缘种 *Vp-1* 基因的克隆

用于克隆栽培一粒小麦和野生一粒小麦的 A^m 基因组 *Vp-1A* 全长的引物为 Vp-1AF$_1$/R$_1$、Vp-1AF$_2$/R$_2$、Vp-1AF$_3$/R$_3$和 Vp-1AF$_4$/R$_4$，获得的全长基因序列分析发现共有 6 个新等位基因类型。3 个来自栽培一粒小麦，3 个来自野生一粒小麦，分别命名为 *TbVp-1A1*(来源于 B01)、*TbVp-1A2*(来源于 B03)、*TbVp-1A3*(来源于 B05)、*TmVp-1A1*(来源于 MDR035)、*TmVp-1A2*(来源于 MDR037)和 *TmVp-1A3*(来源于 MDR043)。从硬粒小麦种 Dr18 和 Dr24 克隆出 2 个新的等位基因，分别命名为 *TduVp-1B1* 和 *TduVp-1B2*，所用引物为 Vp-1BF$_1$/R$_1$、Vp-1BF$_2$/R$_2$、Vp-1BF$_3$/R$_3$和 Vp-1BF$_4$/R$_4$。从粗山羊草克隆 D 基因组 *Vp-1* 全长，引物为 Vp-1DF$_1$/R$_1$、Vp-1DF$_2$/R$_2$、Vp-1DF$_3$/R$_3$和 Vp-1DF$_4$/R$_4$，共发现 3 种新的等位变异，分别命名为 *AtVp-1D1*(来源于 Ae34)、*AtVp-1D2*(来源于 Ae42)和 *AtVp-1D3*(来源于 Ae43)(表 3-10)。

表 3-10 本试验应用的小麦近缘种及其 *Vp-1* 等位基因类型

种属	基因组	品种名称	等位基因	各等位基因变异类型及其与普通小麦中对应基因的同源性	
				变异类型	同源性
T. boeoticum	A^mA^m	B01	*TbVp-1A1*	64 SNP；41 bp、3 bp 和 31 bp 的缺失；67 bp 插入	94.7%
		B03	*TbVp-1A2*	55 SNP；41 bp、3 bp 和 31 bp 的缺失；46 bp 插入	95.7%
		B05	*TbVp-1A3*	64 SNP；41 bp、3 bp、31 bp 和 36 bp 的缺失；46 bp 插入	84.2%
T. monococcum	A^mA^m	M035	*TmVp-1A1*	75 SNP；41 bp、49 bp、31 bp 的缺失；39 bp 插入	94.5%
		M037	*TmVp-1A2*	61 SNP；41 bp、49 bp、31 bp 的缺失	95.2%
		M043	*TmVp-1A3*	72 SNP；41 bp、49 bp、31 bp 的缺失	95.2%
T. durum	AABB	Dr18	*TduVp-1B1*	8 SNP；83 bp 的缺失；4 bp 插入	97.7%
		Dr24	*TduVp-1B2*	4 SNP；80 bp 插入	97.9%
Ae. tauschii	DD	Ae34	*AtVp-1D1*	27 SNP；17 bp、160 bp 的缺失；9 bp 插入	94.7%
		Ae42	*AtVp-1D2*	24 SNP；17 bp 缺失	98.7%
		Ae43	*AtVp-1D3*	25 SNP；17 bp、160 bp 的缺失；9 bp 插入	94.7%

2. 序列比对和进化分析

野生一粒小麦、栽培一粒小麦、硬粒小麦和粗山羊草中的 *Vp-1* 基因全长序列比对结果表明，在小麦近缘种中 *Vp-1A*、*Vp-1B* 和 *Vp-1D* 均表现为多态性(表 3-10)，结合小麦 *Vp-1* 基因结构分析结果表明，大多数片段的插入、缺失和 SNP 发生在第 3 内含子处，在外显子也同样存在 SNP，根据蛋白质预测结果，这样的 SNP 并没有造成 VP-1 蛋白 4 个功能域发生变化，除了来自 A^m基因组有一个 AAG 的插入和一个 GCC 的缺失，这样的插入和缺失可能对功能并没有影响。应用 PHYLIP 和 MEGA4 等不同算法构建了 3 个不同的系统进化树，因通过不同算法得到的 3 个树具有极高的相似度，本文中只列出其中的临位相连树(图 3-14)。进化树主要分为 3 个大分支，来自 3 个基因组的等位基因各成一簇。由 *Vp-1B* 等位基因组成的大簇又可分为两个小分支，其中一个分支为在普通小麦中发现的等位基因，另一个分支为在近缘种中克隆的等位基因。值得一提的是，来自硬粒小麦 Dr18(AABB)的等位基因 *TduVp-1B1* 与普通小麦 *Vp-1Bc* 均存在一个 83 bp 的缺失，不同的是 *TduVp-1B1* 还存在一些等位变异位点，表明普通小麦 *Vp-1Bc* 是由硬粒小麦进化而来的。同样，来自普通小麦 A 基因组的 *Vp-1A* 和来自小麦近缘种的 A^m基因组的等位基因构成一个较大的簇，其中，普通小麦 A 基因组的 *Vp-1A* 单成一支，与 *Vp-1a* 同源性最高的为 *TbVp-1A2*，达到 95.7%，而来自野生一粒小麦和栽培一粒小麦的等位基因形成一个大基因簇，但总体来说 *TbVp-1A2* 与普通小麦具有较近的亲缘关系。来自 D 基因组的等位变异组成了另一个大簇，包括来自普通小麦的 *Vp-1D* 以及来自粗山羊草的 *AtVp-1D1*、*AtVp-1D2* 和 *AtVp-1D3*(图 3-14)，与 *Vp-1D* 相比，其同源性分别为 94.7%、98.7% 和 94.7%，说明普通小麦 *Vp-1D* 基因与 *AtVp-1D2* 基因具有较近的亲缘关系，同时间接验证了小麦 D 基因组由粗山羊草进化而来这一结果。

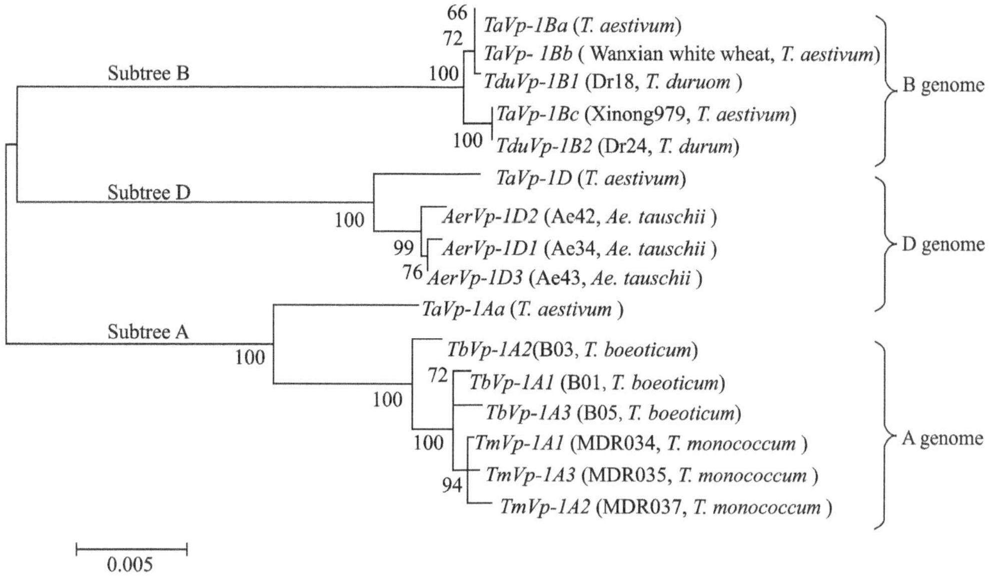

图 3-14 小麦及其近缘种 *Vp-1* 基因进化树分析

该树为应用 MEGA4 软件基于邻位相连算法构建的，包含本试验克隆的 11 个新等位基因和 Yang 等(2007a)克隆的 2 个等位基因，每个等位基因都标示出物种名称、等位基因名称。每一分支点上的数字为自举值，图旁的标尺代表每一个位点的核苷酸替换率。

3. 小麦近缘种中 *Vp-1A*、*Vp-1B* 和 *Vp-1D* 的表达特性分析

为了确定小麦近缘种 *Vp-1A*、*Vp-1B* 和 *Vp-1D* 基因的表达模式，采用半定量 RT-PCR 技术分析 *Vp-1A*、*Vp-1B* 和 *Vp-1D* 在小麦近缘种中的等位基因的表达特性，以 *Actin* 作为内参基因。半定量 RT-PCR 分析结果表明，在近缘种中，所有新发现等位基因表达均存在选择性剪切现象，即能够产生一系列转录本，这些转录本中只有一个转录本是正确的。*Vp-1A* 和 *Vp-1D* 在普通小麦中优 9507、西农 979 和万县白麦中表达水平没有差异，但 *Vp-1B* 在抗穗发芽品种西农 979 和万县白麦中表达量要明显高于感穗发芽品种中优 9507，即 3 个等位基因表达量不同。在野生一粒小麦中，3 个等位基因表达量表现出较大差异，*TbVp-1A2*(B03)的表达量要远高于 *TbVp-1A1*(B01)和 *TbVp-1A3*(B05)的表达量，在栽培一粒小麦中 *TmVp-1A2*(M037)和 *TmVp-1A3*(M043)的表达量高于 *TmVp-1A1*(M035)，但相对于其他品种来说，正确剪切的转录本相对比例要小很多，也就说栽培一粒小麦与野生一粒小麦的剪接模式不一样。而在硬粒小麦中 *TduVp-1B1*(Dr18)表达量要低于 *TduVp-1B2*(Dr24)，粗山羊草中 *AtVp-1D2*(Ae42)的表达量高于 *AtVp-1D1*(Ae34)和 *AtVp-1D3*(Ae43)，但与普通小麦 *Vp-1D* 相比具有较低的表达量(图 3-15)。

4. ABA 敏感性分析

本试验对具有变异类型的品种进行 ABA 敏感性分析，结果表明，在野生一粒小麦中，与 B03 相比，B01 和 B05 有较低的 ABA 敏感性，同样，栽培一粒中 M043 要高于 M035 和 M037，硬粒小麦中，Dr18 和 Dr24 均有较高的 ABA 敏感性，尤其 Dr24 较为明显。粗山羊草中，Ae34 表现 ABA 不敏感，Ae42 具有较高的 ABA 敏感性(图 3-16)。

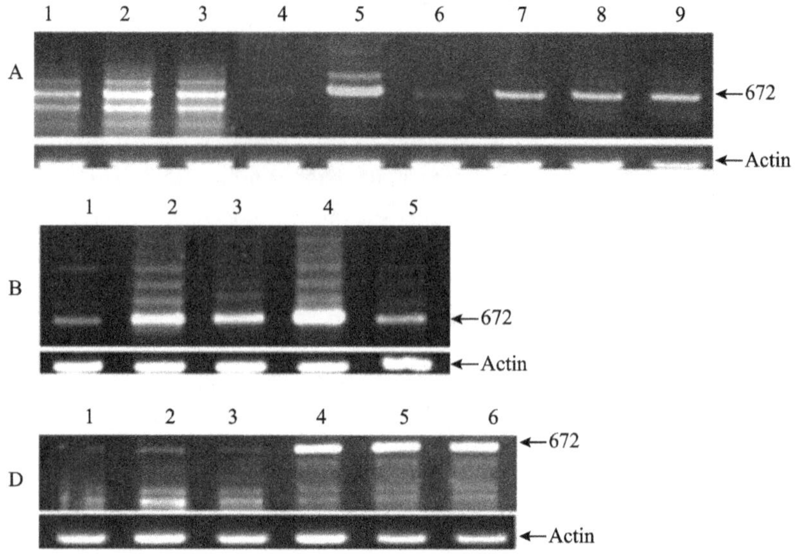

图 3-15 半定量 RT-PCR 分析小麦近缘种中 *Vp-1* 个等位基因表达特性

A. 在开花 35 d 后 *Vp-1A* 各等位基因在胚中表达特性 1. M035；2. M037；3. M043；4. B01；5. B03；6. B05；7. 西农 979；8. 万县白麦；9. 中优 9507。

B. 在开花 35 d 后 *Vp-1B* 各等位基因在胚中表达特性 1. Dr18；2. Dr24；3. 西农 979；4. 万县白麦；5. 中优 9507。

C. 在开花 50 d 后 *Vp-1D* 各等位基因在胚中表达特性 1. Ae34；2. Ae42；3. Ae43；4. 西农 979；5. 万县白麦；6. 中优 9507。

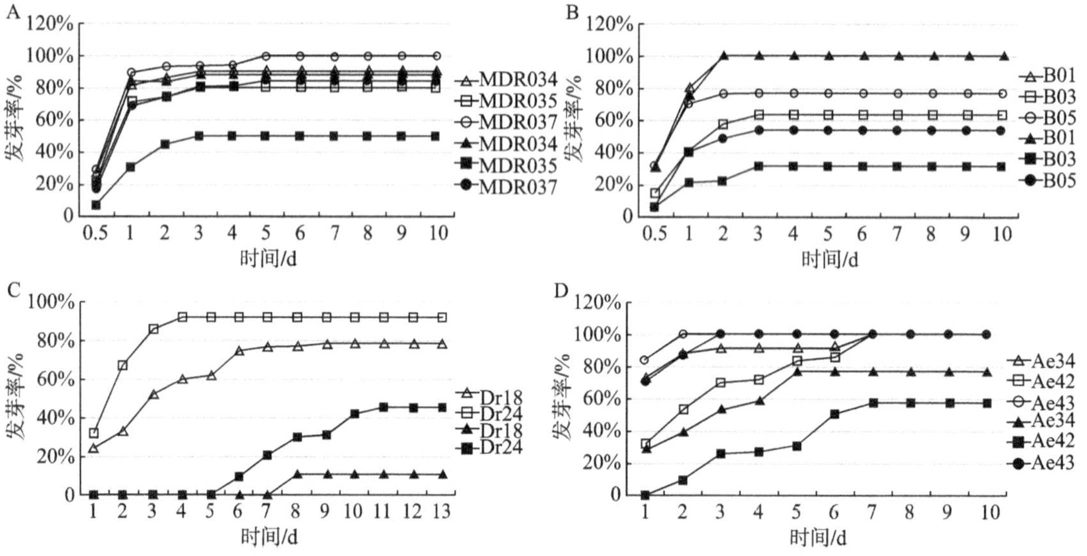

图 3-16 小麦近缘种 ABA 敏感性分析

A. △，□ 和 ○分别代表水处理条件下 M035，M037 和 M043 种子发芽率；▲，■和●为 ABA 处理条件下对应的发芽率。

B. △，□ 和 ○分别代表水处理条件下 B03，B01 和 B05 种子发芽率；▲，■ 和●为 ABA 处理条件下对应的发芽率。

C. △和□ 分别代表水处理条件下 Dr24 和 Dr18 种子发芽率；▲和■为 ABA 处理条件下对应的发芽率。

D. △，□ 和 ○分别代表水处理条件下 Ae34，Ae42 和 Ae43 种子发芽率；▲，■和●为 ABA 处理条件下对应的发芽率。

3.6.3 讨论

本研究共构建了3个进化树，虽然算法不同，但三者仍然具有相似的拓扑结构，表明构建的进化树具有较高的稳定性，能准确反映序列间的进化关系。正如预测的结果，来自不同小麦近缘种的等位基因被分别归类于3个大的独立分支，硬粒小麦的 *Vp-1B* 等位基因和普通小麦的 *Vp-1Ba*、*Vp-1Bb* 和 *Vp-1Bc* 基因归类为同一簇，粗山羊草中的等位基因和普通小麦的 *Vp-1D* 归类为同一簇，在栽培一粒小麦和野生一粒小麦的各 *Vp-1A* 等位基因中，*TbVp-1A2* 与普通小麦 *Vp-1A* 基因具有较近的亲缘关系，且同源性最高，达到95.7%。由 *Vp-1B* 等位基因组成的大簇又可分为两个小分支，其中一个分支为在普通小麦中发现的等位基因，另一个分支为在近缘种中克隆的等位基因。值得一提的是，来自硬粒小麦 Dr18(AABB)的等位基因 *TduVp-1B1* 与普通小麦 *Vp-1Bc* 均存在一个83 bp 的缺失，不同的是 *TduVp-1B1* 还存在一些等位变异位点，表明普通小麦 *Vp-1Bc* 是由硬粒小麦进化而来的。来自粗山羊草的 *AtVp-1D1*、*AtVp-1D2* 和 *AtVp-1D3* 的3个等位基因中，*AtVp-1D2* 与 *Vp-1D* 具有较近的亲缘关系，且同源性达到98.7%，该结果间接验证了小麦D基因组由粗山羊草进化而来这一结果。

Nakamura 和 Toyama(2001)研究发现：*Vp-1* 每个同源基因都会产生一系列大小不同的转录本，原因是前体 mRNA 发生了选择性的剪接，从而导致对穗发芽敏感。McKibbin 等(2002)发现 *Vp-1* 转录后的选择性剪切同样存在于四倍体小麦和其野生近缘物种中，而且 *Vp-1*转录本结构基本相似，说明普通小麦出现之前 *Vp-1* 转录本的选择性剪切的表达特性在就已形成。本研究采用半定量 RT-PCR 技术分析小麦近缘种中 *Vp-1A*、*Vp-1B* 和 *Vp-1D* 等位基因的表达量，结果表明，近缘种中几乎所有等位基因也均表现出转录后的选择性剪切的现象，即有一系列转录本，但与近缘种的剪切模式并不相同，如栽培一粒小麦种3个等位基因 *TmVp-1A1*、*TmVp-1A2* 和 *TmVp-1A3* 中正确剪切的转录本所占总表达量的比例较低，Wilkinson 等(2002)对2个 CIMMYT 人工合成六倍体小麦 *Vp-1* 的转录本研究发现，*Vp-1* 的不同的剪切模式是导致品种间穗发芽抗性差异的重要因素之一。野生一粒小麦的3个等位基因表达量也表现出较大差异，*TbVp-1A2*(B03)要远远高于 *TbVp-1A1*(B01)和 *TbVp-1A3*(B05)，序列结果表明，与 *TbVp-1A2*(B03)相比 *TbVp-1A2*(B01)和 *TbVp-1A2*(B05)分别具有67 bp 的插入和36 bp 的缺失，因此可以推测野生一粒小麦中各等位基因间差异可能是导致不同的表达量的直接原因，栽培一粒小麦中 *TmVp-1A1* 的表达量要低于 *TmVp-1A2* 和 *TmVp-1A3*，同样，在硬粒小麦中 *TduVp-1B1*(Dr18)和 *TduVp-1B2*(Dr24)表达量均较高，尤其是 *TduVp-1B2*(Dr24)。序列分析表明，*TduVp-1B1*(Dr18)在第3内含子处有个83 bp 的缺失，这个缺失同样存在于普通小麦 *Vp-1Bc* 等位基因中，而 *Vp-1Bc* 与具有较高穗发芽抗性的品种相关(Yang 等，2007a，2007b)，*TduVp-1B2*(Dr24)在第3内含子处有个80 bp 的插入，*TduVp-1B2*(Dr24)具有较高的表达量可能与该80 bp 的插入有关，但在目前的报道中并没有发现含有该80 bp 插入的等位基因类型，且该基因型具有较高的 ABA 敏感性，因此，可以通过染色体工程等方法加以利用。普通小麦的同源染色体相对应位点的基因之间会相互影响，造成某一位点的基因正常表达，而其他位点基因沉默的现象(Bottley 等，2006)。在粗羊草中 *AtVp-1D2*(Ae42)的表达量高于 *AtVp-1D1*(A34)和 *AtVp-1D3*(Ae43)，但正确剪切表达量要低于普通小麦，因此可以推测普通小麦 *Vp-1D* 在进化过程中发生了较大的变化。

本研究还对具有变异类型的品种进行 ABA 敏感性分析。结果表明，在野生一粒小麦中，与 B03(*TbVp-1A2*)相比，B01(*TbVp-1A1*)和 B05(*TbVp-1A3*)有较低的 ABA 敏感性；栽培一粒小麦中 M043(*TmVp-1A3*)对 ABA 的敏感性要高于 M035(*TmVp-1A1*)和 M037(*TmVp-1A2*)。半定量 RT-PCR 分析结果表明，在栽培一粒小麦中 *TmVp-1A2*(M037)和 *TmVp-1A3*(M043)的表达量要高于 *TmVp-1A1*(M035)，虽然 *TmVp-1A2*(M037)具有较高的表达量，但 ABA 敏感性较低，推测可能存在其他因素与 *Vp-1* 基因共同决定种子的 ABA 敏感性；硬粒小麦中，Dr18(*TduVp-1B1*)和 Dr24(*TduVp-1B2*)均有较高的 ABA 敏感性，尤其是 Dr24；粗山羊草中，Ae34(*AtVp-1D1*)表现出 ABA 不敏感，相对来说，Ae42(*AtVp-1D2*)具有较高的 ABA 敏感性。总之，不同等位基因的表达特性及 ABA 敏感性各有差异，但表达特性及 ABA 敏感性表现出较明显的相关性，具有较高 *Vp-1* 基因表达量的材料往往对 ABA 敏感性更高。

3.7 CIMMYT 小麦 *Vp-1* 变异类型分析及分子标记的开发

3.7.1 研究背景

小麦穗发芽不仅影响小麦的产量，还严重影响面粉的加工品质，造成重大经济损失。品种穗发芽抗性的高低与休眠期的长短呈显著负相关(Derera 等，1977)，*Vp-1* 是控制种子休眠的一个主要基因，该基因已定位在小麦 3AL、3BL 和 3DL 上(Bailey 等，1999)，Yang 等(2007b)在小麦 3B 染色体上发现了 2 个新型等位变异 *Vp-1Bb* 和 *Vp-1Bc*，并开发出与穗发芽抗性相关的 STS 标记 *Vp1B3*，该标记可以筛选具有不同穗发芽抗性的小麦品种基因型。CIMMYT 小麦已经成为中国小麦最为重要的引种资源之一，但 CIMMYT 小麦品种中 *Vp-1* 基因是否存在等位变异尚未有过报道。本试验通过对 168 份 CIMMYT 小麦品种进行 *Vp-1* 基因型鉴定，分析不同等位基因类型与穗发芽抗性的关系，并开发分子标记，以期为 CIMMYT 小麦穗发芽抗性种质资源的筛选、引进、利用和分子标记辅助育种提供依据。

3.7.2 材料和方法

本试验材料由 CIMMYT 提供，共 168 份，其中包括从 20 世纪 50 年代开始至今育成的最具有代表性的普通小麦品种 36 份，第 23 和第 30 灌溉地区春麦产量实验圃(ESWYT)分别为 46 份和 49 份，第 10 半干旱小麦产量实验圃(SAWYT)37 份。该材料分别于 2007 年和 2008 年种植在内蒙古自治区呼和浩特市，行长 2 m，行距 0.3 m，按当地条件进行管理。

1.穗发芽抗性测定

用发芽指数(germination index，GI)值衡量小麦的穗发芽抗性。取 100 粒蜡熟期种子在室温下进行发芽试验，重复 3 次，统计每日发芽数，种子的发芽指数(GI)用以下公式计算。

$$GI=\frac{7\times n_1+6\times n_2+5\times n_3+4\times n_4+\cdots+1\times n_7}{7\times 总种子数}$$

由于穗发芽与小麦芒的有无、颖壳及空间姿态均有关系，机械脱粒可能会打破种子的休眠，从而导致种子的发芽率的提高，所以在籽粒发芽试验时籽粒必须采用手工脱粒。

2. 种子 ABA 敏感性分析

用种子萌发率大小来衡量种子的 ABA 敏感性，将 100 粒蜡熟期种子整齐摆放在垫有吸水纸的培养皿中，然后加入 ABA 浓度为 50 μmol/L 的水溶液 10 mL，室温下进行发芽试验，重复 3 次，统计穗发芽率。

3. 引物设计

根据 GenBank 中注册的 *Vp-1A*（登录号：AJ400712）、*Vp-1B*（登录号：AJ400713）和 *Vp-1D*（登录号：AJ400714）序列，根据基因组特异碱基分别设计了扩增各染色体组上 *Vp-1* 基因的特异性引物（表 3-11）。

表 3-11 本试验中用于扩增 *Vp-1A*、*Vp-1B* 和 *Vp-1D* 全长的引物

引物名称	上游引物序列(5′→3′)	下游引物序列(5′→3′)	退火/℃	片段长度/bp
Vp-1AF$_1$/R$_1$	ATCCAAACCGGCGGCTTCCCTCAAGA	CAAAATCGATCGATGGGAGTACTA G	56	1 108
Vp-1AF$_2$/R$_2$	AGGACATCGGCACATCTCA	CTGGTCAGTTTGCAACATGCAAC	53	912,927,909,906,900,872
Vp-1AF$_3$/R$_3$	TGGAGATCCGGCAGGGAGAG	CCAGAGGCCTCCCCAGCCA	67	1 253
Vp-1AF$_4$/R$_4$	GAATGAGCTGCAGGAGGGTGA	GCAATGCATGACTAACTAGG	58	1 207
Vp-1BF$_1$/R$_1$	ATCCAAACCGGCGGCTTCCCTCAAGA	CTTACCGGTACCGCATGCTCCAG	60	1 031
Vp-1BF$_2$/R$_2$	AGGACATCGGCACATCTCA	CAAAATGGCAGCAACTGATCAGTTC	55	880,877
Vp-1BF$_3$/R$_3$	ATGGACGCCTCCGCCGGCTC	CTGCTGCTGCAGGCACGACAA	65	1 227
Vp-1BF$_4$/R$_4$	CAATGAGCTGCAGGAGGGTGA	ATCATCCCTAACTAGGGCTACG	66	911
Vp-1DF$_1$/R$_1$	ATCCAAACCGGCGGCTTCCCTCAAGA	GAACGTGCGTGTCCCACACAC	60	1 214
Vp-1DF$_2$/R$_2$	AGGACATCGGCACATCTC A	CCGCCTTATATTTTGATACGC	60	1 025
Vp-1DF$_3$/R$_3$	TGGAGATCCGGCAGGGAGAG	CTGGCCCTGGACGGCATGC	67	1 282

续表 3-11

引物名称	上游引物序列(5′→3′)	下游引物序列(5′→3′)	退火/℃	片段长度/bp
Vp-1DF$_4$/R$_4$	GAATGGCTGCAGGAG GGTGA	CCGATAGCTACTTTAG TATCAC	58	1 033
Vp-1BfF/R	GTAAATGACATGATC ACTGCATCAG	ACCCTCCTGCAGCTCA TTG	55	611

3.7.3 结果与分析

1. CIMMYT 小麦 *Vp-1* 基因的扩增及其序列特征分析

采用嵌套式方法设计引物，通过 PCR 扩增，克隆测序后获得 *Vp-1A*、*Vp-1B* 和 *Vp-1D* 基因的序列全长，引物见表 3-11。对 A 基因组 *Vp-1* 序列分析表明，在 B_3 区段发现多态性，共有 5 种新的变异类型(图 3-17)，分别命名为 *Vp-1Ab*、*Vp-1Ac*、*Vp-1Ad*、*Vp-1Ae* 和 *Vp-1Af*，GenBank 登录号分别为 Gu385899、Gu385900、Gu385901、Gu385902 和 Gu385903。与 *Vp-1Aa* 相比，这些等位基因间差异主要是简单串联重复序列 CTT 的个数不同，*Vp-1Ab* 有 5 个 CTT 的插入，*Vp-1Ac*、*Vp-1Ad*、*Vp-1Ae* 和 *Vp-1Af* 分别有 1、2、4 和 14 个 CTT 的缺失，另外，*Vp-1Af* 在 B_3 区段还分别有 2 bp 和 6 bp 的缺失及 5 个 SNP(图 3-18，图 3-19)。在重复序列数据库（http://plantrepeats.plantbiology.msu.edu/）中检索发现，该简单串联重复序列存在于转座子和非转座子内部，推测可能与基因转座和表达有关。

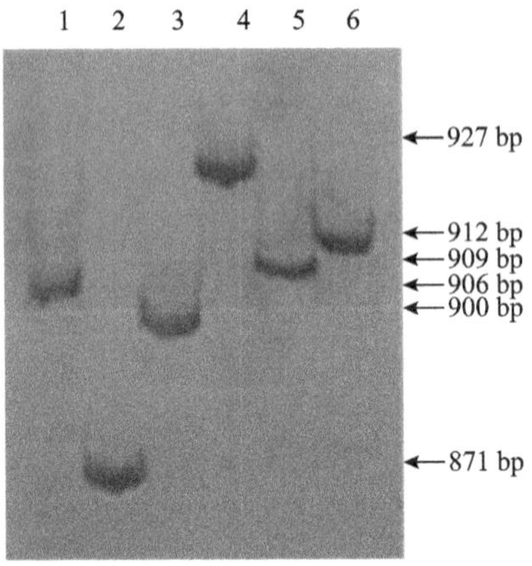

图 3-17 Vp-1AF$_2$/R$_2$ 引物扩增出 *Vp-1Aa* 等位基因的 6 种变异类型

1. WBLL1 * 2/KIRITATI (*Vp-1Ad*)；2. WAXWING * 2/VIVITSI (*Vp-1Af*)；3. CHEN/AE. SQ//2 * OPATA/3/TILHI/4/ATTILA/2 * PASTOR (*Vp-1Ae*)；4. PFAU/MILAN/5/CHEN/AEGILOPS SQUARROSA (TAUS)//BCN/3/ VEE#7/BOW/ 4/PASTOR (*Vp-1Ab*)；5. CIRCUS/ELVIRA//PFAU/WEAVER (*Vp-1Ac*)；6. PRL/2 * PASTOR/4/CHOIX/STAR/3/HE1/3 * CNO79//2 * SERI (*Vp-1Aa*)。注：括号中代表等位基因类型。

对 B 基因组 *Vp-1* 测序结果表明，在 B_3 区段同样存在多态性(图 3-18)，在 168 份材料中共发现两种变异类型，一种是之前已经公布的 *Vp-1Bc*，另一种是新发现的，命名为 *Vp-1Bg*。与 *Vp-1Ba* 相比，*Vp-1Bg* 在 2 370 bp 处有个 TCC 的插入，2 418～2 426 bp 区间由 CTGCAT-

CAC 突变成 GCATCAGTG，2 712 bp 处存在一个与 *Vp-1Bc* 同样的 83 bp 的缺失，另外在 2 812 bp处有个 SNP，GenBank 注册号位 GU385904(图 3-19 至图 3-21)。在这 168 份小麦材料中，*Vp-1D* 基因组 *Vp-1* 没有表现出多态性。

图 3-18 用标记 Vp-1BgF/R 扩增 11 个品种(系)PCR 片段类型

泳道从左到右依次为：M. D-2000 ladder；1. SONORA64；2. PAVON F76；3. TANORIF71；4. KAUZ/SITE；5. WEAVER/3/LIRA//BUC/PVN；6. UP262；7. F60314. 76/MRL//CNO79/3/ CHIL/ PRL；8. MNCH/3 * BCN；9. DEBEIRA；10. KAUZ//BOW/NKT；11. LAJ3302/2 * MO88

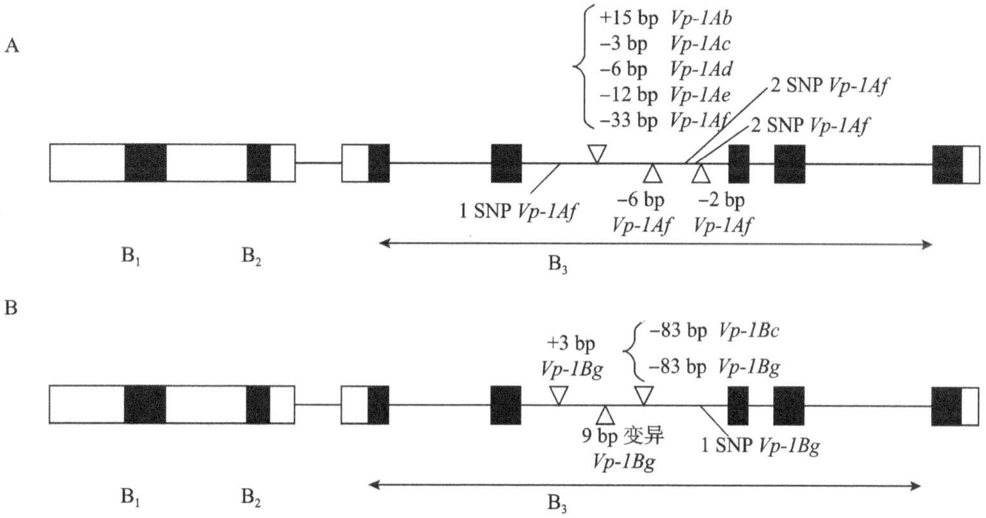

图 3-19 *Vp-1* 及其等位基因结构图

A. *Vp-1A* 及其等位基因结构。B. *Vp-1B* 及其等位基因结构 B_1、B_2 和 B_3 功能域(黑框)，变异位点及插入(白色箭头)，SNP(斜线)。

```
Vp-1Aa. seq    GGTTCACTAC TTGTTAGCAT CACTCTACAC AGTAGATTAT TCTGATACCA 2 689
Vp-1Ab. seq    GGTTCACTAC TTGTTAGCAT CACTCTACAC AGTAGATTAT TCTGATACCA 2 689
Vp-1Ac. seq    GGTTCACTAC TTGTTAGCAT CACTCTACAC AGTAGATTAT TCTGATACCA 2 689
Vp-1Ad. seq    GGTTCACTAC TTGTTAGCAT CACTCTACAC AGTAGATTAT TCTGATACCA 2 689
Vp-1Ae. seq    GGTTCACTAC TTGTTAGCAT CACTCTACAC AGTAGATTAT TCTGATACCA 2 689
Vp-1Af. seq    GGTTCACTCC TTGTTAGCAT CACTCTACAC AGTAGATTAT TCTGATACCA 2 689

Vp-1Aa. seq    TACTTCCTAT TTTTCCATCT TCTTCTTC-- ---------- ---CTTCTTC 2 724
Vp-1Ab. seq    TACTTCCTAT TTTTCCATCT TCTTCTTCCT TCTTCTTCTT CTTCTTCTTC 2 739
Vp-1Ac. seq    TACTTCCTAT TTTTCCATCT TCTTCTTC-- ---------- ------CTTC 2 721
Vp-1Ad. seq    TACTTCCTAT TTTTCCATCT TCTTCTTC-- ---------- ---------C 2 718
Vp-1Ae. seq    TACTTCCTAT TTTTCCATCT TCTTCTTC-- ---------- ---------- 2 717
Vp-1Af. seq    TACTTCCTAT TTTTCCATCT TCTTCTTC-- ---------- ---------- 2 717
```

```
Vp-1Aa. seq     TTCTTCTTCT TCTTCTTCTT CTTCTTCTTC TTCTTCTTCT TCTTCTTCTT 2 774
Vp-1Ab. seq     TTCTTCTTCT TCTTCTTCTT CTTCTTCTTC TTCTTCTTCT TCTTCTTCTT 2 789
Vp-1Ac. seq     TTCTTCTTCT TCTTCTTCTT CTTCTTCTTC TTCTTCTTCT TCTTCTTCTT 2 771
Vp-1Ad. seq     TTCTTCTTCT TCTTCTTCTT CTTCTTCTTC TTCTTCTTCT TCTTCTTCTT 2 768
Vp-1Ae. seq     -----CTTCT TCTTCTTCTT CTTCTTCTTC TTCTTCTTCT TCTTCTTCTT 2 762
Vp-1Af. seq     ---------- ---------- ------CTTC TTCTTCTTCT TCTTCTTCTT 2 741

Vp-1Aa. seq     CTTCTTCTTC TTCTTCTTCC AAAGTGTATC ATATGTTGCT AGTTAGCTAG 2 824
Vp-1Ab. seq     CTTCTTCTTC TTCTTCTTCC AAAGTGTATC ATATGTTGCT AGTTAGCTAG 2 839
Vp-1Ac. seq     CTTCTTCTTC TTCTTCTTCC AAAGTGTATC ATATGTTGCT AGTTAGCTAG 2 821
Vp-1Ad. seq     CTTCTTCTTC TTCTTCTTCC AAAGTGTATC ATATGTTGCT AGTTAGCTAG 2 818
Vp-1Ae. seq     CTTCTTCTTC TTCTTCTTCC AAAGTGTATC ATATGTTGCT AGTTAGCTAG 2 812
Vp-1Af. seq     CTTCTTCTTC TTCTTCTTCC AAAGTGTATC ATATGTTGCT AGTTAGCTAG 2 791

Vp-1Aa. seq     AGCTGTCAAA GTAAGGAGAA AAAAACTAGC TAGTTGAATT CTGTATGATA 2 874
Vp-1Ab. seq     AGCTGTCAAA GTAAGGAGAA AAAAACTAGC TAGTTGAATT CTGTATGATA 2 889
Vp-1Ac. seq     AGCTGTCAAA GTAAGGAGAA AAAAACTAGC TAGTTGAATT CTGTATGATA 2 871
Vp-1Ad. seq     AGCTGTCAAA GTAAGGAGAA AAAAACTAGC TAGTTGAATT CTGTATGATA 2 868
Vp-1Ae. seq     AGCTGTCAAA GTAAGGAGAA AAAAACTAGC TAGTTGAATT CTGTATGATA 2 862
Vp-1Af. seq     AGCTGTCAAA GTAAGGAGAA AAAAACTAGC TAGTT----- -TGTATTCTT 2 835

Vp-1Aa. seq     ACAAATTGCT GGTACAATGA TCGATCTTGA TTTTCATGCA TGCAGATTTT 2 924
Vp-1Ab. seq     ACAAATTGCT GGTACAATGA TCGATCTTGA TTTTCATGCA TGCAGATTTT 2 939
Vp-1Ac. seq     ACAAATTGCT GGTACAATGA TCGATCTTGA TTTTCATGCA TGCAGATTTT 2 921
Vp-1Ad. seq     ACAAATTGCT GGTACAATGA TCGATCTTGA TTTTCATGCA TGCAGATTTT 2 918
Vp-1Ae. seq     ACAAATTGCT GGTACAATGA TCGATCTTGA TTTTCATGCA TGCAGATTTT 2 912
Vp-1Af. seq     CCAAA--GCT GGTACAATGA TCGATCTTGA TTTTCATGCA TGCAGATTTT 2 883
```

图 3-20 *Vp-1Aa* 等位基因序列比对分析

与 *Vp-1Aa* 相比，*Vp-1Ab*、*Vp-1Ac*、*Vp-1Ad*、*Vp-1Ae* 和 *Vp-1Af* 具有不同数量的 CTT 重复序列，另外 *Vp-1f* 有 5 个 SNP 及其他的缺失。下划线代表插入位点，阴影代表缺失，方框代表 SNP。

```
Vp-1Ba. seq     CCGTCGATCG ATTTTGGGAT AAATTTAATA ATAATATTAA ACATGCATGC 2 346
Vp-1Bc. seq     CCGTCGATCG ATTTTGGGAT AAATTTAATA ATAATATTAA ACATGCATGC 2 346
Vp-1Bg. seq     CCGTCGATCG ATTTTGGGAT AAATTTAATA ATAATATTAA ACATGCATGC 2 346

Vp-1Ba. seq     TTTCATTAGT CCACTTTTAT CTT---TTTT TAATTATCTG TAGGCCACAT 2 393
Vp-1Bc. seq     TTTCATTAGT CCACTTTTAT CTT---TTTT TAATTATCTG TAGGCCACAT 2 393
Vp-1Bg. seq     TTTCATTAGT CCACTTTTAT CTTTTCTTTT TAATTATCTG TAGGCCACAT 2 396

Vp-1Ba. seq     CTAGTAAATG ACATGATCAC TCTGCATCAC TGTGGGACAC GCATGCTCCT 2 443
Vp-1Bc. seq     CTAGTAAATG ACATGATCAC TCTGCATCAC TGTGGGACAC GCATGCTCCT 2 443
Vp-1Bg. seq     CTAGTAAATG ACATGATCAC TGCATCAGTG TGTGGGACAC GCATGCTCCT 2 446
```

Vp-1Ba. seq	TTCCCAATTG GGCAAGTGGG TCATATGAAT ACATATGATG GGAATCCGGG	2 493
Vp-1Bc. seq	TTCCCAATTG GGCAAGTGGG TCATATGAAT ACATATGATG GGAATCCGGG	2 493
Vp-1Bg. seq	TTCCCAATTG GGCAAGTGGG TCATATGAAT ACATATGATG GGAATCCGGG	2 496
Vp-1Ba. seq	AGCCAAATAG TAGCATGCAT TCGTAGTGCG CTCTCTCTAT ATATACGTGA	2 543
Vp-1Bc. seq	AGCCAAATAG TAGCATGCAT TCGTAGTGCG CTCTCTCTAT ATATACGTGA	2 543
Vp-1Bg. seq	AGCCAAATAG TAGCATGCAT TCGTAGTGCG CTCTCTCTAT ATATACGTGA	2 546
Vp-1Ba. seq	ACGGGCGGGC ATGCAGAAAT TTTGTTTTCG CATCGTCTCT TGGTTCACTC	2 593
Vp-1Bc. seq	ACGGGCGGGC ATGCAGAAAT TTTGTTTTCG CATCGTCTCT TGGTTCACTC	2 593
Vp-1Bg. seq	ACGGGCGGGC ATGCAGAAAT TTTGTTTTCG CATCGTCTCT TGGTTCACTC	2 596
Vp-1Ba. seq	CTTGTTAGCA TCACTCTAGA CAGTATATTA TCATAATGAA GTGGTGTTTC	2 643
Vp-1Bc. seq	CTTGTTAGCA TCACTCTAGA CAGTATATTA TCATAATGAA GTGGTGTTTC	2 643
Vp-1Bg. seq	CTTGTTAGCA TCACTCTAGA CAGTATATTA TCATAATGAA GTGGTGTTTC	2 646
Vp-1Ba. seq	TGATACCATA CTTCCTATTT TTCCGTCTTC TTCTTCTTCT TCCGAAGTGT	2 693
Vp-1Bc. seq	TGATACCATA CTTCCTATTT TTCCGTCTTC TTCTTCTTCT TCCGAAGTGT	2 693
Vp-1Bg. seq	TGATACCATA CTTCCTATTT TTCCGTCTTC TTCTTCTTCT TCCGAAGTGT	2 696
Vp-1Ba. seq	ATCATATGTT GCTAGTTACT CCCTCCGTAA ACTAATATAA GAGCGTTTAG	2 743
Vp-1Bc. seq	ATCATATGTT GCTAGT---- ---------- ---------- ----------	2 709
Vp-1Bg. seq	ATCATATGTT GCTAGT---- ---------- ---------- ----------	2 712
Vp-1Ba. seq	ATTACTATTT TAGTGATCTA AATGCTCTTA TATTAGTTTA CAGAGGGAGT	2 793
Vp-1Bc. seq	---------- ---------- ---------- ---------- ---------T	2 710
Vp-1Bg. seq	---------- ---------- ---------- ---------- ---------T	2 710
Vp-1Ba. seq	AATTAGCTAG AGCTATCAAA ATGAGAAAAA AAGAACTAGC TAGTTTGTAT	2 843
Vp-1Bc. seq	AATTAGCTAG AGCTATCAAA ATGAGAAAAA AAGAACTAGC TAGTTTGTAT	2 760
Vp-1Bg. seq	AATTAGCTAG AGCTGTCAAA ATGAGAAAAA AAGAACTAGC TAGTTTGTAT	2 760
Vp-1Ba. seq	TCTGCATGCA TGATAACAAA TTGCTGGTAC AATGATGGCT CTTGATTTTT	2 893
Vp-1Bc. seq	TCTGCATGCA TGATAACAAA TTGCTGGTAC AATGATGGCT CTTGATTTTT	2 810
Vp-1Bg. seq	TCTGCATGCA TGATAACAAA TTGCTGGTAC AATGATGGCT CTTGATTTTT	2 810

图 3-21 *Vp-1Ba*、*Vp-1Bc* 和 *Vp-1Bg* 序列比对分析

与 *Vp-1Ba* 相比，*Vp-1Bc* 具有 83 bp 的缺失，*Vp-1Bg* 有一个 TCC 的插入、9 bp 的变异、83 bp 的缺失和 1 个 SNP。下划线代表插入位点，阴影代表缺失，方框代表 SNP。

2. *Vp-1A* 和 *Vp-1B* 等位基因在 168 份品种中分布规律

Vp-1A 等位基因分布频率见表 3-12，*Vp-1Aa* 占主要类型，比例为 65%。*Vp-1Ab*、*Vp-1Ac*、*Vp-1Ad*、*Vp-1Ae* 和 *Vp-1Af* 分布比例分别为 10%、11%、4%、5%和 5%。然而这些等位基因在历史品种和第 23 和第 30 灌溉地区春麦产量实验圃(ESWYT)和半干旱小麦产量实验

圃(SAWYT)分布频率各异，在4种类型中*Vp-1Aa*均占主要类型，*Vp-1Ac*和*Vp-1Ae*只存在于灌溉地区春麦产量实验圃中，*Vp-1Af*主要见于历史品种和半干旱小麦产量实验圃中。

在168份材料中，有155份表现为*Vp-1Bc*等位基因类型，其他13份材料表现为*Vp-1Bg*。

表3-12 *Vp-1Aa*各等位基因在供试品种中的分布频率

等位基因	历史品种	第23 ESWYT	第30 ESWYT	第10 SAWYT	总频率/%
Vp-1Aa	20(56%)	19(42%)	40(80%)	29(78%)	108(65%)
Vp-1Ab	8(22%)	2(4%)	3(6%)	4(11%)	17(10%)
Vp-1Ac	0(0%)	17(37%)	2(5%)	0(%)	19(11%)
Vp-1Ad	4(11%)	1(2%)	1(2%)	0(%)	6(4%)
Vp-1Ae	0(0%)	7(15%)	2(5%)	0(%)	9(5%)
Vp-1Af	4(11%)	0(0%)	1(2%)	4(11%)	9(5%)

3.ABA敏感性及穗发芽抗性分析

从各变异类型中随机挑选一份材料，进行品种的ABA敏感性及穗发芽抗性鉴定试验，结果表明，与*Vp-1Aa*相比，*Vp-1Ab*和*Vp-1Af*表现出较高的休眠特性；*Vp-1Ac*、*Vp-1Ad*和*Vp-1Ae*休眠性要低于*Vp-1Aa*(表3-13)。ABA敏感性试验结果表明，与其他等位基因类型相比，*Vp-1Ab*和*Vp-1Af*对ABA表现出较高的敏感性(图3-22)，在本试验中，*Vp-1Bc*和*Vp-1Bg*的穗发芽抗性及ABA敏感性没有表现出明显差异。

表3-13 6种*Vp-1*等位基因型所代表品种的GI值

等位基因	注册号	GI值	SD值
Vp-1Aa	PRL/2 * PASTOR/4/CHOIX/STAR/3/HE1/3 * CNO79//2 * SERI	0.45	0.155 563
Vp-1Ab	PFAU/MILAN/5/CHEN/AEGILOPS SQUARROSA (TAUS)//BCN/3/VEE#7/BOW/4/PASTOR	0.12	0.141 421
Vp-1Ac	CIRCUS/ELVIRA//PFAU/WEAVER	0.60	0.212 132
Vp-1Ad	WBLL1 * 2/KIRITATI	0.56	0.113 137
Vp-1Ae	CHEN/AE. SQ//2 * OPATA/3/TILHI/4/ATTILA/2 * PASTOR	0.60	0.353 553
Vp-1Af	WAXWING * 2/VIVITSI	0.35	0.098 995

注：SD为标准误差

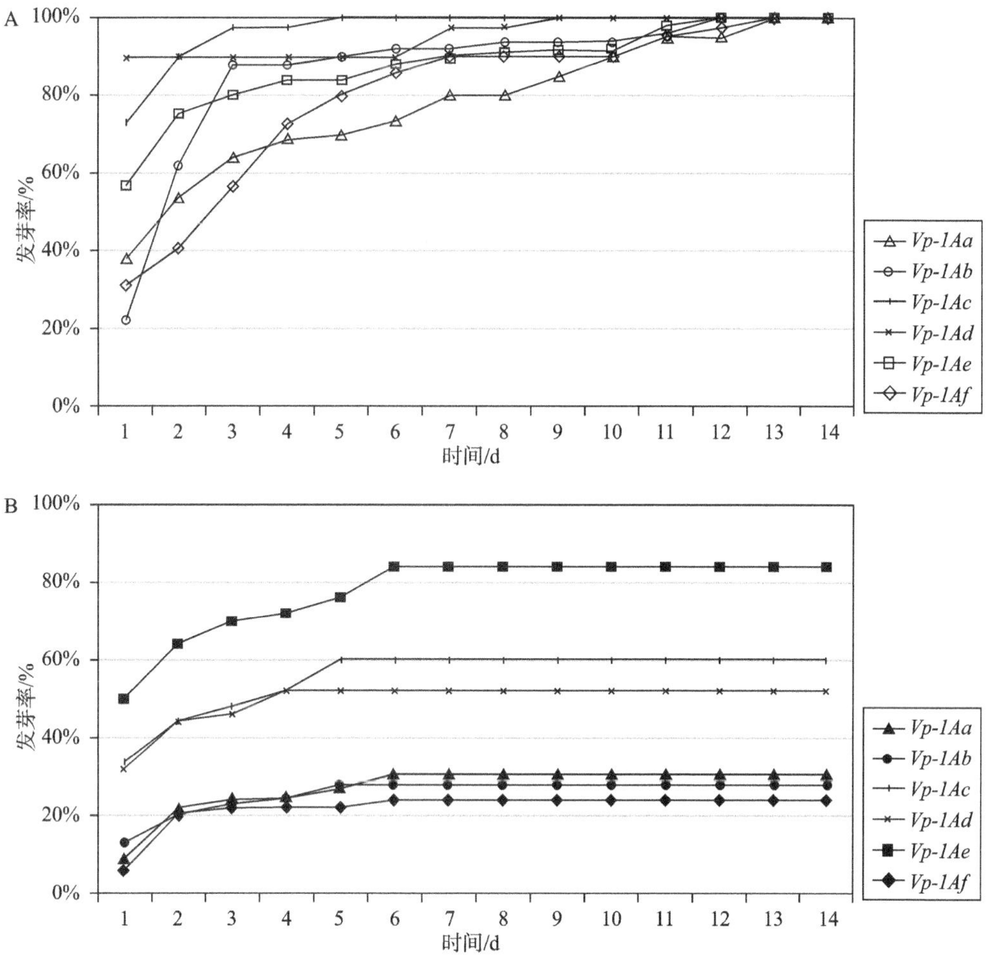

图 3-22 *Vp-1A* 各等位变异类型 ABA 敏感性分析

A. 水处理下种子的穗发芽率，*Vp-1Ab*、*Vp-1Ac*、*Vp-1Ad*、*Vp-1Ae* 和 *Vp-1Af* 分别由 △、○、一、×、□ 和 ◇标识。B. ABA 处理下种子的穗发芽率，*Vp-1Ab*、*Vp-1Ac*、*Vp-1Ad*、*Vp-1Ae* 和 *Vp-1Af* 分别 由▲、●、一、*、■ 和 ◆ 标识。

PRL/2 * PASTOR/4/CHOIX/STAR/3/HE1/3 * CNO79//2 * SERI (*Vp-1Aa*)，PFAU/MILAN/5/CHEN/AEGILOPS SQUARROSA (TAUS)//BCN/3/VEE # 7/BOW/4/PASTOR (*Vp-1Ab*)，CHEN/AE. SQ//2 * OPATA/3/TILHI/4/ATTILA/2 * PASTOR (*Vp-1Ae*)，WAXWING * 2/VIVITSI (*Vp-1Af*)，WBLL1 * 2/KIRITATI (*Vp-1Ad*) 和 CIRCUS/ELVIRA//PFAU/WEAVER (*Vp-1Ac*)

注：括号中为所代表的基因型

3.7.4 讨论

Tan 等(2006)报道，*Vp-1A* 基因在穗发芽抗性中发挥作用并不大，当 $P \leqslant 0.01$ 时，作用只能达到 4%，当 $P \leqslant 0.001$ 时，*Vp-1A* 作用为零，并且没有发现 *Vp-1B* 和 *Vp-1D* 存在等位变异。Yang 等(2007a)在中国品种中并没有发现 *Vp-1A* 和 *Vp-1D* 表现为多态性，但发现了 *Vp-1B* 的两个新等位基因，命名为 *Vp-1Bb* 和 *Vp-1Bc*，并且研究发现大多数表现为抗穗发芽的品

种均为 *Vp-1Bb* 或 *Vp-1Bc* 基因型，尤其是 *Vp-1Bb* 与较高穗发芽抗性相关。在本研究中，我们共发现 5 个新的 *Vp-1A* 等位基因和 1 个新的 *Vp-1B* 等位基因。在检测的 168 份材料中，*Vp-1Aa*、*Vp-1Ab*、*Vp-1Ac*、*Vp-1Ad*、*Vp-1Ae* 和 *Vp-1Af* 所占比例分别为 65%、10%、11%、4%、5% 和 5%，对于 B 基因组来说，92%的材料为 *Vp-1Bc* 类型，其余的为 *Vp-1Bg*。

ABA 可以调节种子生长过程中的许多性状，包括抗旱能力和休眠性等（Black，1983；Karssen 等，1983；Koornneef 等，1989）。增加 ABA 敏感性可以提高拟南芥和油菜种子的休眠特性及抗旱能力（Cutler 等，1996；Hugouvieux 等，2001；Wang 等，2005）。在干种子中穗发芽抗性与较高的 ABA 浓度无关，而是与种子成熟过程中或者种子萌发过程中的 ABA 敏感性相关（Walker-Simmons，1987；Morris 等，1989）。一般情况下，抗穗发芽的品种要比感穗发芽的品种具有较高的 ABA 敏感性（Walker-Simmons，1987；Morris 等，1989；Corbineau 等，2000；Utsugi 等，2008）。在不同穗发芽抗性品种中的 *Vp-1* 的表达量表现出差异，表明 *Vp-1* 与种子的休眠和 ABA 敏感性的相关（Nakamura 和 Toyama，2001）。Yang 等（2007a）在小麦 3B 染色体上发现了 2 个与穗发芽抗性相关的 *Vp-1B* 的新型等位变异，命名为 *Vp-1Bb* 和 *Vp-1Bc*，它们与 *Vp-1Ba* 分别具有 95.43% 和 97.89%的相似性。同时对 *Vp-1A*、*Vp-1B* 和 *Vp-1D* 基因进行表达分析后表明：开花后 25 d、30 d 和 35 d 的幼胚中，*Vp-1A*、*Vp-1B* 和 *Vp-1D* 均发生转录后的选择性剪切，但只检测到 *Vp-1B* 的转录本丰度在不同穗发芽抗性品种间存在差异，*Vp-1Bb* 和 *Vp-1Bc* 表达量高于 *Vp-1Ba*；用 30 μmol/L ABA 浸泡 2 d 后，*Vp-1Ba*、*Vp-1Bb* 和 *Vp-1Bc* 在胚中均观测到转录本的表达，其中 *Vp-1Bb* 转录本的表达量最高，但在 30 μmol/L ABA 浸泡 4 d 后，不能观测到 *Vp-1Bb* 和 *Vp-1Bc* 的表达，而 *Vp-1Ba* 转录本的表达量基本没有发生变化，说明 *Vp-1Ba*、*Vp-1Bb* 和 *Vp-1Bc* 对 ABA 的敏感性不同的，最终导致了品种对穗发芽抗性的不同。本研究中随机挑选了 6 个品种进行小麦穗发芽抗性和 ABA 敏感性分析，每个品种都代表着一种 *Vp-1Aa* 等位基因类型，结果表明，与 *Vp-1Aa* 相比，基因型 *Vp-1Ab* 和 *Vp-1Af* 有较高的休眠性，而 *Vp-1Ac*、*Vp-1Ad* 和 *Vp-1Ae* 表现为较低的休眠性。ABA 敏感性试验结果也证实了上述结果，与 *Vp-1Aa* 相比，*Vp-1Ab* 和 *Vp-1Af* 所对应的品种（系）具有较高的 ABA 敏感性。

简单序列重复（SSR）是指一个串状重复的 DNA 家族，表现为极短的核苷酸顺序重复（重复单元 1～5 bp），它们在真核生物中呈散状分布。重复序列的重复次数多数是由复制滑动引起的，这种滑动多数发生在减数分裂中双链 DNA 错配过程中（Tautz，1994）。Bidichandani 等（1998）研究表明，简单串联重复序列发生在内含子处可能引起表型的变化，如人类 *X25* 基因的第 1 个内含子中 GAA 三碱基重读可以影响转录，但机制目前尚不清楚。在本研究中，经过对 *Vp-1A* 各等位变异类型进行 ABA 敏感性分析结果表明，不同数量的 CTT 重复序列可能影响了 *Vp-1* 基因在转录水平上的表达差异，最终导致不同变异类型的 ABA 敏感性和穗发芽抗性不同。

3.8 *Vp-1A* 在中国小麦 3A 染色体上等位变异的鉴定及 STS 分子标记研发

3.8.1 材料和方法

1. 材料

103 份广泛分布于中国冬麦区并且经过 2005—2006 年和 2006—2007 年两年两点 GI 值鉴定的白粒小麦品种和品系。

前期试验选取 10 份极抗和极感穗发芽的小麦品种用于 *Vp-1A* 和 *Vp-1D* 基因的 PCR 扩增。5 份极抗穗发芽的小麦品种为小白玉花(GI×100＝4.0)、豫麦 18(GI×100＝7.2)、洋小麦(GI×100＝7.5)、小玉花(GI×100＝9.7)和小偃 6 号(GI×100＝13.7);5 份极感穗发芽的小麦品种为:周 8425B(GI×100＝56.0)、济麦 19(GI×100＝58.4)、京 411(GI×100＝64.2)、衡水 7228(GI×100＝68.4)和中优 9507(GI×100＝70.8)。

2. 试剂与酶

pMD18-T Vector 和 PrimeScript Ⅱ 1st Strand cDNA Synthesis Kit 反转录试剂盒购自 TaRaKa 公司,DNA 琼脂糖胶回收试剂盒购自天根公司,DNA marker、EasyTaq DNA 聚合酶(含 dNTP)和 TransZol Plant RNA 提取试剂盒购自北京全式金公司,氨苄青霉素(Amp)购自 Sigma 公司,其他常规试剂和药品购自国内外相关厂家和公司。

3. 变性聚丙烯酰胺凝胶电泳试剂的配制

(1)10×TBE:108 g Tris base,55 g 硼酸,40 mL EDTA(0.5 mol/L,pH 8.0),搅拌器将其充分溶解,加超纯水定容至 1 000 mL。

(2)上样缓冲液(loading buffer):49 mL 98%甲酰胺,1 mL EDTA(0.5 mol/L,pH 8.0),0.125 g 0.25%二甲苯氰,0.125 g 0.25%溴酚蓝。

(3)6%聚丙烯酰胺胶储备液:480 g 尿素,116.8 g 聚丙烯酰胺,3.4 g 甲叉-丙烯酰胺,200 mL 10×TBE,加超纯水定容至 200 mL。

(4)10%过硫酸铵(质量浓度):2 g 过硫酸铵,18 mL 超纯水(现用现配)。

(5)固定液:100 mL 无水乙醇,5 mL 冰乙酸,去离子水定容至 1 000 mL。

(6)银染液:2 g 分析纯 $AgNO_3$,100 mL 无水乙醇,5 mL 冰乙酸,去离子水定容至 1 000 mL(现用现配)。

(7)显影液:30 g $NaCO_3$,1 mL 分析纯甲醛,去离子水定容至 1 000 mL(提前 4 ℃预冷)。

4. 引物

根据 GenBank 中注册的 AJ400712、AJ400713 和 AJ400714 序列,在 DNAMAN 软件中进行序列比对,然后根据特异碱基分别设计了 3A 和 3D 染色体上扩增 *Vp-1* 基因的特异性引物(表 3-14)。

表 3-14 研究所用特异性引物

引物名称	上游引物序列(5′→3′)	下游引物序列(5′→3′)	退火温度 /℃	片段大小 /bp
Vp-1AF$_1$/R$_1$	ATCCAAACCGGCGGCTTCCCTC	ATCGATCGATGGGAGTACTAG	56	1 108
Vp-1AF$_2$/R$_2$	AGGACATCGGCACATCTCA	CACCCACAAGTTCAAGCAC	59	774
Vp-1AF$_3$/R$_3$	TGGAGATCCGGCAGGGAGAG	CCAGAGGCCTCCCCAGCCA	67	1 253
Vp-1AF$_4$/R$_4$	GAATGAGCTGCAGGAGGGTGA	GCAATGCATGACTAACTAGG	58	1 207
Vp-1DF$_1$/R$_1$	ATCCAAACCGGCGGCTTCCCTCAAGA	GAACGTGCGTGTCCCACACAC	60	1 214
Vp-1DF$_2$/R$_2$	AGGACATCGGCACATCTCA	CCGCCTTATATTTTGATACGC	60	1 025
Vp-1DF$_3$/R$_3$	TGGAGATCCGGCAGGGAGAG	CTGGCCCTGGACGGCATGC	67	1 282
Vp-1DF$_4$/R$_4$	GAATGGCTGCAGGAGGGTGA	CCGATAGCTACTTTAGTATCAC	58	1 033
RTVp-1AF/R	ATCCAAACCGGCGGCTTCCCTCAAGA	CTTCTCCTTGCAGCCGCCGTCTTCTC	68	733
Actin up/down	GTTTCCTGGAATTGCTGATCGCAT	CATTATTTCATACAGCAGGCAAGC	62	410

5.小麦幼苗的培育

(1)用 70%乙醇消毒种子并用蒸馏水冲洗 3 遍,至无乙醇味。

(2)向培养皿中垫入吸水纸,用蒸馏水润湿,将种子一个个排放在培养皿中。

(3)将培养皿放入 25 ℃培养箱中暗培养。

(4)培养 7 d 左右,用于提取 DNA。

6.*Vp-1A* 基因和 *Vp-1D* 基因的扩增

以小麦基因组 DNA 为模板,PCR 在 MJ Research PTC-200 仪器上进行。

PCR 扩增体系为 25 μL,PCR 管中依次加入以下组分:

成分	体积/μL
5×CES	5
10×PCR 缓冲液	2.5
2.5 mmol/L dNTP mix	2
引物(20 μmol/L)	各 0.5
EasyTaq DNA 聚合酶(5 U/μL)	0.25
DNA	1
ddH_2O	13.25

PCR 扩增程序为:94 ℃ 5 min;94 ℃ 1 min;56～68 ℃ 1 min;72 ℃ 1 min;72 ℃ 10 min;4 ℃保存,共 36 个循环。

PCR 扩增产物用 1.5%琼脂糖凝胶电泳和 6%变性聚丙烯酰胺凝胶检测。

7.变性聚丙烯酰胺凝胶电泳

(1) 垂直电泳板制备

组装:将平、凹玻璃板分别清洗,用洗涤剂冲洗干净,用乙醇擦干。干燥后,平板和凹板分别涂匀 0.5%亲和硅烷(binding silane)和 2%剥离硅烷(repel silane),室温干燥,组装后用水平仪调试水平。

灌胶:分别量取 60 mL、200 μL 和 45 μL 的 6%聚丙烯酰胺储备液、10%过硫酸铵和 TMED 顺序倒入灌胶瓶,迅速摇匀,静置 10 s,灌胶瓶口沿凹板边缘灌入。灌胶过程中轻轻敲打胶液流动缓慢的玻璃面区,防止板内出现气泡。待灌入胶面到达玻璃板底部时停止灌胶,剩余胶液加铺凹板边缘部分,水平置梳子背部于凹板边缘外侧,然后平铺梳子抵灌胶口,缓慢将梳子背部插入灌胶口内约 0.5 cm,待胶液聚合凝固后(约 1.5 h),将玻璃板组装到电泳槽中。

(2) 扩增电泳产物过程

电极缓冲液:取 800 mL 1×TBE(200 mL 10×TBE 加入 1 800 mL 去离子水),混匀后分别加入正极槽和负极槽中。

预电泳:100 W 恒定功率电泳 30 min,预电泳后,在上槽液中利用吸耳球消除胶面沉积的尿素和气泡,插入梳子。

PCR 产物变性:预电泳过程中,将 PCR 产物中加入 3 μL 上样缓冲液(loading buffer),PCR 仪上 95 ℃变性 5 min 后及时置于冰上冷却。

电泳:每梳子空中加入 4 μL 已变性 PCR 扩增产物,80 W 恒定功率电泳 2～4 h。

(3)银染显色过程

脱色与固定:电泳结束后,小心撬开凹玻璃板,胶会粘在涂有亲和硅烷的平玻璃板上,快速放入新配制的 10%冰乙酸中,水平摇床轻摇 30 min,至指示剂无色。

冲洗:1 L 去离子水槽中漂洗胶板 2 次,每次 5 min。

染色:加入 1 L 染色液,水平摇床轻摇 30 min,使充分染色。

冲洗:1 L 去离子水漂洗胶板 10 s,立即放入显影液。

显影:1 L 预冷显影液中水平摇床轻摇,直至黄色带纹清晰出现。

定影:将胶板转移至 10%的冰乙酸溶液中定影 5 min。

冲洗:用去离子水漂洗胶板 5 min。

干燥:将胶板置于室温下自然干燥,干燥后白炽灯箱上记录目的带型,拍照保存。

8.小麦总 RNA 的提取

用 TransGen Biotech 公司的 TransZol Plant RNA 提取试剂盒提取总 RNA。所用的玻璃、金属、陶瓷器皿在 180 ℃烘烤 6 h,塑料制品用 1% DEPC · H_2O 过夜处理后高压灭菌。

(1) 将新鲜的或液氮冻存的植物样品称量后,迅速转移至用液氮预冷过的研钵中,用研杵充分研磨直至组织成粉末状,其间不断补加液氮。若研磨不彻底会影响 RNA 的得率和质量。每 80～100 mg 组织加入 1 mL TPⅠ溶液。

(2) 涡旋或用枪头吸取数次,12 000*g* 4 ℃离心 5 min(此时上清液可能出现白色浑浊现象,但不影响下游试验可直接吸取上清液)。

(3) 小心吸取上清液,将上清液平分至两个新的 1.5 mL RNase-free 离心管中(每管上清液 400～500 μL)。

(4) 向上清液中加入等体积的 TPⅡ溶液(粉红色),颠倒混匀数次,加入 1/4 上清液体积的氯仿,再次颠倒混匀数次,室温孵育 5 min。

(5) 12 000*g* 4 ℃离心 5 min,此时溶液分为上清层(无色)、中间层(无色透明油状溶液约 50 μL)和有机层(粉红色),RNA 分布在上清层中。

(6) 小心吸取上清液(若上清层与中间层难以区分,建议可剩余 50～100 μL 无色溶液于管中)于新的 RNase-free 离心管中,此时上清液体积为 400～500 μL。

(7) 向上清液中加入等体积异戊醇,颠倒混匀,室温孵育 10 min。

(8) 12 000*g* 4 ℃离心 10 min。弃上清液,此时在管侧和管底形成胶状沉淀。

(9) 加入 1 mL 75%乙醇(RNase-free 的水配制),剧烈涡旋(每使用 1 mLTPⅠ溶液加入 1 mL 75%乙醇)。

(10) 10 000*g* 4 ℃离心 5 min,弃上清液(尽量除净乙醇),室温晾干沉淀。

(11) 加 30～40 μL RNA 溶解液溶解沉淀,保存样品于－70 ℃以备长期使用。

9.cDNA 的合成及半定量 RT-PCR 分析

用 TaKaRa Biotechnology(大连)Co.,Ltd 的 PrimeScript Ⅱ 1st Strand cDNA Synthesis Kit 反转录试剂盒进行 cDNA 的合成。

(1) 1st Strand cDNA 合成反应

在 PCR 管中配制下列混合液。

试剂	使用量
Oligo dT Primer(50 μmol/L)	1 μL
或 Random 6 mers(50 μmol/L)	1 μL(0.4～2 μL)
dNTP mixture(10 μmol/L each)	1 μL
模板 RNA	总 RNA：5 μg 以下
	poly(A)$^+$ RNA：1 μg 以下
RNase-free dH_2O	至 10 μL

65 ℃保温 5 min 后,冰上迅速冷却。

在上述 PCR 管中配制下列反转录反应液,总量为 20 μL。

试剂	使用量
上述变性后反应液	10 μL
5×PrimeScriptⅡ Buffer	4 μL
RNase 抑制剂(40 U/μL)	0.5 μL(20 U)
PrimeScriptⅡ RTase(200 U/μL)	1 μL(200 U)
RNase-free dH_2O	至 20 μL

缓慢混匀。

按下列条件进行反转录反应。

30 ℃ 10 min,使用 Random 6 mers 时);42 ℃,60 min。

95 ℃ 5 min(酶失活)后,冰上冷却。

(2) RT-PCR

以 1st Strand cDNA 合成反应液作为 PCR 的模板,*Actin* 基因作为内标。RT-PCR 扩增体系如下:

试剂	使用量
10×PCR 缓冲液	1.5 μL
dNTP(2.5 mmol/L)	1.2 μL
引物	各 0.3 μL
酶(Easy Taq 酶)	0.15 μL
cDNA	0.6 μL
5×CES	3 mL
ddH_2O	7.95 μL
总量	15 μL

RT-PCR 扩增退火温度为 67 ℃,其他程序同上。

10. 数据分析

采用数据分析系统 SAS Institute 8.0 版本的 PROC MIXED 数据统计方法,把所扩增出的不同类型片段的品种分成不同的基因簇,算出平均值,然后比较每一标记新中不同基因簇与其 GI 平均值的差异显著性,开发一个新的 STS 标记 *Vp1A3*。用 SAS PROC CORR 来统计两年 GI 平均值的相关性。为了检测 *Vp1A3* 和 *Vp1B3* 标记在 103 份小麦品种中的选择效率,应用 SPSS 13.0 软件中多重比较分析的方法来研究 *Vp1A3* 和 *Vp1B3* 同时筛选穗发芽抗性时的选择效率。

3.8.2 结果与分析

1. 10 份测试材料 *Vp-1A* 和 *Vp-1D* 基因的 PCR 扩增检测

(1)琼脂糖凝胶电泳检测 用普通 PCR 的方法,以小麦基因组 DNA 为模板,用 Vp-$1AF_1/R_1$、Vp-$1AF_2/R_2$、Vp-$1AF_3/R_3$、Vp-$1AF_4/R_4$ 以及 Vp-$1DF_1/R_1$、Vp-$1DF_2/R_2$、Vp-$1DF_3/R_3$、Vp-$1DF_4/R_4$ 8 对特异性引物对 *Vp-1A* 基因进行 PCR 扩增,得到了预期的目的片段。由于引物 Vp-$1AF_1/R_1$ 和 Vp-$1AF_3/R_3$ 以及 Vp-$1DF_1/R_1$、Vp-$1DF_2/R_2$、Vp-$1DF_3/R_3$ 和 Vp-$1DF_4/R_4$ 对 *Vp-1A* 基因进行 PCR 扩增时未发现等位变异,所以以引物 Vp-$1AF_2/R_2$(图 3-23)和 Vp-$1AF_4/R_4$(图 3-24)的电泳图为例,初步表明 PCR 扩增成功。

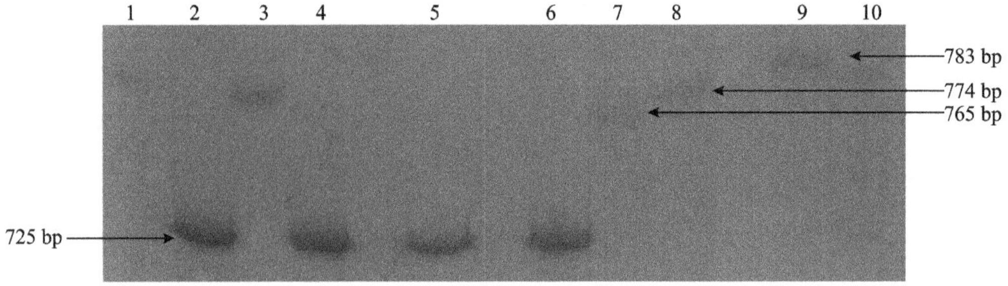

图 3-23 *Vp-1A* 基因引物 Vp-1AF$_2$/R$_2$ 扩增图

1. 周 8425B；2. 济麦 19；3. 京 411；4. 中优 9507；5. 衡水 7228；6. 豫麦 18；7. 小玉花；8. 小白玉花；9. 小偃 6 号；10. 洋小麦；M. DNA 分子量标准（Trans 2k）

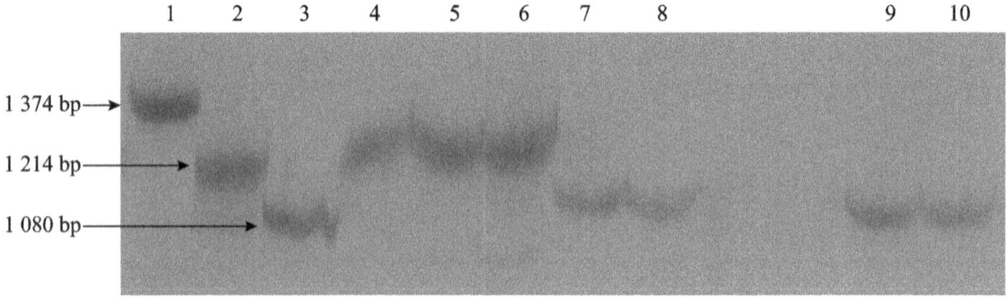

图 3-24 *Vp-1A* 基因引物 Vp-1AF$_4$/R$_4$ 扩增图

1. 周 8425B；2. 济麦 19；3. 京 411；4. 中优 9507；5. 衡水 7228；6. 豫麦 18；7. 小玉花；8. 小白玉花；9. 小偃 6 号；10. 洋小麦；M. DNA 分子量标准（Trans 2k）

（2）变性聚丙烯酰胺凝胶电泳检测　琼脂糖凝胶电泳的分辨率有限，为了能更好地区分出不同品种间的多态性，本试验用 6％变性聚丙烯酰胺凝胶对 PCR 产物进行进一步检测，由图 3-25 和图 3-26 可知，在所选的 10 种小麦中可以看出多种类型片段，用引物对 Vp-1AF$_2$/R$_2$ 在 10 份中共扩增出 8 种片段类型，用引物对 Vp-1AF$_4$/R$_4$ 在 10 份中共扩增出 3 种片段类型。

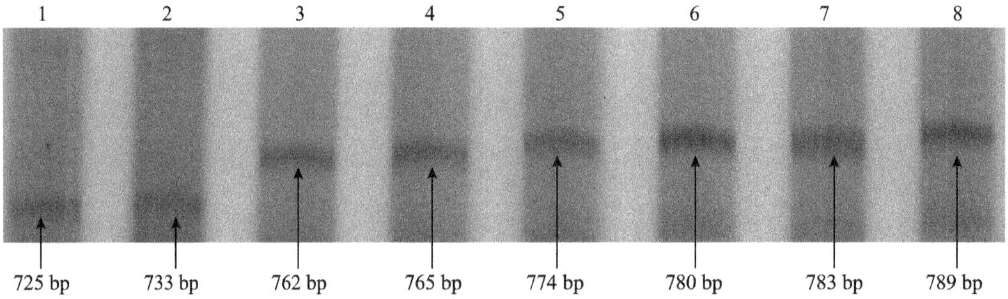

图 3-25 *Vp-1A* 基因引物 Vp-1AF$_2$/R$_2$ 的 PAGE 电泳图

1. 衡水 7228；2. 矮抗 58；3. 阆中白麦；4. 小玉花；5. 周 8425B；6. 秃葫芦头；7. 女儿麦；8. 邯 5316

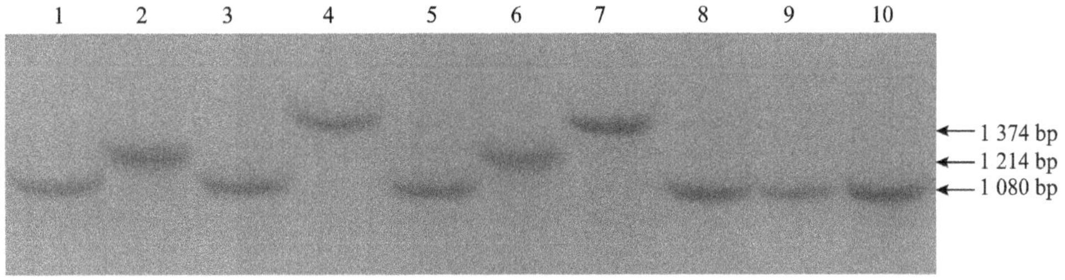

图 3-26 *Vp-1A* 基因引物 Vp-1AF$_4$/R$_4$的 PAGE 电泳图

1. 京 411；2. 中优 9507；3. 女儿麦；4. 周 8425B；5. CA0175；6. 小玉花；7. 中育 6 号；8. 荣昌白麦；9. 阆中白麦；10. 秃葫芦头

用引物 Vp-1AF$_2$/R$_2$进行扩增，在 103 份材料中存在 8 种片段类型，与野生基因型 *Vp-1Aa*（AJ400712）相比，这些突变型在 2 707～2 755 bp 存在以不同的 CTT、TCT、TCC 和 TTC 为重复片段的 4 种缺失和 3 种插入。103 份品种中用引物 Vp-1AF$_2$/R$_2$扩增并用 6%的聚丙烯酰胺凝胶检测出 8 种不同的片段，分别用字母 A(774 bp)、B(789 bp)、G(762 bp)、H(733 bp)、I(725 bp)、J(765 bp)、K(780 bp) 和 L (783 bp)表示(图 3-25，图 3-27)，在该位点上济南 16、淄麦 12 和新麦 18 是杂合子，基因型分别为 I/A、I/G 和 I/G。

序列分析显示 A(774 bp)与野生型 *Vp-1Aa*（AJ400712）一致；B(789 bp)在 2 718～2 732 bp 处有 5 个 CTT 的插入，该基因型已经被报道过；G (762 bp)在 2 718～2 729 bp 处有 4 个 CTT 的缺失，并在 3 067 bp 处存在一个点突变(G 突变成 A)；H (33 bp)存在 41 bp 的缺失(11CTT＋1GAA＋1TTC＋1TT)和 6 个 SNP(2 872～2 873 bp 处 GA 突变成 TC，2 875～2 876 bp 处 GA 突变成 TC，2 752 bp 处 C 突变成 T，2 754 bp 处 T 突变成 C；I(725 bp)在 2 707～2 755 bp 处有 49 bp 的缺失(3TCT＋1TCC＋12TTC＋1T)，在 2 858 bp 处有 1 bp 的插入，而在 3 193 bp 处有 1 bp 的缺失，同时分别在 2 862 bp、3 004 bp 和 3 067 bp 处有 3 个 SNP (A 突变成 T，T 突变成 C，G 突变成 A)；J (765 bp)在 2 721～2 729 bp 处有 3 个 CTT 的缺失，并在 3 067 bp 处有 1 个 SNP(G 突变成 A)；K(780 bp)在 2 718～2 723 bp 处有 2 个 CTT 的插入；L(783 bp)在 2 718～2 726 bp 处有 3 个 CTT 的插入(图 3-27)。通过在 TIGR 植物重复数据库(http：//plant repeats. plantbiology. msu. edu/index. html)和新 59 小麦基因数据 (http：//www. cerealsdb. uk. net/search_reads. htm)的分析对照比对发现：CTT 重复与 TREP1478 转座子具有 84.81%的相似度，与该转座子差异的期望值达到了 9.1×10^{-9}水平，这表明 CTT 可能是转座子中的一个序列，同时对小麦的进化史有着一定影响。

用引物 Vp-1AF$_4$/R$_4$在 103 份小麦材料中共发现 3 种不同的片段类型，分别命名为 M (1 080 bp)、N(1 214 bp)和 O(1 374 bp)(图 3-28)，济南 16 未获得 PCR 产物。这 3 种片段类型中，1 214 bp 为野生型，命名为 *Vp-1Aa*，与其相比 1 080 bp 的基因型在第 5 个内含子的 3 429 bp 处存在 134 bp 的缺失。通过在 NCBI 中的比对发现，这 134 bp 的缺失与 B$_3$转录因子的二级 CDS 中的 *TbABI3* 基因完全相似，其二级结构在 *Vp-1Aa* 基因的 3 429～3 562 bp 位置上形成了一个反向重复结构(图 3-29)，这可能会影响正确拼接的 *Vp-1* 转录本前 mRNA 的结构和表达水平的变化。1 374 bp 的片段类型在第 6 个外显子的 3 469 bp 处存在 160 bp 的插入，通过在 TIGR 植物转录本综合数据库(http：//plantta. jcvi. org/index. shtml)中的分析对照发现，这 160 bp 的插入与水稻中的 MYB 转录因子有 71%的相似度。而且这 160 bp 插入片

段的二级结构在 *Vp-1Aa* 基因的 3 469～3 528 bp 处形成了一个反向重复结构(图 3-30)，这表明第 6 个外显子中的插入可能不仅影响正确拼接的 *Vp*-1 转录本的前 mRNA 的结构和表达水平，同时还改变了 *Vp-1A* 基因的氨基酸序列。通过对引物 Vp-1AF$_2$/R$_2$ 和 Vp-1AF$_4$/R$_4$ 的扩增结果进行统计，我们共发现了 17 种新的等位基因，这些等位基因在本研究的 103 份材料中频率分别为：13.6%、3.9%、2.9%、3.9%、1.0%、3.9%、1.0%、1.0%、1.0%、8.7%、38.8%、9.7%、1.0%、1.0%、3.9%、1.0% 和 1.0%；其平均 GI 值分别为 39.3、31.3、43.4、40.4、50.5、7.5、7.2、15.2、36.0、38.5、37.3、39.3、37.5、9.7、38.4、16.4 和 13.7。根据小麦基因命名规则将其分别命名为 *Vp-1Aam*、*Vp-1Aan*、*Vp-1Aao*、*Vp-1Abm*、*Vp-1Abn*、*Vp-1Agm*、*Vp-1Ahm*、*Vp-1Ahn*、*Vp-1Aho*、*Vp-1Aim*、*Vp-1Ain*、*Vp-1Aio*、*Vp-1Ajm*、*Vp-1Ajn*、*Vp-1Akm*、*Vp-1Alm* 和 *Vp-1Aln*。本研究的 103 份小麦品种在 *Vp-1A* 等位基因中有 3 种杂合子，其中淄麦 12 和新麦 18 用引物 Vp-1AF$_2$/R$_2$ 扩增出 I 和 G 类型的片段；在引物 Vp-1AF$_4$/R$_4$ 位点扩增出 N 类型的片段。而济南 16 则只在引物 Vp-1AF$_2$/R$_2$ 位点扩增出 I 和 A 类型的片段，在引物 Vp-1AF$_4$/R$_4$ 位点未能得到 PCR 产物(表 3-15)。

在 D 基因组中，并未发现等位变异。

```
I   CATCTCGATCCCCATTGAGGACATCGGCACATCTCAGGTGTGGAGCATGCGGTACCGGTA     60
H   CATCTCGATCCCCATTGAGGACATCGGCACATCTCAGGTGTGGAGCATGCGGTACCGGTA     62
G   CATCTCGATCCCCATTGAGGACATCGGCACATCTCAGGTGTGGAGCATGCGGTACCGGTA     56
J   CATCTCGATCCCCATTGAGGACATCGGCACATCTCAGGTGTGGAGCATGCGGTACCGGTA     54
A   CATCTCGATCCCCATTGAGGACATCGGCACATCTCAGGTGTGGAGCATGCGGTACCGGTA  2 340
K   CATCTCGATCCCCATTGAGGACATCGGCACATCTCAGGTGTGGAGCATGCGGTACCGGTA     61
L   CATCTCGATCCCCATTGAGGACATCGGCACATCTCAGGTGTGGAGCATGCGGTACCGGTA     60
B   CATCTCGATCCCCATTGAGGACATCGGCACATCTCAGGTGTGGAGCATGCGGTACCGGTA     55
                                    正向引物
I   ACTAGTACTCCCATCGATCGATTTTGGGATAAAATTTAATAATAATATTAAACATGCATG    120
H   ACTAGTACTCCCATCGATCGATTTTGGGATAAAATTTAATAATAATATTAAACATGCATG    122
G   ACTAGTACTCCCATCGATCGATTTTGGGATAAAATTTAATAATAATATTAAACATGCATG    116
J   ACTAGTACTCCCATCGATCGATTTTGGGATAAAATTTAATAATAATATTAAACATGCATG    114
A   ACTAGTACTCCCATCGATCGATTTTGGGATAAAATTTAATAATAATATTAAACATGCATG  2 400
K   ACTAGTACTCCCATCGATCGATTTTGGGATAAAATTTAATAATAATATTAAACATGCATG    121
L   ACTAGTACTCCCATCGATCGATTTTGGGATAAAATTTAATAATAATATTAAACATGCATG    120
B   ACTAGTACTCCCATCGATCGATTTTGGGATAAAATTTAATAATAATATTAAACATGCATG    115

I   CTTTCATTAGTTCACTTTTATCTTTTTTTAATTATCTGTAGGCCACATCTAGTAAATGAC    180
H   CTTTCATTAGTTCACTTTTATCTTTTTTTAATTATCTGTAGGCCACATCTAGTAAATGAC    182
G   CTTTCATTAGTTCACTTTTATCTTTTTTTAATTATCTGTAGGCCACATCTAGTAAATGAC    176
J   CTTTCATTAGTTCACTTTTATCTTTTTTTAATTATCTGTAGGCCACATCTAGTAAATGAC    174
A   CTTTCATTAGTTCACTTTTATCTTTTTTTAATTATCTGTAGGCCACATCTAGTAAATGAC  2 460
K   CTTTCATTAGTTCACTTTTATCTTTTTTTAATTATCTGTAGGCCACATCTAGTAAATGAC    181
L   CTTTCATTAGTTCACTTTTATCTTTTTTTAATTATCTGTAGGCCACATCTAGTAAATGAC    180
B   CTTTCATTAGTTCACTTTTATCTTTTTTTAATTATCTGTAGGCCACATCTAGTAAATGAC    175
```

I ATGATCACTGCATCACTGTGTGGGACACGCACGTTCCTTTCCCAATTGGGCAAGTGGGTC 240
H ATGATCACTGCATCACTGTGTGGGACACGCACGTTCCTTTCCCAATTGGGCAAGTGGGTC 242
G ATGATCACTGCATCACTGTGTGGGACACGCACGTTCCTTTCCCAATTGGGCAAGTGGGTC 236
J ATGATCACTGCATCACTGTGTGGGACACGCACGTTCCTTTCCCAATTGGGCAAGTGGGTC 234
A ATGATCACTGCATCACTGTGTGGGACACGCACGTTCCTTTCCCAATTGGGCAAGTGGGTC 2 520
K ATGATCACTGCATCACTGTGTGGGACACGCACGTTCCTTTCCCAATTGGGCAAGTGGGTC 241
L ATGATCACTGCATCACTGTGTGGGACACGCACGTTCCTTTCCCAATTGGGCAAGTGGGTC 240
B ATGATCACTGCATCACTGTGTGGGACACGCACGTTCCTTTCCCAATTGGGCAAGTGGGTC 235

I ATATGAATACATATGATGGAAATCCGGGAGCCAAATAGTAGCATGCATTCGTAGTGCGCC 300
H ATATGAATACATATGATGGAAATCCGGGAGCCAAATAGTAGCATGCATTCGTAGTGCGCC 302
G ATATGAATACATATGATGGAAATCCGGGAGCCAAATAGTAGCATGCATTCGTAGTGCGCC 296
J ATATGAATACATATGATGGAAATCCGGGAGCCAAATAGTAGCATGCATTCGTAGTGCGCC 294
A ATATGAATACATATGATGGAAATCCGGGAGCCAAATAGTAGCATGCATTCGTAGTGCGCC 2 580
K ATATGAATACATATGATGGAAATCCGGGAGCCAAATAGTAGCATGCATTCGTAGTGCGCC 301
L ATATGAATACATATGATGGAAATCCGGGAGCCAAATAGTAGCATGCATTCGTAGTGCGCC 300
B ATATGAATACATATGATGGAAATCCGGGAGCCAAATAGTAGCATGCATTCGTAGTGCGCC 295

I GCTCTCTCTATATATATACGTGAACGGGCATGCAGAAATTTTGTTTTCGCATCGTCTCTT 360
H GCTCTCTCTATATATATACGTGAACGGGCATGCAGAAATTTTGTTTTCGCATCGTCTCTT 362
G GCTCTCTCTATATATATACGTGAACGGGCATGCAGAAATTTTGTTTTCGCATCGTCTCTT 356
J GCTCTCTCTATATATATACGTGAACGGGCATGCAGAAATTTTGTTTTCGCATCGTCTCTT 354
A GCTCTCTCTATATATATACGTGAACGGGCATGCAGAAATTTTGTTTTCGCATCGTCTCTT 2 640
K GCTCTCTCTATATATATACGTGAACGGGCATGCAGAAATTTTGTTTTCGCATCGTC<u>**C**</u>CTT 361
L GCTCTCTCTATATATATACGTGAACGGGCATGCAGAAATTTTGTTTTCGCATCGTCTCTT 360
B GCTCTCTCTATATATATACGTGAACGGGCATGCAGAAATTTTGTTTTCGCATCGTCTCTT 355

I GGTTCACTACTTGTTAGCATCACTCTACACAGTAGATTATTCTGATACCATACTTCCTAT 420
H GGTTCACTACTTGTTAGCATCACTCTACACAGTAGATTATTCTGATACCATACTTCCTAT 412
G GGTTCACTACTTGTTAGCATCACTCTACACAGTAGATTATTCTGATACCATACTTCCTAT 416
J GGTTCACTACTTGTTAGCATCACTCTACACAGTAGATTATTCTGATACCATACTTCCTAT 414
A GGTTCACTACTTGTTAGCATCACTCTACACAGTAGATTATTCTGATACCATACTTCCTAT 2 700
K GGTTCACTACTTGTTAGCATCACTCTACACAGTAGATTATTCTGATACCATACTTCCTAT 421
L GGTTCACTACTTGTTAGCATCACTCTACACAGTAGATTATTCTGATACCATACTTCCTAT 420
B GGTTCACTACTTGTTAGCATCACTCTACACAGTAGATTATTCTGATACCATACTTCCTAT 415

I TTTTCCA... 427
H TTTTCCATCTTCTTCTTC.. 430
G TTTTCCATCTTCTTCTTC.................................CTTCTTCTT 443
J TTTTCCATCTTCTTCTTC...........................CTTCTTCTTCTTCTT 447
A TTTTCCATCTTCTTCTTC..................CTTCTTCTTCTTCTTCTTCTTCTT 2 742
K TTTTCCATCTTCTTCTTCCTTCTT............CTTCTTCTTCTTCTTCTTCTTCTT 469

L　TTTTCCATCTTCTTCTTCCTTCTTCTT.........CTTCTTCTTCTTCTTCTTCTTCTT　471
B　TTTTCCATCTTCTTCTTCCTTCTTCTTCTTCTT...CTTCTTCTTCTTCTTCTTCTTCTT　472

I　...............TCTTCTTCTTCTTCTTCTTCTTCTTCTTCTTCTTCTTCCAAAGTGT　473
H　.........**T**T**C**CTTCTTCTTCTTCTTCTTCTTCTTCTTCTTCTTCTTCCAAAGTGT　481
G　CTTCTTCTTCTTCTTCTTCTTCTTCTTCTTCTTCTTCTTCTTCTTCTTCTTCCAAAGTGT　503
J　CTTCTTCTTCTTCTTCTTCTTCTTCTTCTTCTTCTTCTTCTTCTTCTTCTTCCAAAGTGT　507
A　CTTCTTCTTCTTCTTCTTCTTCTTCTTCTTCTTCTTCTTCTTCTTCTTCTTCCAAAGTGT　2 802
K　CTTCTTCTTCTTCTTCTTCTTCTTCTTCTTCTTCTTCTTCTTCTTCTTCTTCCAAAGTGT　529
L　CTTCTTCTTCTTCTTCTTCTTCTTCTTCTTCTTCTTCTTCTTCTTCTTCTTCCAAAGTGT　531
B　CTTCTTCTTCTTCTTCTTCTTCTTCTTCTTCTTCTTCTTCTTCTTCTTCTTCCAAAGTGT　532

I　ATCATATGTTGCTAGTTAGCTAGAGCTGTCAAAGTAAGGAGAAAAAAACTAGCTAGcTTG　533
H　ATCATATGTTGCTAGTTAGCTAGAGCTGTCAAAGTAAGGAGAAAAAAACTAGCTAG. TT.　539
G　ATCATATGTTGCTAGTTAGCTAGAGCTGTCAAAGTAAGGAGAAAAAAACTAGCTAG. TTG　562
J　ATCATATGTTGCTAGTTAGCTAGAGCTGTCAAAGTAAGGAGAAAAAAACTAGCTAG. TTG　566
A　ATCATATGTTGCTAGTTAGCTAGAGCTGTCAAAGTAAGGAGAAAAAAACTAGCTAG. TTG　2 861
K　ATCATATGTTGCTAGTTAGCTAGAGCTGTCAAAGTAAGGAGAAAAAAACTAGCTAG. TTG　588
L　ATCATATGTTGCTAGTTAGCTAGAGCTGTCAAAGTAAGGAGAAAAAAACTAGCTAG. TTG　590
B　ATCATATGTTGCTAGTTAGCTAGAGCTGTCAAAGTAAGGAGAAAAAAACTAGCTAG. TTG　591

I　tATTCTGTATGATAACAAATTGCTGGTACAATGATCGATCTTGATTTTCATGCATGCAGA　593
H　.....TGTAT**TC**T**TC**CAAA..GCTGGTACAATGATCGATCTTGATTTTCATGCATGCAGA　592
G　AATTCTGTATGATAACAAATTGCTGGTACAATGATCGATCTTGATTTTCATGCATGCAGA　622
J　AATTCTGTATGATAACAAATTGCTGGTACAATGATCGATCTTGATTTTCATGCATGCAGA　626
A　AATTCTGTATGATAACAAATTGCTGGTACAATGATCGATCTTGATTTTCATGCATGCAGA　2 921
K　AATTCTGTATGATAACAAATTGCTGGTACAATGATCGATCTTGATTTTCATGCATGCAGA　648
L　AATTCTGTATGATAACAAATTGCTGGTACAATGATCGATCTTGATTTTCATGCATGCAGA　650
B　AATTCTGTATGATAACAAATTGCTGGTACAATGATCGATCTTGATTTTCATGCATGCAGA　651

I　TTTTGGCCCAACAACAAGAGCAGAATGTATCTTCTAGAGAACACTGGTGAGAGAAGAGAA　653
H　TTTTGGCCCAACAACAAGAGCAGAATGTATCTTCTAGAGAACACTGGTGAGAGAAGAGAA　652
G　TTTTGGCCCAACAACAAGAGCAGAATGTATCTTCTAGAGAACACTGGTGAGAGAAGAGAA　682
J　TTTTGGCCCAACAACAAGAGCAGAATGTATCTTCTAGAGAACACTGGTGAGAGAAGAGAA　686
A　TTTTGGCCCAACAACAAGAGCAGAATGTATCTTCTAGAGAACACTGGTGAGAGAAGAGAA　2 981
K　TTTTGGCCCAACAACAAGAGCAGAATGTATCTTCTAGAGAACACTGGTGAGAGAAGAGAA　708
L　TTTTGGCCCAACAACAAGAGCAGAATGTATCTTCTAGAGAACACTGGTGAGAGAAGAGAA　710
B　TTTTGGCCCAACAACAAGAGCAGAATGTATCTTCTAGAGAACACTGGTGAGAGAAGAGAA　711

I　CCAAACCTGCCTGATACAATTT**C**GAAACCAAATATATAGCTAGCTTCCCTTGTGTTCACA　713
H　CCAAACCTGCCTGATACAATTTTGAAACCAAATATATAGCTAGCTTCCCTTGTGTTCACA　712
G　CCAAACCTGCCTGATACAATTTTGAAACCAAATATATAGCTAGCTTCCCTTGTGTTCACA　742

J CCAAACCTGCCTGATACAATTTTGAAACCAAATATATAGCTAGCTTCCCTTGTGTTCACA 746
A CCAAACCTGCCTGATACAATTTTGAAACCAAATATATAGCTAGCTTCCCTTGTGTTCACA 3 041
K CCAAACCTGCCTGATACAATTTTGAAACCAAATATATAGCTAGCTTCCCTTGTGTTCACA 768
L CCAAACCTGCCTGATACAATTTTGAAACCAAATATATAGCTAGCTTCCCTTGTGTTCACA 770
B CCAAACCTGCCTGATACAATTTTGAAACCAAATATATAGCTAGCTTCCCTTGTGTTCACA 771

I AAACGTTTCTTGTGCTTGAACTTGT**A**GGTGACTTTGTTCGGTCGAATGAGCTGCAGGAGG 773
H AAACGTTTCTTGTGCTTGAACTTGTGGGTGACTTTGTTCGGTCGAATGAGCTGCAGGAGG 772
G AAACGTTTCTTGTGCTTGAACTTGT**A**GGTGACTTTGTTCGGTCGAATGAGCTGCAGGAGG 802
J AAACGTTTCTTGTGCTTGAACTTGT**A**GGTGACTTTGTTCGGTCGAATGAGCTGCAGGAGG 806
A AAACGTTTCTTGTGCTTGAACTTGTGGGTGACTTTGTTCGGTCGAATGAGCTGCAGGAGG 3 101
K AAACGTTTCTTGTGCTTGAACTTGTGGGTGACTTTGTTCGGTCGAATGAGCTGCAGGAGG 828
L AAACGTTTCTTGTGCTTGAACTTGT**A**GGTGACTTTGTTCGGTCGAATGAGCTGCAGGAGG 830
B AAACGTTTCTTGTGCTTGAACTTGTGGGTGACTTTGTTCGGTCGAATGAGCTGCAGGAGG 831

反向引物

图 3-27 引物 Vp-1AF$_2$/R$_2$在 103 份小麦中扩增出的 8 种片段的序列比对

N ACTTGTGGGTGACTTTGTTCGGTCGAATGAGCTGCAGGAGGGTGATTTCATCGTGCTTTA 3 120
M ACTTGTGGGTGACTTTGTTCGGTCGAATGAGCTGCAGGAGGGTGATTTCATCGTGCTTTA 66
O ACTTGTGGGTGACTTTGTTCGGTCGAATGAGCTGCAGGAGGGTGATTTCATCGTGCTTTA 76

上游序列

N CTCTGATGTCAAGTCGGGCAAATATGTAATGTTCATACCCTTCCCGTCAATTCATTTCCA 3 180
M CTCTGATGTCAAGTCGGGCAAATATGTAATGTTCATACCCTTCCCGTCAATTCATTTCCA 126
O CTCTGATGTCAAGTCGGGCAAATATGTAATGTTCATACCCTTCCCGTCAATTCATTTCCA 136

N TGAAATGATCTGTTTACATCCATTAGTATGCATGTTGCAAACTGACCAGTTGATCAGTAG 3 240
M TGAAATGATCTGTTTACATCCATTAGTATGCATGTTGCAAACTGACCAGTTGATCAGTAG 186
O TGAAATGATCTGTTTACATCCATTAGTATGCATGTTGCAAACTGACCAGTTGATCAGTAG 196

N CTGTCATTTTGATAGCGTTGGTATATGATTATCACAATATATACTCTTCCATCCCAAAAT 3 300
M CTGTCATTTTGATAGCGTTGGTATATGATTATCACAATATATACTCTTCCATCCCAAAAT 246
O CTGTCATTTTGATAGCGTTGGTATATGATTATCACAATATATACTCTTCCATCCCAAAAT 256

N ATAAGGCGGATTATTATGTACTATGAGGTCAACATTTTAAAATTTGATCTCTTGTATATA 3 360
M ATAAGGCGGATTATTATGTACTATGAGGTCAACATTTTAAAATTTGATCTCTTGTATATA 306
O ATAAGGCGGATTATTATGTACTATGAGGTCAACATTTTAAAATTTGATCTCTTGTATATA 316

N TGTGCGTAAGTATATGGATATTGTGCATATATTAATAGTAATAACATCGCATTCATCTTG 3 420
M TGTGCGTAAGTATATGGATATTGTGCATATATTAATAGTAATAACATCGCATTCATCTTG 366
O TGTGCGTAAGTATATGGATATTGTGCATATATTAATAGTAATAACATCGCATTCATCTTG 376

N CAAAATATTACTCCCTCCGTCCCAAATTAAGTGACTCAACTTTGTAGAAGTTGAGTTACG 3 480
M CAAAATATTACTCCC.. 381

```
O   CAAAATATTACTCCCTCCGTCCCAAATTAAGTGACTCAACTTTGTAGAAGTTGAGTTACG     436

N   AAGTTGTGTCACTTAACTCAACTTTGTTGAGTCACTTAATATGGGACGGAGGGAGTACTA   3 540
M   ............................................................     381
O   AAGTTGTGTCACTTAACTCAACTTTGTTGAGTCACTTAATATGGGACGGAGGGAGTACTA     496

N   GTTTTATGTCATGCATTTTTTTAGAAAAGGAGTTTTATGTCATGCATATCTCAATATATA   3 600
M   ..............................AGTTTTATGTCATGCATATCTCAATATATA     411
O   GTTTTATGTCATGCATTTTTTTAGAAAAGGAGTTTTATGTCATGCATATCTCAATATATA     556

N   TTCTTTATGCATGTTATGAGGTCAAAATCAAGCGTTGGAGACTGAAAAGTCAGATGTCTA   3 660
M   TTCTTTATGCATGTTATGAGGTCAAAATCAAGCGTTGGAGACTGAAAAGTCAGATGTCTA     471
O   TTCTTTATGCATGTTATGAGGTCAAAATCAAGCGTTGGAGACTGAAAAGTCAGATGTCTA     616

N   TGTCTTGTATTCTGTGAGGGATGGAGTATATAGGACTGTTTGTCTTTGGATATCTAATTA   3 720
M   TGTCTTGTATTCTGTGAGGGATGGAGTATATAGGACTGTTTGTCTTTGGATATCTAATTA     531
O   TGTCTTGTATTCTGTGAGGGATGGAGTATATAGGACTGTTTGTCTTTGGATATCTAATTA     676

N   AGTATAGCAGAACTATCTTTGTACTTGTGCGTTTGAATTAATTGTGTATACATCAGCTAA   3 780
M   AGTATAGCAGAACTATCTTTGTACTTGTGCGTTTGAATTAATTGTGTATACATCAGCTAA     591
O   AGTATAGCAGAACTATCTTTGTACTTGTGCGTTTGAATTAATTGTGTATACATCAGCTAA     736

N   TCTCAGCCTTTCTGTGTAAACACCAGCTGATACGCGGCGTGAAGGTGAGAGCGCAACAGG   3 840
M   TCTCAGCCTTTCTGTGTAAACACCAGCTGATACGCGGCGTGAAGGTGAGAGCGCAACAGG     651
O   TCTCAGCCTTTCTGTGTAAACACCAGCTGATACGCGGCGTGAAGGTGAGAGCGCAACAGG     796

N   ATCTAGCCAA..................................................   3 850
M   ATCTAGCCAA..................................................     661
O   ATCTAGCCAAGCACAAGAACGAAACTGCTATGCAGACGATGCACTACATGCACGACAGCT     856

N   ............................................................   3 850
M   ............................................................     661
O   GCACGATGTCAATCTAGCCATCTGTTGCACTTAGATAATATGCACTGACGCACTGATGTG     916

N   ..................................................GCACAAGAAT   3 860
M   ..................................................GCACAAGAAT     671
O   CTGTATCGTGCACAAATCGTCTGCTATGCGTCGTGTGCATAGCAGCTCTCGCACAAGAAT     976

N   GCCAGTCCAGAGAAAGGCGGGGCGTCCGACGTGAAGGCGGGCGGAGAAGACGGCGGCTGC   3 920
M   GCCAGTCCAGAGAAAGGCGGGGCGTCCGACGTGAAGGCGGGCGGAGAAGACGGCGGCTGC     731
O   GCCAGTCCAGAGAAAGGCGGGGCGTCCGACGTGAAGGCGGGCGGAGAAGACGGCGGCTGC   1 036
```

N AAGGAGAAGCCCCCCCACGGCGTCCGGCGATCTCGCCAGGAGGCCGCCTCCATGAACCAG 3 980
M AAGGAGAAGCCCCCCCACGGCGTCCGGCGATCTCGCCAGGAGGCCGCCTCCATGAACCAG 791
O AAGGAGAAGCCCCCCCACGGCGTCCGGCGATCTCGCCAGGAGGCCGCCTCCATGAACCAG 1 096

n ATGGCGGTGAGCATCTGAAATGAGCAGGCTCGCCGTCCGATCCACCATTGAAGACTCAGT 4 040
m ATGGCGGTGAGCATCTGAAATGAGCAGGCTCGCCGTCCGATCCACCATTGAAGACTCAGT 851
o ATGGCGGTGAGCATCTGAAATGAGCAGGCTCGCCGTCCGATCCACCATTGAAGACTCAGT 1 156

N TAGCTAGCTCAAGTATACCCGTTGATGATGATCAAATCGATCTCTCGTTCTATGATCCGT 4 100
M TAGCTAGCTCAAGTATACCCGTTGATGATGATCAAATCGATCTCTCGTTCTATGATCCGT 911
O TAGCTAGCTCAAGTATACCCGTTGATGATGATCAAATCGATCTCTCGTTCTATGATCCGT 1 216

N GCTTCCGTGTACTGCTGTAGCCCTAGTTAGGGATGATGATACTAAAGTAGCTATCGGTCA 4 160
M GCTTCCGTGTACTGCTGTAGCCCTAGTTAGGGATGATGATACTAAAGTAGCTATCGGTCA 971
O GCTTCCGTGTACTGCTGTAGCCCTAGTTAGGGATGATGATACTAAAGTAGCTATCGGTCA 1 276

N GATGTGACGCTGAAGAATGCATGGTCCGTGCTGTTAAACCTGTATAAAGGCTGTAACCCT 4 220
M GATGTGACGCTGAAGAATGCATGGTCCGTGCTGTTAAACCTGTATAAAGGCTGTAACCCT 1 031
O GATGTGACGCTGAAGAATGCATGGTCCGTGCTGTTAAACCTGTATAAAGGCTGTAACCCT 1 336

N TCTGTACATGCATGAACATACCCTTATTCGTTGTGTGTTGTCCTCCTAACAAGCAAACTT 4 280
M TCTGTACATGCATGAACATACCCTTATTCGTTGTGTGTTGTCCTCCTAACAAGCAAACTT 1 091
O TCTGTACATGCATGAACATACCCTTATTCGTTGTGTGTTGTCCTCCTAACAAGCAAACTT 1 396

N TCCTAGTTAGTCATGCATTGCATAGTTTTTTGAATGACACTGACTAGACCTAGAAATTAT 4 340
M TCCTAGTTAGTCATGCATTGCATAGTTTTTTGAATGACACTGACTAGACCTAGAAATTAT 1 151
O TCCTAGTTAGTCATGCATTGCATAGTTTTTTGAATGACACTGACTAGACCTAGAAATTAT 1 456

下游序列

图 3-28 引物 Vp-1AF$_4$/R$_4$在 103 份小麦中扩增出的 3 种片段的序列比对

2. 不同穗发芽抗性品种在 *Vp-1A* 和 *Vp-1D* 基因组上扩增的片段类型统计及分析

经过 PCR 扩增和序列分析，发现在引物位点 Vp-1AF$_2$/R$_2$ 和 Vp-1AF$_4$/R$_4$ 存在着多态性片段，而在引物位点 Vp-1AF$_1$/R$_1$ 和 Vp-1AF$_3$/R$_3$ 以及 *Vp-1D* 基因组上则没发现多态性。

3. *Vp-1A* 的各种等位基因在 103 份小麦品种中的分布

103 份小麦品种中 *Vp-1A* 等位基因和平均 GI 值的分布情况见表 3-15 和表 3-16。从表 3-15 和表 3-16 中可以看出，*Vp-1Ain* 是最普遍的类型，占 38.8%，*Vp1-Aam*、*Vp-1Aio*、*Vp-1Aim*、*Vp-1Aan*、*Vp-1Abm*、*Vp-1Agn*、*Vp-1Akm*、*Vp-1Aao*、*Vp-1Abn*、*Vp-1Ahm*、*Vp-1Ahn*、*Vp-1Aho*、*Vp-1Ajm*、*Vp-1Ajn*、*Vp-1Alm* 和 *Vp1-Aln* 在 *Vp-1A* 等位基因中所占比例分别为 13.6%、9.7%、8.7%、3.9%、3.9%、3.9%、3.9%、2.9%、1.0%、1.0%、1.0%、1.0%、1.0%、1.0%、1.0%和1.0%，平均 GI 值分别为 39.3、39.3、38.5、31.3、40.4、7.5、38.4、43.4、50.5、7.2、15.2、36.0、37.5、9.7、16.4 和 13.7。

表 3-15 不同穗发芽抗性品种在 Vp-1AF$_2$/R$_2$、Vp-1AF$_4$/R$_4$和 *Vp-1B3* 标记中的多态性

编号	品种名称	平均 GI 值（2006—2007 年）			等位变异类型	PCR 片段（Vp-1AF$_2$/R$_2$）	PCR 片段（Vp-1AF$_4$/R$_4$）	*Vp1B3* 的 PCR 片段/bp
1	中优 9507	70.8	75.0	66.5	*Vp-1Ain*	I	N	652
2	CA0459	70.6	68.5	72.7	*Vp-1Aim*	I	M	569
3	CA0474	69.9	67.0	72.8	*Vp-1Aam*	A	M	652
4	衡水 7228	68.4	65.5	71.3	*Vp-1Ain*	I	N	569
5	邯 6172	67.0	69.0	65.0	*Vp-1Aam*	A	M	652
6	CA0349	66.7	67.9	65.6	*Vp-1Ain*	I	N	569
7	郑麦 98	65.9	63.5	68.3	*Vp-1Ain*	I	N	.
8	白硬冬 2 号	64.6	61.0	68.2	*Vp-1Ain*	I	N	569
9	京 411	64.2	68.5	59.9	*Vp-1Aam*	A	M	652
10	CA0475	63.2	71.1	55.2	*Vp-1Aim*	I	M	652
11	济南 16	61.6	63.8	59.4	*Vp-1Ai/a*	I/A	—	569
12	CA0306	61.5	60.3	62.7	*Vp-1Aan*	A	N	569
13	红良 4 号	60.0	62.8	57.3	*Vp-1Ain*	I	N	845
14	小偃 22	59.0	60.8	57.1	*Vp-1Ain*	I	N	652
15	济麦 19	58.4	56.5	60.3	*Vp-1Ain*	I	N	652
16	泰山 008	56.3	53.8	58.9	*Vp-1Ain*	I	N	569
17	周 8425B	56.0	57.4	54.5	*Vp-1Aao*	A	O	652
18	石家庄 8	55.8	60.7	50.9	*Vp-1Aim*	I	M	569
19	烟农 19	54.4	55.6	53.2	*Vp-1Aio*	I	O	569
20	CA0465	54.2	55.1	53.3	*Vp-1Aam*	A	M	652
21	冀师 02-1	52.3	55.2	49.4	*Vp-1Aan*	A	N	569
22	红穗白	51.9	50.0	53.8	*Vp-1Akm*	K	M	652
23	郑麦 004	51.4	50.4	52.4	*Vp-1Ain*	I	N	569
24	衡观 35	50.5	52.5	48.5	*Vp-1Abn*	B	N	569
25	豫麦 2	50.5	55.1	45.8	*Vp-1Ain*	I	N	569
26	鲁麦 14	50.0	53.6	46.4	*Vp-1Ain*	I	N	569
27	周麦 16	49.4	46.5	52.3	*Vp-1Ain*	I	N	652
28	CA0420	49.1	47.8	50.3	*Vp-1Aam*	A	M	569
29	陕 213	48.9	48.2	49.6	*Vp-1Ain*	I	N	652
30	邯 5316	47.6	48.9	46.4	*Vp-1Abm*	B	M	652
31	晋麦 5 号	47.3	48.7	45.9	*Vp-1Akm*	K	M	652
32	新麦 9 号	46.8	47.7	45.9	*Vp-1Ain*	I	N	569
33	泰山 9818	46.6	49.8	43.4	*Vp-1Abm*	B	M	652
34	CA0471	46.2	51.3	41.0	*Vp-1Aam*	A	M	652
35	CA0175	45.2	52.6	37.8	*Vp-1Akm*	K	M	652

续表 3-15

编号	品种名称	平均 GI 值（2006—2007 年）			等位变异类型	PCR 片段（Vp-1AF$_2$/R$_2$）	PCR 片段（Vp-1AF$_4$/R$_4$）	*Vp1B3* 的 PCR 片段/bp
36	豫麦 34	44.7	40.0	49.4	*Vp-1Aio*	I	O	569
37	秃头麦(甲)	43.6	42.0	45.2	*Vp-1Aam*	A	M	569
38	中育 6 号	43.4	39.5	47.3	*Vp-1Aio*	I	O	569
39	石 4185	43.2	44.3	42.1	*Vp-1Ain*	I	N	569
40	淮麦 20	42.8	46.9	38.7	*Vp-1Aio*	I	O	569
41	西农 88	41.9	49.0	34.9	*Vp-1Aim*	I	M	652
42	藁城 8901	41.9	44.2	39.7	*Vp-1Ain*	I	N	569
43	烟辐 188	41.9	45.6	38.2	*Vp-1Abm*	B	M	569
44	徐麦 856	41.6	40.9	42.2	*Vp-1Aao*	A	O	652
45	偃师 4110	40.7	37.8	43.6	*Vp-1Aio*	I	O	652
46	淄麦 12	40.1	40.5	39.7	*Vp-1A(i/g)n*	I/G	N	652
47	济南 17	39.9	39.9	40.0	*Vp-1Ain*	I	N	—
48	白玉花	38.9	39.1	38.8	*Vp-1Ain*	I	N	569
49	新麦 18	37.7	36.1	39.3	*Vp-1A(i/g)n*	I/G	N	652
50	潍麦 8	37.5	34.6	40.4	*Vp-1Ajm*	J	M	569
51	烟农 15	37.4	35.5	39.3	*Vp-1Aio*	I	O	569
52	郑 9023	37.3	35.7	38.9	*Vp-1Ain*	I	N	569
53	陕 160	37.0	35.8	38.2	*Vp-1Aam*	A	M	569
54	CA0481	36.9	38.8	35.1	*Vp-1Aam*	A	M	569
55	豫麦 47	36.9	35.8	38.0	*Vp-1Aio*	I	O	652
56	衡 95 观 26	36.6	37.7	35.5	*Vp-1Aio*	I	O	569
57	邯 3475	36.5	35.9	37.2	*Vp-1Ain*	I	N	652
58	新麦 11	36.0	38.9	33.1	*Vp-1Ain*	I	N	652
59	中育 5 号	36.0	37.2	34.7	*Vp-1Aho*	H	O	569
60	偃展 1 号	33.2	33.9	32.5	*Vp-1Ain*	I	N	652
61	西农 979	32.7	27.9	36.4	*Vp-1Aao*	A	O	569
62	临麦 2 号	32.5	33.6	31.4	*Vp-1Aio*	I	O	652
63	良星 99	32.5	30.9	34.1	*Vp-1Aim*	I	M	652
64	鲁麦 21	32.0	33.2	30.8	*Vp-1Ain*	I	N	569
65	石新 733	31.4	27.0	35.8	*Vp-1Ain*	I	N	652
66	科农 9204	29.7	28.6	30.8	*Vp-1Ain*	I	N	569
67	辉县红	29.0	26.1	31.9	*Vp-1Ain*	I	N	652
68	PH82-2	28.7	27.1	30.3	*Vp-1Aim*	I	M	569
69	白穗白	25.4	26.1	24.7	*Vp-1Abm*	B	M	652
70	陕优 225	25.3	23.7	26.9	*Vp-1Ain*	I	N	569

续表 3-15

编号	品种名称	平均 GI 值（2006—2007 年）			等位变异类型	PCR 片段（Vp-1AF$_2$/R$_2$）	PCR 片段（Vp-1AF$_4$/R$_4$）	*Vp1B3* 的 PCR 片段/bp
71	CA0178	24.4	21.5	27.3	*Vp-1Ain*	I	N	652
72	宜宾白麦	24.0	22.9	25.1	*Vp-1Aam*	A	M	845
73	郑 366	23.6	22.9	24.3	*Vp-1Aio*	I	O	569
74	周麦 19	23.5	21.7	25.4	*Vp-1Ain*	I	N	569
75	内乡 19	23.5	21.9	25.1	*Vp-1Ain*	I	N	569
76	永川白麦	23.2	22.0	24.4	*Vp-1Aim*	I	M	845
77	百农 64	22.9	24.0	21.8	*Vp-1Aim*	I	M	569
78	陕 253	22.6	23.9	21.4	*Vp-1Aam*	A	M	569
79	濮麦 9 号	20.0	20.7	19.4	*Vp-1Ain*	I	N	652
80	小偃 54	18.7	17.1	20.3	*Vp-1Aam*	A	M	569
81	济麦 21	17.6	16.5	18.7	*Vp-1Ain*	I	N	569
82	陕农 757	17.3	16.6	18.0	*Vp-1Ain*	I	N	652
83	女儿麦	16.4	17.6	15.2	*Vp-1Alm*	L	M	845
84	矮抗 58	15.2	13.3	17.1	*Vp-1Ahn*	H	N	652
85	兰考 906	15.0	13.8	16.2	*Vp-1Ain*	I	N	569
86	小偃 6 号	13.7	11.8	15.5	*Vp-1Aln*	L	N	569
87	荣昌白麦	10.2	10.4	10.0	*Vp-1Agm*	G	M	652
88	遂宁坨坨麦	10.1	11.6	8.7	*Vp-1Aam*	A	M	569
89	小玉花	9.7	12.7	6.8	*Vp-1Ajn*	J	N	569
90	秃葫芦头	9.1	11.2	7.1	*Vp-1Akm*	K	M	652
91	阆中白麦	8.4	9.1	7.7	*Vp-1Agm*	G	M	845
92	内乡 173	8.3	6.7	9.9	*Vp-1Ain*	I	N	569
93	万县白麦	7.6	8.7	6.5	*Vp-1Aim*	I	M	845
94	洋小麦	7.5	6.0	9.1	*Vp-1Aan*	A	N	652
95	歪头白	7.2	6.0	8.5	*Vp-1Ahm*	H	M	652
96	豫麦 18	7.2	6.1	8.3	*Vp-1Ain*	I	N	652
97	新麦 13	7.0	6.3	7.7	*Vp-1Ain*	I	N	569
98	涪陵须须白麦	6.9	5.0	8.8	*Vp-1Aam*	A	M	845
99	叙永	6.7	9.6	3.8	*Vp-1Agm*	G	M	652
100	川 362	4.5	3.9	5.2	*Vp-1Agm*	G	M	845
101	小白玉花	4.0	2.9	5.1	*Vp-1Aan*	A	N	569
102	丰产 3 号	3.9	2.3	5.5	*Vp-1Ain*	I	N	569
103	徐麦 954	3.8	2.6	5.0	*Vp-1Ain*	I	N	569

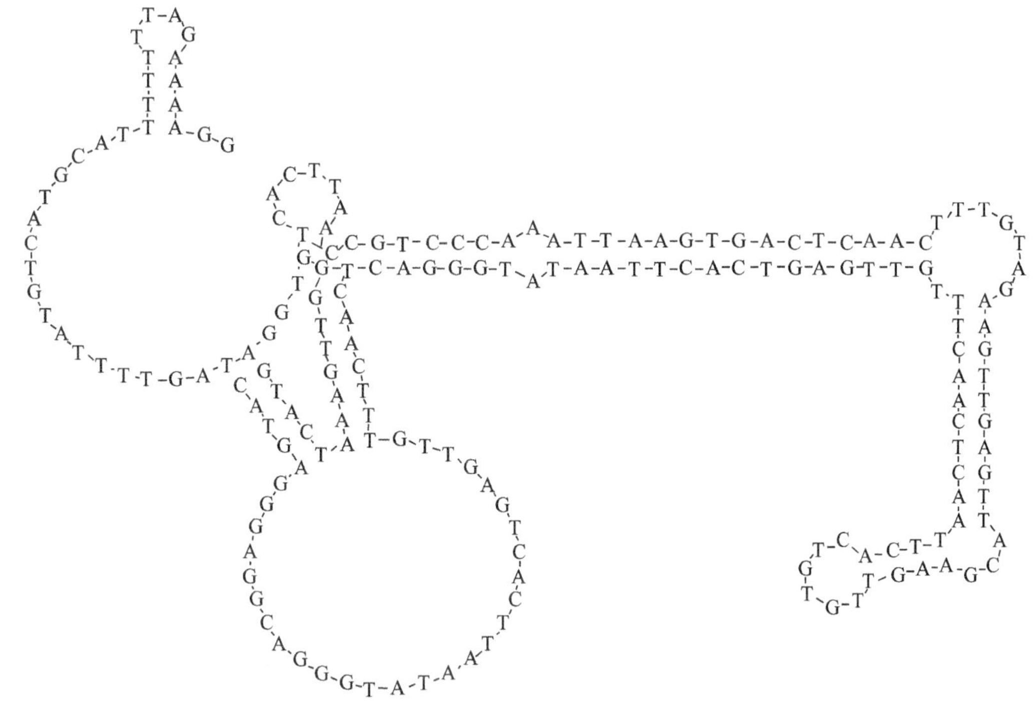

图 3-29 第 5 个内含子中 *Vp-1Aa* 的 3 429～3 562 bp 位点上的反向重复结构

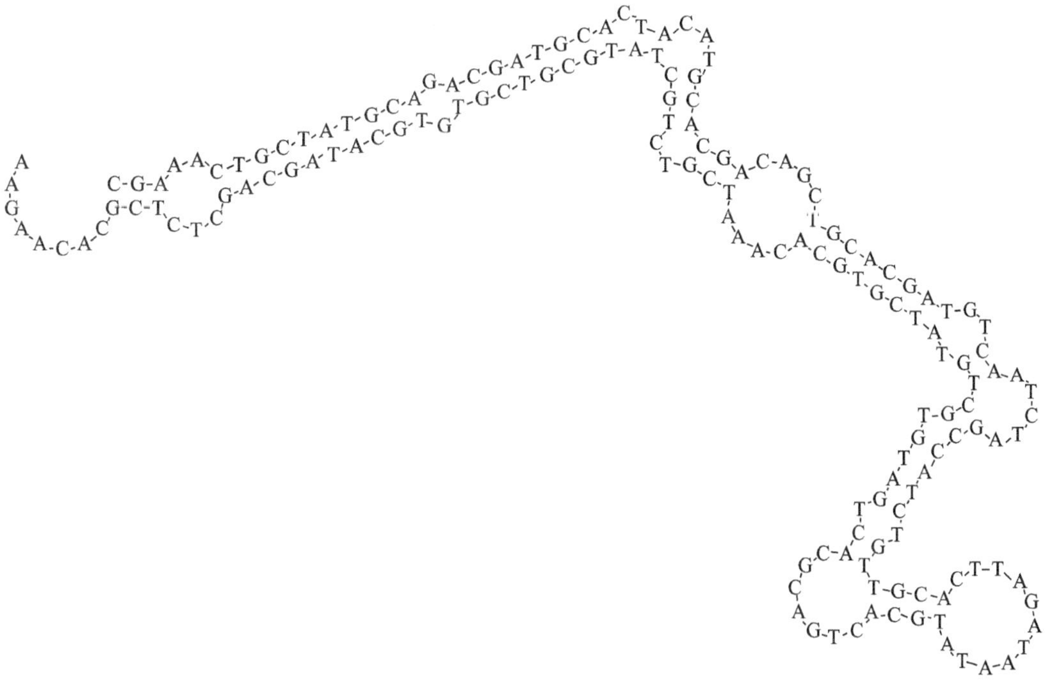

图 3-30 第 6 个外显子中 *Vp-1Aa* 的 3 469～3 588 bp 位点上的反向重复结构

表 3-16 103 份小麦品种在 *Vp-1A* 上等位变异的频率及平均 GI 值

引物 Vp-1AF$_2$/R$_2$ 的扩增片段	引物 Vp-1AF$_4$/R$_4$ 的扩增片段	新等位基因的名称	属于各种等位变异的品种个数	各种等位变异在 103 份材料中的分布频率	平均 GI 值
A	M	*Vp-1Aam*	14	13.6%	39.3
	N	*Vp-1Aan*	4	3.9%	31.3
	O	*Vp-1Aao*	3	2.9%	43.4
B	M	*Vp-1Abm*	4	3.9%	40.4
	N	*Vp-1Abn*	1	1.0%	50.5
G	M	*Vp-1Agm*	4	3.9%	7.5
H	M	*Vp-1Ahm*	1	1.0%	7.2
	N	*Vp-1Ahn*	1	1.0%	15.2
	O	*Vp-1Aho*	1	1.0%	36.0
I	M	*Vp-1Aim*	9	8.7%	38.5
	N	*Vp-1Ain*	40	38.8%	37.3
	O	*Vp-1Aio*	10	9.7%	39.3
J	M	*Vp-1Ajm*	1	1.0%	37.5
	N	*Vp-1Ajn*	1	1.0%	9.7
K	M	*Vp-1Akm*	4	3.9%	38.4
L	M	*Vp-1Alm*	1	1.0%	16.4
	N	*Vp-1Aln*	1	1.0%	13.7
I/G	N	*Vp-1A(i/g)n*	2	1.9%	38.9
I/A	—	*Vp-1A(i/a)*	1	1.0%	61.6

4. *Vp-1A* 中 8 种等位变异类型的半定量 RT-PCR 分析

选出 8 种等位基因类型 CA0178(*Vp-1Ain*)、中育 5 (*Vp-1Aho*)、阆中白麦(*Vp-1Agm*)、小玉花(*Vp-1Ajn*)、周 8425B(*Vp-1Aao*)、秃葫芦头(*Vp-1Akm*)、女儿麦(*Vp-1Alm*)和邯 5316 (*Vp-1Abm*)的小麦品种蜡熟期的种子为试验材料，对其 *Vp*-1A 基因的转录本进行半定量 RT-PCR 分析。研究发现，只有片段大小为 733 bp 的转录本能够编码全长的 Vp-1A 蛋白，其他转录本则不能编码全长 Vp-1A 蛋白。中育 5(*Vp-1Aho*)、阆中白麦(*Vp-1Agm*)、小玉花(*Vp-1Ajn*)、秃葫芦头(*Vp-1Akm*)和邯 5316(*Vp-1Abm*)的表达量要远远高于女儿麦(*Vp-1Alm*)、CA0178(*Vp-1Ain*)和周 8425B(*Vp-1Aao*)，周 8425B(*Vp-1Aao*)的表达量最低，其次是 CA0178(*Vp-1in*)，然后是女儿麦(*Vp-1Alm*)(图 3-31)，这种表达量的差异与种子的休眠紧密相关。以上试验结果表明，在第 3 个和第 5 个内含子中的等位变异影响着 *Vp-1A* 的表达水平，而在第 6 个外显子中 *Vp-1Aho* 和 *Vp-1Aao* 均有 160 bp 的插入，在基因转录时这 160 bp 的插入被识别为内含子进而被切掉。

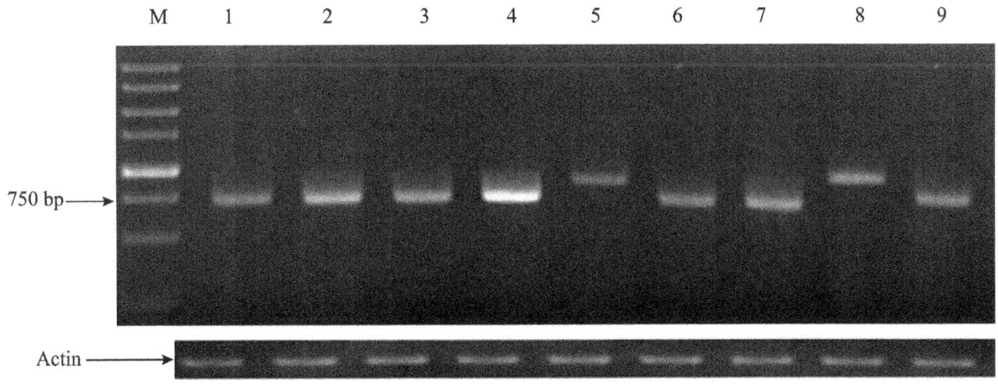

图 3-31 成熟胚中 *Vp-1A* 上等位变异的半定量 RT-PCR 电泳图谱

1. CA0178(*Vp-1Ain*);2. 中育 5 号(*Vp-1Aho*);3. 阆中白麦(*Vp-1Agm*);4. 小玉花(*Vp-1Ajn*);5. 周 8425B(*Vp-1Aao*);6. 秃葫芦头(*Vp-1Akm*);7. 女儿麦(*Vp-1Alm*);8. 邯 5316(*Vp-1Abm*);M:DNA 分子量标准(Trans 2k)

5. 与穗发芽抗性相关分子标记的开发与验证

在 *Vp-1A* 等位基因的序列分析和表达水平检测的基础上,位于 B$_3$ 区域的两个引物位点 Vp-1AF$_2$/R$_2$ 和 Vp-1AF$_4$/R$_4$ 作为一个 *Vp-1* 的 STS 标记 *Vp1A3* 被开发出来,并且用该标记对具有不同穗发芽抗性的 103 份小麦品种进行了 PCR 扩增(表 3-15)。在用引物 Vp-1AF$_2$/R$_2$ 对这 103 份小麦品种进行检测的过程中发现了 8 种不同的 PCR 片段(A、B、G、H、I、K 和 L)(表 3-15 和图 3-25);而在引物位点 Vp-1AF$_4$/R$_4$ 区段上则发现了 3 种不同的 PCR 片段(M、N 和 O)(表 3-15 和图 3-28)。将引物 Vp-1AF$_2$/R$_2$ 和 Vp-1AF$_4$/R$_4$ 的扩增结果进行综合整理,发现共有 17 种 *Vp*-1*A* 的等位基因,分别命名为 *Vp-1Aam*、*Vp-1Aan*、*Vp-1Aao*、*Vp-1Abm*、*Vp-1Abn*、*Vp-1Agm*、*Vp-1Ahm*、*Vp-1Ahn*、*Vp-1Aho*、*Vp-1Aim*、 *Vp-1Ain*、*Vp-1Aio*、*Vp-1Ajm*、*Vp-1Ajn*、*Vp-1Akm*、*Vp-1Alm* 和 *Vp-1Aln*。在 103 份材料中,分别有 14 份和 40 份材料属于 *Vp-1Aao* 和 *Vp-1Ain*,其 GI 值分别为 43.4 和 37.3,这是两种较为普遍的等位变异类型,与其他等位变异类型相比,它们的表达水平最低。另外,从 103 份实验材料的平均 GI 值中可以看出平均值和标准偏差分别为(36.1±20)和(35.9±19)的 2006 年和 2007 年两年数据的一致性(R=0.966,P<0.000 1)。

方差分析表明,GI 值簇之间存在着显著差异。在广泛存在于 103 个小麦品种的等位变异类型中,*Vp-1Agm*(GI=7.5)为抗穗发芽类型;而 *Vp-1Aam*、*Vp-1Aan*、*Vp-1Aao*、*Vp-1Abm*、*Vp-1Aim*、*Vp-1Ain*、*Vp-1Aio* 和 *Vp-1Akm* 为感穗发芽类型,其平均 GI 值分别为 39.3、31.3、43.4、40.4、38.5、37.3、39.3 和 38.4。因此,与 *Vp-1Aam*、*Vp-1Aan*、*Vp-1Aao*、*Vp-1Abm*、*Vp-1Aim*、*Vp-1Ain*、*Vp-1Aio* 和 *Vp-1Akm* 相比,*Vp-1Agm* 表现出较强的穗发芽抗性。

3.8.3 讨论

在 103 份小麦品种和品系中存在着 *Vp-1A* 基因的多种等位变异,事实上,Sun 等(2012a)和 Chang 等(2011)也分别报道过在小麦种质中心改良的小麦品种和普通小麦品种的第 3 个内含子中发现了多种等位变异,并将这些等位变异分别命名为 *Vp-1Ab*、*Vp-1Ac*、*Vp-1Ad*、*Vp-*

1Ae 和 *Vp-1Af*，并以编号为 Gu385899、Gu385900、Gu385901、Gu385902 和 Gu385903 存储于 GenBank 中(Sun 等，2012a)。但是，在本研究中，不仅用引物 Vp-1AF$_2$/R$_2$在 103 份小麦品种的第 3 个内含子上发现了 8 种不同的编号为 A(774 bp)、B(789 bp)、G(762 bp)、H(733 bp)、I(725 bp)、J(765 bp)、K(780 bp)和 L (783 bp)的片段，另外用引物 Vp-1AF$_4$/R$_4$(图 3-25)在不同穗发芽抗性品种的第 5 个内含子和第 6 个外显子上分别发现了 134 bp 的缺失和 160 bp 的插入，分别编号为 M(1 080 bp)和 O(1 374 bp)。因此，根据对不同穗发芽抗性材料 *Vp-1A* 基因的单倍型分析，共发现 17 种 *Vp-1A* 基因的等位基因，分别命名为 *Vp-1Aam*、*Vp-1Aan*、*Vp-1Aao*、*Vp-1Abm*、*Vp-1Abn*、*Vp-1Agm*、*Vp-1Ahm*、*Vp-1Ahn*、*Vp-1Aho*、*Vp-1Aim*、*Vp-1Ain*、*Vp-1Aio*、*Vp-1Ajm*、*Vp-1Ajn*、*Vp-1Akm*、*Vp-1Alm* 和 *Vp-1Aln*。在以前研究中，只在第 3 个内含子中发现了多态性，但是并没有在第 5 个内含子和第 6 个外显子中发现多态性，原因可能是用来进行检测和测序的基因型过少。新的等位基因 *Vp-1Aam*、*Vp-1Abm*、*Vp-1Agm*、*Vp-1Ahm*、*Vp-1Aim*、*Vp-1Ajm*、*Vp-1Akm* 和 *Vp-1Alm* 在第 5 个内含子处有 135 bp 的缺失。在第 3 个和第 5 个内含子中的多态性位点对转录本的表达水平产生了影响。与 *Vp-1Agm*、*Vp-1Akm* 和 *Vp-1Abm* 相比，*Vp-1Alm* 的表达水平最低。在第 6 个外显子的 3 848 bp 处 *Vp-1Aao*、*Vp-1Aho* 和 *Vp-1Aio* 均有 160 bp 的插入，数据分析显示，平均 GI 值分别为 3.4、36.0 和 39.3 的 *Vp-1Aao*、*Vp-1Aho* 和 *Vp-1Aio* 均为感穗发芽基因型，这是因为 *Vp-1Aao*、*Vp-1Aho* 和 *Vp-1Aio* 的转录本的表达量低而且影响了前体 RNA 的二级结构，进而使其感穗发芽。在我们之前的试验曾经报道过 *Vp-1A* 基因在中优 9507、万县白麦和西农 979 中转录本的表达模式和表达水平是没有差异的(Yang 等，2007a)。在本试验中，我们发现中优 9507 和万县白麦均为 *Vp-1Ain* 基因型，而西农 979 为 *Vp-1Aao* 基因型，同时 *Vp-1Ain* 和 *Vp-1Aao* 两种基因型又具有相同的转录方式和相近的表达水平，因此我们之前试验的结论是没有争议的。

在玉米中，许多自发的 *waxy* 基因的突变体是由转座子引起的。从 NCBI 数据库(http://www.ncbi.nlm.nih.gov/nuccore/AB239678.1)中进行比对可以看出在 *Vp-1A* 的第 5 个内含子中存在 134 bp 的缺失，与一粒小麦亚种中 B3 型转录因子上的 *TbABI3* 基因完全一致；而 *Vp-1Aa* 是在第 6 个外显子中插入了 160 bp，是个反向重复结构(图 3-30)，这表明插入和缺失会影响前信使 RNA 的结构以及正确剪接的 *Vp-1* 转录本的表达水平。

在试验中发现，碱基的缺失可能会对前体 mRNA 的稳定性和拼接正确的 *Vp-1* 基因转录本的表达水平产生影响。从试验结果可以看出在成熟胚中正确拼接的 *Vp-1* 基因转录本在基因型 *Vp-1Aho*、*Vp-1gm*、*Vp-1Ajn*、*Vp-1Akm*、*Vp-1Alm* 和 *Vp-1Abm* 中比在基因型 *Vp-1Ain* 和 *Vp-1Aao* 中多，而大多数的感穗发芽品种的基因型为 *Vp-1Ain* 或 *Vp-1Aao*。它们中的大多数具有较高的发芽率，如中优 9507 和周 8425B。虽然基因型 *Vp-1Aho*、*Vp-1gm*、*Vp-1Ajn*、*Vp-1Akm* 和 *Vp-1Abm* 具有较高的表达水平，但并不都属于穗发芽抗性品种。

在本试验中，用 103 份白粒小麦品种来验证 *Vp1A3*。数据分析显示，*Vp-1A3* 与穗发芽抗性有着紧密的联系，可作为一个有效并可靠的共显性标记在穗发芽抗性育种中进行标记辅助选择育种。这表明在 3A 染色体上的 *Vp-1A* 基因是穗发芽抗性的另一个影响因子，并且还在 3A 染色体上发现了一个种子休眠性相关的 QTL 位点 QPhs.ocs-1(Osa 等，2003)。种子休眠是穗发芽的一个重要影响因子，*Vp-1A* 基因分别位于 3A、3B 和 3D 染色体的长臂上(Barley 和 Mckibbin，1999)，在具有不同穗发芽抗性的白粒小麦的 A 和 B 基因组上存在着多态性位点，但是在白粒小麦的 D 基因组上并没有发现多态性位点。所以可以推测是 *Vp-1A* 基因和

Vp-1B 基因共同影响了小麦种子的休眠性。对于 *Vp-1B* 基因而言，尽管大多数属于 *Vp-1Bb* 和 *Vp-1Bc* 基因型的品种表现出抗穗发芽，但是也有一些是感穗发芽的。为了提高穗发芽抗性的选择效率，可选择将 *Vp1B3* 和 *Vp1A3* 两种 STS 标记结合起来进行穗发芽抗性选择。本研究中，我们用 STS 标记 *Vp1B3* 和 *Vp1A3* 对 103 份小麦进行了单倍型分析。多重比较发现，基因型为 *Vp-1Agm* 和 *Vp-1Bb*、*Vp-1Agm* 和 *Vp-1Ba*、*Vp-1Aim* 和 *Vp-1Bb*，或 *Vp-1Aam* 和 *Vp-1Bb* 为抗穗发芽类型。本研究的 103 份小麦品种中，阆中白麦和川 362 均属于 *Vp-1Agm* 和 *Vp-1Bb* 基因型；荣昌白麦和叙永属于 *Vp-1Agm* 和 *Vp-1Ba* 基因型；永川白麦和万县白麦属于 *Vp-1Aim* 和 *Vp-1Bb* 基因型；宜宾白麦和涪陵须须白麦则属于 *Vp-1Aam* 和 *Vp-1Bb* 基因型。阆中白麦、川 362、荣昌白麦、叙永、永川白麦、万县白麦、宜宾白麦和涪陵须须白麦这 8 种基因型的小麦品种具有稳定的高抗穗发芽特性，可以作为抗性资源在穗发芽抗性育种中应用。所以 *Vp1A3* 和 *Vp1B3* 共同对穗发芽抗性进行选择，可以提高穗发芽抗性的选择效率。

3.9 休眠基因 *Vp-1* 在斯卑尔脱小麦中等位变异的鉴定及表达特性研究

3.9.1 材料和方法

1. 材料

11 份斯卑尔脱小麦品种，分别是：spelta1，spelta 6，spelta 7，spelta 11，spelta 15，spelta 53，spelta 80，spelta 169，spelta 217，spelta 220 和 spelta 225。这些材料在小麦杂交育种中常用作抗病亲本。

2. 酶及试剂

RNase inhibitor(40 U/μL)，Oligo dt Primer，RTase M-MLV(200 U/μL)，RNAiso Plus，LA Taq(5 U/μL)，dNTP mixture (各 2.5 mmol/L)，DNA marker 和 pMD18-T Vector 购自 TaRaKa 公司，DNA 琼脂糖胶回收试剂盒购自天根公司，其他常规试剂和药品购自国内外相关厂家和公司。

3. 发芽指数(GI)测定

发芽指数的测定方法同普通小麦。

根据 GenBank 中注册的 AJ400712、AJ400713 和 AJ400714 序列，在 DNAMAN 软件中进行序列比对，然后根据特异碱基分别设计了 3A、3B 和 3D 染色体上扩增 *Vp*-1 基因的特异性引物，并根据测序结果拼接基因全长来设计表达引物。另外，根据小麦的持家基因设计了 1 对引物命名为 Actin，作为 *Vp-1* 基因表达水平的内标(表 3-17)。

表 3-17 研究所用特异性引物

引物名称	上游引物序列（5′→3′）	上游引物序列（5′→3′）	退火温度/℃	目的片段大小/bp
Vp-1AF$_1$/R$_1$	ATCCAAACCGGCGGCTTCCCTC	ATCGATCGATGGGAGTACTAC	58	1 108
Vp-1AF$_2$/R$_2$	AGGACATCGGCACATCTCA	CTGGTCAGTTTGCAACATGCAAC	59	774
Vp-1AF$_3$/R$_3$	TGGAGATCCGGCAGGGAGAG	CCAGAGGCCTCCCCAGCCA	67	1 253
Vp-1AF$_4$/R$_4$	GAATGAGCTGCAGGAGGGTGA	GCAATGCATGACTAACTAGG	58	1 207
Vp-1BF$_1$/R$_1$	ATCCAAACCGGCGGCTTCCCTCAAGA	CTTACCGGTACCGCATGCTCCAG	60	1 031
Vp-1BF$_2$/R$_2$	AGGACATCGGCACATCTCA	CAAAATGGCAGCAACTGATCAGTTC	55	960
Vp-1BF$_3$/R$_3$	ATGGACGCCTCCGCCGGCTC	CTGCTGCTGCAGGCACGACAA	65	1 227
Vp-1BF$_4$/R$_4$	CAATGAGCTGCAGGAGGGTGA	ATCATCCCTAACTAGGGCTACG	66	911
Vp-1DF$_1$/R$_1$	ATCCAAACCGGCGGCTTCCCTCAAGA	GAACGTGCGTGTCCCACACAC	60	1 214
Vp-1DF$_2$/R$_2$	AGGACATCGGCACATCTCA	CCGCCTTATATTTTGATACGC	60	1 025
Vp-1DF$_3$/R$_3$	TGGAGATCCGGCAGGGAGAG	CTGGCCCTGGACGGCATGC	67	1 282
Vp-1DF$_4$/R$_4$	GAATGGCTGCAGGAGGGTGA	CCGATAGCTACTTTAGTATCAC	58	1 033
RTVp-1AF/R	ATCCAAACCGGCGGCTTCCCTCAAGA	CTTCTCCTTGCAGCCGCCGTCTTCTC	67	733
RTVp-1BF/R	ATCCAAACCGGCGGCTTCCCTCAAGA	CTTGTGCTTGGCTAGATCCTGTTGA	60	672
RTVp-1DF/R	ATCCAAAGCGGCGGCTTCCCTCAAGA	CTTCTCTTTGCAACCACCGTCTTG	62	672
Actin up/down	GTTTCCTGGAATTGCTGATCGCAT	CATTATTTCATACAGCAGGCAAGC	67	410

4. PCR 扩增

以小麦基因组 DNA 为模板，PCR 在 MJ Research PTC-200 仪器上进行。PCR 扩增体系为 25 μL，PCR 管中依次加入以下组分。

成分	体积/μL
5×CES	5
10×LA PCR 缓冲液	2.5
2.5 mmol/L dNTP mix	2
引物(20 μmol/L)	各 0.5
LA Taq(5 U/μL)	0.25
DNA	1
ddH_2O	13.25

PCR 扩增程序为:94 ℃ 5 min;94 ℃ 1 min;56～68 ℃ 1 min;72 ℃ 1 min;72 ℃ 10 min;4 ℃保存,共 36 个循环。

PCR 扩增产物用 1.5%琼脂糖凝胶电泳和 6%聚丙烯酰胺凝胶检测。

5.ABA 处理

取蜡熟期的小麦种子,在 18 ℃黑暗条件下用 30 μmol/L 的 ABA 浸泡分别培养 1 d、2 d 和 4 d,然后用种子的胚提取 RNA。

3.9.2 结果与分析

1.GI 值的测定

经过前期初步研究发现,11 份材料中有 3 份材料(spelta 80、spelta 220 和 spelta 225)分别在 *Vp-1A*、*Vp-1B* 和 *Vp-1D* 基因组中存在序列多态性。这 3 份材料的平均 GI 值见表 3-18。

表 3-18 spelta 80、spelta 220 和 spelta 225 的平均 GI 值

小麦品种	种子年份	GI 值	平均 GI%值
spelta 80	2011	75.2	69.2
	2012	56.4	
		68.4	
	2013	76.6	
spelta 220	2011	73.1	67.8
	2012	67.4	
		68.9	
	2013	61.8	
spelta 225	2011	74.6	65.8
	2012	60.9	
		70.4	
	2013	57.1	

为了增加试验结果的准确性,分别取了 2011 年一组 100 粒种子,2012 年两组各 100 粒种子和 2013 年一组 100 粒种子进行了发芽试验。从表 3-18 中数据可以得出结论:spelta 80 的

GI 值最高，spelta 220 的 GI 值低于 spelta 80，spelta 225 的 GI 值最低。

2. *Vp-1A*、*Vp-1B* 和 *Vp-1D* 在不同基因型斯卑尔脱小麦中的序列特征

(1) *Vp-1A* 基因在不同基因型材料中的扩增　用 Vp-1AF$_1$/R$_1$、Vp-1AF$_2$/R$_2$、Vp-1AF$_3$/R$_3$ 和 Vp-1AF$_4$/R$_4$ 扩增 *Vp*-1*A* 基因的全长序列。首先引物 Vp-1AF$_2$/R$_2$ 在 *Vp-1A* 基因的 B$_3$ 结构域检测到了多态性片段(图 3-32)。序列比对表明，扩增出的 3 种片段大小分别为 926 bp、890 bp 和 887 bp，3 种片段的序列与 *Vp-1A*(AJ400712)相比，926 bp 的片段在 2 605～2 606 bp 位置有 2 bp 缺失(TA)，在 3 220～3 222 bp 位置有 3 bp 缺失(TAG)。890 bp 的片段在 2 763～2 793 bp 位置有 33 bp(11 个 TTC 重复)、6 bp(GAATTC)和 2 bp(TT)缺失，在 2 862～2 867 bp 和 2 882～2 883 bp，分别有 13 个 SNP(在 2 343 bp 位置的 C→G 突变，在 2 558 bp 位置的 A→G 突变，在 2 560 bp 位置的 A→C 突变，在 2 720 bp 位置的 C→T 突变，在 2 722 bp 位置的 T→C 的突变，在 2 873～2 874 bp 位置的 GA→TC 突变，在 2 876～2 877 bp 位置的 AA→TC 的突变，在 3 068 bp 位置的 G→A 突变，在 3 094 bp 位置的 T→C 突变和在3 110 bp 位置的 C→T 突变)。除了在 3 220～3 222 bp 位置的 3 bp 缺失(TAG)，887 bp 片段与 890 bp 片段有相同的序列(图 3-33)。根据不同基因型材料在 *Vp-1A* 基因 B$_3$结构域的序列特征，3 种基因型材料 spelta 80(887 bp)、spelta 220(890 bp)和 spelta 225(926 bp)被选择作为每种多态性类型的代表，用基因组特异性引物来获得 *Vp-1A* 的全长(表 3-18)。因此，3 种新的 *Vp-1A* 单倍型被命名，分别为 *SVp1-Ah* (spelta 80)、*SVp1-Ai* (spelta 225) 和 *SVp1-Aa* (spelta 220)。

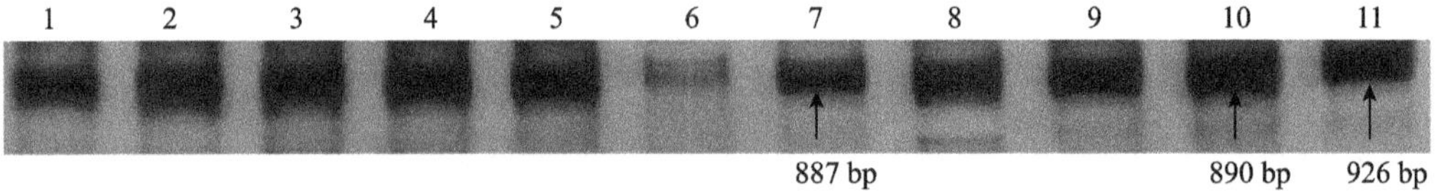

图 3-32　引物 Vp-1AF$_2$/R$_2$对 11 份斯卑尔脱小麦 *Vp-1A* 基因扩增结果 PAGE 检测图谱

从左到右 11 份基因型材料分别是 1. spelta 1；2. spelta 6；3. spelta 7；4. spelta 11；5. spelta 15；6. spelta 53；7. spelta 80；8. spelta 169；9. spelta 217；10. spelta 220；11. spelta 225

Vp-1A	GTCATCTCCGAGCAGCAGCAGTTGCAACCTCCGGC. GGGCCACGGCACGGCCGGGAGAAC	479
spelta 80	GTCATCTCCGAGCAGCAGCAGTTGCAACCTCCGGC. GGGCCgCGGCACGGCCGGGAGAAC	388
spelta 220	GTCATCTCtGAGCAGCAGCAGTTGCAACCTCCGGC. GGGCCACGGCACGGCCGGGAGAAC	388
spelta 225	GTCATCTCCGAGCAGCAGCAGTTGCAACCTCCGGC. GGGCCACGGCACGGCCGGGAGAAC	388
Vp-1A	GGCGTCGCATGCGGCTGCTGGTGGAGGAGAGGATGCC. TTCATGGGTGGCGGCGGCACGG	538
spelta 80	GGCGTCGCATGCGGCTGCTGGTGGAGGAGAGGATGCCtTTCATGGGTGGCGGCGGCACGG	448
spelta 220	GGCGTCGCATGCGGCTGCTGGTGGAGGAGAGGATGCC. TTCATGGGTGGCGGCGGCACGG	447
spelta 225	GGCGTCGCATGCGGCTGCTGGTGGAGGAGAGGATGCC. TTCATGGGTGGCGGCGGCACGG	447
Vp-1A	AGCGGCGCCTGTCGTGCCTGCAGCAGCAGCGGAGCCAGCAGCTGAATCTGAGCCAGATCC	1 258
spelta 80	AGCGGCGCCTGTCGTGCCTGCAGCAGCAGCGGAGCCAGCAGCTGAATCTGAGCCAGATCC	1 168
spelta 220	AGCGGCGCCTGTCGTGCCTGCAGCAGCAGCGGAGCCAGCAGCTGAATCTGAGCCAGATCC	1 167
spelta 225	AaCGGCGCtTGTCGTGCCTGCAGCAGCAGCGGAGCCAGCAGCTGAATCTGAGCCAGATCC	1 167

```
Vp-1A        CGCCGTCGTCTGGCTGGGGAGGCCTCTGGACGCAACAAGCCGTCCAGAGCCAGCCCCATG  1 378
spelta 80    CGCCGTCGTCTGGCTGGGGAGGCCTCTGGACGCAACAgGCCGTCCAG............G  1 276
spelta 220   CGCCGTCGTCTGGCTGGGGAGGCCTCTGGACGCAACAgGCCGTCCAGAGCCAGCCCCATG  1 287
spelta 225   CGCCGTCGTCTGGCTGGGGAGGCCTCTGGACGCAACAgGCCGTCCAGAGCCAGCCCCATG  1 287

Vp-1A        CCCTCCCCGCATGCGTGCGTGTGTTTACCTGCACGGTGAAATGCATCTCAAGTTCTCAAC  1 737
spelta 80    tgCatgCgcgcgtgcgtgtctgtTTTACCTGCACGGTG.AATtgcgt.....TTCTCAAC  1 630
spelta 220   CCCTCCCCGCATGCGTGCGTGTGTTcACCTGCACGGTGAAATGCATCTCAAGTTCTCAAC  1 646
spelta 225   CCCTCCCCGCATGCGTGCGTGTGTTcACCTGCACGGTGAAATGCATCTCAAGTTCTCAAC  1 646

Vp-1A        TCCCCAAAT.AAGTGTGCGTACTTCGTAAGAGACGCACATCGCTGTCCAGCGATAGGATA  1 677
spelta 80    TCCCCAAATaAAGTGTGCGTgCTTCGTAAtgGACGCACATCGCTGTCCAGCGATAGGATA  1 576
spelta 220   TCCCCAAAT.AAGTGTGCGTACTTCGTAAGAGACGCACATCGCTGTCCAGCGATAGGATA  1 586
spelta 225   TCCCCAAAT.AAGTGTGCGTACTTCGTAAGAGACGCACATCGCTGTCCAGCGATAGGATA  1 586

Vp-1A        CCCTCCCCGCATGCGTGCGTGTGTTTACCTGCACGGTGAAATGCATCTCAAGTTCTCAAC  1 737
spelta 80    tgCatgCgcgcgtgcgtgtctgtTTTACCTGCACGGTG.AATtgcgt.....TTCTCAAC  1 630
spelta 220   CCCTCCCCGCATGCGTGCGTGTGTTcACCTGCACGGTGAAATGCATCTCAAGTTCTCAAC  1 646
spelta 225   CCCTCCCCGCATGCGTGCGTGTGTTcACCTGCACGGTGAAATGCATCTCAAGTTCTCAAC  1 646

Vp-1A        C.....ACCCATGCACCACTTGCAATTTTCAGCTATATATATGCATGCATCCACTTGCAA  1 972
spelta 80    CgccegACCCATGCA...................................CCACTTGCAA  1 835
spelta 220   C.....ACCCATGCA...................................CCACTTGCAA  1 846
spelta 225   C.....ACCCATGCA...................................CCACTTGCAA  1 846

Vp-1A        TTTTCAGCTATATATATGCATGCATCCACTTGCAAATTTTAATTTCTCCTTGATTCCTCT  2 032
spelta 80    TTTTCAGC..TATATATGCATGCATCCACTTGCAAATTTTAgTTTCTCCTTGATTCCTCT  1 893
spelta 220   TTTTCAGCTATATATATGCATGCATCCACTTGCAAATTTTAATTTCTCCTTGATTCCTCT  1 906
spelta 225   TTTTCAGCTATATATATGCATGCATCCACTTGCAAATTTTAATTTCTCCTTGATTCCTCT  1 906

Vp-1A        CCTTTC.TTTCTGCAATCTTTGTGTTGATTTCTTCTTGATTTCTCGGATTGCAAGTGTAT  2 151
spelta 80    CCTTTCtTTTCTGtAATCTTTGTGTTGATTTCTTCTTGATTTCTCGGATTGCAAGTGTAT  2 013
spelta 220   CCTTTC.TTTaTGCAATCTTTGTGTTGATTTCTTCTTGATTTCTCGGATTGCAAGTGTAT  2 025
spelta 225   CCTTTC.TTTaTGCAATCTTTGTGTTGATTTCTTCTTGATTTCTCGGATTGCAAGTGTAT  2 025

Vp-1A        CTATCCATGGATGTTCCTGTCTGTCTGCTAGCTGATCGATCGGTTGCCGACTAAAACGCG  2 211
spelta 80    CTATCCATGGATcTTCCTGTCTtTCT...GCTGATCGATCGGTTG.CGACTAAAAaGtG  2 068
spelta 220   CTATCCATGGATGTTCCTGTCTtTCTGCTAGCTGATCGATCGGTTG.CGACTAAAACGCG  2 084
spelta 225   CTATCCATGGATGTTCCTGTCTtTCTGCTAGCTGATCGATCGGTTG.CGACTAAAACGCG  2 084

Vp-1A        ATATGATGGAAATCCGGGAGCCAAATAGTAGCATGCATTCGTAGTGCGCCGCTCTCTCTA  2 590
spelta 80    ATATGATGGAAATCCGGGAGCCAAATAGTAGCATGCATTCGTAGTGCGCCGCTCTCTCTA  2 484
```

```
spelta 220    ATATGATGGAAATCCGGGAGCCAAATgGTAGCATGCATTCGTAGTGCGCCGCTCTCTCTA  2 463
spelta 225    ATATGATGGAAATCCGGGAGCCAAATAGTAGCATGCATTCGTAGTGCGCCGCTCTCTC..  2 458

Vp-1A         TTC....TTCT...................................TCTTCTTCTTCT  2 789
spelta 80     TcatatgTTgc...................................TagTtagCTaga  2 687
spelta 220    TcatatgTTgc...................................TagTtagCTaga  2 666
spelta 225    TTCttctTctTcttcttcttcttccaaagtgtatcatatgttgctagtTagctagagctg  2 698

Vp-1A         TCTTCCAAAGTGTATCATATGTTGCTAGTTAGCTAGAGCTGTCAAAGTAAGGAGAAAAAA  2 849
spelta 80     gCTgtCAAAGTaaggagaAaaaaaCTAGcTtGtT..........................  2 721
spelta 220    gCTgtCAAAGTaaggagaAaaaaaCTAGcTAGtT..........................  2 700
spelta 225    TCaaagtAAGgagAaaAaAacTaGCTAGTTgaaT..........................  2 732

Vp-1A         ACTAGCTAGTTGAATTCT..GTATGATAACAAATTGCTGGTACAATGATCGATCTTGATT  2 907
spelta 80     ..................T..GTATtcTAcCAAA..GCTGGTACAATGATCGATCTTGATT  2 760
spelta 220    ..................T..GTATtcTtcCAAA..GCTGGTACAATGATCGATCTTGATT  2 739
spelta 225    ..................TctGTATGATAACAAATTGCTGGTACAATGATCGATCcTGATT  2 775
```

图 3-33　4 种斯卑尔脱小麦 *Vp-1A* 基因序列比对

(2)*Vp-1B* 基因在不同基因型材料中的扩增　用 Vp-1BF$_1$/R$_1$、Vp-1BF$_2$/R$_2$、Vp-1BF$_3$/R$_3$和 Vp-1BF$_4$/R$_4$扩增 *Vp-1B* 基因的全长。首先用引物 Vp-1BF$_2$/R$_2$在 *Vp-1B* 基因的 B$_3$结构域检测到了多态性片段。序列比对表明：扩增出的 3 种多态性片段大小分别是 981 bp、956 bp 和 897 bp(图 3-34)。与 *Vp-1B*(AJ400713)相比，981 bp 的片段与野生型(AJ400713)有相同的序列，956 bp 的片段在第 3 内含子有 25 bp 缺失，897 bp 的片段在第 3 内含子有 83 bp 缺失(图 3-35)。根据 *Vp-1B* 基因的 B$_3$结构域的序列分析结果，spelta 80(897 bp)、spelta 220(981 bp)和 spelta 225(956 bp)被选定为每个多态性的代表，用基因组特异性引物(表 3-19)获得 *Vp-1B* 基因的全长序列，序列的结果表明，在 spelta 220 第 5 内含子中检测到 10 bp 缺失。因此，指定为 *SVp-1Bc*(spelta 80)、*SVp-1Bd*(spelta 225)和 *SVp-1Be*(spelta 220)3 种新型 *Vp-1B* 单倍型。

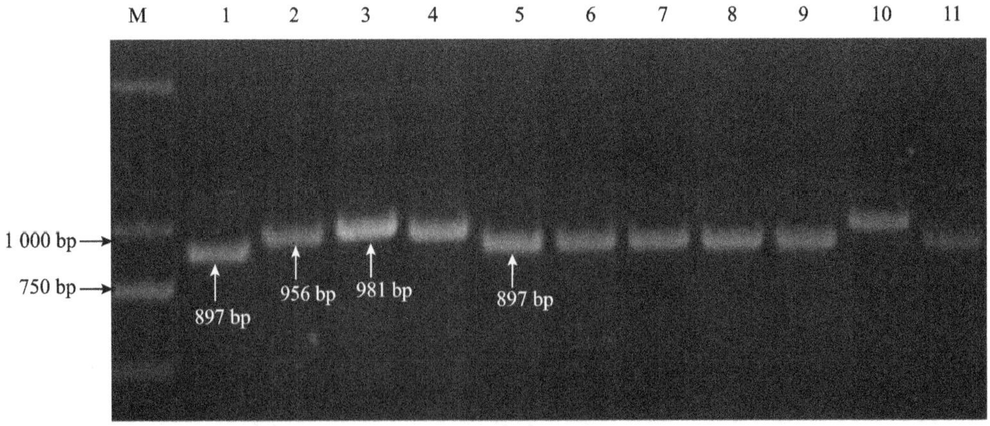

图 3-34　引物 Vp-1BF$_2$/R$_2$对 11 份斯卑尔脱小麦 *Vp-1B* 基因扩增结果

```
Vp-1B        CTCTTGGTTCACTCCTTGTTAGCATCACTCTAGACAGTATATTATCATAATGAAGTGGTG   2 640
spelta 80    CTCTTGGTTCACTCCTTGTTAGCATCACTCTAGACAGTATATTATCATAATGAAGTGGTG   2 640
spelta 217   CT.........................CTCTAGACAGTATATTATCATAATGAAGTGGTG   2 615
spelta 220   CTCTTGGTTCACTCCTTGTTAGCATCACTCTAGACAGTATATTATCATAATGAAGTGGTG   2 640
spelta 225   CT.........................CTCTAGACAGTATATTATCATAATGAAGTGGTG   2 615

Vp-1B        TGTTGCTAGTTACTCCCTCCGTAAACTAATATAAGAGCGTTTAGATTACTATTTTAGTGA   2 760
spelta 80    TGTTGCcAGT..................................................   2 710
spelta 217   TGTTGCTAGTTACTCCCTCCGTAAACTAATATAAGAGCGTTTAGATTACTATTTTAGTGA   2 735
spelta 220   TGTTGCTAGTTACTCCCTCCGTAAACTAATATAAGAGCGTTTAGATTACTATTTTAGTGA   2 760
spelta 225   TGTTGCTAGTTACTCCCTCCGTAAACTAATATAAGAGCGTTTAGATTACTATTTTAGTGA   2 735

Vp-1B        TCTAAATGCTCTTATATTAGTTTACAGAGGGAGTAATTAGCTAGAGCTATCAAAATGAGA   2 820
spelta 80    .................................TAATTAGCTAGAGCTgTCAAAATGAGA   2 737
spelta 217   TCTAAATGCTCTTATATTAGTTTACAGAGGGAGTAATTAGCTAGAGCTgTCAAAATGAGA   2 795
spelta 220   TCTAAATGCTCTTATATTAGTTTACAGAGGGAGTAATTAGCTAGAGCTATCAAAATGAGA   2 820
spelta 225   TCTAAATGCTCTTATATTAGTTTACAGAGGGAGTAATTAGCTAGAGCTgTCAAAATGAGA   2 795

Vp-1B        ATTATCACAATATATACTATCCCGTCCAAAAATATAATACGGATTATTA...TGTACTAT   3 297
spelta 80    ATTATCACAATATATACTATCCCGTCCAAAAATATAATACGGATTATTAtgtTGTACTAT   3 217
spelta 217   ATTATCACAATATATACTATCCCGTCCAAAAATATAATACGGATTATTA...TGTACTAT   3 272
spelta 220   ATTATCACAATATATACTATCtCGTCCAAAAATATAATACGGATTATTA...TGTACTAT   3 297
spelta 225   ATTATCACAATATATACTATCCCGTCCAAAAATATAATACGGATTATTA...TGTACTAT   3 272

Vp-1B        TTTGGATATCTAATTAAGTACGTACTAGCAGAACTATCTGTGTTCTTGTTGTGCATTTGA   3 597
spelta 80    TTTGGATATCTAATTAAGTACGTACTAGCAGAACTATC..........TTGTGCATTTGA   3 507
spelta 217   TTTGGATATCTAATTAAGTACGTACTAGCAGAACTATCTGTGTTCTTGTTGTGCATTTGA   3 572
spelta 220   TTTGGATATCTAATTAAGTACGTACTAGCAGAACTATCTGTGTTCTTGTTGTGCATTTGA   3 597
spelta 225   TTTGGATATCTAATTAAGTACGTACTAGCAGAACTATCTGTGTTCTTGTTGTGCATTTGA   3 572
```

图 3-35　4 种斯卑尔脱小麦 *Vp-1B* 基因序列比对

(3)*Vp-1D* 基因在不同基因型材料中的扩增　用 Vp-1DF$_1$/R$_1$、Vp-1DF$_2$/R$_2$、Vp-1DF$_3$/R$_3$和 Vp-1DF$_4$/R$_4$扩增 *Vp-1D* 基因的全长。不同基因型材料在 *Vp-1D* 的 B$_3$区段没有发现多态性位点。通过比较不同基因型材料 *Vp-1D* 发现了两个 *Vp-1D* 的等位变异，分别被命名为 *SVp-1Da*(spelta 80)和 *SVp-1Db* (spelta 217)。与 *Vp-1D*(AJ400714)相比，*SVp-1Db* 在第 1 外显子有 15 bp 缺失，而 *SVp-1Da* 与 *Vp-1D* 有相同的序列(图 3-36)。

3. *SVp-1* 基因在不同基因型斯卑尔脱小麦中的表达特性分析

(1)*SVp-1A*、*SVp-1B* 和 *SVp-1D* 在斯卑尔脱小麦中的表达特性　为了研究清楚 *SVp-1A*、*SVp-1B* 和 *SVp-1D* 基因的不同等位变异对籽粒休眠性可能造成的影响，选择 3 种基因型斯卑尔脱小麦 spelta 80、spelta 220 和 spelta 225 作为研究材料，通过半定量 RT-PCR 方法研究成熟种子胚中 *SVp-1A*、*SVp-1B* 和 *SVp-1D* 转录本的表达量和表达模式。研究发现

Vp-1D	AGCGCGGCGGACGACCTGCCGCTGTTCTTCATGGAGTGGCTCAAGAACAA..........	590
spelta 80	AGCGCGGCGGACGACCTGCCGCTGTTCTTCATGGAGTGGCTCAAGAACAAccgcgactgc	509
spelta 217	AGCGCGGCGGACGACCTGCCGCTGTTCTTCATGGAGTGGCTCAAGAACAAccgcgactgc	509
spelta 220	AGCGCGGCGGACGACCTGCCGCTGTTCTTCATGGAGTGGCTCAAGAACAAccgcgactgc	509
spelta 225	AGCGCGGCGGACGACCTGCCGCTGTTCTTCATGGAGTGGCTCAAGAACAAccgcgactgc	509

Vp-1D	CTTCAGTACGCGGCGTTCGTCCCAGCTGGGGCCACATCCGCAGGCACTCAAACATACCCG	1070
spelta 80	CTTCAGTACGCGGCGTTCGTCCCAGCTGGGGCCACATCCGCAGGCACTCAAACATACCCG	989
spelta 217	CTTCAGTACGCGGCGTTCGTC...........................CAAACATACCCG	962
spelta 220	CTTCAGTACGCGGCGTTCGTCCCAGCTGGGGCCACATCCGCAGGCACTCAAACATACCCG	989
spelta 225	CTTCAGTACGCGGCGTTCGTCCCAGCTGGGGCCACATCCGCAGGCACTCAAACATACCCG	989

图 3-36 4 种斯卑尔脱小麦 *Vp-1D* 基因序列比对

*SVp-1D*在成熟种子中的表达产物没有在琼脂糖凝胶电泳中检测到。通过对 *Vp-1A* 和 *Vp-1B* 转录本表达量和表达模式的观察发现：*SVp-1A* 基因在 spelta 80（*SVp-1Ah*）、spelta 220（*SVp-1Aa*）和 spelta 225（*SVp-1Ai*）有相同的表达模式，但表达水平不同。spelta 220 和 spelta 225 表达量较高，而 spelta 80 表达量较低（图 3-37）。*SVp-1B* 基因在 spelta 80（*SVp-1Bc*）、spelta 220（*SVp-1Be*）和 spelta 225（*SVp-1Bd*）观察到了明显的转录本的选择性剪接和不同的表达水平。错误剪接的转录本的表达量基本相同，而正确剪接的转录本的表达量差异明显，spelta 225 最高，spelta 80 最低（图 3-38）。

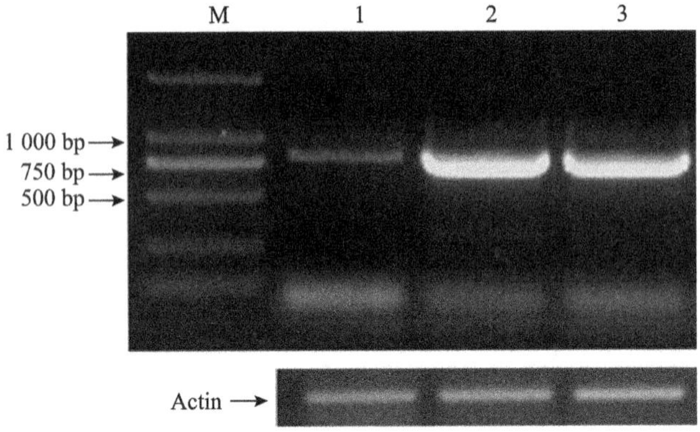

图 3-37 成熟种子中 *Vp-1A* 等位基因半定量 RT-PCR 分析

M. DNA 分子量标准(DL2000)；1. spelta 80（*SVp-1Ah*）；2. spelta 220（*SVp-1Aa*）；3. spelta 225（*SVp-1Ai*）

为了进一步研究在种子不同成熟时期时胚中 *Vp-1* 基因的表达变化，用半定量 RT-PCR 的方法分析了开花后 25 d、30 d 和 35 d 时，3 种斯卑尔脱小麦 spelta 80、spelta 220 和 spelta 225 中 *Vp-1* 基因的表达变化。spelta 80 中等位基因 *SVp-1Ah* 和 *SVp-1Bc* 在不同时期表达量均很低，其中 *SVp-1Ah* 在 35 d 时，没有检测出转录产物；*SVp-1Bc* 在 30 d 时表达量最低，25 d 和 35 d 都较高（图 3-39）。

spelta 220 中等位基因 *SVp-1Aa* 和 *SVp-1Be* 在 30 d 时表达量都达到最高，25 d 和 35 d 时表达量都低于 30 d，25 d 时，*SVp-1Aa* 和 *SVp-1Be* 基因的表达量均最低（图 3-40）。从结果可以推测：随着成熟期的继续延长，spelta 220 中 *Vp-1* 等位基因的表达量会逐渐降低。

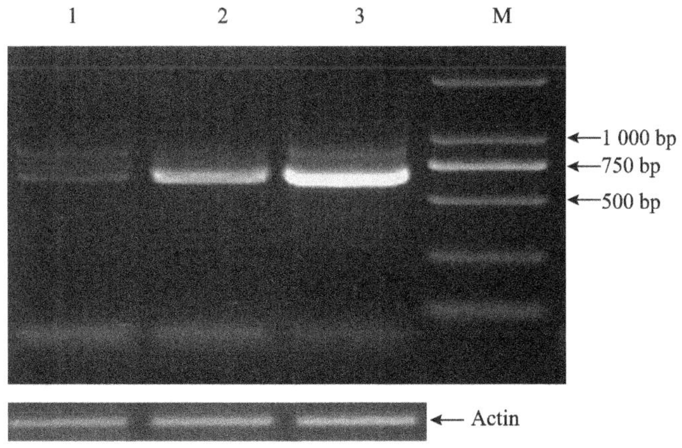

图 3-38 成熟种子中 *Vp-1B* 等位基因半定量 RT-PCR 分析

M. DNA 分子量标准(DL2000); 1. spelta 80 (*SVp-1Bc*);2. spelta 220 (*SVp-1Be*); 3. spelta 225 (*SVp-1Bd*)

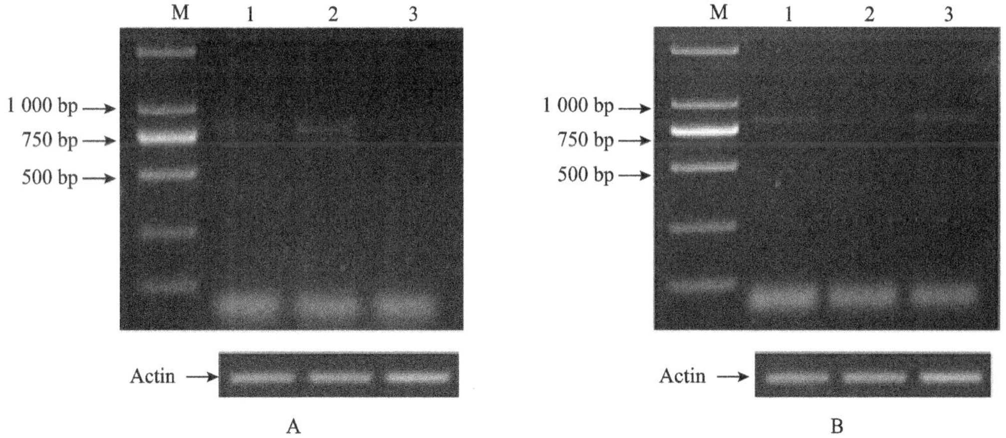

图 3-39 半定量 RT-PCR 分析 spelta 80 在开花后 25 d、30 d 和 35 d 时 *Vp-1* 在胚中的表达特性

A. *Vp-1A* 在 3 种不同成熟期转录本的比较;B. *Vp-1B* 在 3 种不同成熟期转录本的比较。

M. DNA marker(DL2000)1. 25 d;2. 30 d;3. 35 d

spelta 225 中等位基因 *SVp-1Ai* 和 *SVp-1Bd* 的表达量在 35 d 时均最高;等位基因 *SVp-1Ai* 的表达量在 30 d 时最低;而 *SVp-1Bd* 在 25 d 时最低(图 3-41)。

研究结果表明,spelta 80、spelta 220 和 spelta 225 中与种子休眠相关的 *Vp-1A* 和 *Vp-1B* 基因的表达量是受种子发育时间调控的,其中,spelta 225 中 *Vp-1* 基因的表达量随着发育时间的延长而显著增加,这一调控规律与普通小麦是一致的。而 spelta 220 中 *Vp*-1 基因受发育时间调控规律与普通小麦正相反,在 30 d 时表达量达到最高,接下来随着发育时间的延长而逐渐降低。

(2)*SVp-1A*、*SVp-1B* 和 *SVp-1D* 基因对 ABA 敏感性的研究　采用半定量 RT-PCR 法对开花后 35 d 的胚中 *SVp-1A*、*SVp-1B* 和 *SVp-1D* 基因的不同等位基因转录本表达对外源 ABA (30 μmol/L)的敏感性进行研究。研究结果表明,*SVp-1A* 和 *SVp-1B* 的正确转录本在 35 d 的胚中不论是 ABA 处理的还是用水处理的对照组均能检测到 PCR 产物。*SVp-1A* 在

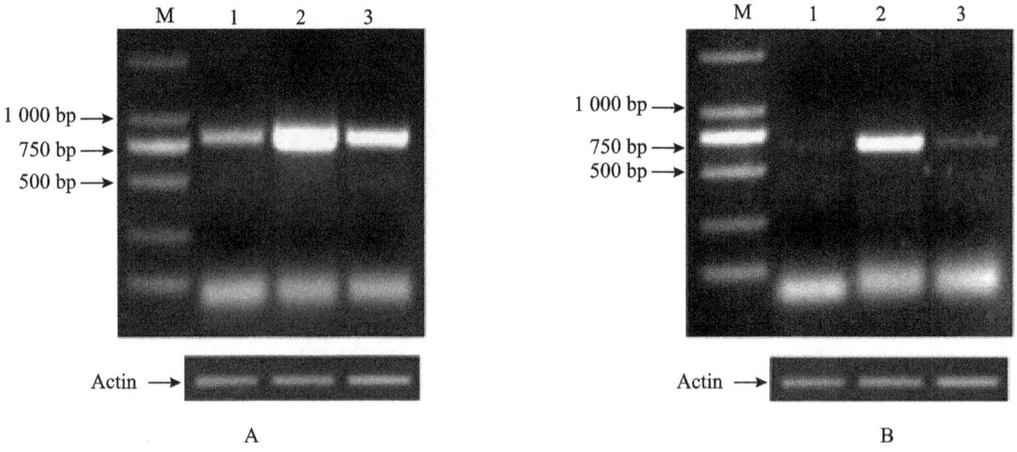

图 3-40　半定量 RT-PCR 分析 spelta 220 在开花后 25 d、30 d 和 35 d 时 *Vp-1* 在胚中的表达特性

A. *Vp-1A* 在 3 种不同成熟期转录本的比较；B. *Vp-1B* 在 3 种不同成熟期转录本的比较。

M. DNA marker(DL2000)；1. 25 d；2. 30 d；3. 35 d

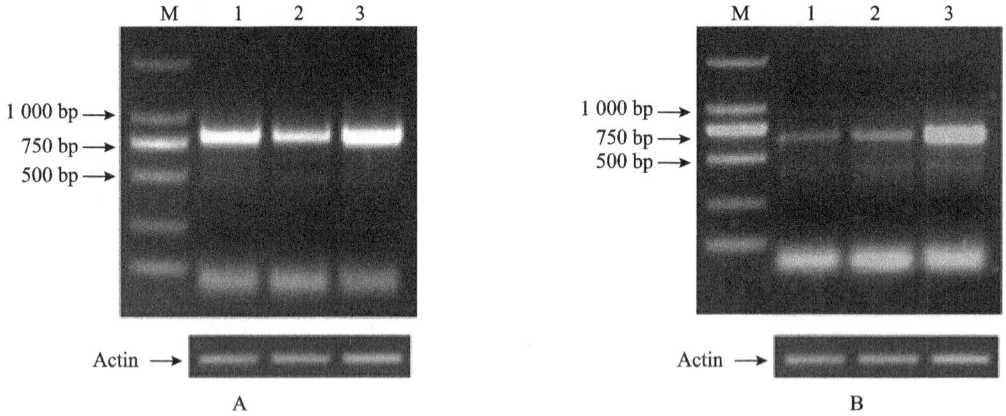

图 3-41　半定量 RT-PCR 分析 spelta 225 在开花后 25 d、30 d 和 35 d 时 *Vp-1* 在胚中的表达特性

A. *Vp-1A* 在 3 种不同成熟期转录本的比较；B. *Vp-1B* 在 3 种不同成熟期转录本的比较。

M. DNA marker(DL2000)；1. 25 d；2. 30 d；3. 35 d

spelta 80(*SVp-1Ah*)、spelta 220(*SVp-1Aa*)和 spelta 225(*SVp-1Ai*)中的转录本表达量趋势为：在水中浸泡 1 d、2 d 和 4 d 的胚中 *SVp-1A* 基因的表达量越来越低的；与此相反，在 30 μmol/LABA 的处理中，spelta 80(*SVp-1Ah*)、spelta 220(*SVp-1Aa*)和 spelta 225(*SVp-1Ai*)在处理 1 d、2 d 和 4 d 的转录本表达水平均比对应的水处理(对照组)的转录本的表达量高。表明 *SVp-1Ah*、*SVp-1Aa* 和 *SVp-1Ai* 对 ABA 敏感(图 3-42)。*SVp-1B* 在 spelta 80(*SVp-1Bc*)、spelta 220(*SVp-1Be*)和 spelta 225(*SVp-1Bd*)中转录本的表达量趋势为：水浸泡 1 d、2 d 和 4 d 的种子胚中，*SVp-1Bc* 转录本的表达量越来越低；而 *SVp-1Be* 和 *SVp-1Bd* 转录本的表达量是增高趋势。在 30 μmol/L ABA 的处理中，在第 1 天时，*SVp-1Be* 等位基因表现出具有比 *SVp-1Bc* 和 *SVp-1Bd* 更高水平的转录本，但 *SVp-1Bd* 在第 4 天比 *SVp-1Bc* 和 *SVp-1Be* 有更高的表达水平。以上结果表明，*SVp-1Bc*、*SVp-1Bd* 和 *SVp-1Be* 等位基因对 ABA 有不同的敏感性(图 3-43)。*SVp-1D* 经琼脂糖凝胶电泳检测没有任何转录产物(图 3-44)。

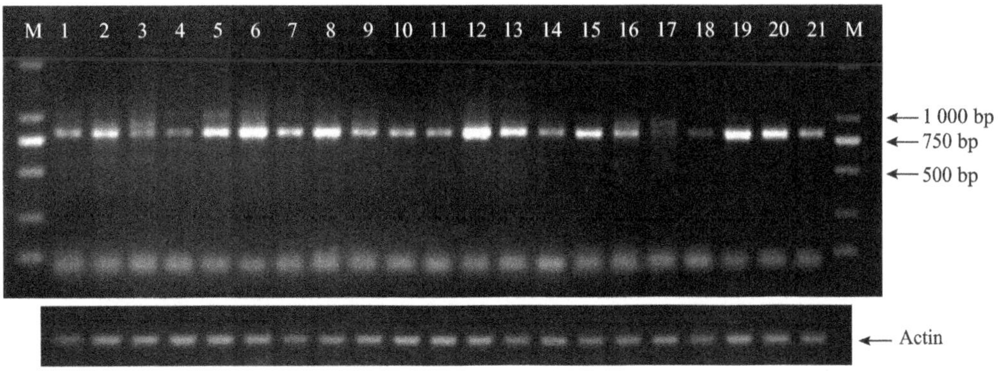

图 3-42　半定量 RT-PCR 分析 *Vp-1A* 等位基因在用 ABA 处理开花后 35 d 其转录本的表达

M. DL2000 DNA marker；泳道 1～7. spelta 80(开花后 35 d 种子的胚，用水处理 1 d、2 d 和 4 d，ABA 处理 1 d、2 d 和 4 d)；泳道 8～14. spelta 220(开花后 35 d 种子的胚，用水处理 1 d、2 d 和 4 d，ABA 处理 1 d、2 d 和 4 d)；泳道 15～21. spelta 225(开花后 35 d 种子的胚，用水处理 1 d、2 d 和 4 d，ABA 处理 1 d、2 d 和 4 d)

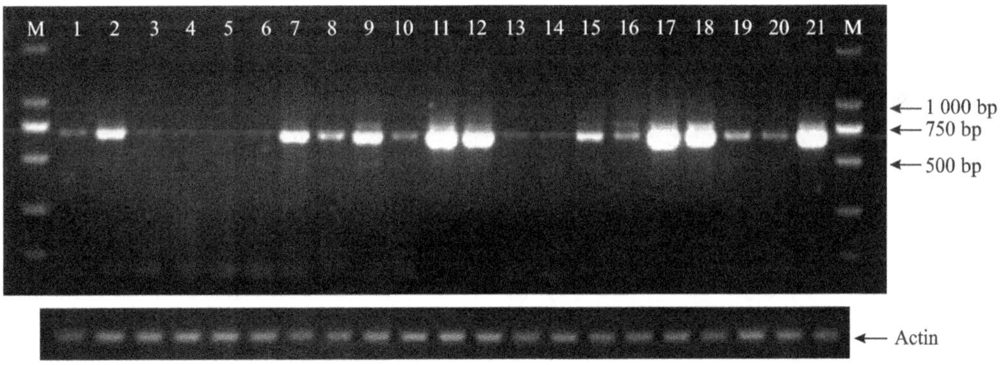

图 3-43　半定量 RT-PCR 分析 *Vp-1B* 等位基因在用 ABA 处理开花后 35 d 其转录本的表达

M. DL2000 DNA marker；泳道 1～7. spelta 80(开花后 35 d 种子的胚，用水处理 1 d、2 d 和 4 d，ABA 处理 1 d、2 d 和 4 d)；泳道 8～14. spelta 220(开花后 35 d 种子的胚，用水处理 1 d、2 d 和 4 d，ABA 处理 1 d、2 d 和 4 d)；泳道 15～21. spelta 225(开花后 35 d 种子的胚，用水处理 1 d、2 d 和 4 d，ABA 处理 1 d、2 d 和 4 d)

3.9.3　讨论

斯卑尔脱小麦具有较高的产量潜力和较强的抗逆能力，与普通六倍体小麦杂交可结实，而且 F_1 代育性正常，表现出较高的产量杂种优势(崔国惠等，1999；孙其信等，1998；Yang 等，2007a)，除此之外，斯卑尔脱小麦与普通六倍体小麦杂交可以使种间杂种的品质得到很大的提高，所以斯卑尔脱小麦作为普通六倍体小麦的一级基因源，用于改善普通六倍体小麦的产量以及品质特性已经早被小麦育种家们重视。目前在小麦生产中，穗发芽是影响小麦品质的一个非常关键的因素。以前研究发现 *Vp-1* 等位基因是影响小麦穗发芽抗性的重要基因，我们根据该基因在不同穗发芽抗性的白粒小麦品种中的等位基因类型开发了与小麦穗发芽抗性相关的分子标记 *Vp1A3*(刘世鑫，2012)和 *Vp1B3*(杨燕，2008)。本研究中检测了常用于小麦近缘杂交育种中的 11 份斯卑尔脱小麦品种的 *Vp-1* 基因的等位变异。与 *Vp-1Ba* 相比，spelta 217

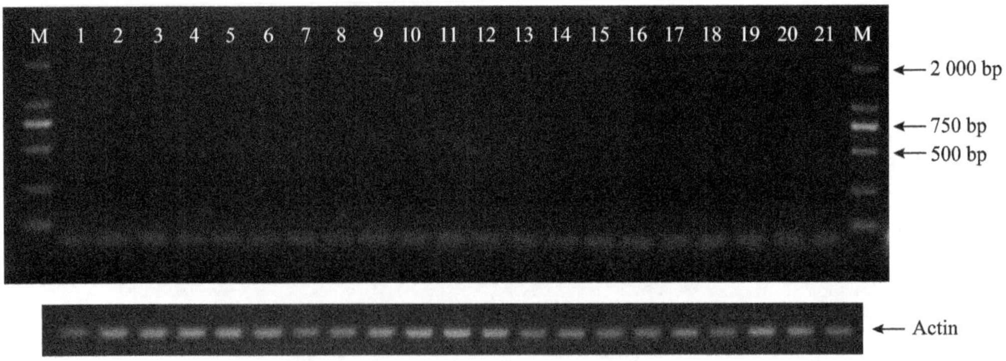

图 3-44 半定量 RT-PCR 分析 Vp-*1D* 等位基因在用 ABA 处理开花后 35 d 其转录本的表达

M. DL2000 DNA marker；泳道 1～7. spelta 80(开花后 35 d 种子的胚，用水处理 1 d、2 d 和 4 d，ABA 处理 1 d、2 d 和 4 d)；泳道 8～14. spelta 220(开花后 35 d 种子的胚，用水处理 1 d、2 d 和 4 d，ABA 处理 1 d、2 d 和 4 d)；泳道 15～21. spelta 225(开花后 35 d 种子的胚，用水处理 1 d、2 d 和 4 d，ABA 处理 1 d、2 d 和 4 d)

和 spelta 220 的扩增片段在第 3 个内含子的 2 582～2 606 bp 处均有 25 bp 的碱基缺失，而在欧洲小麦 Jason 和 Cezanne 当中也发现 25 bp 的缺失片段相同(Xia 等，2008)，但是本研究中此缺失位点为 2 585～2 609 bp，也就是说在斯卑尔脱小麦中的 25 bp 的缺失位点向 5′端移动了 3 个碱基的位置。在 TIGR Plant Repeat Database (http: // tigrblast. tigr. org) 中分析这 25 bp 的缺失片段，结果表明其可能是个新的重复序列。另外在第 3 个内含子 2 711～2 793 bp 处，spelta 80 的扩增片段序列与 *Vp-1Ba* 相比有 83 bp 的碱基缺失，与普通六倍体小麦中 *Vp-1Bc* 基因型中 83 bp 的缺失片段具有相同序列顺序，而且这个缺失序列具有典型的外显子-内含子结构(GT-AG)，5′-GT 开始，3′-AG 结尾。83 bp 的缺失与水稻转录有关的序列具有高度的相似性(AY090462.1)，其同源性达 99.99%。导致转录时错误剪接的真正原因目前还不清楚，可能与这种能引起非有效剪接的内含子边界序列相关(Wilkinson 等，2005)。在玉米中，许多的 Spontaneous waxy 突变体就是由这种转录元件引起的(Fedoroff 等，1983；Wessler 和 Varagona，1985；Wessler 等，1987)，所以这种缺失有可能发生在基因进化过程中。本研究在斯卑尔脱小麦中又发现了相同序列的 83 bp 的缺失，尽一步证实了这种缺失就是发生在基因的进化过程中。另外，在六倍体普通小麦中还存在 *Vp-1Bb* 基因型，是在第 3 个内含子中插入一个 193 bp 的反向重复序列。根据斯卑尔脱小麦和六倍体普通小麦的亲缘关系，可以预测在斯卑尔脱小麦中极有可能也存在这种类型的等位变异，需要我们在以后的工作中做进一步的验证。

ABA 在植物组织遇到逆境如干旱、高盐以及种子成熟和休眠时起到重要的调节作用。玉米的 *Vp-1* 基因和拟南芥 *ABI3* 基因是转录因素，它们都是种子发育和 ABA 信号转导的主要调节因素(McCarty 和 Hattori，1991)。*ABI3* 和 *Vp-1* 基因失活突变体减弱了其对 ABA 的敏感性，从而导致玉米和拟南芥的种子不休眠，发生穗萌芽现象(Warner 和 Kudrna，2000；Nambara 和 Keith，1994)。有研究表明，种子的休眠性状与种子中内源 ABA 水平无关，而与胚对 ABA 的敏感性相关(Walker-Simmons 和 Sesing，1990)。另外，种子的休眠程度与 ABA 的敏感性以及成熟种子中 *Vp-1* 的表达量呈正相关关系(Nakamura 和 Toyama，2001)。本研究中 *SVp-1A* 和 *SVp-1B* 基因不同的等位基因正确剪接转录本对 ABA 的敏感性是有差异的，造成这种结果的原因目前还不十分清楚，但可能是由于存在其他调节因子或者 ABA 诱导的 microRNAs，当 microRNAs 积累到一定水平时就降解了 *Vp-1* 的 mRNA。在发芽的拟南芥种子中，有 2 种蛋白（ABI3 和与 ABI3 相互作用的 API2）可以使 ABA 调节的转录产物降解（Zhang 和 Chang，2006a）。同时，ABA 诱导了 microRNA159（miR159）的积累，microRNA159 在体内和体外都调节 MYB101 和 MYB33 这 2 个转录因子的表达，MYB101 和 MYB33 的功能是使对 ABA 敏感的调节因子对 ABA 不敏感。ABA 诱导的 miR159 的积累导致 MYB101 和 MYB33 转录本降解（Zhang 和 Garreton，2006b）。总之，有一点可以证明，那就是斯卑尔脱小麦在 *SVp-1A* 和 *SVp-1B* 基因中的不同等位变异导致胚对 ABA 的敏感性有差异。本研究在 D 基因组上虽然发现了多态性位点，而且该多态性位点位于外显子中，预测 *SVp-1D* 基因不同等位变异的转录本会有不同模式，但是结果却是我们从来都没有在斯卑尔脱小麦的 *SVp-1D* 基因中检测到转录本，可以推测 *Vp-1D* 基因对斯卑尔脱小麦种子的休眠性可能影响非常小，对 *Vp-1* 基因起主要作用的还是 S*Vp-1A* 基因和 S*Vp-1B* 基因，它们共同影响了小麦种子的休眠性。

在对 3 种基因型的斯卑尔脱小麦进行表达特性研究的过程中，得到的结果是：spelta 80 中 *Vp-1A* 和 *Vp-1B* 基因表达量均明显低于 spelta 220 和 spelta 225，从它们表达量的差异我们可以推测出 3 种斯卑尔脱小麦 GI 值的规律应该是 spelta 80 最低，其他两种斯卑尔脱小麦应该明显高于 spelta 80。但是，我们检测出的实际 GI 值并没有出现这样的规律，3 种斯卑尔脱小麦的 GI 值非常接近，没有明显差异。斯卑尔脱小麦是带皮栽培种，籽粒外包有坚硬的颖壳，在检测斯卑尔脱小麦的发芽指数时，所用的材料是带有颖壳的斯卑尔脱小麦种子。已有研究发现，籽粒成熟过程中同期穗上发芽率明显低于人为剥离颖壳后籽粒的发芽率，表明颖壳（含芒）中含有发芽抑制物质并对籽粒萌发有影响（刘晓冰和张秋英，1999）。也有学者认为颖壳的机械作用，即颖壳硬度大，包裹籽粒紧实，雨水不易进入，能起到降低籽粒发芽的作用（赵远玲和孙连发，2008）。这两点因素对斯卑尔脱小麦休眠行的影响，可能远远高于 *Vp-1* 基因对于籽粒休眠性的影响。因此，导致试验的发芽结果没有出现预期的规律。

3.10 乌拉尔图小麦中 *Vp-1* 基因等位变异分析及表达特性研究

3.10.1 材料和方法

1.材料

20 份春性乌拉尔图小麦：Xs7449，PI428244，PI428245，PI428246，PI428247，PI428248，PI428249，PI428250，PI428251，PI428252，PI428254，PI428255，PI428258，PI428261，PI428262，PI428263，PI428264，PI428265，PI428266（UR21），PI427328。

2.试剂

实验中所用的 LA Taq 酶，Oligo dT Primer，RTase M-MLV，RNAiso Plus，pMD19-T

Vector，DNA marker，DNA 聚合酶（TaKaRa 公司），DNA 琼脂糖凝胶回收试剂盒等。

3.聚丙烯酰胺凝胶电泳试剂的配制

30%储备液的配制如下：

丙烯酰胺	29 g
BIS	1 g
总量	100 mL

12%PAGE 凝胶的配制如下：

12%PAGE	15 mL	20 mL	25 mL	50 mL	80 mL
ddH_2O	5.9	7.9	9.8	19.7	31.4
30%储备液	6.0	8.0	1.0	20.0	32.0
5×TBE	3.0	4.0	5.0	10.0	16.0
10%APS	0.11	0.14	0.18	0.35	0.56
TEMED	0.010	0.013	0.016	0.033	0.052

4.引物

为提高测序结果的准确性，采用分段嵌套法来获得 *Vp-1A* 的全长。另外，根据小麦的持家基因设计了作为 *Vp-1* 基因表达水平的内标引物 Actin（表 3-19）。

表 3-19 研究所用特异性引物

引物名称	上游引物序列（5′→ 3′）	上游引物序列（5′→ 3′）	退火温度/℃	目的片段大小/bp
Vp-1AF$_1$/R$_1$	ATCCAAACCGGCGGCTT CCCTC	ATCGATCGATGGGAGTA CTA C	58	1 108
Vp-1AF$_2$/R$_2$	AGGACATCGGCACATCT CA	CTGGTCAGTTTGCAACA TGCAAC	59	774
Vp-1AF$_3$/R$_3$	TGGAGATCCGGCAGGGA G AG	CCAGAGGCCTCCCCAGCC A	67	1 253
Vp-1AF$_4$/R$_4$	GAATGAGCTGCAGGAGG GTGA	GCAATGCATGACTAACT AGG	58	1 207
RTVp-1AF/R	ATCCAAACCGGCGGCTT CCCTCAAGA	CTTCTCCTTGCAGCCGCC GTCTTCTC	67	733
Actin up/down	GTTTCCTGGAATTGCTG ATCGCAT	CATTATTTCATACAGCA GGCAAGC	67	410

5.乌拉尔图小麦基因组 DNA 提取

（1）取适量的乌拉尔图小麦幼苗叶片置于液氮中速冻，研磨成粉末状。

(2)加入 800 μL CTAB 提取液和 1.6 μL β-巯基乙醇，手动摇匀于 65 ℃水浴 45 min(每 10 min 颠倒混匀一次)。

(3)4 ℃，12 000 r/min，离心 15 min，取上清液。

(4)Tris-平衡酚/氯仿(1∶1)混匀加入新离心管，4 ℃，12 000 r/min 离心 10 min，取上清液，重复一次。

(5)等体积氯仿颠倒混匀加入，4 ℃下 12 000 r/min 离心 10 min，取上清液。

(6)加入 2 倍体积预冷无水乙醇，颠倒混匀，于－80 ℃放 0.5 h。

(7)4 ℃，12 000 r/min 离心 15 min，弃上清液。

(8)70%乙醇 1 mL 洗沉淀，7 000 r/min 离心 3 min，弃上清液，再重复一次。

(9)超净台轻吹 3 h，加 100 μL 1×TE 保存。

6. 基因组 DNA 的扩增

以小麦基因组 DNA 为模板，在 PCR 仪上进行。反应体系总体积为 15 μL，其中的组分如下：

编号	组分名称	加入量/μL
1	ddH_2O	7.55
2	5×CES	3
3	10×缓冲液	1.5
4	2.5 mmol/L dNTPs	1.2
5	引物(1)	0.3
6	引物(2)	0.3
7	EasyTaq 酶	0.15
8	DNA 模板	1

PCR 扩增程序为：94 ℃预变性 3 min；33 个循环的 94 ℃变性 35 s，59 ℃(58 ℃，67 ℃)退火 35 s，72 ℃延伸 1 min；最后 72 ℃延伸 10 min；4 ℃保存。

7. ABA 处理

选取 20 粒成熟期的乌拉尔图小麦种子，在 25 ℃黑暗条件下用水和 30 μmol/L 的 ABA 分别浸泡培养 1 d、2 d 和 4 d，然后在各时间点分别切取小麦种子的胚提取 RNA。

3.10.2 结果与分析

1. 引物 Vp-1AF$_1$/R$_1$对 *Vp-1A* 基因进行 PCR 扩增

引物 Vp-1AF$_1$/R$_1$对 *Vp-1A* 基因进行 PCR 扩增(图 3-45)，共扩增出的 2 种片段类型大小分别为 1 073 bp 和 1 065 bp，将其分别命名为 1 073 bp(I)和 1 065 bp(H)，将测得的序列与保守序列 *Vp-1A*(AJ400712)对比，H 片段类型在第 2 内含子 1 927～1 961 bp 有 35 bp(CCACTTGCAATTTTCAGCTATATATATGCATGCATC)缺失，另外，在 1 985～1 990 bp 位点有 6 bp 的缺失(ATATGC)，2 179～2 182 bp 位点处有 4 bp 缺失(GCTA)，在 2 199 bp 位点有 1 bp 缺失

(C)，在 2 098～2 099 bp 有 CT 两个碱基的插入和 27 个 SNP。I 片段类型与 H 片段类型除了有相同的 35 bp 缺失之外，还有 1 bp 的缺失及 5 个 SNP。该两种类型均在第 1 外显子、第 2 内含子、第 3 内含子有多处突变，具体情况见序列比对(图 3-46)。

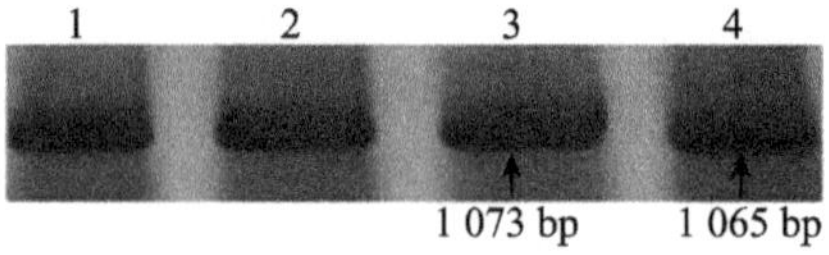

图 3-45　Vp-1AF$_1$/R$_1$ PCR 扩增图

1. PI 428244；2. PI 428254；3. PI 428255；4. PI 427328

```
AJ400712 CGGCGCCTGTCGTGCCTGCAGCAGCAGCGGAGCCAGCAGCTGAATCTGAGCCAGATCCAA 1 260
       I ......................................................ATCCAA 6
       H ......................................................ATCCAA 6
AJ400712 ACCGGCGGCTTCCCTCAAGAGCCATCCCCCCGCGCGGCGCACTCGGCGCCGGTCACGCCG 1 320
       I ACCGGCGGCTTCCCTCAAGAGCCATCCCCCCGCGCGGCGCACTCGGCGCCGGTCACGCCG 66
       H ACCGGCGGCTTCCCTCAAGAGCCATCCCCCCGCGCGGCGCACTCGGCGCCGGTCACGCCG 66
AJ400712 CCGTCGTCTGGCTGGGGAGGCCTCTGGACGCAACAAGCCGTCCAGAGCCAGCCCCATGGC 1 380
       I CCGTCGTCTGGCTGGGGAGGCCTCTGGACGCAACAGGCCGTCCAGAGCCAGCCCCATGGC 126
       H CCCTCGTCCGGCTGGGGAGGCCTCTGGACGCAACAGGCCGTCCAGGGCCAGCCCCATGGC 126
AJ400712 CAGCTCATGGTCCAGGTCCCGAATCCGCTGTCGACGAAGTCCAATTCCTCAAGGCAGAAG 1 440
       I CAGCTCATGGTCCAGGTCCCGAATCCGCTGTCGACGAAGTCCAATTCCTCAAGGCAGAAG 186
       H CAGCTCATGGTCCAGGTCCCGAATCCGCTGTCGACGAAGTCCAATTCCTCAAGGCAGAAG 186
AJ400712 CAGCAAAAACCCTCGCCGGACGCAGCAGCGAGGCCGCCCTCCGGCGGCGCCGCCACGCCG 1 500
       I CAGCAAAAACCCTCGCCGGACGCAGCAGCGAGGCCGCCCTCCGGCGGCGCCGCCACGCCG 246
       H CAGCAAAAACCCTCGCCGGACGCAGCAGCGAGGTCGCCCTCCGGCGGCGCCGCCACGCCG 246
AJ400712 CAGCGCCCGGGGCAGGCGGCGGCTTCCGACAAGCAGCGGCAGCAGGTGCATGCATGCACG 1 560
       I CAGCGCCCGGGGCAGGCGGCGGCTTCCGACAAGCAGCGGCAGCAGGTGCATGCATGCACG 306
       H CGGCGCCCGGGGCAGGCGGCGGCTTCCGACAAGCAGCGGCAGCAGGTGCATGCATGCACG 306
AJ400712 AACACCTCTTGCCATCCATCCATCGATCGCCATCCCGCATAGAATCACAAGCCATTGCTC 1 620
       I AACACCTCTTGCCATCCATCCATCGATCGCCATCCCGCATAGAATCACAAGCCATTGCTC 366
       H AACACCTCTTGCCATCCATCCATCGATCGCCATCCCGCATAGAATCACAAGCCATTGCTC 366
AJ400712 CCCAAATAAGTGTGCGTACTTCGTAAGAGACGCACATCGCTGTCCAGCGATAGGATACCC 1 680
       I CCCAAATAAGTGTGCGTACTTCGTAAGAGACGCACATCGCTGTCCAGCGATAGGATACCC 426
       H CCCAAATAAGTGTGCGTACTTCGTAAGAGACGCACATCGCTGTCCAGCGATAGGATACCC 426
AJ400712 TCCCCGCATGCGTGCGTGTGTTTACCTGCACGGTGAAATGCATCTCAAGTTCTCAACGAG 1 740
       I TCCCCGCATGCGTGCGTGTGTTTACCTGCACGGTGAAATGCATCTCAAGTTCTCAACGAG 486
       H TCCCCGCATGCGTGCGTGTGTTTACCTGCACGGTGAAATGCATCTCAAGTTCTCAACGAG 486
AJ400712 GTTCTGTGCATGCGCGCAGGGTGCGAGGACGCCGGCGGCGGCGCCGGCGGCAGGAGACAA 1800
       I GTTCTGTGCATGCGCGCAGGGTGCGAGGACGCCGGCGGCGGCGCCGGCGGCAGGAGACAA 546
       H GTTCTGTGCATGCGCGCAGGGTGCGAGGACGCCGGCGGCGGCGCCGGCGGCAGGAGACAA 546
```

```
AJ400712 GAACCCGCGGTTCCTGCTGCAGAAGGTGCTCAAGCAGAGCGACGTCGGAACCCTCGGCCG 1 860
       I GAACCTGCGGTTCCTGCTGCAGAAGGTGCTCAAGCAGAGCGACGTCGGAACCCTCGGCCG 606
       H GAACCTGCGCTTCCTGCTGCAGAAGGTGCTCAAGCAGAGCGACGTCGGAACCCTCGGCCG 606
AJ400712 CATCGTGCTCCCCAAAGTGAGGCAGTCACCTCCCTATCGCGGTCTTCTTCCTCCATCCAC 1 920
       I CATCGTGCTCCCCAAAGTGAGGCAGTCACCTCCCTATCGCGGTCTTCTTCCTCCATCCAC 666
       H CATCGTGCTCCCCAAAGTGAGGCAGACACCTCCCTATCGCGGTCTTCTTCCTCCATCCAC 666
AJ400712 CCATGCACCACTTGCAATTTTCAGCTATATATATGCATGCATCCACTTGCAATTTTCAGC 1 980
       I CCATGCA...................................CCACTTGCAATTTTCAGC 691
       H CCATGCA...................................CCACTCGCAATTTTCAGC 696
AJ400712 TATATATATGCATGCATCCACTTGCAAATTTTAATTTCTCCTTGATTCCTCTTTGATTAG 2 040
       I TATATATATGCATGCATCCACTTGCAAATTTTAATTTCTCCTTGATTCCTCTTTGATTAG 751
       H TATATA......TGCATCCACTTGCAAATTTTAATTTCTCCTTGATTCCTCTTTGATTAG 745
AJ400712 ACAAGATCCATCTTTGGATTGCACCTGTATGACCTAGCTGTGAATGGATCTTCCTTTC.. 2 098
       I ACAAGATCCATCTTTGGATTGCACCTGTATGACCTAGCTATGAATGGATCTTCCTTTC.. 809
       H ACAAGATCCATCTTTGGATTGCACCTGTATGACCTAGCTATGAATGGATCTTTCCTTCCT 805
AJ400712 TTTCTGCAATCTTTGTGTTGATTTCTTCTTGATTTCTCGGATTGCAAGTGTATCTATCCA 2 158
       I TTTCTGCAATCTTTGTGTTGATTTCTTCTTGATTTCTCGGATTGCAAGTGTATCTATCCA 869
       H TTTCTGTAATCTTTGTGTTGATTTCTTCCTGATTTCTCGGATTGCAAGTGTATCTATCCA 865
AJ400712 TGGATGTTCCTGTCTGTCTGCTAGCTGATCGATCGGTTGCCGACTAAAACGCGTCTCTTC 2 218
       I TGGATGTTCCTGTCTTTCTGCTAGCTGATCGATCGGTTG.CGACTAAAACGCGTCTCTTC 928
       H TGGATCTTCTTGTTTTTCC....GCCGATCAATCGGTTG.CGACTAAAAGTGTCTCTTC 920
AJ400712 TTCCATGGATGGTTTCAGAAGGAAGCGGAGACTCACCTGCCGGAGCTCAAGACGGGGGAC 2 278
       I TTCCATGGATGGTTTCAGAAGGAAGCGGAGACTCACCTGCCGGAGCTCAAGACGGGGGAC 988
       H TTCCATGGATTGTTTCAGAAGGAAGCGGAGACTCACCTGCCGGAGCTCAAGACGGGGGAC 980
AJ400712 GGCATCTCGATCCCCATTGAGGACATCGGCACATCTCAGGTGTGGAGCATGCGGTACCGG 2 338
       I GGCATCTCGATCCCCATTGAGGACATCGGCACATCTCAGGTGTGGAGCATGCGGTACCGG 1 048
       H GGCATCTCGATCCCCATTGAGGACATCGGCACATCTCAGGTGTGGAGCATGCGGTACCGA 1 040
AJ400712 TAACTAGTACTCCCATCGATCGATTTTGGGATAAAATTTAATAATAATATTAAACATGCA 2 398
       I TAAGTAGTACTCCCATCGATCGAT.................................... 1 072
       H TAAGTAGTACTCCCATCGATCGAT.................................... 1 064
```

图 3-46　引物 Vp-1AF$_1$/R$_1$扩增出的序列比对

2.引物 Vp-1AF$_2$/R$_2$对 *Vp-1A* 基因进行 PCR 扩增

引物 Vp-1AF$_2$/R$_2$对乌拉尔图小麦 *Vp-1A* 基因进行 PCR 扩增(图 3-47),共扩增出 4 种片段类型,大小分别为 726 bp、735 bp、739 bp 和 751 bp,并将其分别命名为 726 bp(B)、735 bp(C)、739 bp(D)和 751 bp(E)。以上 4 种类型的序列与保守序列 *Vp-1A*(AJ400712)对比,B 类型的片段在 2 746～2 793 bp 位点有 48 bp(16 个 TTC 重复)的缺失,2 718 bp 位点有 1 bp 缺失,在 2 860 bp 位点有 1 bp 插入,在2 341～2 862 bp 之间有 9 个 SNP。C 类型的片段在 2 714～2 753 bp 位点有 39 bp(13 个 TTC 重复)的缺失,在 2 860 bp 位点有 1 bp 插入,在 2 341～2 862 bp的位置有 8 个

SNP。UR13 和 UR14 在 2 718～2 765 bp 处有 48 bp 的缺失。D 类型的片段在 2 718～2 753 bp 位点处有 36 bp(12 个 TTC 重复)缺失，在 2 860 bp 位点有1 bp 插入，在 2 341～2 873 bp 的位置有 6 个 SNP。E 类型的片段在 2 718～2 741 bp 有 24 bp(8 个 TTC 重复)缺失。以上 4 种片段类型均在 2 860 bp 位点有 1 bp 插入。除此之外，在第 4 外显子，D 和 E 类型在 2 957 bp 位置 A 突变成 G，具体情况见图 3-48。

通过在 TIGR 植物重复数据库（http：// plant repeats. plantbiology. msu. edu/index. html)的分析对照发现，16 个 TTC 重复与玉米的 CRM 转座子具有 80.00％的相似度，与该转座子差异的期望值达到 0.033 水平，与小麦和燕麦的 noaCRR1_CH10-3 noaCRR1 转座子有 85.42％的相似度，与该转座子差异的期望值达到 0.023 水平。这表明该 16 个 CTT 的重要重复可能是转座子中一个序列，在小麦的进化发展中具有重要的意义（Yang 等，2014)。

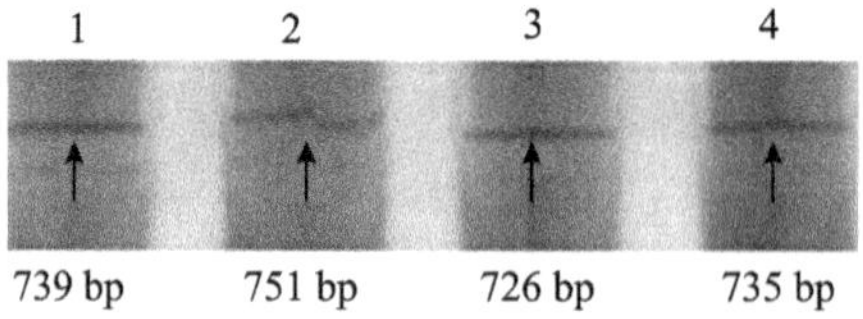

图 3-47 Vp-1AF$_2$/R$_2$ PCR 扩增图

1. PI428244；2. PI428254；3. Xs7449；4. PI427328

```
AJ400712 ............... AGGACATCGGCACATCTCAGGTGTGGAGCATGCGGTACCGGTA 2 340
       B ............... AGGACATCGGCACATCTCAGGTGTGGAGCATGCGGTACCGGTA 44
       C ............... AGGACATCGGCACATCTCAGGTGTGGAGCATGCGGTACCGGTA 44
       D ............... AGGACATCGGCACATCTCAGGTGTGGAGCATGCGGTACCGGTA 44
       E ............... AGGACATCGGCACATCTCAGGTGTGGAGCATGCGGTACCGGTA 44

AJ400712 ACTAGTACTCCCATCGATCGATTTTGGGATAAAATTTAATAATAATATTAAACATGCATG 2 400
       B AGTAGTACTCCCATCGATCGATTTTGGGATAAAATTTAATAATAATATTAAACATGCATG 104
       C AGTAGTACTCCCATCGATCGATTTTGGGATAAAATTTAATAATAATATTAAACATGCATG 104
       D AGTAGTACTCCCATCGATCGATTTTGGGATAAAATTTAATAATAATATTAAACATGCATG 104
       E AGTAGTACTCCCATCGATCGATTTTGGGATAAAATTTAATAATAATATTAAACATGCATG 104

AJ400712 CTTTCATTAGTTCACTTTTATCTTTTTTTAATTATCTGTAGGCCACATCTAGTAAATGAC 2 460
       B CTTTCATTAGTCCACTTTTATCTTTTTTTAATTATCTGTAGGCCACATCTAGTAAATGAC 164
       C CTTTCATTAGTCCACTTTTATCTTTTTTTAACTATCTGTAGGCCACATCTAGTAAATGAC 164
       D CTTTCATTAGTTCACTTTTATCTTTTTTTAATTATCTGTAGGCCACATCTAGTAAATGAC 164
       E CTTTCATTAGTTCACTTTTATCTTTTTTTAATTATCTGTAGGCCACATCTAGTAAATGAC 164

AJ400712 ATGATCACTGCATCACTGTGTGGGACACGCACGTTCCTTTCCCAATTGGGCAAGTGGGTC 2 520
       B ATGATCACTGCATCCCTGTGTGGGACACGCACGTTCCTTTCCCAATTGGGCAAGTGAGTC 224
       C ATGATCACTGCATCCCTGTGTGGGACACGCACGTTCCTTTCCCAATTGGGCAAGTGGGTC 224
       D ATGATCACTGCATCACTGTGTGGGACACGCACGTTCCTTTCCCAATTGGGCAAGTGGGTC 224
       E ATGATCACTGCATCACTGTGTGGGACACGCACGTTCCTTTCCCAATTGGGCAAGTGGGTC 224
```

```
AJ400712 ATATGAATACATATGATGGAAATCCGGGAGCCAAATAGTAGCATGCATTCGTAGTGCGCC 2 580
       B ATATGAATACATATGATGGGAATCCGGGAGCCAAATAGTAGCATGCATTCGTAGTGCGCC 284
       C ATATGAATACATATGATGGGAATCCGGGAGCCAAATAGTAGCATGCATTCGTAGTGCGCC 284
       D ATATGAATACATATGATGGGAATCCGGGAGCCAAATAGTAGCATGCATTCGTAGTGCGCC 284
       E ATATGAATACATATGATGGGAATCCGGGAGCCAAATAGTAGCATGCATTCGTAGTGCGCC 284

AJ400712 GCTCTCTCTATATATATACGTGAACGGGCATGCAGAAATTTTGTTTTCGCATCGTCTCTT 2 640
       B GCTCTCTCTATATATATACGTGAATGGGCATGCAGAAATTTTGTTTTCGCATCGTCTCTT 344
       C GCTCTCTCTATATATATACGTGAATGGGCATGCAGAAATTTTGTTTTCGCATCGTCTCTT 344
       D GGTCTCTCTATATATATACGTGAACGGGCATGCAGAAATTTTGTTTTCGCATCGTCTCTT 344
       E GGTCTCTCTATATATATACGTGAACGGGCATGCAGAAATTTTGTTTTCGCATCGTCTCTT 344

AJ400712 GGTTCACTACTTGTTAGCATCACTCTACACAGTAGATTATTCTGATACCATACTTCCTAT 2 700
       B GGTTCACTCCTTGTTAGCATCACTCTACACAGTAGATTATCCTGATACCATACTTCCTAT 404
       C GGTTCACTCCTTGTTAGCATCACTCTACACAGTAGATTATTCTGATACCATACTTCCTAT 404
       D GGTTCACTCCTTGTTAGCATCACTCTACACAGTAGATTATTCTGATACCATACTTCCTAT 404
       E GGTTCACTCCTTGTTAGCATCACTCTACACAGTAGATTATTCTGATACCATACTTCCTAT 404

AJ400712 TTTTCCATCTTCTTCTTCCTTCTTCTTCTTCTTCTTCTTCTTCTTCTTCTTCTTCTTCTT 2 760
       B TTTTCCATCTTCTTCTTC.TTCTTCTTCTTCTTCTTCTTCTTCTTC.............. 449
       C TTTTCCATCTTCTTCTTC.TTCTTCTTCTTCTTCTTCTTCTTCTTCTTCTTCTTC..... 454
       D TTTTCCATCTTCTTCTTCCTTCTTCTTCTTCTTCTTCTTCTTCTTCTTCTTCTTCTTC.. 462
       E TTTTCCATCTTCTTCTTCCTTCTTCTTCTTCTTCTTCTTCTTCTTCTTCTTCTTCTTCTT 464

AJ400712 CTTCTTCTTCTTCTTCTTCTTCTTCTTCTTCTTCCAAAGTGTATCATATGTTGCTAGTTA 2 820
       B ..................................CAAAGTGTATCATATGTTGCTAGTTA 475
       C ..................................CAAAGTGTATCATATGTTGCTAGTTA 484
       D ..................................CAAAGTGTATCATATGTTGCTAGTTA 488
       E CTTCTTCTTC........................CAAAGTGTATCATATGTTGCTAGTTA 500

AJ400712 GCTAGAGCTGTCAAAGTAAGGAGAAAAAAACTAGCTAGTT.GAATTCTGTATGATAACAA 2 879
       B GCTAGAGCTGTCAAAGTAAGGAGAAAAAAACTAGCTAGTTTGTATTCTGTATGATAACAA 535
       C GCTAGAGCTGTCAAAGTAAGGAGAAAAAAACTAGCTAGTTTGTATTCTGTATGATAACAA 544
       D GCTAGAGCTGTCAAAGTAAGGAGAAAAAAACTAGCTAGTTTGTATTCTGTATGGTAACAA 548
       E GCTAGAGCTGTCAAAGTAAGGAGAAAAAAACTAGCTAGTTTGTATTCTGTATGATAACAA 560

AJ400712 ATTGCTGGTACAATGATCGATCTTGATTTTCATGCATGCAGATTTTGGCCCAACAACAAG 2 939
       B ATTGCTGGTACAATGATCGATCTTGATTTTCATGCATGCAGATTTTGGCCCAACAACAAG 595
       C ATTGCTGGTACAATGATCGATCTTGATTTTCATGCATGCAGATTTTGGCCCAACAACAAG 604
       D ATTGCTGGTACAATGATCGATCTTGATTTTCATGCATGCAGATTTTGGCCCAACAACAAG 608
       E ATTGCTGGTACAATGATCGATCTTGATTTTCATGCATGCAGATTTTGGCCCAACAACAAG 620
```

```
AJ400712 AGCAGAATGTATCTTCTAGAGAACACTGGTGAGAGAAGAGAACCAAACCTGCCTGATACA 2 999
       B AGCAGAATGTATCTTCTAGAGAACACTGGTGAGAGAAGAGAACCAAACCTGCCTGATACA 655
       C AGCAGAATGTATCTTCTAGAGAACACTGGTGAGAGAAGAGAACCAAACCTGCCTGATACA 664
       D AGCAGAATGTATCTTCTGGAGAACACTGGTGAGAGAAGAGAACCAAACCTGCCTGATACA 668
       E AGCAGAATGTATCTTCTGGAGAACACTGGTGAGAGAAGAGAACCAAACCTGCCTGATACA 680

AJ400712 ATTTTGAAACCAAATATATAGCTAGCTTCCCTTGTGTTCACAAAACGTTTCTTGTGCTTG 3 059
       B ATTTTGAAACCAAATATATAGCTAGCTTCCCTTGTGTTCACAAAACGTTTCTTGTGCTTG 715
       C ATTTTGAAACCAAATATATAGCTAGCTTCCCTTGTGTTCACAAAACGTTTCTTGTGCTTG 724
       D ATTTTGAAACCAAATATATAGCTAGCTTCCCTTGTGTTCACAAAACGTTTCTTGTGCTTG 728
       E ATTTTGAAACCAAATATATAGCTAGCTTCCCTTGTGTTCACAAAACGTTTCTTGTGCTTG 740

AJ400712 AACTTGTGGGTGACTTTGTTCGGTCGAATGAGCTGCAGGAGGGTGATTTCATCGTGCTTT 3 119
       B AACTTGTGGGTGA............................................... 728
       C AACTTGTGGGTGA............................................... 737
       D AACTTGTGGGTGA............................................... 741
       E AACTTGTGGGTGA............................................... 753
```

图 3-48 引物 Vp-1AF$_2$/R$_2$ 扩增出的序列比对

3. 引物 Vp-1AF$_4$/R$_4$ 对 *Vp-1A* 基因进行 PCR 扩增

引物 Vp-1AF$_4$/R$_4$ 对乌拉尔图小麦 *Vp-1A* 基因进行 PCR 扩增(图 3-49),共扩增出 2 种片段类型,大小分别为 1 214 bp 和 1 180 bp,并将其分别命名为 1 214 bp(F)和 1 180 bp(G)。以上 2 种类型的序列与保守序列 *Vp-1A*(AJ400712)对比发现,F 类型与野生型 *Vp-1Aa*(AJ400712)相同,G 类型的片段在第 5 内含子 3 202～3 204 bp 位点有 3 bp 缺失,在 3 538～3 568 bp 处有 31 bp 的缺失,3 798 bp 位点处有 1 bp 的缺失,在下游区域 4 263 bp 位点有 1 bp 插入。31 bp 的缺失序列具有典型的外显子——内含子结构(GT-AG),以 5′-GT 开始,以 3′-AG 结尾。具体情况见图 3-50。

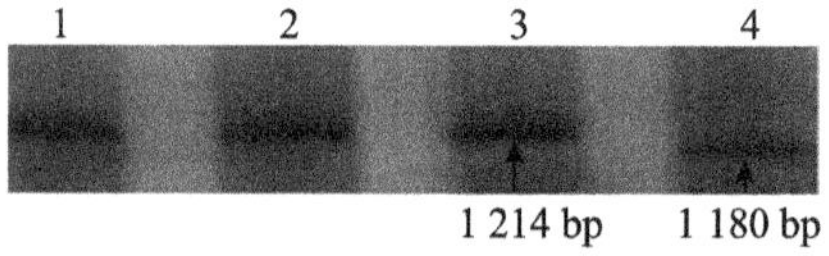

图 3-49 Vp-1AF$_4$/R$_4$ PCR 扩增图

1. PI428244;2. PI428254;3. PI428255;4. PI427328

```
AJ400712 ........................GAATGAGCTGCAGGAGGGTGATTTCATCGTGCTTTA 3 120
       F ........................GAATGAGCTGCAGGAGGGTGATTTCATCGTGCTTTA 37
       G ........................GAATGAGCTGCAGGAGGGTGATTTTATCGTGCTTTA 36
AJ400712 CTCTGATGTCAAGTCGGGCAAATATGTAATGTTCATACCCTTCCCGTCAATTCATTTCCA 3 180
       F CTCTGATGTCAAGTCGGGCAAATATGTAATGTTCATACCCTTCCCGTCAATTCATTTCCA 97
       G CTCGGATGTCAAGTCGGGCAAATATGTAATGTTCATACCCTTCCCGTTAATTCATTTCCA 96
```

```
AJ400712 TGAAATGATCTGTTTACATCCATAGTATGCATGTTGCAAACTGACCAGTTGATCAGTAGC 3 240
       F TGAAATGATCTGTTTACATCCATAGTATGCATGTTGCAAACTGACCAGTTGATCAGTAGC 157
       G TGAAATGATCTGTTTACAACCA...TATGCATGTTGCAAACTGACCAGTTGATCAGTAGC 153
AJ400712 TGTCATTTTGATAGCGTTGGTATATGATTATCACAATATATACTCTTCCATCCCAAAATA 3 300
       F TGTCATTTTGATAGCGTTGGTATATGATTATCACAATATATACTCTTCCATCCCAAAATA 217
       G TGTCATTTTGATAGCGTTGATATATAATTATCACAATATATACTCTTCCATCCCAAATTA 213
AJ400712 TAAGGCGGATTATTATGTACTATGAGGTCAACATTTTAAAATTTGATCTCTTGTATATAT 3 360
       F TAAGGCGGATTATTATGTACTATGAGGTCAACATTTTAAAATTTGATCTCTTGTATATAT 277
       G TAAGGCGGATTATTATGTACTATGAGGTCAACGTTTTAAAATTTGATCTCTTGTATATAT 273
AJ400712 GTGCGTAAGTATATGGATATTGTGCATATATTAATAGTAATAACATCGCATTCATCTTGC 3 420
       F GTGCGTAAGTATATGGATATTGTGCATATATTAATAGTAATAACATCGCATTCATCTTGC 337
       G GTGCGTAAGTATATGGATATTGTGCATATATTAATAGTAATAACATCGCATTCATCTTGC 333
AJ400712 AAAATATTACTCCCTCCGTCCCAAATTAAGTGACTCAACTTTGTAGAAGTTGAGTTACGA 3 480
       F AAAATATTACTCCCTCCGTCCCAAATTAAGTGACTCAACTTTGTAGAAGTTGAGTTACGA 397
       G AAAATGTTACTCCCTCCGTCCCAAATTAAGTGACTCAACTTTGTAGAAGTTGAGTTACGA 393
AJ400712 AGTTGTGTCACTTAACTCAACTTTGTTGAGTCACTTAATATGGGACGGAGGGAGTACTAG 3 540
       F AGTTGTGTCACTTAACTCAACTTTGTTGAGTCACTTAATATGGGACGGAGGGAGTACTAG 457
       G AGTTGTGTCACTTAACTCAACTTCGTTGAGTCACTTAATTTGGGACGGAGGGAGTACT.. 451
AJ400712 TTTATGTCATGCATTTTTTTAGAAAAGGAGTTTATGTCATGCATATCTCAATATATAT 3 600
       F ............................................................ 457
       G .............................AGTTTATGTCATGCATATCTCAATATATAT 482
AJ400712 TCTTTATGCATGTTATGAGGTCAAAATCAAGCGTTGGAGACTGAAAAGTCAGATGTCTAT 3 660
       F TCTTTATGCATGTTATGAGGTCAAAATCAAGCGTTGGAGACTGAAAAGTCAGATGTCTAT 517
       G TCTTTATGCATGTTATGAGGTCAAAATCAAGCGTTGGAGACTGAAAAGTCAGATGTCTAT 542
AJ400712 GTCTTGTATTCTGTGAGGGATGGAGTATATAGGACTGTTTGTCTTTGGATATCTAATTAA 3 720
       F GTCTTGTATTCTGTGAGGGATGGAGTATATAGGACTGTTTGTCTTTGGATATCTAATTAA 577
       G GTCTTGTATTCTGTGAGGGATGGAGTATATAGGACTGTTTGTCTTTGGATATCTAATTAA 602
AJ400712 GTATAGCAGAACTATCTTTGTACTTGTGCGTTTGAATTAATTGTGTATACATCAGCTAAT 3 780
       F GTATAGCAGAACTATCTTTGTACTTGTGCGTTTGAATTAATTGTGTATACATCAGCTAAT 637
       G GTATAGCAGAACTATCTTTGTACTTGTGCGTTTGAATTAACTGTGTATACATCAGCTAAT 662
AJ400712 CTCAGCCTTTCTGTGTAAACACCAGCTGATACGCGGCGTGAAGGTGAGAGCGCAACAGGA 3 840
       F CTCAGCCTTTCTGTGTAAACACCAGCTGATACGCGGCGTGAAGGTGAGAGCGCAACAGGA 697
       G CTCAGCCTTTCTGTGTAC.CACCAGCTGATACGCGGCGTGAAGGTAAGAGCGCAACAGGA 721
AJ400712 TCTAGCCAAGCACAAGAATGCCAGTCCAGAGAAAGGCGGGGCGTCCGACGTGAAGGCGGG 3 900
       F TCTAGCCAAGCACAAGAATGCCAGTCCAGAGAAAGGCGGGGCGTCCGACGTGAAGGCGGG 757
       G TCTAGCCAAGCACAAGAATGCCAGTCCAGAGAAAGGCGGGGCGTCCGACGTGAAGGCGGG 781
AJ400712 CGGAGAAGACGGCGGCTGCAAGGAGAAGCCCCCCCACGGCGTCCGGCGATCTCGCCAGGA 3 960
       F CGGAGAAGACGGCGGCTGCAAGGAGAAGCCCCCCCACGGCGTCCGGCGATCTCGCCAGGA 817
       G CGGAGAAGACGGCGGCTGCAAGGAGAAGCCCCCCCACGGCGTCCGGCGATCTCGCCAGGA 841
AJ400712 GGCCGCCTCCATGAACCAGATGGCGGTGAGCATCTGAAATGAGCAGGCTCGCCGTCCGAT 4 020
       F GGCCGCCTCCATGAACCAGATGGCGGTGAGCATCTGAAATGAGCAGGCTCGCCGTCCGAT 877
```

```
       G GGCCGCCTCCATGAACCAGATGGCGGTGAGCATCTGAAATGAGCAGGCTCGCCGTCCGAT 901
AJ400712 CCACCATTGAAGACTCAGTTAGCTAGCTCAAGTATACCCGTTGATGATGATCAAATCGAT 4 080
       F CCACCATTGAAGACTCAGTTAGCTAGCTCAAGTATACCCGTTGATGATGATCAAATCGAT 937
       G CCACCATTGAAGACTCAGTTAGCTAGCTCAAGTATACCaGTTGATGATGATCAAATCGAT 961
AJ400712 CTCTCGTTCTATGATCCGTGCTTCCGTGTACTGCTGTAGCCCTAGTTAGGGATGATGATA 4 140
       F CTCTCGTTCTATGATCCGTGCTTCCGTGTACTGCTGTAGCCCTAGTTAGGGATGATGATA 997
       G CTCTCGTTCTATGATCCGTGCTTCCGTGTACTGCTGTAGCCCTAGTTAGGGATGATGATA 1 021
AJ400712 CTAAAGTAGCTATCGGTCAGATGTGACGCTGAAGAATGCATGGTCCGTGCTGTTAAACCT 4 200
       F CTAAAGTAGCTATCGGTCAGATGTGACGCTGAAGAATGCATGGTCCGTGCTGTTAAACCT 1 057
       G CTAAAGTAGCTATCGGTCAGATGTGACGCTGAAGAATGCATGGTCCGTGCTGTTAAACCT 1 081
AJ400712 GTATAAAGGCTGTAACCCTTCTGTACATGCATGAACATACCCTTATTCGTTGTGTGTTGT 4 260
       F GTATAAAGGCTGTAACCCTTCTGTACATGCATGAACATACCCTTATTCGTTGTGTGTTGT 1 117
       G GTATAAAGGCTGTAACCCTTCTGTACATGCATGAACATACCCTTATTCGTTGTGTGTTGT 1 141
AJ400712 CCT.CTAACAAGCAAACTTTCCTAGTTAGTCATGCATTGCATAGTTTTTTGAATGACACT 4 319
       F CCT.CTAACAAGCAAACTTTCCTAGTTAGTCATGCATTGCATAGTTTTTTGAATGACACT 1 176
       G CCTCCTAACAAGCAAACTTTCCTAGTTAGTCATGCATTGCA................... 1 182
```

图 3-50 引物 Vp-1AF$_4$/R$_4$ 扩增出的序列比对

4.乌拉尔图小麦 *Vp-1A* 基因全长序列分析

乌拉尔图小麦的 *Vp-1A* 基因分 4 段来分别扩增全长，其中 Vp-1AF$_1$/R$_1$、Vp-1AF$_2$/R$_2$ 和 Vp-1AF$_4$/R$_4$ 3 对引物的扩增结果发现存在多态性片段，扩增出的目的片段进行测序后，将 4 对引物的测序结果与保守序列 *Vp-1Aa*（AJ400712）利用 DNAMAN 软件进行比对与拼接获得目的片段的全长。根据 2005 年的小麦基因目录附录我们分别对 20 份乌拉尔图小麦的基因型进行命名（表 3-20）。统计发现供试的 20 份乌拉尔图小麦中，*TuVp-1Adfi* 有 11 份，占总数的 55.0%，*TuVp-1Aefi*、*TuVp-1Abgi* 和 *TuVp-1Acgh* 分别占总数的 35.0%、5.0%和 5.0%。

表 3-20 20 份乌拉尔图小麦在 Vp-1AF$_1$/R$_1$、Vp-1AF$_2$/R$_2$、Vp-1AF$_3$/R$_3$ 和 Vp-1AF$_4$/R$_4$ 的多态性

编号	品种名	等位基因类型	片段类型（Vp-1AF$_1$/R$_1$）	片段类型（Vp-1AF$_2$/R$_2$）	片段类型（Vp-1AF$_4$/R$_4$）
1	Xs7449	*TuVp-1Abgi*	I	B	G
2	PI428244	*TuVp-1Adfi*	I	D	F
3	PI428245	*TuVp-1Adfi*	I	D	F
4	PI428246	*TuVp-1Adfi*	I	D	F
5	PI428247	*TuVp-1Adfi*	I	D	F
6	PI428248	*TuVp-1Adfi*	I	D	F
7	PI428249	*TuVp-1Adfi*	I	D	F
8	PI428250	*TuVp-1Adfi*	I	D	F
9	PI428251	*TuVp-1Adfi*	I	D	F
10	PI428252	*TuVp-1Adfi*	I	D	F
11	PI428254	*TuVp-1Aefi*	I	E	F

续表 3-20

编号	品种名	等位基因类型	片段类型（Vp-1AF$_1$/R$_1$）	片段类型（Vp-1AF$_2$/R$_2$）	片段类型（Vp-1AF$_4$/R$_4$）
12	PI428255	*TuVp-1Adfi*	I	D	F
13	PI428258	*TuVp-1Adfi*	I	D	F
14	PI428261	*TuVp-1Aefi*	I	E	F
15	PI428262	*TuVp-1Aefi*	I	E	F
16	PI428263	*TuVp-1Aefi*	I	E	F
17	PI428264	*TuVp-1Aefi*	I	E	F
18	PI428265	*TuVp-1Aefi*	I	E	F
19	PI428266	*TuVp-1Aefi*	I	E	F
20	PI427328	*TuVp-1Acgh*	H	C	G

在分析新获得的 4 种等位变异类型的全长时，发现与序列 *Vp-1Aa*（AJ400713）相比，均存在不同的缺失、插入和点突变(图 3-51)。

系统发育树是在不同运算法则的基础上形成的，系统发育分析结果(图 3-52)表明来自小麦 A、B、D 基因组的 *Vp-1* 基因归类了 3 个不同的分支。与栽培一粒小麦和野生一粒小麦相比，来自面包小麦的 *Vp-1A* 基因型与 *T. Urartu* 有更亲密的关系。这表明所有多倍体小麦的基因组的确来自乌拉尔图小麦。

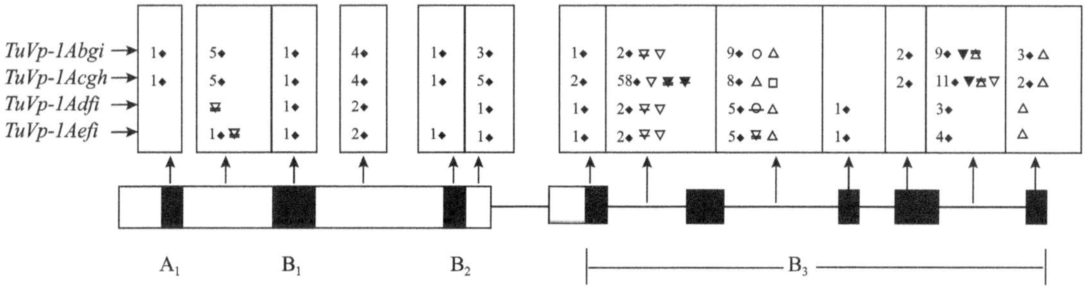

图 3-51　20 种乌拉尔图小麦 *Vp-1A* 等位基因结构图

方框表示开放阅读框架，黑色方框表示 A$_1$、B$_1$、B$_2$和 B$_3$结构域。其他图标分别表示：◆. SNPs；▽̲. 35 bp 缺失；▽. 24 bp 缺失；▽. 1 bp 缺失；▼. 41 bp 缺失；▼. 2 bp 缺失；○. 49 bp 缺失；△. 1 bp 插入；□. 40 bp 缺失；○. 35 bp 缺失；▼. 31 bp 缺失；△. 3 bp 缺失

5. 蛋白序列比对分析

用 DNAMAN 软件翻译成蛋白质序列后进行蛋白质序列比对，与普通六倍体小麦的 Vp-1A 蛋白相比具有 90.46％的同源性。从推导氨基酸序列可知(图 3-53)：4 份乌拉尔图小麦材料 Xs7449、PI428255、PI428266 和 PI427328 的 Vp-1A 蛋白在 157～164 个氨基酸位点，有 8 个氨基酸的缺失，依次分别为甘氨酸、精氨酸、苏氨酸、丙氨酸、丝氨酸、组氨酸、丙氨酸、丙氨酸，其中有 3 个疏水的丙氨酸，第 290 个氨基酸位点插入一个缬氨酸，是疏水氨基酸，所以该氨基酸位点具有乌拉尔图小麦种的特异性。在第 296 个氨基酸位点，缬氨酸突变为丝氨酸，在第 530 个氨基酸位点，脯氨酸突变为亮氨酸，与六倍体普通小麦的 Vp-1A 蛋白相比，Xs7449 在

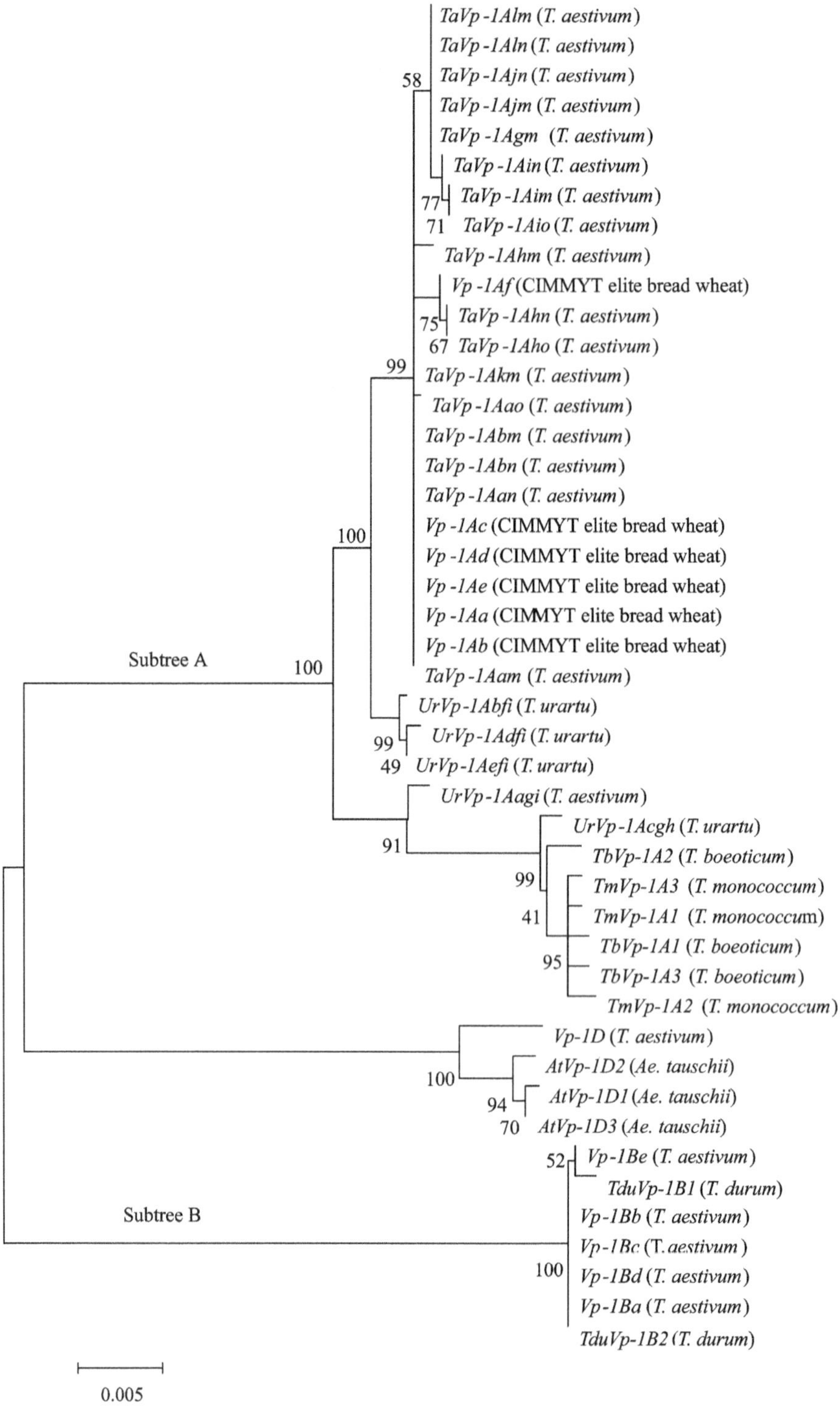

图 3-52 ***Vp-1* 基因家族系统发育树**

```
Vp-1Aa      MDASAGSSPPRHSQGDAPRRGGPHRGKGPAVEIRQGEDDFMFAHDTFPAL    50
Xs7449      MDASAGSSPPRHSQGDAPRRGGPHRGKGPAVEIRQGEDDFMFAHDTFPAL    50
PI428266    MDASAGSSPPRHSQGDAPRRGGPHRGKGPAVEIRQGEDDFMFAHDTFPAL    50
PI427328    MDASAGSSPPRHSQGDAPRRGGPHRGKGPAVEIRQGEDDFMFAHDTFPAL    50
PI428255    MDASAGSSPPRHSQGDAPRRGGPHRGKGPAVEIRQGEDDFMFAHDTFPAL    50

Vp-1Aa      PDFPCLSSPSSSTFSSSSSSNSSSAFTRAVGAGGRGGESARGEPSEPAAA   100
Xs7449      PDFPCLSSPSSSTFSSSSSSNSSSAFTRAVGAGGRGGESARGEPSEPAAA   100
PI428266    PDFPCLSSPSSSTFSSSSSSNSSSAFTRAVGAGGRGGESARGEPSEPAAA   100
PI427328    PDFPCLSSPSSSTFSSSSSSNSSSAFTRAVGAGGRGGESARGEPSEPAAA   100
PI428255    PDFPCLSSPSSSTFSSSSSSNSSSAFTRAVGAGGRGGESARGEPSEPAAA   100

Vp-1Aa      GDGMDDLSDIDHLLDFASINEDVPWDDEPLFPDVGMMLEDVISEQQQLQP   150
Xs7449      GDGMDDLSDIDHLLDFASINEDVPWDDEPLFPDVGMMLEDVISEQQQLQP   150
PI428266    GDGMDDLSDIDHLLDFASINEDVPWDDEPLFPDVGMMLEDVISEQQQLQP   150
PI427328    GDGMDDLSDIDHLLDFASINEDVPWDDEPLFPDVGMMLEDVISEQQQLQP   150
PI428255    GDGMDDLSDIDHLLDFASINEDVPWDDEPLFPDVGMMLEDVISEQQQLQP   150

Vp-1Aa      PAGHGTAGRTASHAAAGGGEDAFMGGGGTGSAADDLPRFFMEWLKNNRDC   200
Xs7449      PAGHGTA........AGGGEDAFMGGGGTGSAADDLPRFFMEWLKNNRDC   192
PI428266    PAGHGTA........AGGGEDAFMGGGGTGSAADDLPRFFMEWLKNNRDC   192
PI427328    PAGHGTA........AGGGEDAFMGGGGTGSAADDLPRFFMEWLKNNRDC   192
PI428255    PAGHGTA........AGGGEDAFMGGGGTGSAADDLPRFFMEWLKNNRDC   192

Vp-1Aa      ISAEDLRSIRLRRSTIEAAAARLGGGRQGTMQLLKLILTWVQNHHLQKKR   250
Xs7449      ISAEDLRSIRLRRSTIEAAAARLGGGRQGTMQLLKLILTWVQNHHLQKKR   242
PI428266    ISAEDLRSIRLRRSTIEAAAARLGGGRQGTMQLLKLILTWVQNHHLQKKR   242
PI427328    ISAEDLRSIRLRRSTIEAAAARLGGGRQGTMQLLKLILTWVQNHHLQKKR   242
PI428255    ISAEDLRSIRLRRSTIEAAAARLGGGRQGTMQLLKLILTWVQNHHLQKKR   242

Vp-1Aa      PRVGAMDQEALPAGGQLPSPGANPGYEFPAETGAAAATSWIPYQAFWPTG   300
Xs7449      PRVGAMDQEALPAGGQLPSPGANPGYEFPAETGAAAATSWmPYQAFsPTG   292
PI428266    PRVGAMDQEALPAGGQLPSPGANPGYEFPAETGAAAATSWmPYQAFsPTG   292
PI427328    PRVGAMDQEALPAGGQLPSPGANPGYEFPAETGAAAATSWmPYQAFsPTG   292
PI428255    PRVGAMDQEALPAGGQLPSPGANPGYEFPAETGAAAATSWmPYQAFsPTG   292

Vp-1Aa      SYGGEAIYPFQQGCSTSSVGVSSQPFSPPAAPDMHAGAWPLQYAAFVPAG   350
Xs7449      SYGGEAIYPFQQGCSTSSVGVSSQPFSPPAAPDMHAGAWPLQYAAFVPAG   342
PI428266    SYGGEAIYPFQQGCSTSSVGVSSQPFSPPAAPDMHAGAWPLQYAAFVPAG   342
PI427328    SYGGEAIYPFQQGCSTSSVGVSSQPFSPPAAPDMHAGAWPLQYAAFVPAG   342
PI428255    SYGGEAIYPFQQGCSTSSVGVSSQPFSPPAAPDMHAGAWPLQYAAFVPAG   342
```

```
Vp-1Aa      ATSAGTQTYPMPPPGAVPQPFAAPGFAGQFPQRMEPAATREARKKRMARQ    400
Xs7449      ATSAGTQTYPMPPPGAVPQPFAAPGFAGQFPQRMEPAATREARKKRMARQ    392
PI428266    ATSAGTQTYPMPPPGAVPQPFAAPGFAGQFPQRMEPAATREARKKRMARQ    392
PI427328    ATSAGTQTYPMPPPGAVPQPFAAPGFAGQFPQRMEPAATREARKKRMARQ    392
PI428255    ATSAGTQTYPMPPPGAVPQPFAAPGFAGQFPQRMEPAATREARKKRMARQ    392

Vp-1Aa      RRLSCLQQQRSQQLNLSQIQTGGFPQEPSPRAAHSAPVTPPSSGWGGLWT    450
Xs7449      RRLSCLQQQRSQQLNLSQIQTGGFPQEPpPRAAHSAPVTPPSSGWGGLWT    442
PI428266    RRLSCLQQQRSQQLNLSQIQTGGFPQEPSPRAAHSAPVTPPSSGWGGLWT    442
PI427328    RRLSCLQQQRSQQLNLSQIQTGGFPQEPSPRAAHSAPVTPPSSGWGGLWT    442
PI428255    RRLSCLQQQRSQQLNLSQIQTGGFPQEPSPRAAHSAPVTPPSSGWGGLWT    442

Vp-1Aa      QQAVQSQPHGQLMVQVPNPLSTKSNSSRQKQQKPSPDAAARPPSGGAATP    500
Xs7449      QQAVQgQPHGQLMVQVPNPLSTKSNSSRQKQQKPSPDAAARsPSGGAATP    492
PI428266    QQAVQSQPHGQLMVQVPNPLSTKSNSSRQKQQKPSPDAAARPPSGGAATP    492
PI427328    QQAVQgQPHGQLMVQVPNPLSTKSNSSRQKQQKPSPDAAARsPSGGAATP    492
PI428255    QQAVQSQPHGQLMVQVPNPLSTKSNSSRQKQQKPSPDAAARPPSGGAATP    492

Vp-1Aa      QRPGQAAASDKQRQQGARTPAAAPAAGDKNPRFLLQKVLKQSDVGTLGRI    550
Xs7449      rRPGQAAASDKQRQQGARTPAAAPAAGDKNlRFLLQKVLKQSDVGTLGRI    542
PI428266    QRPGQAAASDKQRQQGARTPAAAPAAGDKNlRFLLQKVLKQSDVGTLGRI    542
PI427328    rRPGQAAASDKQRQQGARTPAAAPAAGDKNlRFLLQKVLKQSDVGTLGRI    542
PI428255    QRPGQAAASDKQRQQGARTPAAAPAAGDKNlRFLLQKVLKQSDVGTLGRI    542

Vp-1Aa      VLPKKEAETHLPELKTGDGISIPIEDIGTSQVWSMRYRFWPNNKSRMYLL    600
Xs7449      VLPKeEAETHLPELKTGDGISIPIEDIGTSQVWSMRYRFWPNNKSRMYLL    592
PI428266    VLPKeEAETHLPELKTGDGISIPIEDIGTSQVWSMRYRFWPNNKSRMYLL    592
PI427328    VLPKKEAETHLPELKTGDGISIPIEDIGTSQVWSMRYRFWPNNKSRMYLL    592
PI428255    VLPKKEAETHLPELKTGDGISIPIEDIGTSQVWSMRYRFWPNNKSRMYLL    592

Vp-1Aa      ENTGDFVRSNELQEGDFIVLYSDVKSGKYLIRGVKVRAQQDLAKHKNASP    650
Xs7449      ENTGDFVRSNELQEGDFIVLYSDVKSGKYLIRGVKVRAQQDLAKHKNASP    642
PI428266    ENTGDFVRSNELQEGDFIVLYSDVKSGKYLIRGVKVRAQQDLAKHKNASP    642
PI427328    ENTGDFVRSNELQEGDFIVLYSDVKSGKYLIRGVKVRAQQDLAKHKNASP    642
PI428255    ENTGDFVRSNELQEGDFIVLYSDVKSGKYLIRGVKVRAQQDLAKHKNASP    642

Vp-1Aa      EKGGASDVKAGGEDGGCKEKPPHGVRRSRQEAASMNQMAV..........    690
Xs7449      EKGGASDVKAGGEDGGCKEKPPHGVRRSRQEAASMNQMAV..........    684
PI428266    EKGGASDVKAGGEDGGCKEKPPHGVRRSRQEAASMNQMAV..........    684
PI427328    EKGGASDVKAGGEDGGCKEKPPHGVRRSRQEAASMNQMAV..........    684
PI428255    EKGGASDVKAGGEDGGCKEKPPHGVRRSRQEAASMNQMAV..........    684
```

图 3-53　4 种乌拉尔图小麦 *Vp-1A* 等位基因的推导蛋白质序列和 Vp-1A 蛋白序列比对

第 428 个氨基酸位点，丝氨酸突变为脯氨酸；由亲水氨基酸变为疏水氨基酸，Xs7449 和 PI427328 在第 455 个氨基酸位点，丝氨酸突变为甘氨酸。在第 491 个氨基酸位点脯氨酸突变为丝氨酸。在第 500 个氨基酸位点，谷氨酰胺突变为精氨酸，氨基酸的极性发生了改变；Xs7449 和 PI428266 在第 554 个氨基酸位点，赖氨酸突变为谷氨酸，由碱性变为了酸性。

6. *Vp-1A* 基因在不同基因型乌拉尔图小麦中的表达特性分析及对 ABA 敏感性研究

为了研究 *TuVp-1Abgi*、*TuVp-1Adfi*、*TuVp-1Aefi* 和 *TuVp-1Acgh*4 种不同等位基因变异类型对成熟籽粒休眠性及外源 ABA(30 μmol/L)的敏感性可能造成的影响，进一步探究在第 2、第 3、第 5 内含子的缺失及插入是否影响了表达特性及对 ABA 的敏感性。选择 4 种基因型乌拉尔图小麦 Xs7449(*TuVp-1Abgi*)、PI428255(*TuVp-1Adfi*)、PI428266(*TuVp-1Aefi*)和 PI427328(*TuVp-1Acgh*)作为试验材料，通过半定量 RT-PCR 方法研究成熟种子胚中的 *Vp-1A* 转录本的表达量和表达模式(图 3-54)。结果表明：*TuVp-1Adfi* 和 *TuVp-1Acgh* 在没有任何处理，用水浸泡处理和 ABA 浸泡处理的状态下均存在错误剪接，而 *TuVp-1Abgi* 和 *TuVp-1Acgh* 则没有错误剪接转录本。这 4 种等位变异类型无论是水处理还是 ABA 处理正确剪接转录本的水平都是不同的。水浸泡处理部分：*TuVp-1Abgi* 在水处理 4 d 时表达量水平最高，*TuVp-1Adfi* 在水处理时的表达水平差异不大，*TuVp-1Aefi* 在水处理时与其他 3 种类型相比表达水平相对较高，而且在第 4 天时表达量达到最高，而 *TuVp-1Acgh* 在水处理 1 d、2 d、4 d 时表达量逐渐降低；30 μmol/L ABA 处理部分：*TuVp-1Abgi* 在 ABA 处理 4 d 时转录本的表达量最高，*TuVp-1Adfi* 对在 ABA 处理下转录本的表达量差异不大，同时发现均比水处理下有更高的转录本表达水平，*TuVp-1Aefi* 在 ABA 处理第 2 天时转录本的表达量最高，而*TuVp-1Acgh* 在第 4 天时表达量最低。结果表明以上 4 种等位变异类型确实对表达及 ABA 敏感性产生了影响。

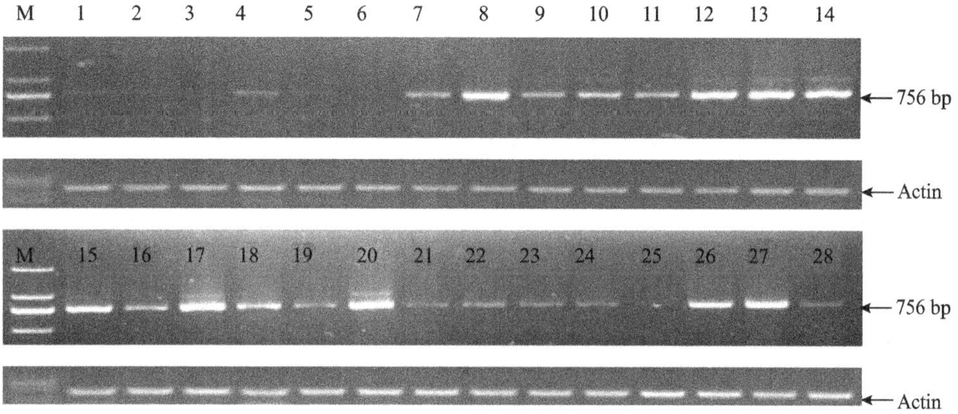

图 3-54　成熟种子，水处理及 ABA 处理种子中 *Vp-1A* 等位基因半定量 RT-PCR 分析

M. DNA 分子量标准(Trans2k)；1～7. Xs7449(*TuVp-1Abgi*)(成熟种子的胚，水处理 1 d、2 d、4 d，ABA 处理 1 d、2 d、4 d)；8～14. PI428255(*TuVp-1Adfi*)(成熟种子的胚，水处理 1 d、2 d、4 d，ABA 处理 1 d、2 d、4 d)；15～21. PI428266(*TuVp-1Aefi*)(成熟种子的胚，水处理 1 d、2 d、4 d，ABA 处理 1 d、2 d、4 d)；22～28. PI427328(*TuVp-1Acgh*)(成熟种子的胚，水处理 1 d、2 d、4 d，ABA 处理 1 d、2 d、4 d)

3.10.3 讨论

在小麦种质改良中心的小麦品种和普通小麦品种的第 3 个内含子中发现了多种等位变异，并且命名了这些等位基因(Sun 等，2012a，2012b；Chang 等，2011)，将这些等位变异分别命名为 *Vp-1Ab*、*Vp-1Ac*、*Vp-1Ad*、*Vp-1Ae* 和 *Vp-1Af*，并以编号为 Gu385899、Gu385900、Gu385901、Gu385902 和 Gu385903 存储于 GenBank 中(Sun 等，2012a)。根据对不同穗发芽抗性材料 *Vp-1A* 基因的单倍型分析，在小麦 3A 染色体的第 3、第 5 和第 6 外显子中共发现 17 种 *Vp-1A* 基因的等位基因，分别命名为 *Vp-1Aam*、*Vp-1Aan*、*Vp-1Aao*、*Vp-1Abm*、*Vp-1Abn*、*Vp-1Agm*、*Vp-1Ahm*、*Vp-1Ahn*、*Vp-1Aho*、*Vp-1Aim*、*Vp-1Ain*、*Vp-1Aio*、*Vp-1Ajm*、*Vp-1Ajn*、*Vp-1Akm*、*Vp-1Alm* 和 *Vp-1Aln*。在 CIMMYT 的 168 份代表性品种(系)中，发现小麦 3A 染色体上存在 5 种新的 *Vp-1A* 等位变异类型(Sun 等，2012b)分别命名为 *Vp1Ab*、*Vp1Ac*、*Vp1Ad*、*Vp1Ae*、*Vp1Af*。在 *T. monococcum* 中鉴定出 3 种 *Vp-1A* 等位变异类型，分别命名为 *TmVp-1A1*、*TmVp-1A2* 和 *TmVp-1A3*，在 *T. boeoticu* 鉴定出 3 种 *Vp-1A* 等位变异类型，分别命名为 *TbVp-1A1*、*TbVp-1A2* 和 *TbVp-1A3*。本研究在乌拉尔图小麦中鉴定出的 4 种 *Vp-1A* 等位变异类型分别为 *TuVp-1Abgi*、*TuVp-1Adfi*、*TuVp-1Aefi* 和 *TuVp-1Acgh*，这 4 种等位变异类型主要是由 *Vp-1A* 第 3 内含子中 TTC 重复引起的：B 类型 48 bp(16 个 TTC 重复)缺失，C 类型 39 bp(13 个 TTC 重复)的缺失，D 类型 36 bp(12 个 TTC 重复)的缺失，E 类型24 bp(8 个 TTC 重复)缺失。B 类型 48 bp(16 个 TTC 重复)的缺失在普通小麦中曾被发现(Xia 等，2008)，D 类型 36 bp(12 个 TTC 重复)缺失在小麦近缘种的 A^mA^m 基因组和普通小麦(3 TCTs+1 TCC+12 TTCs+1 T)曾被鉴定出来，C(735 bp)和 E(751 bp)是本研究新发现的片段类型。所有 *Vp-1* 基因型的相似之处是第 3 内含子有许多的 CTT、TTC、TCT 重复的多态位点。重复序列(SSR)的重复次数的改变多数是由减数分裂中双链 DNA 错配过程中复制滑动引起(Sun 等，2012a)的，错误的重新排列形成一个环状结构。在 SSR 可遗传的长度改变可能减缓生物特性的改变，减少极端突变可能导致的致命性的危险(Tautz 和 Schlotterer，1994；King 等，1997)。因此 SSR 可能经常存在于具有显著多态性的高水平表达中，特别是串联重复序达到 10 或者更多时。

目前研究发现在第 2 内含子、第 3 内含子和第 5 内含子中存在多态性位点。在等位变异类型 *TuVp-1Abgi* 和 *TuVp-1Acgh* 存在的 31 bp(AGTTTTATGTCATGCATTTTTT-TAGAAAAGG)缺失是在第 5 内含子中发现的，这 31 bp 的缺失在普通小麦和国际玉米小麦改良中心(CIMMYT)优质小麦品系中也存在(Sun 等，2012b)，但是在 *T. monococcum* 和 *T. boeoticum* 不存在，而且系统发育树分析表明普通小麦的 *Vp-1A* 基因型与 *T. urartu* 更亲密的关系，这些证据就更进一步证明乌拉尔图小麦是普通小麦的 A 基因组供体。在一些普通小麦品系中发现了 134 bp 的缺失，这 134 bp 的缺失既没有在 *T. monococcum* 和 *T. boeoticum* 中发现也没有在乌拉尔图小麦中发现，这表明 134 bp 的缺失不是起源于小麦近缘种，可能来源于小麦发展衍化过程中染色体结构的变异。

到目前为止，在普通小麦、CIMMYT 和小麦近缘种 *T. monococcum* 和 *T. boeoticum* 中共发现 37 种 *Vp-1A* 基因型(Yang 等，2007a；Sun 等，2012a，2012b；Chang 等，2011)，分别是 *TaVp-1Aam*、*TaVp-1Aan*、*TaVp-1Aao*、*TaVp-1Abm*、*TaVp-1Abn*、*TaVp-1Agm*、*TaVp-*

1Ahm、*TaVp-1Ahn*、*TaVp-1Aho*、*TaVp-1Aim*、*TaVp-1Ain*、*TaVp-1Aio*、*TaVp-1Ajm*、*TaVp-1Ajn*、TaVp-*1Akm*、*TaVp-1Alm*、*TaVp-1Aln*、*Vp-1Aa*、*Vp-1Ab*、*Vp-1Ac*、*Vp-1Ad*、*Vp-1Ae*、*Vp-1Af*、*Vp-1Ab*、*Vp-1Ac*、*Vp-1Ad*、*Vp-1Ae*、*Vp-1Af*、*TbVp-1A1*、*TbVp-1A2*、*TbVp-1A3*、*TmVp-1A1*、*TmVp-1A2*、*TmVp-1A3*、*SVp-1Ah*、*SVp-1Ai* 和 *SVp-1Aa*，以上 37 种 *Vp-1A* 基因型均有不同的 ABA 敏感性。本研究在乌拉尔图小麦中鉴定出的 4 种 *Vp-1A* 等位变异类型 *TuVp-1Ahgi*、*TuVp-1Adfi*、*TuVp-1Aefi* 和 *TuVp-1Acgh* 的多态性位点主要是在第 2 内含子，第 3 内含子和第 5 内含子，在 *T. monococcum* 和 *T. boeoticum* 中的 *Vp-1A* 基因型也有相同的多态位点(Sun 等，2012a)，在普通小麦中 *Vp-1A* 基因型的多态性位点主要是在第 3 内含子、第 5 内含子和第 6 外显子，RT-PCR 分析表明不同小麦品种影响转录本的表达水平及 ABA 敏感性，因此内含子区域的差异可能在功能特性方面可能扮演者非常重要的角色。例如，一个高度依赖 β-球蛋白基因的内含子，再无内含子的情况下，3′末端加工时无效的，产生这种现象的原因是细胞核和细胞质 3′末端加工 RNA 水平显著下降(McIntosh 等，2005)，*MYCH*(肌球蛋白重链)基因的内含子包含一个重要的正调控元件，类似 TATA 内含子启动子，有一个共识别转录起始元件，它能够上调内源或异源肌肉启动子，驱动报告基因(Chang，2000)。在本研究中，系统发育树分析表明 *TuVp-1Adfi* 可能在改善小麦穗发芽抗性方面是有益的。

参考文献

崔国惠，倪中福，刘志勇，等.小麦杂种优势群研究Ⅲ普通小麦和斯卑尔脱小麦微卫星分子标记遗传差异的研究[J].农业生物技术学报，1999，7(4)：333-338.

刘世鑫.休眠基因 *Viviparous-1A* 在中国小麦 3A 染色体上等位变异的鉴定及 STS 分子标记的开发[D].呼和浩特：内蒙古农业大学，2012.

刘晓冰，张秋英.春小麦颖壳中水溶性物质对成熟籽粒发芽的影响[J].麦类作物，1999，1(19)：48-49.

孙其信，倪中福，刘志勇，等.普通小麦与斯卑尔脱小麦种间杂种优势的初步研究[J].中国农业大学学报，1998，3(1)：10.

肖世和，闫长生，张海峰，等.小麦穗发芽研究[M].北京：中国农业科学技术出版社，2002.

杨燕.小麦 *Vp-1* 基因的表达特性和 STS 标记的开发与应用[D].呼和浩特：内蒙古农业大学，2008.

赵远玲，孙连发.人工合成小麦的颖壳硬度和穗发芽抗性关系研究[J].黑龙江农业科学，2008(4)：22-25.

Alexei F，Scott R. Mystery of intron gain [J]. Genome Res，2003，13：2236-2241.

Anderson J A，Sorrells M E，Tanksley S D. RFLP analysis of genomic regions associated with resistance to preharvest sprouting in wheat[J]. Crop Science，1993，33(3)：453-459.

Bailey P C，Mckibbin R S. Genetic map location for orthologous *VP1* genes in wheat and rice [J]. Theoretical and Applied Genetics，1999，98：281-284.

Bi H H，Sun Y W，Xiao Y G，et al. Characterization of *DFR* allelic variations and their associations with pre-harvest sprouting resistance in a set of red-grained Chinese wheat germplasm

[J]. Euphytica, 2014, 195: 197-207.

Bidichandani S, Ashizawa T, Patel P I. The GAA triplet-repeat expansion in *Friedreich ataxia* interferes with transcription and may be associated with an unusual DNA structure [J]. The American Journal of Human Genetics, 1998, 62: 111-121.

Black M. Abscisic acid in seed germination and dormancy. In: Addicott F T (Eds), Abscisic acid [M]. New York: Praeger Scientific, 1983.

Bottley A, Xia G M, Koebner R M D. Homoeologous gene silencing in hexaploid wheat [J]. Plant Journal, 2006, 47: 897-906.

Chang K C. Critical regulatory domains in intron 2 of a porcine sarcomeric myosin heavy chain gene [J]. Journal of Muscle Research and Cell Motility, 2000, 21(5): 451-461.

Chang C, Zhang H P, Zhao Q X, et al. Rich allelic variations of *Viviparous-1A* and their associations with seed dormancy/pre-harvest sprouting of common wheat [J]. Euphytica, 2011, 179: 343-353.

Corbineau F, Benamar A, Come D. Changes in sensitivity to abscisic acid of the developing and maturing embryo of two wheat cultivars with different sprouting susceptibility [J]. Israel Journal of Plant Sciences, 2000, 3: 189-197.

Cutler S, Ghassemian M, Bonetta D, et al. A protein farnesyl transferase involved in abscisic acid signal transduction in *Arabidopsis* [J]. Science, 1996, 273: 1239-1241.

Derera N F. Preharvest field sprouting in cereal [M]. Boca Raton: CRC Press, 1989.

Domon E, Fujita M. The insertion/deletion polymorphisms in the *waxy* gene of barley genetic resources from East Asia [J]. Theor Appl Genet, 2002, 104: 132-138.

Fedoroff N, Wessler S, Shure M. Isolation of the transposable maize controlling elements Ac and Ds [J]. Cell, 1983, 35(1): 235-242.

Flintham J. Different genetic components control coat-imposed and embryo-imposed dormancy [J]. Seed Sci Res, 2000, 10: 43-50.

Flintham J E, Adlam R. Mapping genes for resistance to sprouting damage in wheat [J]. Euphytica, 2002, 126: 39-45.

Gale K R, Ma W. Simple high-throughput DNA markers for genotyping in wheat [C] In: Eastwood R, Hollamby G, Rathgen A, et al, (Eds). Breeding of 10th Assembly of the Wheat Breeding Society of Australian, 2001.

Himi E, Kazuhiko N. Red grain color gene (*R*) of wheat is a Myb-type transcription factor [J]. Euphytica, 2005, 143: 238-242.

Hugouvieux V, Kwak J M, Schroeder J I. An mRNA cap binding protein, ABH1, modulates early abscisic acid signal transduction in *Arabidopsis* [J]. Cell, 2001, 106: 477-487.

Humphreys D G, Noll J. Methods for characterization of pre-harvest sprouting resistance in a wheat breeding program [J]. Euphytica, 2002, 126: 61-65.

Jones H D, Peters N C B. Genotype and environment interact to control dormancy and differential expression of the *Viviparous 1* homologue in embryos of *Avena fatua* [J]. The Plant Journal, 1997, 12: 911-920.

Karssen C, Brinkhorst-van der Swan D, Breekland A, et al. Induction of dormancy during seed development by endogenous abscisic acid: studies of abscisic acid-deficient genotypes of *Arabidopsis thaliana* (L.) Heynh [J]. Planta, 1983, 157: 158-165.

King D G, Soller M, Kashi Y. Evolutionary tuning knobs [J]. Endeavor, 1997, 21(1): 36-44.

King R W, Wettsitein K P. Epicuticular waxes and regulation of ear wetting and pre-harvest sprouting in barley and wheat [J]. Euphytica, 2000, 112: 157-166.

Koornneef M, Hanhart C, Hilhorst H, et al. *In vivo* inhibition of seed development and reserve protein accumulation in recombinants of abscisic acid biosynthesis and responsiveness mutants in *Arabidopsis thaliana* [J]. Plant Physiology, 1989, 90: 463-469.

KulWal P L, Kumar N. Mapping of a major QTL for pre-harvest sprouting tolerance on chromosome 3A in bread wheat [J]. Theor Appl Genet, 2005, 111: 1052-1059.

Kumar S, Tamura K, Nei M. MEGA3: integrated software for molecular evolutionary genetics analysis and sequence alignment [J]. Briefings in Bioinformatics, 2004, 5: 150-163.

Lewin B. GenesⅧ [M]. Pearson: Prentice Hall, 2004.

Li C D, Ni P X, Francki M, et al. Genes controlling seed dormancy and preharvest sprouting in a rice-wheat-barley comparison[J]. Funct Integr Genomics, 2004, 4: 84-93.

Mares D, Mrva E K, Cheong E J. A QTL located on chromosome 4A associated with dormancy [J]. Theor Appl Genet, 2005, 7: 1357-1364.

Marta T, Piotr M, Pawel M. Pyramiding genes affecting sprouting resistance in rye by means of marker assisted selection [J]. Euphytica, 2005, 143: 257-260.

McCarty D R, Hattori T. The *Viviparous-1* developmental gene of maize encodes a novel transcriptional activator [J]. Cell, 1991, 66: 895-890.

McIntosh R A, Devos K M, Dubcovsky J, et al. Catalogue of gene symbols for wheat: 2005 supplement. Published online at http://wheat.pw.usda.gov/ggpages/wgc/2005upd.html

McKibbin R S, Wilkinson M D, Bailey P C, et al. Transcripts of *Vp-1* homologues are mis-spliced in modern wheat and ancestral species [J]. Proc Natl Acad Sci, 2002, 99: 10203-10208.

Morris C F, Moffatt J M, Sears R G, et al. Seed dormancy and responses of caryopses, embryos, and calli to abscisic acid in wheat[J]. Plant Physiology, 1989, 90: 643-647.

Nakamura S, Toyama T. Isolation of a VP1 homologue from wheat and analysis of its expression in embryos of dormant and non-dormant cultivars [J]. J Exp Bot, 2001, 52: 875-876.

Nambara E, Keith K. Isolation of an internal deletion mutant of the *Arabidopsis thaliana* ABI3 gene [J]. Plant Cell Physiol, 1994, 35: 509-513.

Osa M, Kato K, Mori M, et al. Mapping QTLs for seed dormancy and the Vp1 homologue on chromosome 3A in wheat [J]. Theoretical and Applied Genetic, 2003, 106: 1491-1496.

Patrick B, Margaret E S. Raffinose accumulation in maize embryos in the absence of a fully functional *Vp1* gene product [J]. Planta, 1997, 203: 222-228.

Patron N J, Smith A M. The altered pattern of amylose accumulation in the endosperm of low-amylose barley cultivars is attributable to asingle mutant allele of granule-bound starch synthase Ⅰ with a deletion in the 5′-non-coding region [J]. Plant Physiol, 2002, 130: 190-198.

Roy J K, Prasad M, Varshney R K. Identification of a microsatellite on chromosomes 6B and a STS on 7D of bread wheat showing an association with pre-harvest sprouting tolerance [J]. Theoretical and Applied Genetic, 1999, 99: 336-340.

Rybka K. An approach to identification of rye chromosomes affecting the pre-harvest sprouting in triticale [J]. J Appl Genet, 2003, 44: 491-496.

Sun Y W, Jones H D, Yang Y, et al. Haplotype analysis of *Viviparous-1* gene in CIMMYT elite bread wheat germplasm[J]. Euphytica, 2012a, 186:25-43.

Sun Y W, Yang Y, Shewry P R, et al. Isolation and characterization of *Viviparous-1* haplotypesin wheat related species[J]. Euphytica, 2012b, 188:71-84.

Tan M K, Sharp P J, Lu M Q, et al. Genetics of grain dormancy in a white wheat [J]. Aust J Agric Res, 2006, 57:1157-1165.

Tautzd S. Simple sequences [J]. Current Opinion in Hematology, 1994, 4(6): 832-837.

Thompson J D, Gibson T J, Plewniak F, et al. The CLUSTAL_X Windows interface: flexible strategies for multiple sequence alignment aided by quality analysis tools [J]. Nucleic Acids Research, 1997, 25: 4876-4882.

Ulrike L, Marion S R. QTL mapping of the domestication traits pre-harvest sprouting and dormancy in wheat (*Triticum aestivum* L.) [J]. Euphytica, 2005, 143: 247-249.

Utsugi S, Nakamura S, Noda K, et al. Structural and functional properties of *Viviparous1* genes in dormant wheat [J]. Gene Genet Syst, 2008, 83:153-166.

Walker-Simmons M, Sesing J. Temperature effects on embryonic abscisic acid levels during development of wheat grain dormancy [J]. J Plant Growth Regul, 1990, 9: 51-56.

Walker-Simmons M. ABA levels and sensitivity in developing wheat embryos of sprouting resistant and susceptible cultivars [J]. Plant Physiology, 1987, 84(1): 61-66.

Walker-Simmons M K. Enhancement of ABA responsiveness in wheat embryos at higher temperature [J]. Plant, Cell and Environment, 1998, 11: 769-775.

Wang Y, Wang X L, Meng J Y, et al. Characterization of *Tamyb10* allelic variants and development of STS marker for pre-harvest sprouting resistance in Chinese bread wheat [J]. Mol Breed, 2016, 36:148.

Wang Y, Ying J, Kuzma M, et al. Molecular tailoring of farnesylation for plant drought tolerance and yield protection [J]. Plant Journal, 2005, 43: 413-424.

Warner R, Kudrna D. Dormancy in wheat grain-mutant of Chinese Spring wheat (*Triticum aestivum* L.) [J]. Seed Sci Res, 2000, 10: 51-60.

Wessler S R, Baran G, Varagona M J. The maize transposable element Ds is spliced from RNA [J]. Science, 1987, 237(4817): 916-918.

Wessler S R, Varagona M J. Molecular basis of mutations at the waxy locus of maize: correlation with the fine structure genetic map [J]. Proc Natl Acad Sci USA, 1985, 82: 4177-4178.

Wilkinson M D, Mckibbin R S. Use of comparative molecular genetics to study pre-harvest sprouting in wheat [J]. Euphytica, 2002, 126: 27-33.

Wilkinson M, Lenton J, Holdsworth M. Transcripts of VP-1 homologues are alternatively spliced within the *Triticeae tribe*[J]. Euphytica, 2005, 143(3): 243-246.

Xia L Q, Ganal M W, Shewry P R, et al. Evaluation of the *Viviparous-1* gene alleles in the European wheat varieties[J]. Euphytica, 2008, 159(3): 411-417.

Xiao S H, Yan C S, Zhang H P. Studies for preharvest sprouting of wheat [M]. Beijing: China Press of Agricultural Science and Technology, 2002.

Yan L, Bhave M. The gene encoding granule-bound starch syntheses at the waxy loci of the A, B, and D progenitors of common wheat [J]. Genome, 2000, 43: 264-272.

Yang Y, Ma Y Z, Xu Z S, et al. Isolation and characterization of *Viviparous-1* genes in wheat varieties with distinct pre-harvests prouting tolerance and ABA sensitivity [J]. Journal of Experimental Botany, 2007a, 58(11): 2863-2871.

Yang Y, Zhang C L, Liu S X, et al. Characterization of the rich haplotypes of *Viviparous-1A* in Chinese wheats and development of a novel sequence-tagged site marker for pre-harvest sprouting resistance[J]. Mol Breeding, 2014, 33: 75-88.

Yang Y, Zhao X L, Xia L Q, et al. Development and validation of a *Viviparous-1* STS marker for pre-harvest sprouting resistance in Chinese wheats[J]. Theor Appl Genet, 2007b, 115 (7): 971-980.

Zhang H P, Chang C. Proteomic analysis on abscisic acid signal transduction in embryo dormancy of wheat (*Triticum aestivum* L.) [J]. Acta Agron Sin, 2006a, 32: 690-697.

Zhang X R, Garreton V. The AIP2 E3 ligase acts as a novel negative regulator of ABA signaling by promoting ABI3 degradation [J]. Genes & Development, 2006b, 19: 1532-1543.

Zhang Y J, Miao X L, Xia X C, et al. Cloning of seed dormancy gene (*TaSdr*) associated with tolerance to pre-harvest sprouting in common wheat and development of a functional marker [J]. Theor Appl Genet, 2014, 127: 855-866.

第4章

小麦休眠相关基因 *TaAFP* 的研究

4.1 引言

4.1.1 小麦穗发芽

小麦含有丰富的营养物质，但收获前期容易发生穗发芽现象，使得种子内部产生一系列的生化反应，进而影响小麦的实用品质和价值(Groop 等，2002)。在水稻、小麦、玉米、大麦、高粱、油菜、红树、辣椒、番茄、拟南芥菜等植物中穗发芽现象都有报道，它与种子的休眠特性呈显著正相关(Gao 等，2008；Marzougui 等，2012)。

小麦穗发芽是受多个基因控制的复杂数量性状，如穗部结构、籽粒性状、α-淀粉酶活性、内源激素和种子的休眠特性等均与小麦穗发芽抗性机制密切相关(张海峰和卢荣禾，1993；Gale 和 Flintham，2002)。种子休眠是指有活力的种子在适宜的环境(水、氧气、温度)下仍然不发芽的现象，这是植物抵抗恶劣环境、推迟萌发进行自我保护的一种生存方式(Vlees 和 Bou-wMeester，2001)。种子休眠由种子自身的休眠水平和外界环境共同决定，且休眠期的长短与穗发芽率呈极显著负相关(于敏等，2016)。脱落酸(abscisic acid，ABA)和赤霉素(gibberellin，GA)是植物生长发育过程中重要的激素，种子会根据外界环境的变化来调节其自身 ABA 和 GA 的比值，使二者保持动态平衡、相互作用，共同促进种子萌发或休眠(Laura 和 Fernando，2003)。ABA 可抑制种子萌发，诱导休眠，与种子的成熟、休眠和非生物胁迫等密切相关(Shu 等，2016)，其浓度在种子胚胎发育的早期逐渐升高，后期会伴随着种子中水分的减少而逐渐回落(Finkelstein 等，2002；Leung 和 Giraudat，1998；刘宁，2014)。穗发芽抗性不同的品种，其胚的萌发能力与胚对 ABA 的敏感程度呈负相关，种子休眠程度越高对 ABA 的敏感性越强，易穗发芽基因型品种的胚对 ABA 的敏感性会随着胚萌发能力的提高而呈下降趋势(Holdsworth 和 Kurup，1999；孙果忠等，2005，2009；杨燕，2008；Liu 等，2013；Gerjets 等，2010)。

在模式植物拟南芥中已鉴定得到一些参与 ABA 信号转导、对种子休眠和萌发起调控作用的相关基因，如 *Vp-1*、*ABI1*、*ABI2*、*ABI3*、*ABI4*、*ABI5*、*FUS3*、*LEC1*、*LEC2*、*MARD1* 和 *CIPK* 等（于敏等，2016；Gubler 等，2005；Finkelstein 等，2008）。Vp-1（viviparous-1）是一个同时具有转录激活功能和转录抑制功能的转录因子，促进胚成熟，抑制 α-淀粉酶的合成进而促进休眠（Hoecker 等，1995；杨泽峰，2004）。拟南芥中的 *AtABI3*（abscisic acid-insensitive 3）是 *TaVP1*、*ZmVP1*、*OsVP1* 的同源基因，是干旱耐受机制、胚胎休眠和胚的发育等过程中重要的调节因子（Giraudat，1992）。*ABI5*（abscisic acid-insensitive5）作为 *ABI3* 的同源基因是 ABA 信号应答机制中被发现的第一个碱性亮氨酸拉链类（basic leucine zipper，bZIP）的植物性转录因子，通过与 ABRE（ABA responsive element）结合来调节下游大量抗旱、耐盐碱等相关功能基因的表达（Finkelstein 等，2002；Lopez-Molina 等，2001；Stone 等，2006）。拟南芥基因组中大约有 80 个编码 bZIP 转录因子的基因，它们被分为 11 个家族，亚家族 A 有 13 个基因，其中 *ABI5*、*AREB* 和 *ABF* 参与 ABA 信号调控。ABI5 作为 ABA 信号通路的正调控因子严格的受 ABA 诱导，还受 ABI3、HYL1 和 HY5 的上调，受 WRKY2、WRKY40、WRKY18 和 WRKY60 的下调（Lopez-Molinal 等，2001，2002，2003；Hao 和 Li，2008；Jiang 和 Yu，2009；Shang 等，2010）。在种子发芽和幼苗生长发育的早期，ABA 高度调节 ABI5 蛋白的积累、磷酸化、稳定性和活性，通过促进其积累、抑制分解而促进种子的休眠（Finkelstein 等，2002；Lopez-Molina 等，2001；Stone 等，2006；Zhang 等，2005）。有学者分离得到 8 个 *AtABI5* 的同源基因 *TaABI5*，是 ABF/AREB/ABI5 亚家族中 ABI5 成员的同源基因，包含 4 个保守的结构域和一个 bZIp 结构域（Zhou 等，2017）。*TaABI5s* 在小麦的不同组织和发育时期表达不同，一些只在种子发育的过程中积累和表达，而另一些则在根和叶中表达，与小麦穗发芽机制密切相关（Zhou 等，2017；Naruhito 等，2008）。在研究 ABA 与 ABI5 的互作调控机制时，用酵母双杂实验分离得到了与 ABI5 相互作用的 AFP 蛋白（ABI5-binding protein）（Lopez-Molina 等，2003）。

4.1.2 *AFP* 基因

近 20 年来在拟南芥种子发育、幼苗生长的研究中报道了 AtAFP，即在 ABA 信号调控中与 ABI5 结合形成大分子的复合物，将这种物质命名为 ABI5-binding protein（AFP）（Lopez-Molina 等，2003；Grill 和 Christmann，2007）。在种子发芽期间 *ABI5*、*AFP* 的 mRNA 和蛋白均受 ABA 的诱导，*ABI5* 与 *AFP* 的表达量呈负相关关系（Lopez-Molina 等，2003；Grill 和 Christmann，2007）。

在植物的生物反应、种子成熟、休眠和非生物胁迫中，ABA 扮演着重要的角色（Finkelstein 等，2002；Leung 和 Giraudat，1998）。ABA 信号转导通路中包括 ABA 受体和转录因子。转录因子中正调控因子有 Vp-1、ABI3、ABI4、ABI5，且它们之间功能存在互作，其突变体对 ABA 不敏感；负调控因子如 ABI1、ABI2 和与 ABI3 作用的 AIP2 E3 连接酶，与 ABI5 作用的 RING E3 连接酶，它们分别参与 ABI3 和 ABI5 蛋白的水解（Stone 等，2006；Zhang 等，2005；Naruhito 等，2008；Grill 和 Christmann，2007）。ABA 信号活性受这些正、负调控因子的影响，尤其 ABI5 是 ABA 应答、幼苗耐旱性、种子休眠性、成熟过程中的决定性因子（Finkelstein 等，2002；Stone 等，2006；Lopez-Molina 等，2003）。研究证明：与 ABI5 互作的 AFP 作为 ABA 应答的负调控因子，作用于 ABI5 的上游，促进 ABI5（bZIP-type 转录因子）蛋白的降解，阻止

ABI5 的过量积累来调控 ABI5 蛋白水平，进而减弱 ABA 信号调控，可能与促进胚萌发、抑制种子休眠的调控机制密切相关(Lopez-Molina 等，2003；Naruhito 等，2008)。ABI5 的 domain Ⅲ(199～221 位氨基酸)和 AFP 的 C 端(284～335 位氨基酸)对于这两个蛋白的互作是必须的、保守的(Lopez-Molina 等，2003)。在成熟种子中，种子发育和干旱达到平衡、稳定时，*AFP*、*ABI5* 的 mRNA 和蛋白质水平上调。AFP 的负调控作用要通过它作用于 ABI5 的蛋白质水平来执行(Lopez-Molina 等，2003)。

在小麦中进一步研究并分离得到了 *AtAFP* 的 3 个同源基因 *TaAFPs*，将其定位于小麦的同源群染色体 2A、2B 和 2D 上，并命名为 *TaAFP-A*、*TaAFP-B* 和 *TaAFP-D*，其片段长度分别为 3 289 bp、3 922 bp 和 3 128 bp，包括一个内含子，两个外显子(Naruhito 等，2008)。研究证明，*TaAFPs* 的 5′区域起始密码子 ATG 的上游 800 bp 是保守的，其中有成对的 ABA 应答元件(ABRE，5′-ACACGTGGC-3′)和中心元件 G-Box (5′-ACGT-3′)；处于休眠态的种子，其 ABA 反应元件(ABA responsive element，ABRE)及结合在 ABRE 上的转录因子处于高比例表达状态，且结合于 ABRE 上的转录因子似乎是介导 ABA 合成及调控种子休眠的主要因子(Naruhito 等，2008；Guiltinan 等，1990；Blake 等，2003；Nakabayashi 等，2005)。单独存在的脱水反应元件/C-repeat 中心序列(DRE/CRT，5′-CCGAC-3′) (Baker 等，1994；Jiang 等，1996)。RAV1 (与 ABI3/VP1，B_3 domain-type 相关) 转录因子正常调控时有 2 个元件(5′-CAACA-3′和 5′-CACCTG-3′)(Kagaya 等，1999)。*TaAFP* 基因中还可能找到：CACA 元件，它在贮存蛋白的表达中具有正、负两种调控作用；AACAA 元件，是 Myb-type 转录因子结合位点及谷蛋白胚乳特异性表达的 GA-Myb 结合位点(5′-YAACSGMC-3′)和 P(Myb-type)结合位点 (5′-ACCWACCNN-3′)(Chandrasekharan 等，2003；Takaiwa 和 Yamanouchi，1996；Grotewold 等，1994；Gubler 等，1995)。*TaAFP* 的正常表达可能受这些元件的调控。

比较 *AtAFP* 和 *TaAFP*，它们的结构相似，都包含有推测氨基酸序列的中心定位域和位于 C 端区域的 *ABI5* 结合域，但是 *AtAFP* 在种子发育和发芽早期比较活跃(主要表达)，而 *TaAFPs* 中尤其是 *TaAFP-B* 在许多组织中都表达，如枯叶、根、幼苗和发育中的籽粒，且除 ABA 之外，盐和脱水胁迫都上调 *TaAFP* 的表达(Lopez-Molina 等，2003；Naruhito 等，2008；Grill 和 Christmann，2007)。作为 bZIP 类型的转录因子，GCN4 元件(5′-A/GTGAC/GT-CAT-3′)在胚乳特异性表达中是一个关键性因子，*AtAFP* 在 5′区域有一个 GCN4 元件，而 *TaAFPs* 没有，推测 *TaAFPs* 5′区域中 GCN4 结合位点的缺失可能和 *TaAFP* 在各组织中广泛表达有关(Guiltinan 等，1990；Chandrasekharan 等，2003；Wu 等，2000)。

小麦中 *TaAFPs* 的表达水平研究表明：*TaAFP-B* 在各组织中显著表达，而 *TaAFP-A*，*TaAFP-D* 则参与 ABA 应答及一些胁迫反应，如盐、脱水等(Lopez-Molina 等，2003；Naruhito 等，2008；Grill 和 Christmann，2007)。*TaAFP-A* 和 *TaAFP-D* 的 RAV1(与 ABI3/VP1，B_3 domain-type 相关 CAACA、CACCTG)元件完整，而 *TaAFP-B* 只有 5′-CACCTG-3′元件并且 *TaAFP-B* 在 5′区域有一个特有的与单锌指结构转录因子作用的 Dof 元件(5′-AAAG-3′)，推测 Dof 元件可能与 *TaAFP-B* 在各组织中显性表达有关(Naruhito 等，2008)。DOF 类转录因子目前发现仅存在与植物中，在单子叶和双子叶的根、茎、叶中表达，且参与植物生长、发育。这 3 种 *TaAFPs* 在小麦 ABA 应答机制过程中可能起不同的作用(Naruhito 等，2008)。

4.1.3 mRNA 的稳定性

细胞是一个高度复杂而又有序的有机体，其每个基因在特定的环境和特定的水平下特异地表达，这是生物体生长发育的一个重要环节。在真核细胞中，存在着精细的多级表达调控系统，通常包括 DNA 水平、转录水平、转录后加工修饰和翻译水平的调控（许传亮和徐振宁，2002）。转录后调控是基因表达调控的重要形式，而 mRNA 稳定性是转录后调控的有效途径之一，有时可以占到调节作用的 50%，是调节植物体内 mRNA 水平必不可少的一个环节（Garneau 等，2007；Cheadle 和 Fan，2005；Bailey-Serres 等，2009）。

如今 mRNA 稳定性的调节已成为重要的研究课题，这有助于人们在转基因工作中提高转基因的稳定性，从而加强转基因产物的表达和生产。还有许多疾病的产生与 mRNA 的稳定性有关，而且某些错误的调控可能造成一些疾病的发生，如肿瘤（Bailey-Serres 等，2009；Barzilai，2000）。对于癌基因，人们可以通过去除其 mRNA 结构中的稳定信号，增加不稳定信号，使其稳定性降低，使 mRNA 迅速降解，从而达到抑制肿瘤生长或阻断肿瘤生成的目的（许传亮等，2002）。mRNA 稳定性较差，与 rRNA 和 tRNA 相比容易受到核酸酶的降解，可能与有活性 mRNA 酶的存在或稳定与不稳定信号的存在有关（Xiong 等，2006）。评价 mRNA 稳定性的指标为半衰期，是指 mRNA 的丰度降到 50%时所需要的时间。mRNA 半衰期的微弱变化可能在短时间内使 mRNA 的丰度发生极大的改变（张庆波等，2009）。研究发现，需要适应环境快速变换的生物，其 mRNA 的半衰期普遍较短，反之普遍较长，即随着生物从低等到高等，mRNA 的半衰期有逐渐增加的趋势（侯学文和郑穗平，1997）。

mRNA 稳定性受诸多因素影响，主要取决 mRNA 的降解速率，由 mRNA 自身结构及其相关结合物质等调控（Newbury，2006）。真核生物的细胞质中 mRNA 的降解被广泛研究，无论是正常还是异常的 mRNA，大都具有相同的降解机制，包括脱腺苷酸依赖型降解、无义密码介导的 mRNA 降解、核酸内切酶的水解（许传亮和徐振宇，2002）。①目前认为脱腺苷酸依赖型降解是真核细胞中最主要的降解方式，其降解过程如下：首先脱腺苷酸，即 poly(A)核酸酶水解poly(A)尾巴，使 poly(A)尾巴缩短，当 poly(A)缩短至 10～15 个残基时，poly(A)结合蛋白(PABP)无法与之结合，则脱帽过程被启动；由脱帽酶如 Dcp1 切除 mRNA 5′端鸟苷酸形成的起稳定作用的帽子结构以 m^7GDP 的形式释放；最后脱帽的 mRNA 就很容易被 5′→3′方向的核酸外切酶 XRNs 识别并水解（许传亮和徐振宇，2002；Xiong 等，2006）。另外，真核细胞 mRNA 也可在脱腺苷酸后由多聚体蛋白复合物即外切体（exosome）直接以 3′→ 5′方向被降解，但这种作用较小（Benito，1998）。有研究发现，XRN1 的靶标基因偏向于表达不稳定的 mRNA，推测在胞浆中非常不稳定的 mRNA 主要被 XRN1 优先降解，而稳定的 mRNA 则主要被外切体降解（Medina 等，2014）。②无义密码介导的 mRNA 的降解（nonsense-mediated mRNA decay，NMD）是通过识别和降解含有提前终止密码子（premature translational-termination codon，PTC）的转录产物，防止潜在毒性截断蛋白的产生，进而阻止异常蛋白的不正常表达，甚至阻止正常蛋白的功能被干扰，从而保证基因的正常表达，并有效地维持了细胞正常的生命活动（Belostotsky 和 Sieburth，2009）。无义密码介导的 mRNA 降解反应在降解过程中不发生 poly(A)的水解缩短：当 mRNA 转运进入细胞质后，立即同核糖体结合并开始翻译，如果存在无义突变密码子则会使翻译提前停止（许传亮和徐振宇，2002）。随着翻译的终止，一组由核糖体部分组分与相关因子组成的物质会继续向下游移动并与一段下游元件(DSE)相遇，结合形成一个异常的核蛋白(RNP)结构，引起 mRNA 的 5′端水解一个或两个核苷酸残基，完成脱帽反应，脱帽后的 mRNA 则迅速被 5′→ 3′核酸外切酶水解(Ruiz，1996)。③mRNA 还可以直接在核酸内切酶的作用下进行直接降解，不同的核酸内切酶切割的位点不相同或者没有稳定的切割位点(Anthonisen 等，2001)。另外核酸内切酶切割 mRNA 的速率受到结合于切割位点附近的一些蛋白质因子的调整(章国卫和朱睦元，1999)。由于后两种方式的水解不需要经过 poly(A)尾巴的水解与缩短，因此人们也称其为非脱腺苷酸依赖型的 mRNA 降解。另外，核内 mRNA 的降解也是广泛存在的，新生 RNA 在细胞核内稳定性的研究已成为近年来的研究热点(章国卫和朱睦元，1999)。

mRNA 自身结构对 mRNA 稳定性的影响，包括 3′端 poly(A)尾、5′端帽子结构、5′非翻译区(5′untranslated region，5′UTR)、3′非翻译区(3′untranslated region，3′UTR)、编码区、富 AU 元件、顺式作用元件、反式作用因子等，为深入了解基因表达调控的分子机制提供理论基础(许传亮和徐振宇，2002)。3′末端 poly(A)尾是 mRNA 从细胞核进入细胞质的必要元件；参与前体 mRNA 的核加工；聚腺苷酸化缓冲了核酸外切酶对 mRNA 3′→5′方向的降解，与 poly(A)结合蛋白(PABP)形成复合体，可保护 mRNA 不被降解，提高 mRNA 的稳定性；可能在翻译调控机理中起某种效应；有人甚至猜想它与细胞骨架有关(韩飞和王高，2007；熊高飞等，2006)。mRNA 5′-端帽子结构可保护 5′-端耐受磷酸化酶和一般核酸酶的作用而避免脱帽，从而使 mRNA 分子稳定；参与前体 mRNA 的剪接，与 poly(A)尾通过翻译起始因子(eIF)发生相互作用，从而促进翻译，提高翻译活性；翻译通过影响去腺苷酸、去帽、5′→3′ 核酸外切酶消化来影响 mRNA 稳定性(Schwartz，1999)。mRNA 的非翻译区通过影响 mRNA 的稳定性和翻译效率而决定着基因的表达(Bailey-Serres，2009)。mRNA 的 3′UTR 区主要影响 RNA 的水平，含各类与调控 mRNA 稳定性相关的元件：包括 ARE(富 AU)元件、铁反应元件 IRE、胰岛素样生长因子Ⅱ(IGF-Ⅱ)(熊高飞等，2006；高媛等，2012)。除此以外，mRNA 3′UTR 也可以通过影响 mRNA 翻译或 mRNA 位置来调控 mRNA 半衰期，从而间接影响 mRNA 稳定性(Xiong 等，2006)。5′UTR 主要调控翻译水平，而翻译的调控是真核基因表达的一个关键。

从真核生物 mRNA 5′末端的甲基化鸟嘌呤核苷酸帽延伸至起始密码子 AUG 之间的序列称为 5′非翻译区，它是核糖体识别元件之一，主要参与翻译调节，影响转录后的各个阶段，包括 RNA 加工、剪切、mRNA 的稳定、折叠和核内运送相互作用及细胞内的运输和定位等(Meshorer，2007；Tuller 等，2009)。mRNA 的 5′UTR 可通过改变其长度、碱基顺序、二级结构和引入一个抑制翻译的保守的茎-环结构等来影响 mRNA 的半衰期(张芳燕等，2011)。此外，mRNA 的 5′UTR 也可通过与某个结合蛋白相互作用来影响 mRNA 的半衰期，进而改变 mRNA 的翻译效率，间接地调控 mRNA 稳定性(熊高飞等，2006)。在不同的生物和不同的基因中，5′UTR 的长度和碱基顺序变化很大，甚至同一基因通过不同的转录起始也有不同长度的 5′UTR，它可能是在转录早期或转录终止前经加工而形成的(Ringnér 和 Krogh，2005)。5′UTR的长度与开放阅读框的长度有关，基因越长则要求调控区域越长，以便基因被更多的转录因子调节，趋向于结合更多的调控蛋白(Ringnér 和 Krogh，2005；许传亮和徐振宇，2002)。另有研究表明，5′UTR 的长度影响 mRNA 的半衰期，其紧密的折叠可以帮助调节接近核糖体，与翻译调节相联系。5′UTR 的序列中存在碱基配对时，就可形成发卡式或茎环状二级结构。一般来说，碱基配对区愈长或G+C含量愈高，发卡结构就愈稳定(Shu等，2007；Picketing和Willis，2005)。当5′UTR有较多的二级结构时，有碍于核糖体的结合及迁移，对翻译起始有顺式抑制作用，而作用的强弱则取决于发夹结构的稳定性及其在5′UTR中的位置(许传亮和徐振宇，2002)。5′UTR具有介导内部翻译起始的性能，也即含有内部核糖体进入位点(IRES)。真核细胞具有IRES结构的5′UTR大多具有一些共同的特点，如：序列长度都比不含IRES的5′UTR要长、GC含量相对较高、通常有多个AUG位点、都有折叠成高度稳定的高级结构的趋势等(Ringnér和Krogh，2005)。

4.1.4 植物转基因

对植物基因的功能进行深入了解可揭开其生长和发育的奥秘，具体方法有转基因、基因敲入、基因敲除(完全敲除、条件型敲除、诱导型敲除)、基因沉默(反义RNA、RNAi等)和基因编辑(ZFN技术、TALEN技术、CRISPR-Cas系统)等。植物转基因技术可使基因资源得到充分的应用，缩短育种周期，提升作物的营养品质和生产效率等(喻修道等，2010)。1983年第一株转基因烟草的问世成为植物转基因技术的先例，截至2017年共有24个国家累计商业化种植转基因作物约21亿hm^2，主要品种有大豆、玉米、棉花和油菜，各占全球总种植面积的50%、33%、12%和5%，其应用率分别为78%、33%、64%和24%(陈文华，2005；徐若梅，2018)。2009年，全世界共签发了7种农业转基因生物的安全证书，依次为延熟番茄、转基因棉花、变色矮牵牛、抗病甜椒、转基因木瓜、抗虫水稻和高植酸酶玉米，而大面积商业化种植的主要是抗虫棉和抗病毒番木瓜。至今，转基因苜蓿、甜菜、南瓜、茄子、马铃薯、苹果等也陆续上市，但小麦、玉米和水稻等主要粮食作物还未种植转基因品种。

种植转基因作物优势诸多，但受体基因组的变异、标记基因潜在的影响和基因漂移等生物安全性相关的问题被日渐关注，因此转化的方法和受体作物的选择备受限制(康国章等，2017)。转基因技术包括基因枪法、农杆菌介导法、电激法、聚乙二醇(PEG)法和花粉管介导法等，而基因枪法和农杆菌介导法是最主要的手段。基因枪法也称粒子轰击法，是将含有外源DNA的金属粒经高压气体加速后射入植物体细胞并整合到细胞核的染色体中。该方法转化的宿主范围较广、可控性强、操作简便，但转化效率低、导入大片段时难度大且成本高，并且外源基因是随机整合的，易使骨架载体插入、基因断裂和拷贝数较高等，还可能会造成外源基因表达水平的差异，甚至基因沉默(喻修道等，2010)。基因枪转化法的效率受较多因素影响，包括受体材料的再生性能、载体的结构、DNA的浓度和用量、金粉大小和剂量、轰击强度和距离、筛选程序等。农杆菌介导转化法包含农杆菌附着、Vir诱导、T-DNA加工、转运、卸载、整合、表达等步骤(叶兴国等，2014)。它在双子叶植物中被广泛使用，其转化的外源基因结构完整、整合位点较稳定、基因沉默概率低、拷贝数小、遗传稳定以及能够转化大片段的DNA序列等(叶荣建和林拥军，2016；Yi等，2005)。

转基因技术首先要构建重组表达载体，而载体中启动子、标记基因、报告基因和外源基因等是必不可少的。启动子的种类与目的基因的表达水平关系密切，根据其功能可分为3类：组成型启动子(在多数或全部组织中保持持续的活性)、特异型启动子(组织特异性或发育时期的特异性)和诱导型启动子(受外界物理或化学信号调控)。常见的组成型启动子有CaMV(花椰菜花叶病毒)35S启动子、Nos启动子、Actl(水稻肌动蛋白)启动子、Ubi(玉米泛素)启动子等，它们可驱动目的基因的表达，达到改良作物相应性状的目的（Cui 等，2016；Wang 等，2015）。然而，一些外源基因在受体植物中连续表达可能导致大量异源蛋白或代谢产物的积累，进而破坏植物原有的代谢平衡，影响其产量和品质，造成某些食用安全性问题，另外大量异源蛋白的累积还可能造成植株发育迟缓甚至死亡等（Karlowski 和 Hirsch，2003）。因此，在转基因技术的发展过程中，组织器官特异型启动子或诱导型表达启动子备受重视，如非胚乳表达启动子可以减少生长过程中的能源浪费，缓解抗虫植物相关的食品安全争议（Li 等，2017）。

作为重组载体的重要标志，标记基因用于检测转化是否成功和对目的基因的定位等。潮霉素磷酸转移酶基因（hygromycin-phosphotransferase，*hpt*）、新霉素磷酸转移酶基因（neomycin phosphotransferase Ⅱ，*npt Ⅱ*）、膦丝菌素乙酰转移酶基因（phosphinothricinacetyltransferase，*bar*）及 *β*-葡萄糖苷酸酶基因（*β*-glucuronidase，*GUS*）和绿色荧光蛋白基因（green fluorescent protein，*GFP*）是常用的标记基因，与之相对应的筛选剂分别为潮霉素、卡那霉素及草甘膦（或草丁膦）等。目前，还新发现了一些植物源性标记基因，它的转化效率高，潜在的健康、环境问题较少，如水稻的乙酰乳酸合成酶（acetolactate synthase，ALS）（Li 等，2012；Ogawa 等，2008）。

目的基因的转化包括外源基因的导入、整合和稳定表达，其中受体的选择是转化成功的首要条件。选择综合农艺性状较好的品种至关重要，粳稻日本晴（Nipponbare rice）作为外植体其盾片和盾片来源的愈伤组织在作物转基因技术中被广泛使用（Wu 等，2009；张红霞等，2010）。水稻遗传转化技术体系已经比较完善，我国在转基因水稻的培育方面尤其抗虫水稻的研发居于世界首位（张红霞等，2010）。而小麦由于遗传背景复杂，基因组庞大，一直以来转化效率低，再生能力和重复性差，基因型依赖性较强，转化规模较小，外源基因功能表达难度大等，育种进程明显落后于大豆、玉米、棉花、水稻等作物（喻修道等，2010）。我国由山东省农业科学院作物研究所为主导已建立了小麦规模化转基因技术体系，其转化效率高达 80%，一批抗病、耐旱和品质改良相关基因也已成功转入小麦（Yin 等，2011）。另外，外源基因在转基因植株中插入的位点、拷贝数和整合效率等与其稳定表达密切相关，且大多认为多拷贝插入会影响外源基因的稳定遗传和表达，甚至导致基因沉默（张红霞等，2010）。

4.1.5 数字 PCR 技术及其应用

20 世纪 80 年代发明了第一代 PCR 技术（琼脂糖凝胶电泳），是 PCR 产物分析中最基础的方法之一，主要用于定性和半定量研究。90 年代初相继出现的第二代定量 PCR（quantitative PCR，qPCR）技术，以检测反应中荧光信号的循环阈值（cycle threshold，Ct）来计算核酸含量，但实验的灵敏度和结果的准确性会受到很多因素的影响（Pinheiro 等，2012）。因而第三代 PCR 技术应运而生，即数字 PCR（digital PCR，dPCR），其原理是对模板进行大量稀释后分配到多个独立的反应单元中，使得每个反应单元中只有单个核酸分子并进行 PCR 扩增反应，然后对每个反应室的荧光信号进行统计学分析，检测核酸的绝对定量（Pinheiro 等，2012）。

有学者使用有限稀释、PCR 和泊松分布模型，对复杂条件下低丰度的突变基因进行精确定量，其灵敏度可达 2/160 000，这为 dPCR 奠定了基础（Sykes 等，1992；李春勇，2014）。还有学者对结肠癌患者粪便中 *KRAS* 基因突变进行检测时将样本分配到 384 孔板中，分别用不同荧光检测突变基因和正常基因，然后计算二者的比例得出突变率，在此 dPCR 正式被提出（余桂容等,2017)。最初 dPCR 技术在分配数量和均匀性上不够精准和完善,但随着油包水乳化微滴和纳米制造等技术的发展,近几年取得了突破性进展。目前商业化应用的是微滴式 dPCR(droplet dPCR,ddPCR)和芯片式 dPCR(chip dPCR,cdPCR)两大类,主要以 Bio-Rad 公司的 QX200 系统以及 Raindance Technologies 公司的 RainDrop 为代表(Pinheiro 等,2012;禹思宇等,2016)。

如今,微滴式数字 PCR 技术在低丰度核酸检测、外源基因拷贝数分析、物种鉴定、病原检测、肉源成分检测及食品成分分析、临床诊断及基因表达分析、微生物检测、新一代测序验证等研究领域中应用前景广泛(Hindson 等,2011;禹思宇等,2016;Qin 等,2008;胡伟等,2014;Morisset 等,2013;Brunetto 等,2014;Fresard 等,2014)。与 DNA 印迹(Southern blot)相比,ddPCR 技术在分析外源基因拷贝数方面独具优势,它工作量少、周期较短、准确度高、经济;与 qPCR 相比,ddPCR 灵敏度和准确性高、重复性好、检测限度低、不需要标准品、不依赖于标准曲线和 Ct 值、不受 DNA 纯度、引物和探针的浓度、抑制因子等因素的影响(Cankar 等,2006)。外源基因进入受体基因组可能会影响目的基因和功能蛋白的表达,而其拷贝数是生物安全评价的重要参数(Vaucheret 等,1998)。拷贝数变异(CNV)也与一些疾病相关,如癌症、克罗恩病(Crohn's disease)、二型糖尿病、肥胖和骨质疏松症等,所以精准地确定转基因生物外源基因的拷贝数是现今转基因产品检测的关键点之一(Hang 和 Guo,2011;Park 等,2015;Jeon 等,2010;Yang 等,2008,2013;Conrad 等,2010;Per,2016)。

外源基因的拷贝数与表达量的关系一直以来受到很多关注,有人认为外源基因的表达量与它插入的拷贝数呈正相关关系,有人认为二者之间没有必然联系,还有人认为二者之间呈负相关关系(Cheng 等,1997)。Voelker 等(1996)在研究转基因油菜种子时发现月桂酸的积累与外源基因整合到基因组上的拷贝数的关系密切,且外源基因插入拷贝数越高,种子中月桂酸含量就越高。对外源基因拷贝数进行测定,获得以单拷贝形式整合到基因组中稳定遗传和表达的转基因株系对于植物遗传改良有着非常重要的作用(Cheng 等,1997;Vaucheret 等,1998)。目前,大多数转基因方法多以多拷贝的形式随机整合到受体基因组中,这会造成目的基因的不稳定表达甚至沉默(Ray 等,2017)。外源基因以 1~2 个低拷贝数整合到受体基因组时可以高效的表达,所以探明转基因材料外源基因的拷贝数对育种应用非常关键(Per,2016)。

近些年,Per(2016)等用 ddPCR 技术首次对多倍体植物转基因甜菜的拷贝数进行分析。余桂蓉等(2017)用该方法对 100 余份转基因抗除草剂草甘膦玉米品系的拷贝数进行检测,建立了稳定的检测体系和方法。Ray 等(2017)获得了一种基于微滴式数字 PCR 的转基因拷贝数检测方法,可以从独立的转基因株系中识别单拷贝转基因插入事件,实验涉及水稻、土豆、玉米和小麦等 6 种作物,分别对其自身内源性单拷贝基因(Rice-*OsUBC*、Citrus-*CsDHN*、Potato-*StAAP2*、Maize-*ZmADH1*、Tomato-*SlSYS*、Wheat-*PINb-D1bd*)和 4 个常用的标记基因(*hpt* Ⅱ,T985053;*npt* Ⅱ K,T992772;*bar*,JQ293091;*ZmUBI1p*^{d},S94464)进行了拷贝数分析,高效准确地测定了外源基因的拷贝数,为植物研究提供了有用的资源。

4.1.6 研究目的和意义

本研究拟对不同穗发芽抗性的白粒小麦品种 *TaAFPs* 基因的构成细节、等位变异进行研究,并利用 RT-qPCR、瞬时表达和稳定表达的方法研究 5′UTR 区等位变异对 *TaAFP-B* 基因转录本表达特性、mRNA 半衰期和蛋白质翻译的影响机制。确定与穗发芽抗性相关的等位变异，开发与小麦穗发芽抗性相关的分子标记，阐明 5′UTR 区等位变异对 *TaAFP-B* 基因的调控作用机理，为小麦抗穗发芽育种和小麦品质的遗传改良提供材料和方法，进一步完善小麦抗穗发芽的分子机理。

4.2 材料与方法

4.2.1 植物材料

(1)选取 10 份具有不同休眠特性的白粒小麦材料用于 *TaAFP-A*、*TaAFP-B* 和 *TaAFP-D* 基因的 PCR 扩增。其分别为：洋小麦(GI=7.5%)、济南 16(GI=61.6%)、周 8425B(GI=56.0%)、周麦 16(GI=49.4%)、西农 979(GI=32.7%)、永川白麦(GI=23.2%)、小偃 6 号(GI=13.7%)、阆中白麦(GI=8.4%)、万县白麦(GI=7.6%)和小白玉花(GI=4.0%)。

(2)以 91 份广泛分布于中国冬麦区并且经过 2005—2006 年和 2006—2007 年两年两点 GI 值鉴定的小麦自然群体用于分子标记的开发鉴定。

(3)选取周 8425B 和万县白麦，用于 *TaAFP-B* 基因起始密码子上游调控区序列的克隆，*TaAFPs* 和 *TaABI5* 转录本的表达特性分析以及 mRNA 稳定性分析。

(4)选取周 8425B 小麦一心一叶期的叶片作为受体，用于等位基因 *TaAFP-Ba* 和 *TaAFP-Bb* 的 5′UTR 差异片段的瞬时表达研究。

(5)选取粳稻日本晴和小麦品系 K35 作为植物转基因的转化受体。

4.2.2 酶和试剂

PMD19-T Vector、LA Taq 聚合酶、DNA marker、AxyPrep DNA Gel Extraction Kit、质粒提取试剂盒、TaKaRa MiniBEST Plant RNA Extraction Kit，PrimeScript® 1st Strand cDNA Synthesis Kit、SYRB® Premix Ex Taq™(TLiRNase H Plus)试剂盒、限制性内切酶 *Nco*I 和 *Not*I、T4 DNA ligase 均购自 TaKaRa 公司；卡那霉素(Kana)、氨苄青霉素(Amp)、RNA 合成抑制剂 3′-脱氧腺苷(Cordycepin，C3394)、亚精胺、脱落酸、4-MUG 等购自 Sigma 公司；新型植物基因组 DNA 提取试剂盒购自天根；甘油、无水乙醇、GUS 染色液、Triton X-100、Bradford 法蛋白浓度测定试剂盒等购自索莱宝及其他试剂相关公司。

质粒载体 pCAMBIA1390-Ubi-GFP 和 pITV1#1534、pARS-Root4 分别由中国农业科学院夏兰琴教授和内蒙古农业大学邢燕平老师惠赠。EHA105 农杆菌由内蒙古农业大学王茅雁教授惠赠。

4.2.3 试验引物

根据 GeneBank 中注册的 *TaAFP-A*(AB360911)、*TaAFP-B*(AB360912)、*TaAFP-D*

(AB360913)和 *TaABI5* 等序列，在 DNAMAN 和 Primer Premier 5 软件中进行序列比对，然后根据特异碱基分别设计特异性引物(表 4-1)(Zhou 等,2017)。本研究所有引物委托合成。

表 4-1 研究所用特异性引物序列

引物名称	上游引物序列(5′→3′)	下游引物序列(5′→3′)	退火温度/℃	目的片段大小/bp
TaAFP-A_1	GATTCTACTGGCTCTGCTT	GAGCAAGGAAGCGCAATAG	57	808
TaAFP-A_2	CCGTCGTCGACCAGGGGAA	CAGACTCTGACGCTACGTAACTC	63	568
TaAFP-A_3	GAGATGCCTTCTACGGCATG	GAGGAAGTTGCCGTGGCAA	60	613
TaAFP-B_1	GATTCTGCTGGCTCTGCTT	CAAGGGAACGCAATAGAAC	57	828
TaAFP-B_2	CCGTCGTCGACCAGGGGAA	ACCCTGACGCTACGTAACTGT	62	587
TaAFP-B_3	GAGATGCCTTCTACGGCATG	CCCCCTAGGTACATTCCGA	59	733
TaAFP-D_1	GATTGTGCTGGCTCTGCTT	TTGGAGTAGCAGGGAAGCT	57	770
TaAFP-D_2	CCGTCGTCGACCAGGGGAA	TCCCTCCGTTCCAAAATAGATGACT	62	618
TaAFP-D_3	GAGATGCCTTCTACGGCATG	ACGATGTGCCTGAGCGGA	60	706
TaAFP-BF	CTTCCTGAGAATTTGGCCGT	TGAGCTCGACCACCTCGTCG	61	205
TaAFP-B_4 F/R	CAAGGACTTGTGAGGTTTGTA	AAGCAGAGCCAGCAGAATC	62	1 264
Pro F/R	GATTCTGCTGGCTCTGCTT	ACGGCCAAATTCTCAGGAAG	59	152
UB F/R	TTTGTTCGCTTGGTTGTGA	AGCTCGACCACCTCGTCG	58	613
Taactin F/R	GTTTCCTGGAATTGCTGATCGCAT	CATTATTTCATACAGCAGGCAAGC	62	410
Q-TaAFP-B F/R	ACCTCCTCAAGCATGCCGG	ACTTGTTCTGGTTGCTGGCA	66	102
Q-aAFP-A F/R	CCCTCCTCAAGCATGCCCG	GCTGGCATTGTTATTATTATCG	59	100
Q-TaAFP-D F/R	GCTTCCTCAAGCATGCCGGA	CGTCCACCTTGGAGGAGACT	56	289

4.2.4 试验方法

1. 小麦基因组 DNA 提取(CTAB 法)

取适量小麦幼苗于 1.5 mL 离心管中,液氮速冻并进行研磨直至粉末,具体步骤参见曲若端(2014)。

2. 基因组 DNA 的扩增

用特异性引物扩增目的基因序列,在 MJ Research PTC-200 仪器上进行 PCR 扩增。

PCR 扩增体系(15 μL):

试剂名称	使用量
10 ×EasyTaq 缓冲液	1.5 μL
dNTP (2.5 mmol/L)	1.2 μL
引物 (20 μmol/L)	各 0.3 μL
EasyTaq (5 U/μL)	0.15 μL
DNA	0.8 μL
ddH_2O	至 15 μL

反应条件:94 ℃预变性 5 min;94 ℃变性 30 s,退火(温度见表 4-1)40 s,72 ℃延伸 1 min,35 个循环;72 ℃延伸 10 min。PCR 扩增产物用 1.0%琼脂糖凝胶检测。

3. PCR 片段的回收、克隆、测序分析

电泳完毕,紫外灯下切取目的条带,按照 GENEray 的薄型琼脂糖凝胶 DNA 回收试剂盒的使用说明书进行回收纯化;目的基因片段与载体 PMD19-T Vector 连接并转化到 DH5α 感受态细胞中,37 ℃过夜培养;挑取单菌落接种于含有 Amp 的 LB 液体培养基中振荡培养,以菌液为模板,再用特异性引物进行 PCR 扩增,检测阳性克隆,将达到浓度的菌液以 400 μL 菌液加入 100 μL 甘油(50%)保存送测序;测序结果用 DNAMAN 软件进行分析;具体步骤参见 Feng 等(2019)。

4. 聚丙烯酰胺凝胶电泳

制备胶浓度为 12%的垂直电泳板,以 60 W 恒定功率预电泳 30 min 后清理胶孔,每孔加入 5 μL PCR 扩增产物及 2 μL 上液缓冲液,50 W 恒定功率电泳 2~3 h,银染、固定、显色拍照保留。具体操作步骤参见曲若端(2014)。

5. 小麦总 RNA 的提取

按照 TransZol Plant RNA 提取试剂盒说明书提取总 RNA。实验用耗材严格高温高压消毒、灭菌。

6. 实时荧光定量 PCR

用 TaKaRa 的 RTase M-MLV(200 U/μL)进行 cDNA 的合成。

(1)在 PCR 管中配制混合液。

试剂名称	使用量
Oligo dT Primer(50 μmol/L)	1 μL
模板 RNA	5 μL
RNase-free ddH_2O	4 μL

(2) 70 ℃10 min,冰浴 2 min。

(3)将上述反应溶液离心于 PCR 管底部,并加入下列反应液,42 ℃ 1 h,70 ℃ 15 min。

试剂名称	使用量
上述模板 RNA/引物变性溶液	6 μL
5×M-MLV 缓冲液	2 μL
RNase 抑制剂(40 U/μL)	0.25 μL
RTase M-MLV(200 U/μL)	0.25 μL
RNase-free ddH_2O	1.5 μL

以合成第一链的 cDNA 作为 PCR 的模板,以小麦持家基因(*Actin*)作为内标,引物 RTq-TaAFP-B 扩增目的基因,用 LightCycler® 480 System Real Time PCR 扩增仪、按照 SYRB® Premix Ex Taq™(TLiRNaseH Plus)的说明书进行实验操作,采用相对 *Ct* 的方法对 *TaAFP-B* 基因在小麦不同发育时期及不同组织的转录本进行定量分析。

反应体系如下:

SYBR Ⅱ	12.00 μL
引物(20 μmol/L)	1.00 μL
DEPC 水	2.00 μL
cDNA	2.00 μL
ddH_2O	3.00 μL
总计	20.00 μL

反应条件:95 ℃ 5 min ;95 ℃ 30 s;66 ℃ 30 s;72 ℃ 30 s,40 个循环。

7.基因 mRNA 半衰期测定

待检测材料浸入孵化缓冲液(incubation buffer)(1 mmol/L PIPES,pH 6.25,1 mmol/L 柠檬酸钠,1 mmol/L KCl,15 mmol/L 蔗糖)中温育 30 min,再向其中加入 RNA 合成抑制剂 3′-脱氧腺苷(Cordycepin),分别于 0 min 和 60 min 后取出－80 ℃保存,用于提取总 RNA 进行定量分析。

另外根据待测基因 mRNA 水平与处理时间的相关性,其斜率为降解常数 k_d,由此计算待测基因 mRNA 的半衰期($T_{1/2}=0.693/k_d$)(王丽等,2013)。

8.胁迫处理

转基因 T_2代蜡熟期种子用 75%的无水乙醇浸泡 3 min 进行消毒处理,用无菌水冲洗 3～

4 遍。分别进行如下条件的胁迫处理。

①激素处理：在 1/2 MS 培养基中加入 3 μmol/L 的 ABA。

②盐处理：在 1/2 MS 培养基中加入 150 mmol/L 的 NaCl。

③干旱处理：在 1/2 MS 培养基中加入 300 mmol/L 的甘露醇。

另外，以未处理的作为对照。随机挑取种子分别置于不同胁迫处理的 1/2 MS 固体培养基中，以适当的温度（小麦：25 ℃；水稻：28 ℃）和光照（16 h 光照，8 h 黑暗）进行培养。处理培养5 d，每天分别进行取样、液氮速冻，－80 ℃保存，每个试验重复 3 次（Gen 等，2011）。

9. 瞬时表达载体构建

（1）构建原理　新的等位基因 *TaAFP-Ba* 和 *TaAFP-Bb* 在 *TaAFP-B* 的 5′UTR 处存在差异，与 *TaAFP-Bb* 相比，*TaAFP-Ba* 有 4 bp 的插入。由安徽通用生物系统有限公司分别合成目的片段 *TaAFP-BaF* 和 *TaAFP-BbF* 并构建于 pUC57 载体上。然后将目的基因片段分别连接到植物瞬时表达载体 pITV1＃1534（9 738 bp）上，构建重组质粒 pITV1-*TaAFP-Ba/bF*（图 4-1A），即对 pITV1＃1534 的启动子进行改造，研究 *TaAFP-B* 基因 5′UTR 处的差异片段对标记基因的影响。

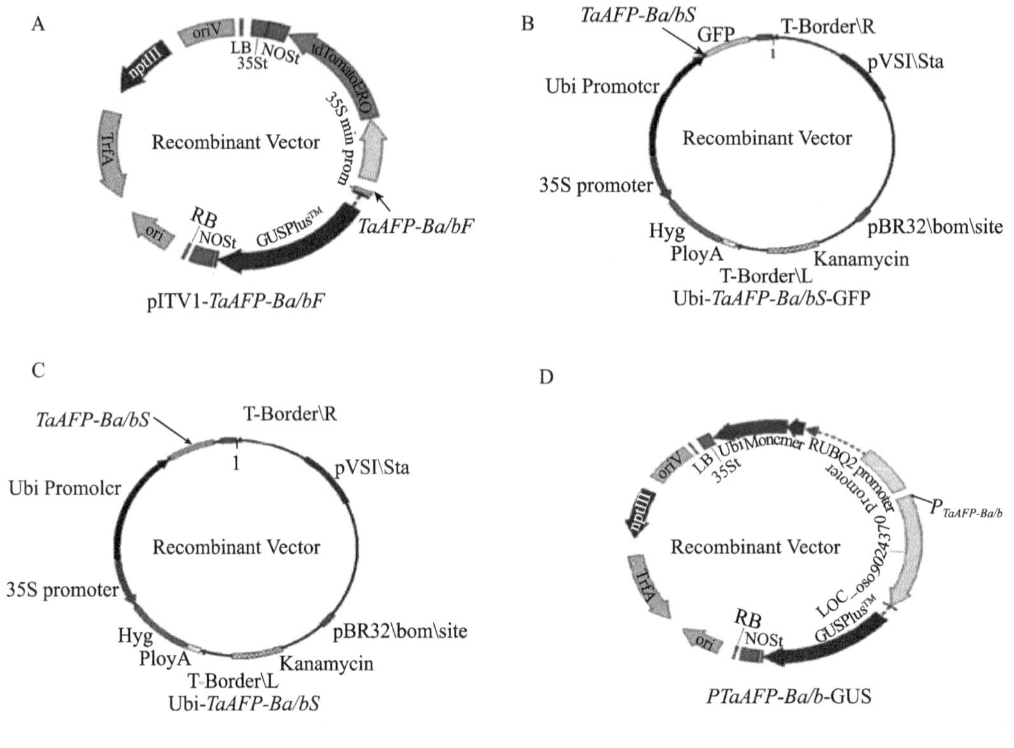

图 4-1　重组质粒构建示意图

A. 目的片段 *TaAFP-Ba/bF* 的瞬时表达载体（特异性启动子双向启动标记基因 *tdTomatoER* 和 *GUS* 的转录）；B. 转基因*TaAFP-Ba/bS-GFP* 水稻的表达载体（Ubi 启动子同时启动 *TaAFP-B* 和融合蛋白 GFP 的转录）；C. 转基因 *TaAFP-Ba/bS* 水稻和小麦的表达载体（Ubi 启动子启动 *TaAFP-B* 的转录）；D. *PTaAFP-Ba/b* 启动子的转基因水稻表达载体（*PTaAFP-Ba/b* 启动标记基因 *GUS* 的转录）

（2）菌液活化及质粒提取　对克隆载体 pUC57-*TaAFP-BaF* 和 pUC57-*TaAFP-BbF* 以

及植物瞬时表达载体质粒 pITV1＃1534 的菌液进行活化：在 10 mL LB 液体培养基中分别加入 15 μL Amp 和卡那霉素，再分别加入 10 μL 的质粒菌液，置于 37 ℃，150 r/min 摇床进行过夜培养。将过夜培养的菌液按照质粒小提试剂盒说明书的操作提取、纯化，1％琼脂糖凝胶电泳检测，其余－20 ℃保存备用。

(3)载体酶切、连接与鉴定　用限制性内切酶 *Nco*I 和 *Not*I 从克隆载体 pUC57-*TaAFP-BaF* 和 pUC57-*TaAFP-BbF* 上分别切取目的片段 *TaAFP-BaF* 和 *TaAFP-BbF*，并用相同的方法对 pITV1＃1534 植物瞬时表达载体进行酶切。

体系如下：

试剂名称	使用量/μL
*Nco*I	1
*Not*I	1
质粒 DNA	7
10×K Buffer	1
BSA	2
RNase-free ddH_2O	至 20

将上述体系混匀，37 ℃酶切 3.5 h，酶切产物用琼脂糖凝胶电泳检测，在凝胶系统上扫描成像，成像完毕后切取目的条带并回收，具体步骤参见 Feng 等(2019)。

回收的目的片段与 pITV1＃1534 载体的连接反应体系如下：

试剂名称	使用量/μL
pITV1＃1534 Vector	3
TaAFP-Ba/Bb	9
T4 DNA 连接酶	1
RNase-free ddH_2O	至 20

反应程序：16 ℃，18 h，4 ℃保存。

(4)转化　连接好的重组质粒再转化于 DH5α 感受态细胞中，具体步骤参见 Feng 等(2019)。

(5)表达载体酶切鉴定　挑取单克隆摇菌，用引物 TaAFP-BF 进行 PCR 扩增检测阳性克隆，同时提取质粒 DNA，再进行酶切鉴定、琼脂糖凝胶电泳检测。

由安徽通用生物系统有限公司分别合成目的基因 *TaAFP-BaS*、*TaAFP-BbS* 和目的片段 *TaAFP-BaP*、*TaAFP-BbP*（*PTaAFP-Ba/b*），并分别构建到 pCAMBIA1390-Ubi-GFP (10 860 bp)和 pARS-Root4-GUS(11 919 bp)载体上，构建融合表达载体 Ubi-*TaAFP-Ba/bS*-GFP 和 Ubi-*TaAFP-Ba/bS* 以及 *PTaAFP-Ba/b*-GUS(图 4-1B～D 和图 4-2)。

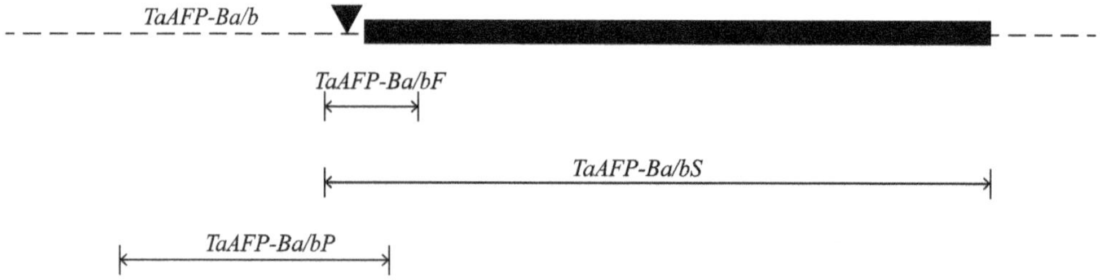

图 4-2　目的基因片段示意图

TaAFP-Ba：*TaAFP-B* 在 5′UTR 区域有 2 bp 的插入，从起始密码子上游 105 bp 到第 1 外显子 102 bp 处可扩增出 207 bp 的目的片段；*TaAFP-Bb*. *TaAFP-B* 在 5′UTR 区域有 2 bp 的缺失，从起始密码子上游 105 bp 到第 1 外显子 102 bp 处可扩增出 203 bp 的目的片段；*TaAFP-BaF*（276 bp）. *TaAFP-Ba* 的 207 bp＋mini promoter；*TaAFP-BbF*（272 bp）. *TaAFP-Bb* 的 203 bp ＋ mini promoter；*TaAFP-Ba*/*bS*. *TaAFP-B* 起始密码子上游 105 bp＋CDS；*TaAFP-BaS*. 1 058 bp；*TaAFP-BbS*. 1 054 bp；*TaAFP-Ba*/*bP*. *TaAFP-B* 起始密码子上游 981 bp 到第 1 外显子 17 bp 处；*TaAFP-BaP*. 998 bp；*TaAFP-BbP*. 994 bp；▼：起始密码子上游 25 bp 处有插入/缺失

10. 植物瞬时表达

瞬时表达是在靶细胞内暂时高效表达外源基因的一种技术，它无须将靶基因整合到植物基因组中，可快速研究基因的表达或功能，在启动子分析、基因功能分析、亚细胞定位和蛋白质互作等方面均得到了广泛应用。

11. 基因枪转化

本试验将构建好的植物瞬时表达载体 pITV1-*TaAFP-BaF* 和 pITV1-*TaAFP-BbF* 以及未经重组的试验对照组 pITV1＃1534，分别用基因枪转化法转化至周 8425B 小麦一心一叶时期的叶片中。主要转化步骤和参数如下。

（1）质粒的包裹及钨弹的制备　取 18 μL 金粉悬浮液（0.085 mg/μL）于 1.5 mL 离心管中，洗去乙醇后，依次加入 3 μg DNA、240 μL ddH_2O、250 μL 2.5 mol/L $CaCl_2$ 和 50 μL 0.1 mol/L 亚精胺，涡旋 15 min，离心去除上清液，经无水乙醇清洗后，加 48 μL 无水乙醇。

（2）基因枪轰击参数　基因枪使用 BioRad 公司生产的 PDS-1000/He 系统，采用直径 1.1 μm 金粉和 1 100 psi 可裂膜，轰击时真空度为 28 inchHg。待轰击质粒经抽提定量后，终浓度为 1 μg/μL，轰击距离及质粒用量分别为 9 cm 和 1 μg。

12. 观察与统计

小麦叶片在轰击后培养 16 h（22 ℃黑暗），用 Olympus BX-60 型激光共聚焦扫描显微镜（激发光波长为 5 443 nm，发射光波长为 581 nm）观察并记录叶片表达 *tdTomatoER* 基因的荧光强度。然后将叶片浸入 GUS 染色液中 37 ℃过夜，染色后脱色直至无色透明为止。然后水冲洗置于载玻片上，用光学显微镜观察并记录叶片中 *GUS* 基因的表达差异，该试验重复 3 次（徐欢欢等，2015）。

13. GUS 活性定量分析

重复上述基因枪转化实验，将各样品 100 mg 液氮速冻并研磨至粉末加入 1.5 mL 离心管中，并加 1 mL GUS 提取缓冲液迅速充分混匀，4 ℃、12 000 r/min 离心 10 min，吸取上清液至新的离心管置于冰上待用。采用 Bradford 法以一系列 BSA 蛋白（浓度：1 mg/mL、0.75 mg/mL、

0.5 mg/mL、0.25 mg/mL和0 mg/mL)建立标准曲线；取5 μL蛋白上清液样品与考马斯亮蓝G-250溶液混合测定OD_{595}；根据标准曲线计算出各样品的蛋白浓度。取100 μL蛋白上清，立即加入到900 μL 4-MUG缓冲液37 ℃温浴，严格定时，0(空白对照)、10 min、15 min、20 min、30 min和50 min，各时间点分别取出100 μL，加入900 μL反应终止液，同时制备空白对照(GUS提取缓冲液与4-MUG溶液的混合液)，每个样品进行6次生物学重复，3次技术重复。用Synergy H4酶标仪在激发波长365 nm、发射波长455 nm下，狭缝10 nm时测定不同时间点样品的荧光强度值(RFU)。以酶反应时间点对4-MU含量作图，所获方程的斜率即为GUS酶活反应的初始速度，而酶活力单位定义为每分钟水解4-MUG生成1 pmoL 4-MU的酶为一个活力单位，GUS蛋白的表达活性以每毫克总蛋白的酶活力表示即4-MU pmol/(min·mg蛋白质)。具体操作参见Li等(2017)，主要试剂配方如下：

(1)GUS提取缓冲液 0.1 mol/L磷酸钠缓冲液(pH=7) 100 mL，10% SDS(pH=7.2)取2 mL，0.5 mol EDTA(pH=8.0)取4 mL，甲醇40 mL，Triton X-100 200 μL，*β*-巯基乙醇200 μL，加入双蒸水定容至200 mL。

(2)4-MUG缓冲液(2 mmol/L) 称取50 mg 4-MUG溶于72 mL GUS提取缓冲液，用时37 ℃预热。

(3)反应终止液(0.2 mol/L) 4.24 mg Na_2CO_3定容至200 mL。

14.重组质粒的鉴定

对构建的重组表达载体进行酶切和PCR鉴定：取1.5 μL(100 ng/μL)重组质粒加入50 μL DH5α感受态细胞中进行热击转化、过夜培养，挑取单克隆于50 mL LB(加入15 μL卡那霉素)液体培养基中，置于37 ℃、180 r/min的摇床进行过夜培养，提取、纯化质粒DNA，对表达载体Ubi-*TaAFP-Ba*/*bS*-GFP、Ubi-*TaAFP-Ba*/*bS*和*PTaAFP-Ba*/*b*-GUS分别进行酶切鉴定，同时用特异性引物UB F/R和Pro F/R进行PCR扩增，琼脂糖凝胶电泳检测阳性克隆。具体方法参见本节“瞬时表达载体构建”。

15.重组质粒转化农杆菌

在100 μL EHA105的农杆菌感受态细胞中分别加入10 μL(100 ng/μL)重组表达载体质粒Ubi-*TaAFP-Ba*/*bS*-GFP、Ubi-*TaAFP-Ba*/*bS*和*PTaAFP-Ba*/*b*-GUS，冰上轻轻混匀，冰浴30 min；将离心管放入液氮中速冻5 min，随后即刻放入37 ℃水浴中温浴5 min；取出离心管，加入1 mL LB液体培养基，于28 ℃，160 r/min振荡培养4 h；将上述菌液均匀涂布在含有卡那霉素的LB平板上，28 ℃倒置培养2 d左右，可见菌斑。

挑取单菌斑，PCR克隆检测，将阳性克隆加入甘油，−80 ℃超低温冰箱中长期保存备用。

16.农杆菌介导法转化及再生苗的获得

采集授粉14 d的未成熟小麦品系K35种子(盾片大小1 mm)，经75%酒精浸泡30 s，0.1%升汞($HgCl_2$)处理10 min，在无菌操作台中用解剖针取下幼胚，侵染转化了Ubi-*TaAFP-Ba*/*bS*的EHA105农杆菌，置于筛选培养基上培养；在显微镜下用15号刀片切取盾片置于筛选培养基上培养2周，切取愈伤再进行第二次筛选培养14 d，选择健康的愈伤组织转移到再生培养基上，7 d后获得再生苗；将获得的再生苗取3 cm左右的叶片提取DNA，根据载体上的特异性筛选标记设计引物并进行PCR鉴定，获得小麦阳性再生苗(Khanna和Daggard，2003)。

另外，将日本晴种子的愈伤组织侵染转化了空载体 pCAMBIA1390-Ubi-GFP、Ubi-*TaAFP-Ba/bS*-GFP、Ubi-*TaAFP-Ba/bS* 和 *PTaAFP-Ba/b*-GUS 的 EHA105 农杆菌，筛选、继代培养，鉴定获得阳性再生苗(Duan 等，2012)。

将获得的阳性再生水稻和小麦幼苗继续进行培育，获得 T_1 代种子。

17. 转基因植株 T_1 代的种植

有研究指出，报告基因或其他非目标基因的表达可能对细胞转录组和蛋白质组的模式产生影响，进而掩盖目标基因的效应(Page 和 Parsot，2002)。所以本研究均以相同转化条件下的未重组载体作为对照组，以排除其可能产生的影响。

(1)转基因水稻的种植　随机选取各转基因型水稻和对照组的 20 个株系，每个株系随机选取 6～8 粒种子进行萌发、培育到三叶期时，每个株系的单株混合剪取叶片并提取基因组 DNA、PCR 鉴定阳性株系，将阳性株系进行单拷贝鉴定。分别选取各转基因型水稻的 3 个单拷贝 T_1 代株系进行小苗的培育(28 ℃，16 h 光照/8 h 黑暗)，待长至三叶期时，剪取幼苗叶片进行阳性单株的鉴定，将阳性单株移栽继续进行水培，每个株系至少 20 个单株；另取萌芽后 30 d 幼苗的根、茎、叶和蜡熟期种子液氮速冻并于－80 ℃保存，用于提取 RNA(注：转基因水稻材料种植于安徽省农业科学院岗集基地)。

(2)转基因小麦的种植　转基因小麦 T_1 代的 25 个株系以及对照组进行种植(行距 20 cm，株距 8 cm)，每个株系种植 20 个单株进行培育；待长至拔节期时单株剪取少许叶片提取基因组 DNA，PCR 鉴定阳性单株；将阳性株系的阳性单株基因组 DNA 进行等量混合、鉴定、检测拷贝数；将阳性株系的阳性单株继续培养收获 T_2 代种子。另培育单拷贝株系、鉴定阳性单株，待长至萌芽后 30 d 取幼苗的根、茎、叶和收获的蜡熟期种子液氮速冻并于－80 ℃保存，用于提取 RNA(注：转基因小麦材料种植于山东省济南市国家转基因安全实验基地)。

18. T_1 代转基因植株的 PCR 鉴定

剪取转基因水稻各株系的混合叶片和小麦各单株拔节期的叶片用新型植物基因组 DNA 提取试剂盒提取基因组 DNA，用表达载体特异性引物(横跨载体和目的基因)UB F/R 进行目的基因 PCR 扩增，反应体系、程序、条件参见 Feng 等(2019)。

另有研究表明，在转基因小麦的标记基因检测中，存在假阳性率过高的现象，且有研究表明在无菌环境下 PCR 检测到的标记基因阳性植株较开放环境下的阳性株数准确(李太强等，2015)。因此，为了保证目的基因检测的准确性，本试验均在无菌环境下进行 PCR 检测，且每个样品重复 3 次。

19. 转基因株系的拷贝数检测

对 T_1 代转基因阳性株系的 DNA 再次进行琼脂糖凝胶电泳检测，并用核酸微量测定仪检测其浓度和纯度。将质量较好的样品送生工生物工程(上海)有限公司进行微滴式数字 PCR (ddPCR)检测，各转基因型水稻和小麦分别检测分析 10 个阳性株系的拷贝数。试验采用美国 Bio-Rad 公司的 QX200 微滴生成仪、读数仪、ddPCR™ Supermix for probes 和微滴生成油(droplet generation oil)。水稻的目的基因和内参基因分别为 *hpt* Ⅱ 和 *OsUBC*，小麦为 *TaAFP-Ba/bS-D*(横跨载体和目的基因)和 *TaPINb-D1b*^{d}，引物和探针序列见表 4-2，具体步骤参见 Ray 等(2017)。

反应体系如下：

试剂名称	使用量/μL
ddPCR™ Supermix for probes	10
F(10 μmol/L)	1.8
R(10 μmol/L)	1.8
探针(10 μmol/L)	1
模板	2
RNase-free ddH$_2$O	3.4

反应条件:95 ℃预变性 10 min;94 ℃变性 30 s;60 ℃退火、延伸 60 s;98 ℃10 min,40 个循环,4 ℃保存。

微滴制备:20 μL 体系加入新 DG8 cartridge 的中间一排 8 个孔中;在 DG8 cartridge 最底下一排 8 个孔中各加入 70 μL 微滴生成油,不留空孔;盖上胶垫,两边的小孔都要钩牢;将以上 holder 轻轻地平稳置于 QX200 微滴生成仪中,开始生成微滴,一般约 2 min 完成;微滴生成于 cartridge 最上面一排孔内,将生成的微滴转移到 96 孔板中,结束后将 96 孔板放在热封仪上,盖上热封膜进行封膜,进行 PCR 扩增和微滴荧光检测;最后用分析软件根据泊松分布公式和赋值为 1 的微滴比例计算出样本的最初拷贝数或浓度。

表 4-2 PCR 所用特异性引物和探针序列

目的基因	引物序列 (5′→3′)	探针序列 (5′→3′)	退火 /℃	片段大小 /bp
TaPINb-D1b[d]	AGTTGGCGGCTGGTACAATG(F) ACATCGCTCCATCACGTAATCC(R)	FAM-TCAACAATGTC CGCAGGAGCG-BHQ-X	60	106
TaAFP-Ba/bS-D	TGCTCACCCTGTTGTTTGG(F) AAGCAGACGCCAATCCCT(R)	VIC-ACTAGGTACCCTTCC- BHQ-X	57	99
OsUBC	CCTTCGGAGACACCTTTTGA(F) TTGAAATGCACATTCGGGTG(R)	FAM-CTCCTTCCTCCG- CAAGTTCGC-BHQ-X	57	125
hpt Ⅱ	GAAAAAGCCTGAACTCACCG(F) CATATCCACGCCCTCCTAC(R)	VIC-AAGCACGAGATTCT- TCGCCC-BHQ-X	57	138

20.单拷贝转基因株系穗发芽指数鉴定及表型观察统计

选取转基因水稻和小麦单拷贝株系的阳性单株 T$_2$代蜡熟期种子,手工脱粒并用 75%乙醇浸泡灭菌后,取 100 粒种子胚向上,腹沟向下置于附有湿润滤纸的培养皿中,分别于 25 ℃和 28 ℃进行培养并统计发芽指数,此实验进行 3 个重复。具体计算公式和试验方法参考王晓丽(2014)。

另外,对其成熟植株的株高、分蘖、第一茎长、第二茎长、第三茎长和茎粗等表型进行统计观察。

21.转录本表达分析

按照 TaKaRa MiniBEST Plant RNA 提取试剂盒和 PrimeScript® 1st Strand cDNA Synthesis Kit 的说明书提取植物样本总 RNA 并反转录为 cDNA。使用 SYRB® Premix Ex Taq™ R(TLiRNaseH Plus)试剂盒的试剂配制 PCR 扩增混合液,用 LightCycler® 480 System Real

Time PCR 扩增仪进行扩增反应、分析。本试验实时定量 PCR(RT-qPCR)的分析采用 $2^{-\triangle\triangle Ct}$ 法对目的基因的转录本进行定量检测,具体实验步骤参见 Feng 等(2019)。

22. 融合蛋白 GFP 的表达

分别选取转基因 *TaAFP-BaS-GFP* 和 *TaAFP-BbS-GFP* 水稻的单拷贝株系 ar5、ar24、ar48 和 br20、br22、br34 的成熟种子(T_2)进行培养(28 ℃;16 h 光照/8 h 黑暗)。待幼苗发芽长至 30 d 时剪取单株幼叶于 Olympus BX-60 型激光共聚焦扫描显微镜下分别用 488 nm 和 568 nm 波长的激发光进行激发,FITC 和 TRITC 滤光器进行收集并采集图片进行叠加,观察叶片中 GFP 的表达强弱,每个株系至少检测 3 个单株。

另外,用蛋白质印迹(Western blot)对上述株系蜡熟期种子的融合蛋白 GFP 的表达进行检测分析。

24. 启动子的组织特异性观察及活性定量分析

分别选取 T_1 代单拷贝转基因 *PTaAFP-Ba-GUS* 和 *PTaAFP-Bb-GUS* 水稻的 Pa12、Pa20、Pa51 和 Pb8、Pb54、Pb64 株系,每个株系 10 个单株,在培养室进行萌发、培育(28 ℃;16 h 光照/8 h 黑暗)。剪取各单株幼叶的叶尖端 2～3 cm 叶片提取基因组 DNA,用特异性引物 Pro F/R 进行 PCR 检测,鉴定阳性植株。将鉴定所得阳性植株移栽进行水培,待幼苗长至萌芽 30 d(day after germination,DAG)时,对每个株系根、茎、叶及种子进行 GUS 组织化学染色,在光学显微镜下观察蓝色斑点出现的组织部位,具体方法同"观察与统计"。另剪取各样品定量检测 GUS 活性,具体方法同"GUS 活性定量分析"。

4.3 结果与分析

4.3.1 小麦基因组 DNA 及 RNA 的提取

随机选取 10 份不同休眠特性的小麦材料提取 DNA(图 4-3),证明 DNA 提取结果良好,可进行后续试验。

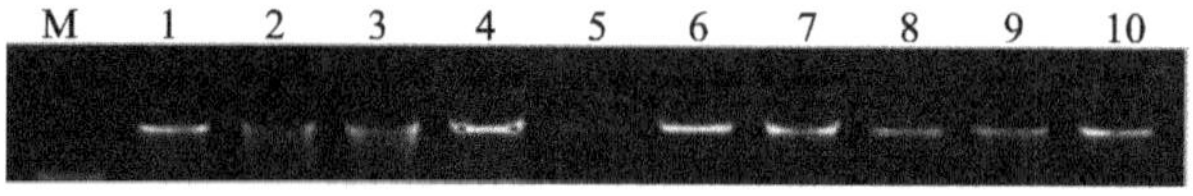

图 4-3 小麦基因组 DNA 电泳检测图

M. Trans2k DNA marker ; 1. 洋小麦;2. 济南 16;3. 周 8425B;4. 周麦 16;5. 西农 979;6. 小偃 6 号;7. 小白玉花;8. 万县白麦;9. 永川白麦;10. 阆中白麦

提取小麦开花后 10 d、20 d、30 d、40 d 种子和 RNA 抑制剂处理材料的 RNA。以周 8425B 和万县白麦开花后 20 d 的种子为例(图 4-4),RNA 条带清晰,18 S 和 28 S 完整,用超微量紫外核酸定量仪进行检测,$A_{260\ nm}/A_{280\ nm}$、$A_{260\ nm}/A_{230\ nm}$ 分别为 2.01 和 2.05,说明 RNA 较为完整,也可进行后续试验。

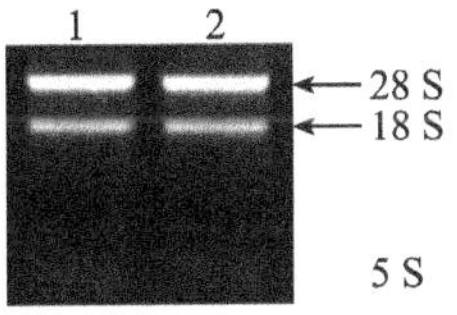

图 4-4 小麦总 RNA 电泳图谱

1.周 8425B；2.万县白麦

4.3.2 *TaAFPs* 基因等位变异检测

1. *TaAFP-A* 基因在不同休眠特性材料中的检测

利用引物 TaAFP-A_1、TaAFP-A_2和 TaAFP-A_3分别对 10 份不同休眠特性的小麦材料(洋小麦、济南 16、周 8425B、周麦 16、西农 979、小偃 6 号、小白玉花、万县白麦、永川白麦、阆中白麦)的 *TaAFP-A* 基因进行 PCR 分段扩增、检测后，随机选取周 8425B 和万县白麦的 PCR 片段切胶回收、克隆、测序和拼接，获得其全长序列。与保守序列 AB360911 相比，相似性达到 90%以上，其中周 8425B 在调控区－197 bp(A→G)、第 1 外显子 94 bp(C→T)、内含子 717 bp(T→A)、内含子 529 bp(G→T)、内含子 980 bp(G→A)、第 2 外显子 1 523 bp 处有(G→A)的 SNP；万县白麦在第 1 外显子 94 bp(C→T)和内含子 717 bp(T→A)、764 bp(C→A)、976 bp 处有(C→A)的 SNP。

2. *TaAFP-D* 基因在不同休眠特性材料中的检测

利用引物 TaAFP-D_1、TaAFP-D_2和 TaAFP-D_3分别对 10 份不同休眠特性的小麦材料(洋小麦、济南 16、周 8425B、周麦 16、西农 979、小偃 6 号、小白玉花、万县白麦、永川白麦、阆中白麦)的 *TaAFP-D* 基因进行 PCR 分段扩增，再用 1.0%的琼脂糖凝胶电泳检测后，随机选取周 8425B 和万县白麦的 PCR 片段切胶回收、克隆、测序和拼接，获得其全长序列。与保守序列 AB360913 相比，相似性达到 90%以上。在调控区万县白麦有位于 742 bp(G→A)、995 bp(T→C)、1 071 bp(G→C)的 SNP，周 8425B 有位于 1 273 bp(T→C)的 SNP ；第 2 外显子中万县白麦和周 8425B 分别有位于 1 502 bp (A→G)和 1 530 bp(A→G)的 SNP。

3. *TaAFP-B* 基因在不同休眠特性材料中的检测

利用引物 TaAFP-B_1、TaAFP-B_2和 TaAFP-B_3分别对 10 份不同休眠特性的小麦材料(洋小麦、济南 16、周 8425B、周麦 16、西农 979、小偃 6 号、小白玉花、万县白麦、永川白麦、阆中白麦)的 *TaAFP-B* 基因进行 PCR 分段扩增检测，没有发现片段大小有差异。随机选取周 8425B、永川白麦、阆中白麦和万县白麦的 PCR 片段切胶回收、克隆、测序和拼接，获得其全长序列。

与保守序列 AB360912 相比，在 5′调控区域周 8425B、万县白麦和阆中白麦有一个位于－199 bp(C→T)的 SNP，周 8425B 有一个位于－152 bp(G→A)的 SNP，周 8425B、万县白麦、阆中白麦和永川白麦有一个位于－44 bp 的单碱基 G 的插入，另外位于－27 bp(5′UTR 处)周 8425B 和永川白麦有 CT 碱基的插入、万县白麦，阆中白麦有 TG 碱基的缺失；在第 1 外显子中周 8425B、永川白麦有一个位于 203 bp(A→G)的 SNP；在内含子中周 8425B、万县白麦、永川白麦和阆中白麦有一个位于 574 bp(T→C)的 SNP；第 2 外显子中周 8425B 有一个位于1 238 bp

(T→C)的 SNP,万县白麦、永川白麦和阆中白麦有一个位于 1 252 bp (A→G)的 SNP。

测序结果分析发现,在引物 TaAFP-B_2 和 TaAFP-B_3 扩增的片段中没有检测到多态性,而以引物 TaAFP-B_1 扩增的 PCR 片段存在多态性,以周 8425B 和万县白麦多态性序列比对为例,结果如图 4-5 所示。

TaAFP-B	GCGGGGAATTGCTTG[CT..]TGCTCTCTCTCTCTGCCGGACGGACATGGCGTCGAGGGAC	2 096 bp
周8425B	GCGGGGAATTGCTTG[CTCT]CTCTCTCTCTCTCTGCCGGACGGACATGGCGTCGAGGGAC	2 52 bp
万县白麦	GCGGGGAATTGCTTG[....]CTCTCTCTCTCTCTGCCGGACGGACATGGCGTCGAGGGAC	248 bp

图 4-5 *TaAFP-B* 基因在 2 份小麦中多态性序列比对

4.3.3 *TaAFP-B* 基因在 91 份小麦自然群体中的多态性分析及分子标记的开发

在分析 *TaAFP-B* 的全长时,以引物 TaAFP-B_1 扩增的 PCR 片段在周 8425B 和万县白麦这两个穗发芽抗性不同的材料中存在多态性,与保守序列 AB360912 相比,穗发芽敏感性的材料周 8425B 在 *TaAFP-B* 基因的 5′UTR 区域存在 2 bp 的插入,而在穗发芽抗性材料万县白麦中存在 2 bp 的缺失(图 4-5)。我们把 *TaAFP-B* 的这两个等位变易分别命名为 *TaAFP-Ba*(插入类型)和 *TaAFP-Bb*(缺失类型)。

序列比对分析后,重新设计了一个涵盖 *TaAFP-B* 基因 5′UTR 区域的引物 TaAFP-BF F/R。用该引物扩增 91 份白粒小麦自然群体,并用 12%的 PAGE 检测,得到 2 种长度的带型,即 207 bp 和 203 bp (图 4-6)。其中扩增出 207 bp 片段的品种有邯 6172、白硬冬 2 号、小偃 22、济麦 19、泰山 008、周 8425B、石家庄 8 号、冀师 02-1 、郑麦 004、周麦 16、邯 5316、豫麦 47、新麦 11 号、良星 99、鲁麦 21、科农 9204、CA0178 、永川白麦、淮麦 20、藁城 8901、烟辐 188、淄麦 12、济南 17(表 4-3),占总材料数的 25.3%,属于 *TaAFP-Ba* 等位变异类型。其余 68 份材料可扩增出 203 bp 的片段,属于 *TaAFP-Bb* 等位变异类型。另外,把 91 份品种按照所扩增出不同片段类型分类,结果表明扩增出 207 bp 基因型的品种(平均 GI×100=45.18)比扩增出 203 bp(平均 GI×100=30.72)基因型的品种对穗发芽更敏感,而后者为抗穗发芽。统计分析显示,这两簇数据的平均 GI 值的 *P* 值达到 0.000 2,其差异显著,与穗发芽抗性相关,且 203 bp 带型与穗发芽抗性性状相关。所以一个与白粒小麦穗发芽抗性相关的 STS 标记 *AFP-BF* 被开发出来。

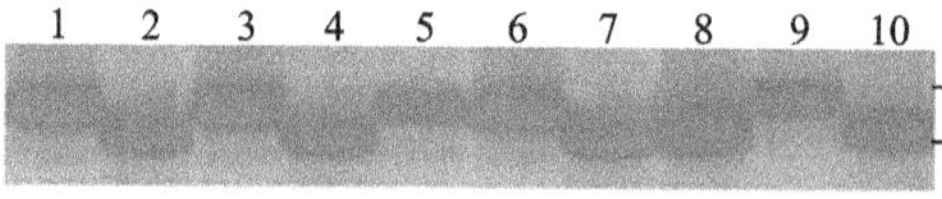

图 4-6 引物 TaAFP-BF 扩增产物部分聚丙烯酰胺凝胶电泳检测结果

1. 济麦 19;2. 济南 16;3. 周 8425B;4. 洋小麦;5. 周麦 16;6. 烟辐 188;7. 阆中白麦;8. 万县白麦;9. 永川白麦;10. 小白玉花

表 4-3 91 份不同穗发芽抗性白粒小麦的 GI 值与 STS 标记的多态性

序号	名称	穗发芽指数(GI)	标记 *TaAFP-BF*	序号	名称	穗发芽指数(GI)	标记 *TaAFP-BF*
1	邯 6172	67	207	47	豫麦 47	36.9	207
2	白硬冬 2 号	64.6	207	48	衡 95 观 26	36.6	203

续表 4-3

序号	名称	穗发芽指数(GI)	标记 *TaAFP-BF*	序号	名称	穗发芽指数(GI)	标记 *TaAFP-BF*
3	济南 16	61.6	203	49	邯 3475	36.5	203
4	CA0306	61.5	203	50	新麦 11 号	36	207
5	红良 4 号	60	203	51	中育 5 号	36	203
6	小偃 22	59	207	52	偃展 1 号	33.2	203
7	济麦 19	58.4	207	53	西农 979	32.7	203
8	泰山 008	56.3	207	54	临麦 2 号	32.5	203
9	周 8425B	56	207	55	良星 99	32.5	207
10	石家庄 8 号	55.8	207	56	鲁麦 21	32	207
11	烟农 19	54.4	203	57	石新 733	31.4	203
12	CA0465	54.2	203	58	科农 9204	29.7	207
13	冀师 02-1	52.3	207	59	辉县红	29	203
14	红穗白	51.9	203	60	PH82-2	28.7	203
15	郑麦 004	51.4	207	61	白穗白	25.4	203
16	衡观 35	50.5	203	62	陕优 225	25.3	203
17	豫麦 2 号	50.5	203	63	CA0178	24.4	207
18	鲁麦 14	50	203	64	宜宾白麦	24	203
19	周麦 16	49.4	207	65	郑 3666	23.6	203
20	CA0420	49.1	203	66	周麦 19	23.5	203
21	陕 213	48.9	203	67	内乡 19	23.5	203
22	邯 5316	47.6	207	68	永川白麦	23.2	207
23	晋麦 5 号	47.3	203	69	百农 64	22.9	203
24	新麦 9 号	46.8	203	70	陕 253	22.6	203
25	泰山 9818	46.6	203	71	濮麦 9 号	20	203
26	CA0471	46.2	203	72	小偃 54	18.7	203
27	CA0175	45.2	203	73	济麦 21	17.6	203
28	豫麦 34	44.7	203	74	陕农 757	17.3	203
29	秃头麦	43.6	203	75	女儿麦	16.4	203
30	中育 6 号	43.4	203	76	小偃 6 号	13.7	203
31	石 4185	43.2	203	77	荣昌白麦	10.2	203
32	淮麦 20	42.8	207	78	遂宁坨坨麦	10.1	203
33	西农 88	41.9	203	79	小玉花	9.7	203
34	藁城 8901	41.9	207	80	秃葫芦头	9.1	203
35	烟辐 188	41.9	207	81	阆中白麦	8.4	203
36	徐麦 856	41.6	203	82	内乡 173	8.3	203
37	偃师 4110	40.7	203	83	万县白麦	7.6	203

续表 4-3

序号	名称	穗发芽指数(GI)	标记 TaAFP-BF	序号	名称	穗发芽指数(GI)	标记 TaAFP-BF
38	淄麦 12	40.1	207	84	洋小麦	7.5	203
39	济南 17	39.9	207	85	歪头白	7.2	203
40	白玉花	38.9	203	86	豫麦 18	7.2	203
41	新麦 18	37.7	203	87	涪陵须须白麦	6.9	203
42	潍麦 8 号	37.5	203	88	叙永	6.7	203
43	烟农 15	37.4	203	89	川 362	4.5	203
44	郑 9023	37.3	203	90	小白玉花	4	203
45	陕 160	37	203	91	丰产 3 号	3.9	203
46	CA0481	36.9	203				

4.3.4 穗发芽抗性不同的小麦中 *TaAFPs* 和 *TaABI5* 基因的表达特性

为了进一步研究穗发芽抗性不同的白粒小麦在不同成熟期 *TaAFP-A*、*TaAFP-B*、*TaAFP-D* 基因在种子中转录本的表达变化，以及与 *TaAFPs* 互作的 *ABI5* 转录本的表达特性，用 RT-qPCR 的方法分析了周 8425B(*TaAFP-Ba*)和万县白麦(*TaAFP-Bb*)在开花后 10 d、20 d、30 d 和 40 d 种子中 *TaAFPs* 和 *ABI5* 基因的表达特性(图 4-7)。结果表明：在不同开花时期的种子中，*TaAFP-B* 基因转录本的表达量总是高于 *TaAFP-A* 和 *TaAFP-D*。在开花后 10 d、20 d、30 d 和 40 d 的种子中，*TaAFP-A* 的表达量变化趋势为逐渐升高后又降低，在开花后 30 d 时达到峰值。而随着种子的不断发育尤其是开花后 30～40 d 期间，*TaAFP-D* 在周 8425B 小麦中表达量呈升高的趋势，在万县白麦中呈递减的趋势。*TaABI5* 转录本的表达量

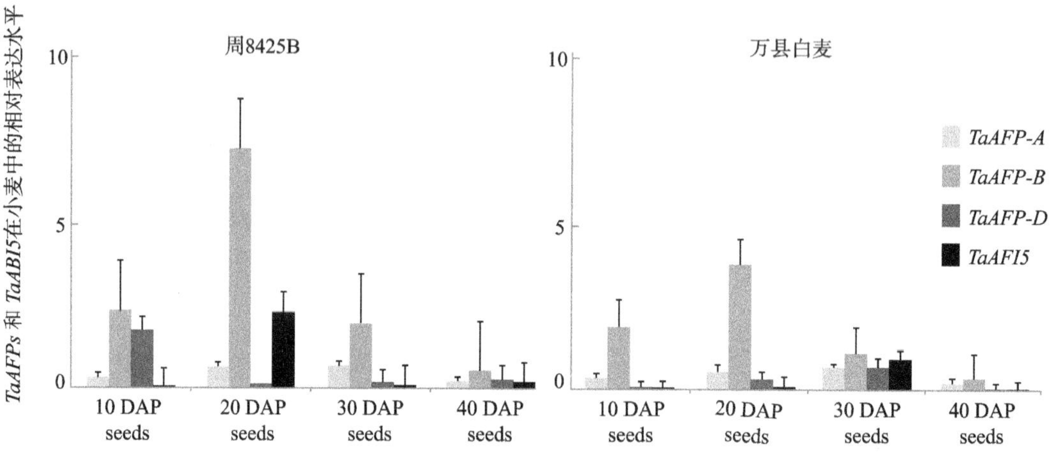

图 4-7 周 8425B 和万县白麦的不同开花时期种子中 *TaAFPs* 和 *TaABI5* 的表达特性

10 DAP seeds：开花 10 d 后的种子；20 DAP seeds：开花 20 d 后的种子；30 DAP seeds：开花 30 d 后的种子；40 DAP seeds：开花 40 d 后的种子

在万县白麦种子发育的不同时期先逐渐升高又降低，在 30 DAP 时转录本的表达量达到最高；而在周 8425B 小麦种子发育的不同时期没有具体的规律，但在 20 DAP 时转录本的表达量达到最高。在种子开花的不同时期，*TaAFP-B* 基因转录本的表达量呈现逐渐升高又降低的趋势，在 20 DAP 时转录本的表达量达到最高，且基因型为 *TaAFP-Ba* 的周 8425B 小麦中表达量总是高于基因型为 *TaAFP-Bb* 的万县白麦。

4.3.5 5′UTR 区等位变异对 *TaAFP-B* 基因 mRNA 稳定性的影响

以穗发芽抗性不同的小麦周 8425B 和万县白麦为材料，对其萌发 24 h 的种子、开花后 20 d 的种子、旗叶经相同方法进行处理，探索 *TaAFP-B* 在穗发芽抗性不同的小麦品种中 mRNA 的稳定性。结果表明，经 RNA 合成抑制剂 3′-脱氧腺苷处理 60 min 后，在等位基因型为 *TaAFP-Ba* 的周 8425B 各处理材料中 *TaAFP-B* 基因 mRNA 的丰度下降，在等位基因型为 *TaAFP-Bb* 的万县白麦各处理材料中 *TaAFP-B* 基因 mRNA 的丰度相较于周 8425B 的各种材料下降更为显著。另外，相同材料在抑制剂处理 0 min 和 60 min 后，其半衰期与其 mRNA 表达量之间存在一定的线性关系（图 4-8）。根据待测 mRNA 水平与处理时间的相关性，其斜率为降解常数 k_d，通过 RTq-PCR 得到 Ct 值后，用公式 $T_{1/2} = 0.693/k_d$ 来计算相同基因 mRNA 在不同试验材料中的半衰期。*TaAFP-B* 基因 mRNA 在周 8425B 小麦萌发 24 h 的种子、开花 20 d 的种子、旗叶中的半衰期分别为 154.00 min、115.50 min、144.38 min；而在万县白麦各材料中相应的半衰期分别为 46.20 min、33.32 min、39.60 min。周 8425B 中 *TaAFP-B* 基因 mRNA 的稳定性显著高于万县白麦。以上结果表明 *TaAFP-B* 基因 5′UTR 的序列差异影响了 mRNA 的稳定性，调控了 *TaAFP-B* 基因的转录。

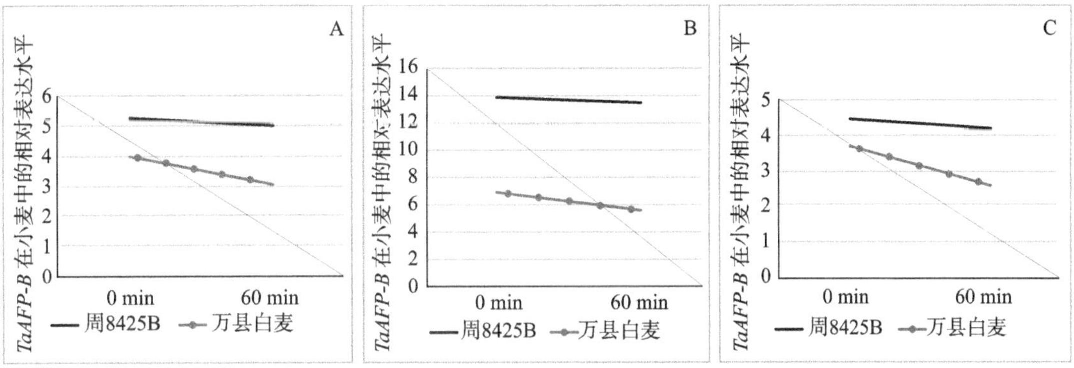

图 4-8 不同等位基因型材料周 8425B(*TaAFP-Ba*)和万县白麦(*TaAFP-Bb*)中 *TaAFP-B* 基因 mRNA 表达量与抑制剂处理时间的关系

A. 破眠 24 h 种子，周 8425B 中 *TaAFP-B* 的半衰期为 154.00 min，万县白麦中 *TaAFP-B* 的半衰期为 46.20 min；B. 20 DAP 种子，周 8425B 中 *TaAFP-B* 的半衰期为 115.50 min，万县白麦中 *TaAFP-B* 的半衰期为 33.32 min；C. 旗叶，周 8425B 中 *TaAFP-B* 的半衰期为 144.38 min，万县白麦中 *TaAFP-B* 的半衰期为 39.60 min

4.3.6 *TaAFP-B* 基因 5′UTR 区域差异序列的瞬时表达

1. 瞬时表达载体构建

用限制性内切酶 *Not*I 和 *Noc*I 将目的片段 *TaAFP-BaF* 和 *TaAFP-BbF* 分别从克隆载体 pUC57-*TaAFP-BaF* 和 pUC57-*TaAFP-BbF* 上酶切下来，分别连接到经同样酶切的植物表达载体 pITV1＃1534 上，构建成植物瞬时表达载体 pITV1-*TaAFP-BaF* 和 pITV1-*TaAFP-BbF*，将重组载体转化 *E. coli* DH5α 后用引物 TaAFP-BF F/R 进行菌落 PCR 鉴定(图 4-9)和酶切鉴定(图 4-10)，均得到预期大小的目的片段，表明 *TaAFP-B* 基因 5′UTR 区域差异片段植物瞬时表达载体构建成功。

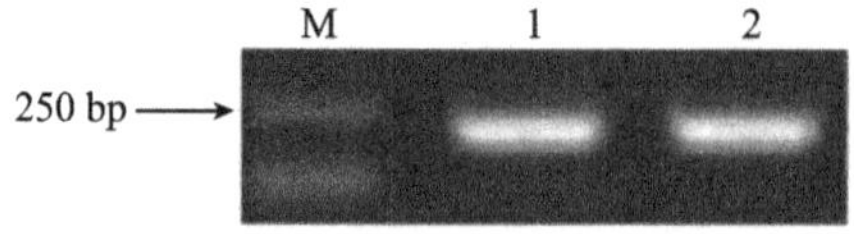

图 4-9　重组表达载体的菌落 PCR 鉴定图谱

M. DL2 000 bp DNA marker；1. *TaAFP-Ba*(207 bp)；2. *TaAFP-Bb* (203 bp)

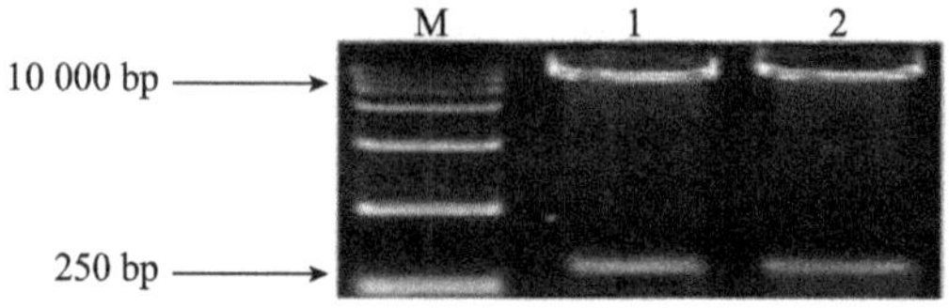

图 4-10　重组表达载体酶切鉴定图谱

M. DL 15 000 DNA marker；1. *TaAFP-BaF*(276 bp)；2. *TaAFP-BbF*(272 bp)

2. 小麦叶片中 *tdTomatoER* 和 *GUS* 基因的瞬时表达

周 8425B 小麦叶片在转化了表达载体 pITV1-*TaAFP-BaF*、pITV1-*TaAFP-BbF* 和 pITV1＃1534 后，其叶片表达 *tdTomatoER* 基因的荧光强度强弱为：pITV1-*TaAFP-BaF*＞pITV1-*TaAFP-BbF*＞*tdTomatoER*；另外 *GUS* 基因的表达差异，其趋势与 *tdTomatoER* 基因荧光强度强弱趋势一致(图 4-11)。说明 *TaAFP-B* 基因在 5′UTR 处存在的插入或缺失片段会影响基因的转录翻译，且插入片段增强基因的表达，缺失片段减弱基因的表达。

3. *TaAFP-Ba*/*bF* 基因的定量活性分析

将 pITV1-*TaAFP-BaF* 和 pITV1-*TaAFP-BbF* 以及 pITV1＃1534 载体再次用基因枪转化法转入小麦叶片进行瞬时表达，提取 GUS 蛋白，并以 4-MUG 与 GUS 蛋白反应产生荧光产物 4-MU 来定量检测 *TaAFP-BaF-GUS* 和 *TaAFP-BbF-GUS* 的表达水平及活性。结果表明：*TaAFP-BaF-GUS* 和 *TaAFP-BbF-GUS* 在小麦叶片中瞬时表达的水平均显著高于对照组($P<0.01$)，且 *TaAFP-BaF-GUS* 的表达量显著高于 *TaAFP-BbF-GUS*($P<0.01$)，证明在 *TaAFP-B* 的 5′UTR 区域 4 bp 的缺失减弱了 GUS 的活性(图 4-12)。

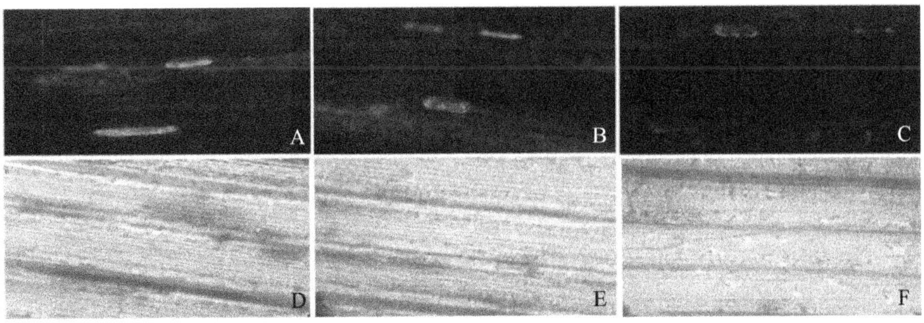

图 4-11 彩图

图 4-11 转基因 *TaAFP-Ba/bF* 小麦叶片中标记基因 *tdTomatoER* 和 GUS 的表达

A. 转基因 *TaAFP-BaF* 小麦叶片中红色荧光蛋白 tdTomatoER 的表达；B. 转基因 *TaAFP-BbF* 小麦叶片中红色荧光蛋白 tdTomatoER 的表达；C. 对照组小麦叶片中红色荧光蛋 tdTomatoER 的表达；D. 转基因 *TaAFP-BaF* 小麦叶片中 GUS 的表达；E. 转基因 *TaAFP-BbF* 小麦叶片中 GUS 的表达；F. 对照组小麦叶片中 GUS 的表达

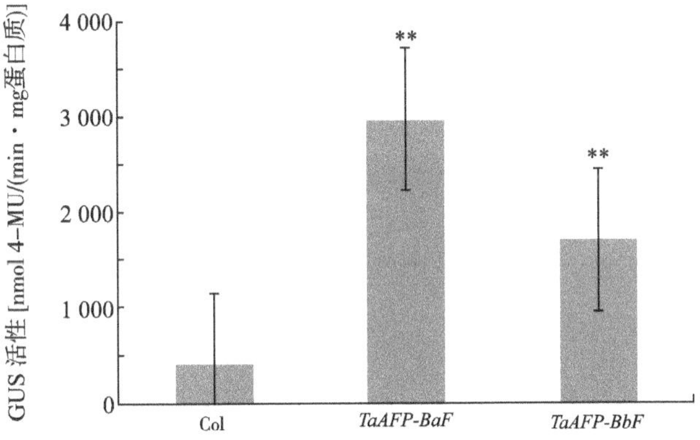

图 4-12 转基因 *TaAFP-Ba/bF-GUS* 小麦叶片的定量分析

** 表示 $P<0.01$

4.3.7 启动子 *PTaAFP-Ba/b* 的组织特异性观察及其定量活性分析

将等位基因 *TaAFP-Ba* 和 *TaAFP-Bb* 的启动子序列 *TaAFP-BaP* 和 *TaAFP-BbP*（*PTaAFP-Ba/b*）分别构建到 pARS-Root4-GUS（11 919 bp）载体上，成功构建了植物融合表达载体 *PTaAFP-Ba/b*-GUS，并利用农杆菌介导法转入水稻日本晴。用特异性引物 Pro F/R 对转基因 *PTaAFP-Ba/b-GUS* 水稻 T_1代单拷贝株系的幼苗进行 PCR 鉴定，将鉴定获得的阳性单株水培移栽继续培养，待发芽后（DAG）30 d 时对每个株系分别剪取根、茎、叶以及浸泡 24 h 的种子经 X-Gluc 染色和脱色后观察。转基因 *PTaAFP-Ba/b-GUS* 水稻，在发芽后 30 d 的根、茎、叶及浸泡 24 h 的种子中均可观察到蓝色斑点，即 *GUS* 基因在不同组织器官中均有不同程度的表达，而对照组（受体）均未检测到 *GUS* 基因的表达（图 4-13）。

进一步对所有样品进行速冻处理并提取 GUS 蛋白，采用 Bradford 法制作标准曲线（图 4-14），对转基因水稻阳性植株 GUS 进行定量检测。转基因 *PTaAFP-Ba-GUS* 植株在各个组织中 GUS 表达量均高于转基因 *PTaAFP-Bb-GUS* 植株（图 4-15）。另外，在每个转基因型水稻的每个株系中，GUS 的表达量在种子中最高，在根、茎、叶中依次递减（图 4-15）。研究结果证明：*TaAFP-B* 基因的启动子 *PTaAFP-Ba/b* 可能是组成型，可对基因的转录翻译产生影响，且 *PTaAFP-Ba* 的活性高于 *PTaAFP-Bb*。

图 4-13　彩图

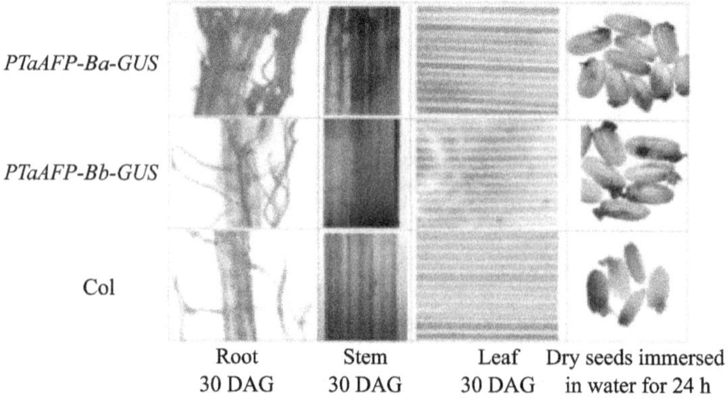

图 4-13　转基因 *PTaAFP-Ba/b-GUS* 水稻组织特异性分析

Root 30 DAG：发芽后 30 d 的根；Stem 30 DAG：发芽后 30 d 的茎；Leaf 30 DAG：发芽后 30 d 的叶；Dry seeds immersed in water for 24 h：浸泡 24 h 的种子

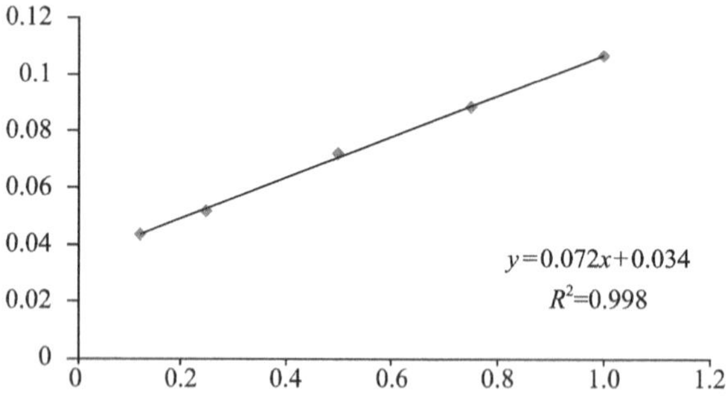

图 4-14　BSA 蛋白的标准曲线

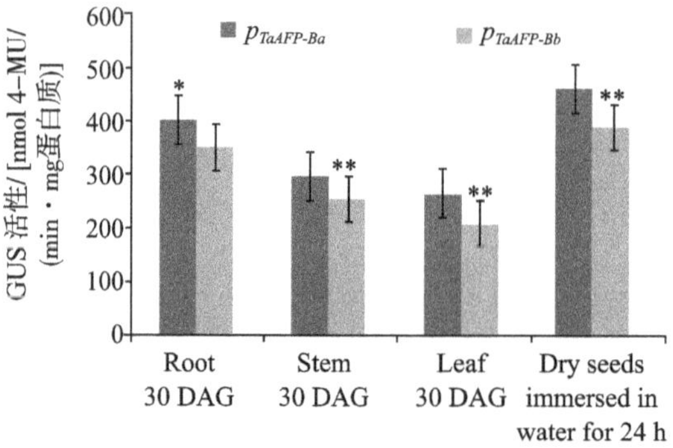

图 4-15　启动子 *PTaAFP-Ba/b* 定量活性分析

Root 30 DAG：发芽后 30 d 的根；Stem 30 DAG：发芽后 30 d 的茎；Leaf 30 DAG：发芽后 30 d 的叶；Dry seeds immersed in water for 24 h：浸泡 24 h 的种子

4.3.8 转基因水稻的鉴定

1. T_1代转基因水稻的 PCR 鉴定

提取转基因水稻各株系的单株混合叶片基因组 DNA，用特异性引物 UB F/R 进行扩增(图 4-16)。结果显示：阳性株系中均可检测到目的条带，而阴性对照(空载体)植株基因组不能扩增产生目的条带。另外，分析发现转基因 *TaAFP-BaS*、*TaAFP-BbS*、*TaAFP-BaS-GFP* 和 *TaAFP-BbS-GFP* 水稻分别培育的 20 个株系中，经 PCR 鉴定后阳性株系分别有 10 个、14 个、11 个和 15 个，其转基因效率分别为 50%、70%、55%和 75%。

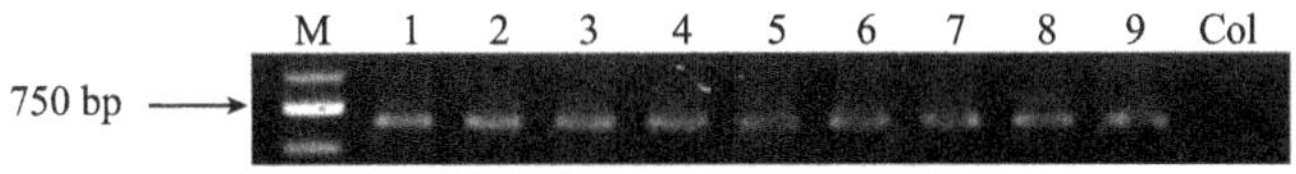

图 4-16 转基因阳性植株 PCR 鉴定图

2. T_1代转基因水稻外源基因的拷贝数鉴定

采用 QX200 ddPCR 微滴生成仪和读数仪对转基因水稻的阳性株系及对照组进行外源基因的拷贝数检测。微滴荧光检测仪的检测结果以转基因水稻 at8 和 bt38 株系中 *hpt* Ⅱ 与 *OsUBC* 基因的 ddPCR 热点图为例，表明：每个反应阴性微滴和阳性微滴的荧光值区分明显，试验检测数据质量良好(图 4-17)。

图 4-17 彩图

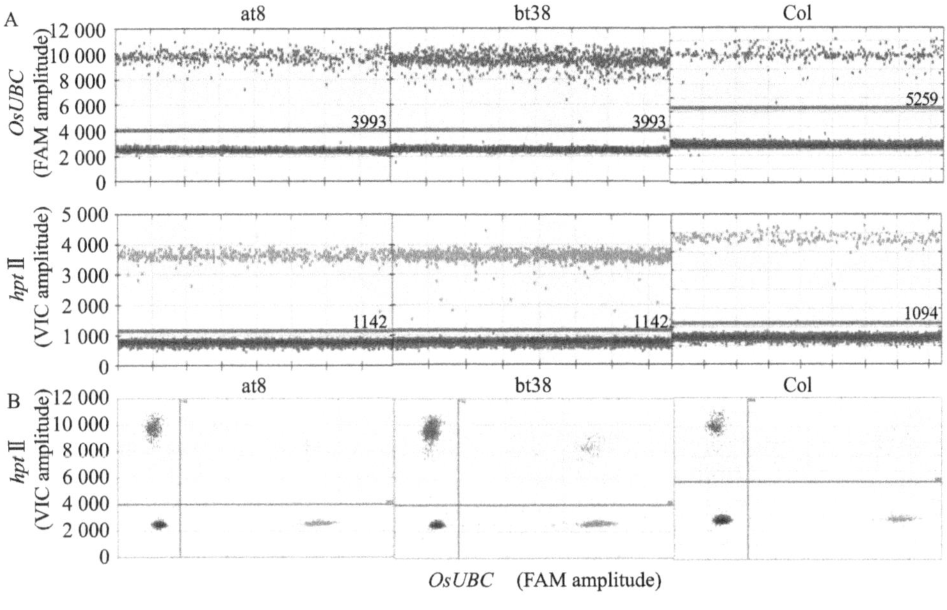

图 4-17 转基因 *TaAFP-Ba/bS* 水稻单拷贝株系的 ddPCR 检测

at8. 转基因 *TaAFP-BaS* 水稻的株系；bt38. 转基因 *TaAFP-BbS* 水稻的株系；Col. 对照组转基因水稻(空载体)。A. 内参基因 *OsUBC*(FAM™探针的阳性检测微滴信号显示为蓝色)和目的基因 *hpt* Ⅱ(VIC™探针的阳性检测微滴信号显示为绿色)的荧光信号一维热点图；B. 内参基因 *OsUBC* 和目的基因 *hpt* Ⅱ 荧光信号二维热点图。

转基因 *TaAFP-Ba/bS* 和 *TaAFP-Ba/bS-GFP* 水稻阳性株系基因组 DNA 经核酸微量测定仪检测后，分别有 18 个和 13 个阳性株系样本可进行 *hpt*Ⅱ/*OsUBC* 基因拷贝数的鉴定。在转基因 *TaAFP-Ba/bS* 水稻中共鉴定获得 13 个单拷贝株系，约占总检测数的 72.22%；转基因 *TaAFP-BaS* 和 *TaAFP-BbS* 分别鉴定了 9 个株系，分别获得 7 个和 6 个单拷贝株系，获得率分别为 77.78%和 66.67%。转基因 *TaAFP-Ba/bS-GFP* 共获得 8 个单拷贝株系，约占总检测数的 61.54%；转基因 *TaAFP-BaS-GFP* 水稻只鉴定了 4 个株系，获得单拷贝株系 3 个，占检测株系的 75%；其余 9 个转基因 *TaAFP-BbS-GFP* 水稻中鉴定得到 5 个单拷贝株系，占检测株系的 55.56%(表 4-4)。

表 4-4　转基因水稻 DNA 的 *hpt*Ⅱ/*OsUBC* 基因拷贝数的 ddPCR 检测值和拷贝数比值

样品名称	*OsUBC*/(拷贝数/μL)	*hpt*Ⅱ/(拷贝数/μL)	目的基因拷贝数	样品名称	*OsUBC*/(拷贝数/μL)	*hpt*Ⅱ/(拷贝数/μL)	目的基因拷贝数
ar5	1 700	1 240	1(0.73)	at31	8 740	8 940	1 (1.02)
ar9	420	140	0(0.33)	at36	11 260	11 720	1(1.04)
ar24	13 020	8 984	1(0.69)	at38	25 400	17 940	1(0.71)
ar48	26 160	15 958	1(0.61)	at40	20 600	10 540	1(0.51)
br4	440	2 580	6(5.86)	at42	1 260	1 540	1(1.22)
br7	52 000	97 600	2(1.88)	at45	430	472	1(1.09)
br11	11 420	8 760	1(0.77)	bt2	28 200	32 800	1(1.16)
br17	8 600	23 400	3(2.72)	bt 3	25 300	39 000	2(1.54)
br20	21 800	21 400	1(0.98)	bt4	6 760	9 800	1(1.45)
br22	24 000	26 000	1(1.08)	bt8	6 220	3 780	1(0.61)
br27	39 400	26 000	1(0.66)	bt12	12 080	3 900	0(0.32)
br34	7 200	7 800	1(1.08)	bt38	17 000	15 980	1(0.94)
br38	31 400	9 800	0(0.31)	bt40	20 600	18 800	1(0.91)
at6	16 060	5 440	0(0.34)	bt43	796	1 112	1(1.39)
at8	7 780	7 940	1(1.02)	bt45	39 300	16 100	0(0.41)
at22	16 440	26 200	2(1.59)	Col	25 600	22 272	1(0.87)

3. T_2代转基因水稻 *TaAFP-B* 转录本的表达分析

(1)单拷贝转基因水稻 RNA 的提取

提取各试验样本的总 RNA，琼脂糖凝胶电泳检测结果显示 RNA 条带清晰，18S 和 28S 完整。用超微量紫外核酸定量仪进行检测，$A_{260\ \mathrm{nm}}/A_{280\ \mathrm{nm}}$、$A_{260\ \mathrm{nm}}/A_{230\ \mathrm{nm}}$ 分别为 2.03、2.04，也说明 RNA 较为完整，可进行后续试验。

(2)不同拷贝数比值株系中 *TaAFP-B* 转录本的表达特性

为了避免拷贝数差异对目的基因转录本的表达造成影响，首先分析了转基因水稻中单拷贝数比值相近的 at8、at31、at36 和 bt2、bt38、bt40 株系蜡熟期种子(T_2代)中 *TaAFP-B* 基因的表达特性(图 4-18)。转基因 *TaAFP-BaS* 和 *TaAFP-BbS* 水稻的 RT-qPCR 检测结果表明：在转基因水稻单拷贝株系中 *TaAFP-B* 基因转录本的表达量不会随着拷贝数比值的变化而显著改变(图 4-18 和表 4-4)。所以，将 at8、at31、at36 和 bt2、bt38、bt40 株系的植株作为后续转录、翻译以及表型分析的试验材料。

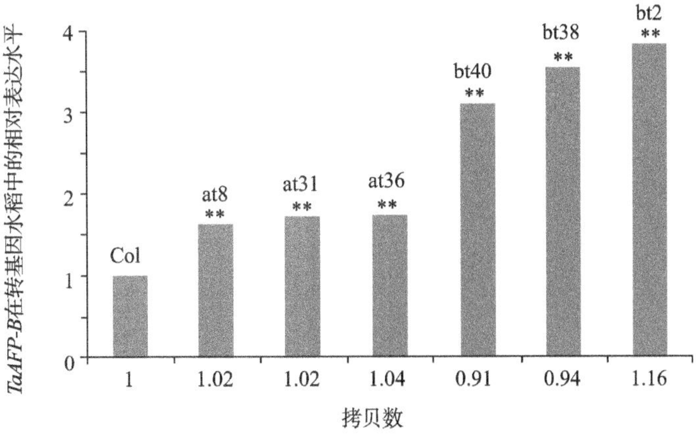

图 4-18 单拷贝转基因 *TaAFP-Ba/bS* 水稻蜡熟期种子中 *TaAFP-B* 基因的表达

(3)单拷贝转基因水稻不同组织器官中 *TaAFP-B* 转录本的表达特性

对 at8、at31、at36，bt2、bt38、bt40，ar5、ar24、ar48 和 br20、br22、br34 株系 T_2代蜡熟期种子和萌芽(DAG)30 d 幼苗的根、茎、叶进行 RT-qPCR 分析统计，结果表明：在转基因 *TaAFP-Ba/bS* 和 *TaAFP-Ba/bS-GFP* 水稻中，与对照组相比，*TaAFP-B* 的表达量在各组织中均显著升高；在各组织中 *TaAFP-B* 转录本的表达水平其趋势均为蜡熟期种子＞根＞茎＞叶；转基因 *TaAFP-BaS/-GFP* 水稻中 *TaAFP-B* 的表达量在各组织中均显著低于 *TaAFP-BbS/-GFP*(图 4-19A 和 B)。另外，*TaAFP-B* 的表达量在转基因 *TaAFP-Ba/bS* 水稻中均分别略高于 *TaAFP-Ba/bS-GFP*，这可能与融合蛋白 GFP 的共同表达有关。

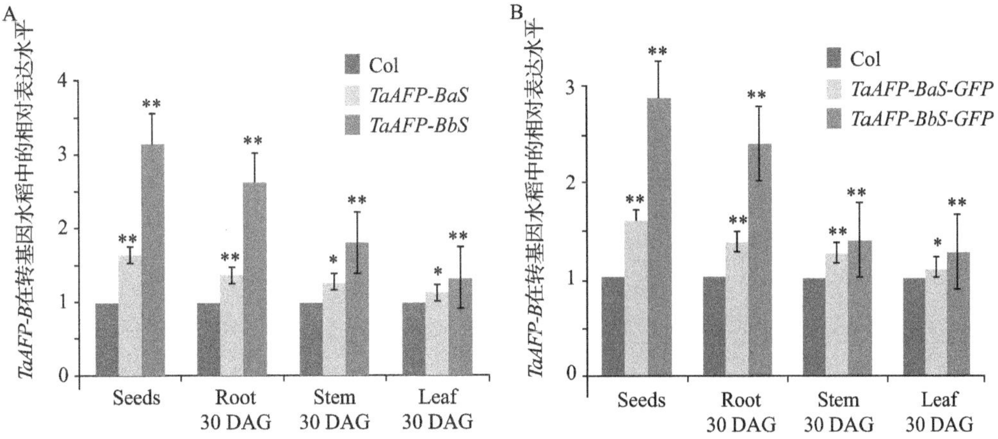

图 4-19 单拷贝转基因水稻中 *TaAFP-B* 基因的表达

Seeds：蜡熟期种子；Root 30 DAG：发芽后 30 d 的根；Stem 30 DAG：发芽后 30 d 的茎；Leaf 30 DAG：发芽后 30 d 的叶

4. 转基因 *TaAFP-Ba/bS-GFP* 水稻幼叶中融合蛋白 GFP 的表达

分别剪取转基因水稻 *TaAFP-BaS-GFP* 和 *TaAFP-BbS-GFP* 的 ar5、ar24、ar48 和 br20、 br22、br34 单拷贝株系 T_2代幼叶(30 DAG)置于载玻片,用激光共聚焦扫描显微镜进行观察,分别通过明场采集组织样本的照片、FITC 滤光器收集绿色荧光(GFP)和 TRITC 滤光器收集叶绿体中叶绿素的自发荧光即红色荧光,并分别将三者进行叠加,结果显示:叠加照片图中橙黄色为 GFP 的表达情况,转化未重组的空载体作为对照组(Col),其幼叶中 GFP 的表达分布稀疏,叠加荧光强度较弱(图 4-20D);转基因 *TaAFP-BaS-GFP* 水稻幼叶中 GFP 的表达与对照组相比较为密集且叠加荧光强度有所增加(图 4-20H);转基因 *TaAFP-BbS-GFP* 水稻幼叶中 GFP 的表达与对照组和 *TaAFP-BaS-GFP* 相比分布最广、叠加荧光强度最强(图 4-20L)。说明 GFP 在转基因水稻幼叶中的表达趋势为 *TaAFP-BbS-GFP*>*TaAFP-BaS-GFP*>Col,与目的基因 *TaAFP-B* 转录本表达量的变化趋势一致。

图 4-20　彩图

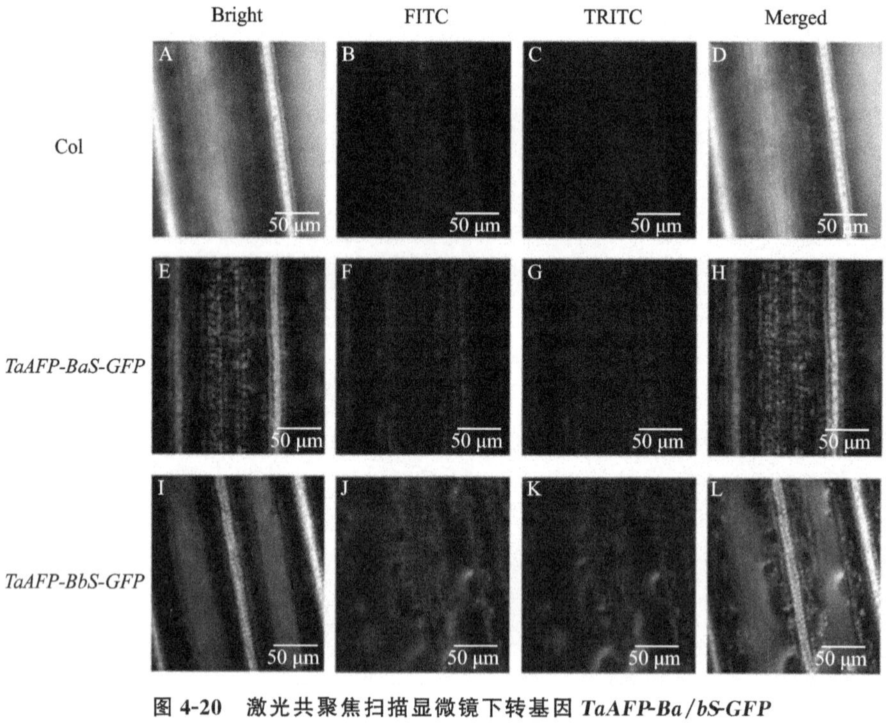

图 4-20　激光共聚焦扫描显微镜下转基因 *TaAFP-Ba/bS-GFP* 水稻叶片中的绿色荧光和红色荧光

A. 对照组转基因水稻叶片明场;B. 对照组转基因水稻叶片的绿色荧光;C. 对照组转基因水稻叶片的红色荧光;D. A、B 和 C 叠加图;E. 转基因 *TaAFP-BaS-GFP* 水稻叶片的明场;F. 转基因 *TaAFP-BaS-GFP* 水稻叶片的绿色荧光;G. 转基因 *TaAFP-BaS-GFP* 水稻叶片的红色荧光;H. E、F 和 G 叠加图;I. 转基因 *TaAFP-BbS-GFP* 水稻叶片的明场;J. 转基因 *TaAFP-BbS-GFP* 水稻叶片的绿色荧光;K. 转基因 *TaAFP-BbS-GFP* 水稻叶片的红色荧光;L. I、J 和 K 叠加图

采用 anti-GFP 单克隆抗体进行免疫印迹分析,检测 TaAFP-B 在转基因水稻中的表达水平。GFP 融合蛋白的表达水平在转基因 *TaAFP-Bb-GFP* 蜡熟期种子中高于 *TaAFP-Ba-GFP* 种子,表明在 *TaAFP-Ba* 启动子中插入 4 bp,降低了转基因水稻成熟种子中 TaAFP-B-GFP 蛋白的表达水平(图 4-21)。

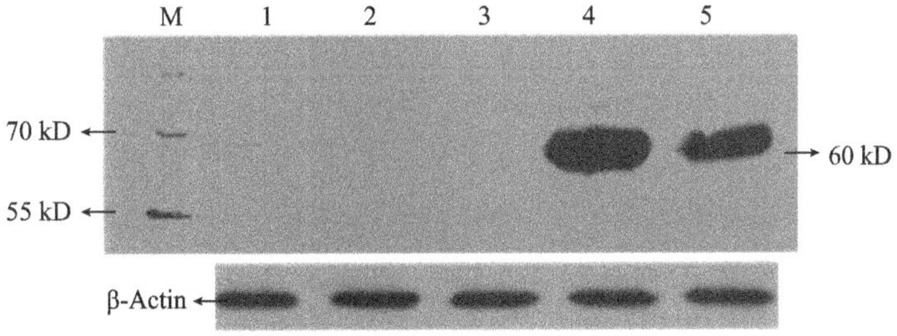

图 4-21 转基因水稻种子中 *TaAFP-B* 蛋白的表达

M. marker (product＃26616)；1. 对照组蜡熟期种子；2. 转基因 *TaAFP-BbS* 蜡熟期种子；3. 转基因 *TaAFP-BaS* 蜡熟期种子；4. 转基因 *TaAFP-BbS-GFP* 蜡熟期种子；5. 转基因 *TaAFP-BaS-GFP* 蜡熟期种子

5. 转基因水稻在不同胁迫处理下 *TaAFP-B* 的表达变化

为进一步研究单拷贝转基因水稻在应对不同胁迫处理时 *TaAFP-B* 基因的表达变化，对转基因 *TaAFP-BaS* 和 *TaAFP-BbS* 水稻的 at8 和 bt38 株系蜡熟期种子（T_2代）及对照组进行分析。研究结果表明（图 4-22）：未经胁迫处理时，*TaAFP-B* 的表达量均随着胁迫处理时间的增加而逐渐下降，且转基因 *TaAFP-BaS* 水稻种子的表达量均低于 *TaAFP-BbS*。ABA 胁迫处理后，*TaAFP-B* 的表达量先升高后又逐渐降低，在处理第 2 天后达到峰值；转基因 *TaAFP-BaS* 水稻种子的表达量总是高于 *TaAFP-BbS*，与未处理组相比均有所升高。NaCl 胁迫处理后，表达量的变化趋势均为先升高又逐渐降低，转基因 *TaAFP-BaS* 水稻种子在处理后第 2 天达到峰值，转基因 *TaAFP-BbS* 水稻种子在处理后第 3 天达到峰值；处理第 1 天和第 2 天转基因 *TaAFP-BaS* 水稻种子的表达量均低于 *TaAFP-BbS*，处理第 3～5 天转基因 *TaAFP-BaS* 水稻种子的表达量均高于 *TaAFP-BbS*。干旱胁迫处理后，*TaAFP-B* 的表达量变化趋势均为先升高又逐渐降低，在处理后第 2 天达到峰值；处理第 1 天和第 2 天转基因 *TaAFP-BaS* 水稻种子的表达量均低于 *TaAFP-BbS*，处理第 3～5 天转基因 *TaAFP-BaS* 水稻种子的表达量均高于 *TaAFP-BbS*，与未处理组相比，*TaAFP-B* 的表达量均有显著增加。

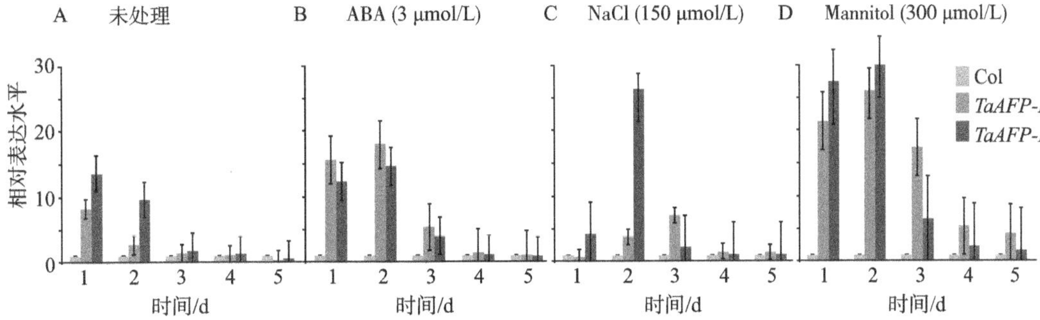

图 4-22 单拷贝转基因水稻蜡熟期种子在不同胁迫处理下 *TaAFP-B* 基因的表达变化

经 ABA 胁迫处理后，转基因 *TaAFP-BaS* 水稻种子中 *TaAFP-B* 的表达量均高于 *TaAFP-BbS*，与未经处理的结果相反，表明转基因 *TaAFP-BaS* 水稻种子对 ABA 的胁迫处理更为敏感。经 NaCl 和干旱胁迫处理后，与未处理组相比，在处理第 1 天和第 2 天后 *TaAFP-B*

的表达量在转基因 *TaAFP-BaS* 水稻种子中均低于转基因 *TaAFP-BbS* 种子；处理第 3～5 天后，*TaAFP-BaS* 水稻中 *TaAFP-B* 的表达量均高于 *TaAFP-BbS*；这表明随着胁迫处理时间的增加，转基因 *TaAFP-BaS* 和 *TaAFP-BbS* 水稻种子对 NaCl 和干旱的敏感性会有所改变；转基因 *TaAFP-BaS* 水稻对 NaCl 的胁迫处理更为敏感；转基因 *TaAFP-BaS* 和 *TaAFP-BbS* 水稻对干旱胁迫处理均较为敏感。

6. 转基因水稻单拷贝株系 T_2 代表型观察

选取转基因 *TaAFP-Ba/bS* 和 *TaAFP-Ba/bS-GFP* 水稻单拷贝株系 at8、at31、at36，bt2、bt38、bt40 和 ar5、ar24、ar48，br20、br22、br34 的 T_1 代各 20 个单株进行田间种植，PCR 鉴定发现每个株系的阳性单株均占检测植株的 70%以上。另对 T_2 代各转基因型成熟期的水稻表型进行观察统计发现(图 4-23)：①转基因 *TaAFP-BaS*、*TaAFP-BbS* 水稻和对照组相比，发

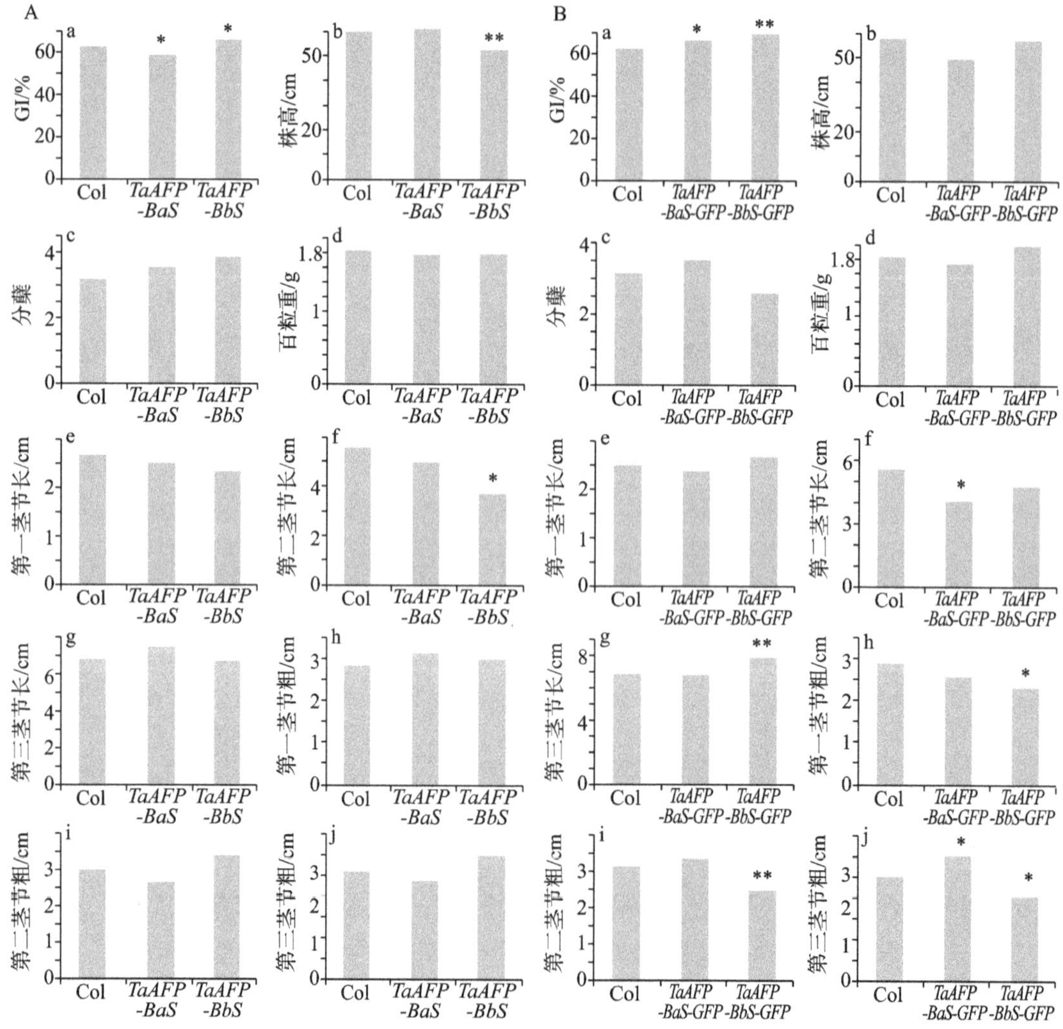

图 4-23 转基因 *TaAFP-Ba/bS* 和 *TaAFP-Ba/bS-GFP* 水稻表型统计分析

芽指数(GI)分别为 58.47%、65.52%和 61.72%(*P*=0.035 4 和 0.014 1)。②转基因 *TaAFP-BbS* 水稻和对照组相比,株高分别为 51.61 cm 和 58.97 cm(*P*=0.007 9),第二茎节长分别为 3.84 cm 和 5.76 cm(*P*=0.024 1)。③转基因 *TaAFP-BaS-GFP*、*TaAFP-BbS-GFP* 水稻和对照组相比,发芽指数(GI)分别为 66.11%、69.08%和 61.72%(*P*=0.015 6 和 0.001 4)。④转基因 *TaAFP-BaS-GFP* 水稻和对照组相比,第二茎节长分别是 4.17 cm 和 5.76 cm(*P*=0.011 7),第三茎节粗分别是 3.68 cm 和 3.05 cm(*P*=0.019 2)。⑤转基因 *TaAFP-BbS-GFP* 水稻和对照组相比,第三茎节长分别是 8.21 cm 和 7.12 cm(*P*=0.009 2),第一茎节粗分别是 2.28 cm 和 2.89 cm(*P*=0.027 6),第二茎节粗分别是 2.43 cm 和 3.13 cm(*P*=0.003 4),第三茎节粗分别是 2.46 cm 和 3.05 cm(*P*=0.019 3)。

转基因 *TaAFP-BaS* 和 *TaAFP-BbS* 水稻相比发芽指数差异极显著(*P*=0.001 1)。转基因 *TaAFP-BaS-GFP* 和 *TaAFP-BbS-GFP* 水稻相比,差异显著的性状分别有发芽指数(*P*=0.031 2)、第二茎长(*P*=0.039 6)、第三茎长(*P*=0.005 3)和第三茎粗(*P*=0.001 5)。

综上所述,转基因 *TaAFP-Ba/bS* 和 *TaAFP-Ba/bS-GFP* 水稻的发芽指数与对照组相比均差异显著,且转基因 *TaAFP-BaS/-GFP* 和 *TaAFP-BbS/-GFP* 水稻相比发芽指数也差异显著,而其他表型差异显著性不一致。此结果表明水稻中 *TaAFP-Ba/b* 的超表达对发芽指数产生了影响,*TaAFP-Ba/b* 与穗发芽抗性机制关系较为密切。

7.转基因小麦的鉴定

(1)T_1代转基因小麦的 PCR 鉴定

转基因 *TaAFP-BaS* 和 *TaAFP-BbS* 小麦 T_1代种子分别获得 12 个和 13 个株系,每个株系以及对照组各种植 20 个单株进行培育,单株提取基因组 DNA 进行 PCR 鉴定。转基因 *TaAFP-Ba/bS* 小麦 T_2代共成活了 350 个单株,成活率为 70%;鉴定获得阳性单株 42 个,占总检测植株的 12%;*TaAFP-BaS* 成活 150 株,阳性 22 株占检测植株的 15%,*TaAFP-BbS* 成活 200 株,阳性 20 株占检测植株的 10%。转基因 *TaAFP-BaS* 和 *TaAFP-BbS* 小麦分别鉴定到阳性株系为 9 个和 10 个,转化效率分别为 75%和 77%。

(2)T_1代转基因小麦外源基因的拷贝数鉴定

转基因 *TaAFP-Ba/bS* 小麦各阳性株系经进一步检测有 4 个株系的 DNA 陆续降解(原因不明)且只收获一个单株,所以只对 15 个阳性株系和一个对照组进行 *TaAFP-Ba/bS-D/TaPINb-D1b*^{d} 基因拷贝数的鉴定分析。微滴荧光检测仪的检测结果中小麦 *TaAFP-Ba/bS* 和 *TaPINb-D1b*^{d} 基因的 ddPCR 热点图(图 4-24)显示试验数据质量良好。另外,小麦的目的基因和内参基因使用的探针分别为 VIC™ 和 FAM™ 标签,其中阴性对照中没有检测到阳性微滴,可见该体系中没有污染或非特异性扩增。转基因 *TaAFP-BaS* 和 *TaAFP-BbS* 进行拷贝数鉴定,阳性株系分别有 6 个和 9 个,其单拷贝株系分别有 3 个和 4 个,占各自检测总数的 50%和 44.4%(表 4-5)。

图 4-24 彩图

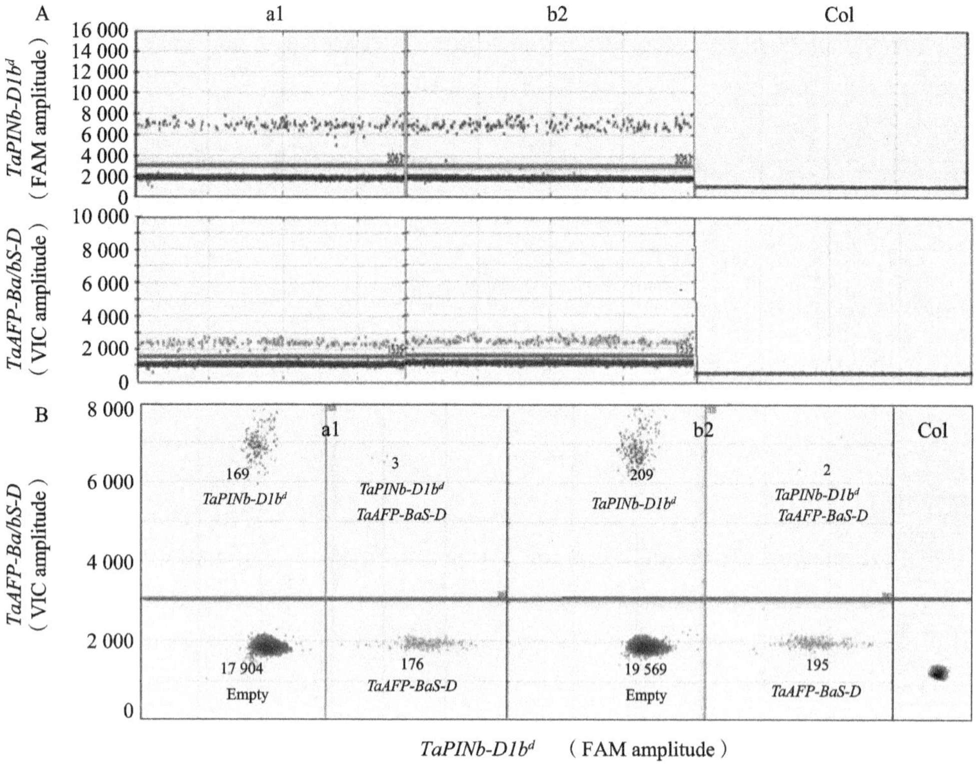

图 4-24 转基因 *TaAFP-Ba/bS* 小麦单拷贝株系的 ddPCR 检测

a1. 转基因 *TaAFP-BaS* 小麦株系；b2. 转基因 *TaAFP-BbS* 小麦株系；Col：对照组转基因小麦（空载体）。

A. 内参基因 *TaPINb-D1b*^{d}（FAM^{TM}探针的阳性检测微滴信号显示为蓝色）和目的基因 *TaAFP-Ba/bS-D*（VIC^{TM}探针的阳性检测微滴信号显示为绿色）的荧光信号一维热点图；B. 内参基因 *TaPINb-D1b*^{d} 和目的基因 *TaAFP-Ba/bS-D* 荧光信号二维热点图。

表 4-5 转基因小麦 DNA 的 *TaAFP-Ba/bS-D/TaPINb-D1b*^{d} 基因拷贝数的 ddPCR 检测值和拷贝数比值

样品名称	*TaPINb-D1b*^{d}/（拷贝数/μL）	*TaAFP-Ba/bS-D*/（拷贝数/μL）	目的基因拷贝数	样品名称	*TaPINb-D1b*^{d}/（拷贝数/μL）	*TaAFP-Ba/bS-D*/（拷贝数/μL）	目的基因拷贝数
a1	1 110	1 160	1(1.05)	b4	1 890	79	0(0.04)
a2	1 720	1 350	1(0.78)	b6	1 620	1 170	1(0.72)
a3	1 890	310	0(0.16)	b7	1 750	2 270	1(1.30)
a4	1 660	15 900	10(9.58)	b9	700	1 330	2(1.9)
a10	1 230	820	1(0.67)	b11	1 260	560	0(0.44)
a11	1 100	460	0(0.42)	b12	890	510	1(0.57)
b2	1 250	1 170	1(0.936)	b13	1 370	10 600	8(7.74)
b3	2 080	5 410	3(2.6)	Col	1 250	1 072	1(0.86)

(3) T_2代转基因小麦 *TaAFP-B* 转录本的表达分析

①不同拷贝数比值株系中 *TaAFP-B* 转录本的表达特性：为了避免转基因小麦拷贝数对目的基因转录本的表达差异造成影响，选取转基因 *TaAFP-BaS* 和 *TaAFP-BbS* 小麦的单拷

贝 a1、a2、a10 和 b2、b6、b7 株系蜡熟期种子进行 *TaAFP-B* 基因的表达量分析。各株系 *TaAFP-Ba/bS/TaPINb-D1b*^{d} 基因拷贝数比值分别为 1.05、0.78、0.67 和 0.94、0.72、1.3。在同一个转基因型相同、拷贝数不同比值的株系种子中，*TaAFP-B* 基因的表达量随着拷贝数比值的增加而增加(图 4-25)；转基因 *TaAFP-BaS* 和 *TaAFP-BbS* 的 a1 和 b2 株系中拷贝数比值分别为 1.05 和 0.94，这两个株系中 *TaAFP-B* 基因的表达量分别与对照组相比差异极显著(图 4-25)(P 值分别为 0.004 3 和 0.009 2)，因此选取 a1 和 b2 株系进行后续转录本表达量分析、种子胁迫处理和表型观察鉴定。另外，转基因 *TaAFP-BaS* 和 *TaAFP-BbS* 的 a1 和 b2 株系中，*TaAFP-B* 基因的表达量在二者之间差异极显著($P=0.001\ 5$)，且 *TaAFP-B* 基因的表达量在转基因 *TaAFP-BaS* 株系中总是低于 *TaAFP-BbS*(图 4-25)。

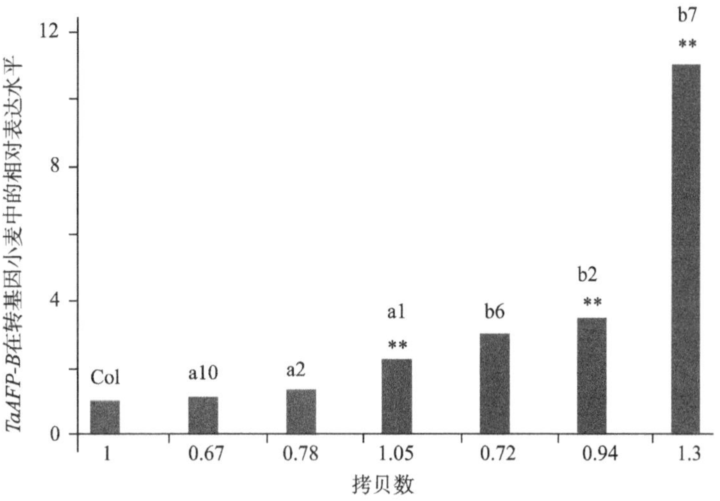

图 4-25 单拷贝转基因 *TaAFP-Ba/bS* 小麦蜡熟期种子中 *TaAFP-B* 基因的表达

②单拷贝转基因小麦不同组织器官中 *TaAFP-B* 转录本的表达特性：以转基因小麦蜡熟期种子和萌芽(DAG)30 d 幼苗的根、茎、叶为材料，在转基因 *TaAFP-BaS* 和 *TaAFP-BbS* 小麦的 a1 和 b2 株系中，与对照组相比，*TaAFP-B* 的表达量在各组织中均显著升高；在各组织中 *TaAFP-B* 转录本的表达水平趋势为蜡熟期种子＞根＞茎＞叶；转基因 *TaAFP-BaS* 小麦材料中 *TaAFP-B* 的表达量在各组织中均显著低于转基因 *TaAFP-BbS* 小麦，且与普通小麦的结果相反(图 4-26)。

另外，进一步分析单拷贝转基因小麦中 *TaAFPs* 和 *TaABI5* 基因转录本的表达变化，结果表明：在转基因单拷贝株系蜡熟期种子中，*TaAFP-B* 基因转录本的表达量总是高于 *TaAFP-A* 和 *TaAFP-D*，这与普通小麦种子不同开花期的表达趋势一致；转基因 *TaAFP-BaS* 小麦材料中 *TaAFPs* 和 *TaABI5* 的转录本表达量始终都低于转基因 *TaAFP-BbS* 小麦，与普通小麦的结果相反(图 4-27)。转基因 *TaAFP-BaS* 和 *TaAFP-BbS* 小麦单拷贝株系种子中 *TaAFP-A*、*TaAFP-B* 和 *TaAFP-D* 的表达量分别与对照组相比均升高，但显著性差异各不相同。而 *TaABI5* 的表达量在两种转基因型材料中差异均不显著，说明 *TaAFP-BaS* 和 *TaAFP-BbS* 基因的转入未引起 *TaABI5* 表达量的变化。

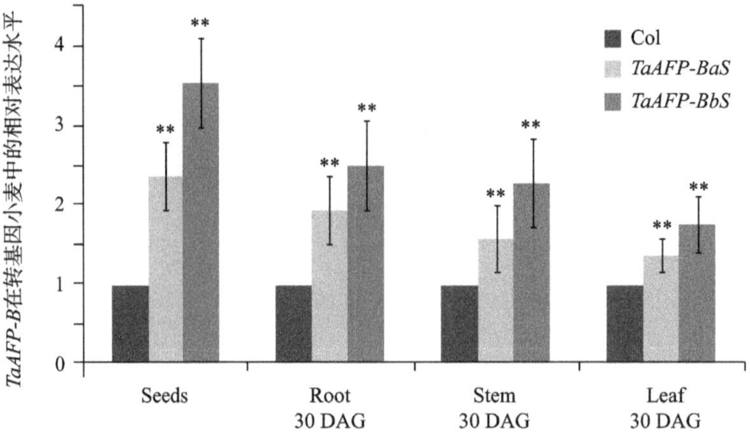

图 4-26　单拷贝转基因 *TaAFP-Ba/bS* 小麦中 *TaAFP-B* 基因的表达

Seeds：蜡熟期种子；Root 30 DAG：发芽后 30 d 的根；Stem 30 DAG：发芽后 30 d 的茎；Leaf 30 DAG：发芽后 30 d 的叶

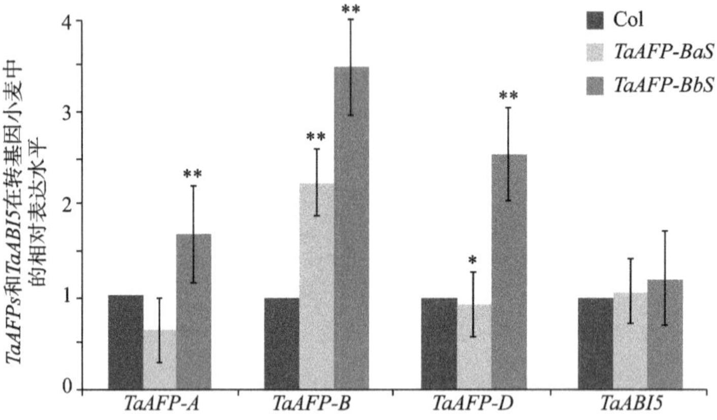

图 4-27　单拷贝转基因小麦蜡熟期种子中 *TaAFPs* 和 *TaABI5* 基因的表达

8. 转基因小麦在不同胁迫处理下 *TaAFP-B* 基因的表达变化

对转基因 *TaAFP-BaS* 和 *TaAFP-BbS* 小麦的 a1 和 b2 株系蜡熟期种子(T_2代)及对照组在不同胁迫处理下 *TaAFP-B* 基因的表达进行分析，结果表明：在各胁迫处理后，目的基因 *TaAFP-B* 的转录本表达量在转基因 *TaAFP-BaS* 小麦材料中始终都低于转基因 *TaAFP-BbS* 小麦，与对照组相比表达量均差异显著(图 4-28)。

未经胁迫处理时，*TaAFP-B* 的表达量在第 2 天均有所下降，之后逐渐升高又降低，在第 3 天时均达到峰值。ABA 胁迫处理后，表达量的变化趋势与未经处理时一致，但是表达量的峰值出现在第 4 天；与未处理组相比，在转基因 *TaAFP-BaS* 小麦种子中表达量均有所下降，而在转基因 *TaAFP-BbS* 小麦种子中表达量均有所升高，在胁迫处理的第 3 天和第 4 天降低或升高比较明显。以上结果表明：转基因 *TaAFP-BbS* 小麦对 ABA 的胁迫处理更为敏感。

NaCl 胁迫处理后，*TaAFP-B* 基因表达量的变化趋势在转基因 *TaAFP-BbS* 小麦种子中与未经处理的一致，而在转基因 *TaAFP-BaS* 小麦种子中第 3 天才有所下降，之后逐渐升高又

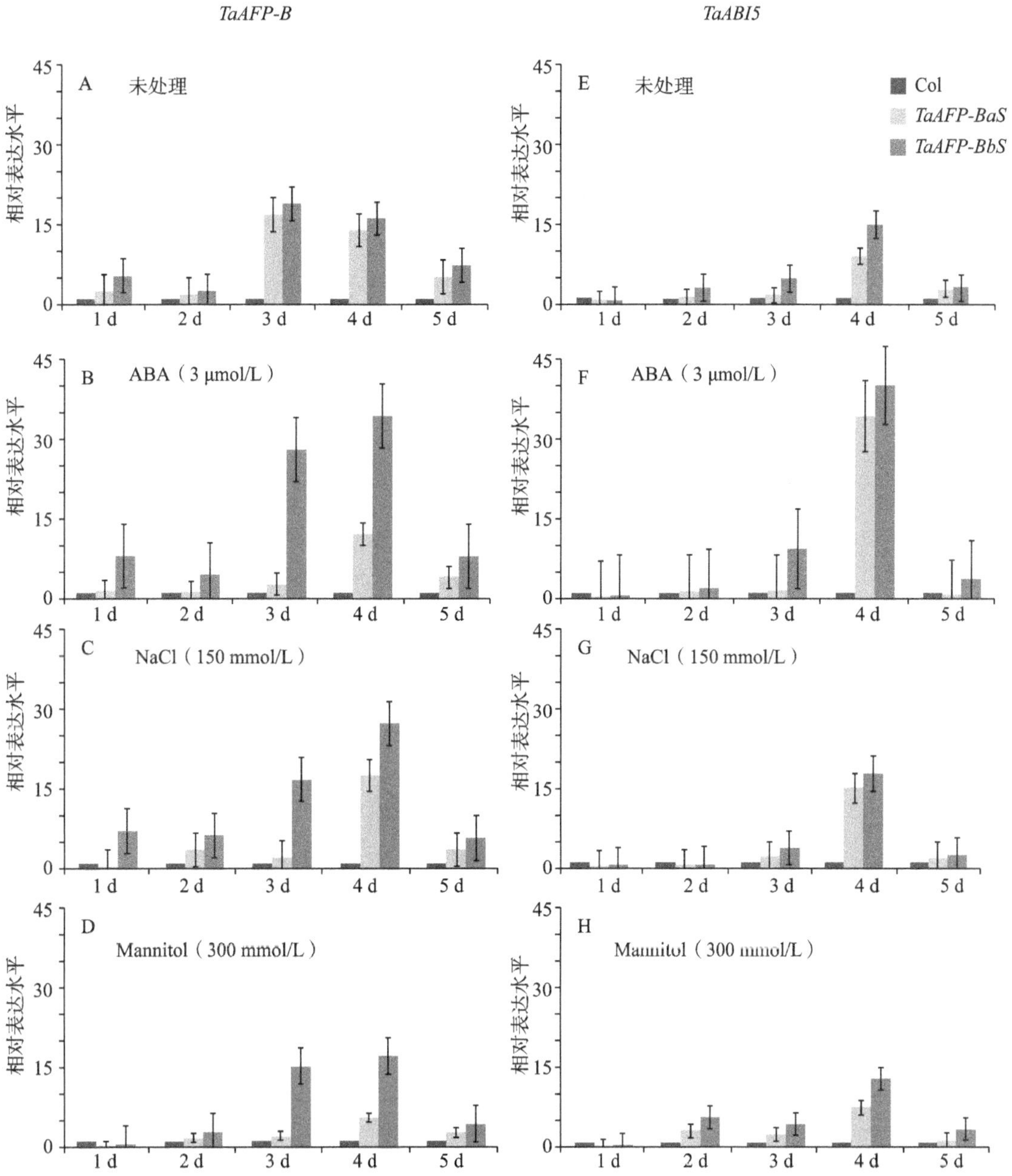

图 4-28 单拷贝转基因小麦蜡熟期种子在不同胁迫处理下 *TaAFP-B* 和 *TaABI5* 基因的表达变化

降低，峰值出现在处理后的第 4 天；与未处理组相比，处理后第 1 天转基因 *TaAFP-BaS* 小麦种子中表达量有所下降，而在转基因 *TaAFP-BbS* 小麦种子中表达量有所升高；第 2 天和第 4 天后与未处理组相比均升高，且在第 4 天后转基因 *TaAFP-BbS* 小麦种子中表达量显著升高；第 3 天和第 5 天后，二者与未处理组相比均降低，且在第 3 天时转基因 *TaAFP-BaS* 小麦种子中表达量显著降低。以上结果表明：转基因 *TaAFP-BbS* 小麦对 NaCl 的胁迫处理较 *TaAFP-BaS* 更为敏感。

干旱胁迫处理后，*TaAFP-B* 的表达量随着胁迫处理天数的增加逐渐升高，在第 4 天时达到峰值，随后又降低。与未处理组相比，转基因 *TaAFP-BaS* 小麦种子中 *TaAFP-B* 的表达量均有所下降，且在第 3 天最明显；在转基因 *TaAFP-BbS* 小麦种子中处理第 2 天和第 4 天后 *TaAFP-B* 的表达量与未处理组相比均升高，其他均降低，且在第 1 天后降低比较明显。以上结果表明：转基因*TaAFP-Ba/bS* 小麦对干旱胁迫处理均不是很敏感。

综上所述，转基因 *TaAFP-BbS* 小麦种子对 ABA 和 NaCl 的胁迫处理比较敏感，而转基因 *TaAFP-BaS* 经不同胁迫处理后，*TaAFP-B* 转录本的表达量变化规律不明显，对各胁迫处理的敏感性各异。

另外，探索不同胁迫处理后 *TaAFP-B* 与 *TaABI*5 转录本的表达变化差异与联系。在不同胁迫处理后尤其是经 ABA 胁迫处理后，第 4 天转基因 *TaAFP-Ba/bS* 小麦种子中 *TaABI*5 转录本的表达量变化较为明显。不同胁迫处理后转基因 *TaAFP-BaS* 小麦中 *TaABI*5 的转录本的表达量总是低于转基因 *TaAFP-BbS* 小麦，这与 *TaAFP-B* 转录本的表达水平趋势一致，另外 *TaAFP-B* 与 *TaABI*5 的表达量总是成反比。

9. 转基因小麦单拷贝株系 T_2代表型观察

转基因 *TaAFP-BaS* 和 *TaAFP-BbS* 小麦的单拷贝株系 a1 和 b2 分别种植了 20 个单株且分别成活 16 株和 14 株，经 PCR 鉴定后发现阳性单株分别有 6 株和 5 株，占各检测植株的 37.5%和 35.71%。待 T_2代阳性植株成熟期时对株高、分蘖、茎节粗、茎节长、蜡熟期种子的穗发芽指数等表型进行观察统计。统计结果表明(图 4-29)：①转基因 *TaAFP-BaS*、*TaAFP-BbS* 小麦和对照组相比，发芽指数(GI)分别为 59.79%、42.58%和 55.44%(P=0.012 4 和

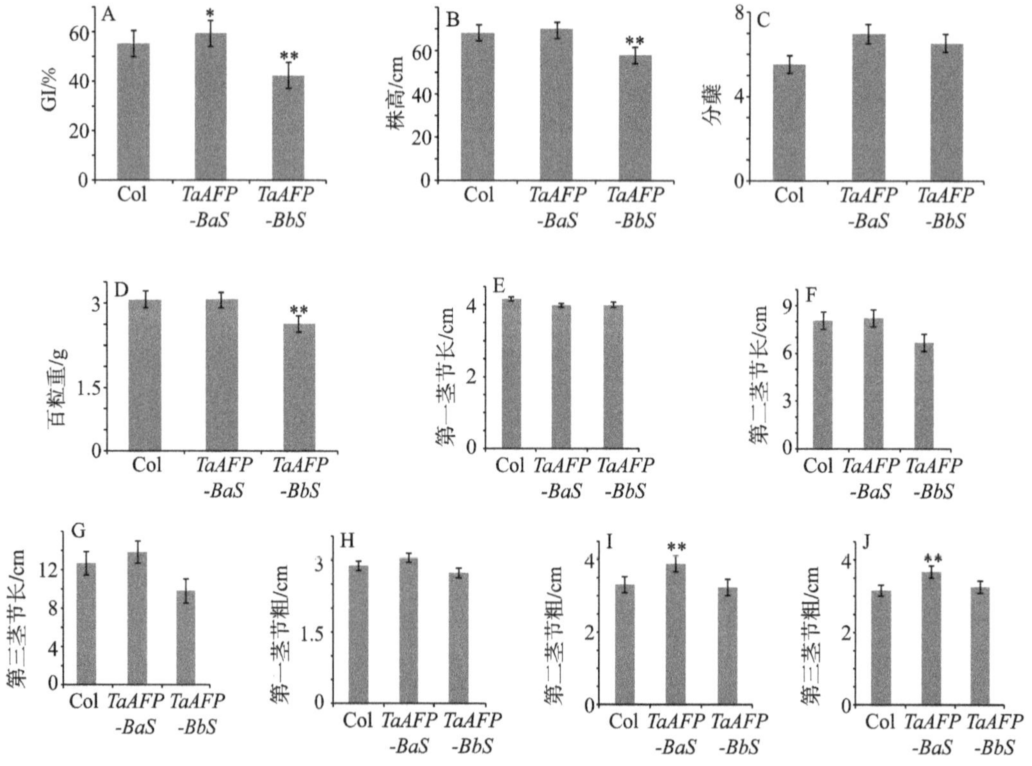

图 4-29　转基因 *TaAFP-Ba/bS* 小麦表型统计分析

P=0.003 5)。②转基因 *TaAFP-BbS* 小麦和对照组相比,株高分别为 58.91 cm 和 69.09 cm (P=0.008 9),百粒重分别为 3.01 kg 和 3.59 kg(P=0.000 2)。③转基因 *TaAFP-BaS* 小麦和对照组相比,第二茎节粗分别为 3.88 cm 和 3.31 cm(P=0.004 6),第三茎节粗分别为 3.79 cm 和 3.26 cm(P=0.003 5)。④转基因 *TaAFP-BaS* 和 *TaAFP-BbS* 小麦相比,性状差异显著的分别为:发芽指数(P=0.000 7)、株高(P=0.000 2)、第一茎节长(P=0.003 2)、第二茎节长(P=0.025 4)、第三茎节长(P=0.000 7)、第二茎节粗(P=0.006 8)、第三茎节粗(P=0.035 7)、百粒重(P=0.000 4)。

综上所述,转基因 *TaAFP-BaS* 和 *TaAFP-BbS* 小麦与对照组相比只有发芽指数差异显著,但是转基因 *TaAFP-BaS* 和 *TaAFP-BbS* 小麦二者之间相比,发芽指数、株高、茎节长等较多性状均差异显著,表明等位基因 *TaAFP-Ba* 和 *TaAFP-Bb* 的差异结构对基因的转录翻译均产生影响,且会对转基因植株的表型性状造成影响。

4.4 讨论

AtAFP 和 *AtABI5* 的同源基因分别为 *TaAFPs* 和 *TaABI5*,*AtAFPs* 作用于 *AtABI5* 的上游并调控其蛋白水平,参与 ABA 信号应答,与促进胚的萌发、抑制种子的休眠密切相关(Lopez-Mollina 等,2003;Naruhito 等,2008)。在种子发芽期间,*ABI5* 和 *AFP* 的 mRNA 和蛋白均受 ABA 的诱导,且二者的表达量呈负相关关系(Suzu 等,1997;Grill 和 Christmann,2007)。本研究在不同穗发芽抗性白粒小麦品种中对 *TaAFPs* 进行扩增、测序分析,结果发现在*TaAFP-B* 中不同穗发芽抗性小麦中存在等位变异,与 *TaAFP-B*(AB360912)基因相比,*TaAFP-Ba* 在 5′UTR 区域有2 bp 的插入,*TaAFP-Bb* 有 2 bp 的缺失。进一步选用 91 份具有不同穗发芽抗性的自然群体白粒小麦材料对新开发的 STS 标记 AFP-BF 的有效性进行验证,可扩增出 207 bp 和 203 bp 两种片段类型品种的平均 GI 值有显著差异(P=0.000 2),且能扩增出 203 bp 片段的品种比能扩增出 207 bp 的品种更抗穗发芽。但是在鉴定红粒小麦时则表现为与穗发芽抗性不相关,其原因可能是这个标记与红粒小麦穗发芽抗性机制关系不密切,因为穗发芽抗性和籽粒颜色关系的调控机理比较复杂。种皮颜色也是影响种子休眠性的一个关键因素,与白皮品种相比,红皮品种休眠程度高。红粒小麦的种皮色素是通过类黄酮生物合成途径合成的,MYB 可以参与调控植物类黄酮的合成途径,其中 *Myb/c1* 基因与控制休眠和籽粒颜色的基因连锁(McIntosh 和 Hart,1998;Derera 和 Bhatt,1977)。在这个途径中,*DFR* 基因参与花青素的合成,*Vp-1* 的突变体对花青素的合成也有一定的抑制作用,这 3 个基因之间的相互作用很可能是影响穗发芽的关键(Himi 和 Noda,2005)。所以,分子标记 AFP-BF 对红粒小麦不同穗发芽抗性的筛选还有待进行研究探讨。

本研究在周 8425B 和万县白麦不同开花时期种子中 *TaAFP-B* 转录本的表达量进行研究,证明 *TaAFP-B* 转录本的表达量在感穗发芽品种周 8425B(*TaAFP-Ba*)中始终大于抗穗发芽品种万县白麦(*TaAFP-Bb*),且在开花后 20 d 表达量达到最高,开花后 40 d 表达量最低。这与 *ABI5* 的转录水平在胚胎发育后期最高,在种子干燥过程中达到极值的表达水平特点相吻合,再次证明 *AFP* 和 *ABI5* 的表达量呈负相关关系(Lopez-Mollina 等,2003;Finkelstein 和

Lynch,2000;Dai 等,2013;Kim 等,2002)。另外,在周 8425B、万县白麦和转基因 *TaAFP-Ba/bS* 小麦的种子中分析 *TaAFPs* 和 *TaABI5* 转录本的表达变化,发现 *TaAFP-B* 转录本的表达量在不同材料的不同开花期种子中总是高于 *TaAFP-A*、*TaAFP-D* 和 *TaABI5*,且 *TaAFP-A* 和 *TaAFP-D* 分别与 *TaABI5* 的表达量呈负相关关系,而 *TaAFP-B* 和 *TaABI5* 二者成反比。结合前期研究结果,*TaAFP-A* 和 *TaAFP-D* 在不同休眠特性的小麦材料中均未发现新的等位变异,而 *TaAFP-B* 中发现与穗发芽密切相关的两个等位变异 *TaAFP-Ba* 和 *TaAFP-Bb*,且 *TaAFP-Ba* 等位基因 mRNA 的稳定性远远高于 *TaAFP-Bb* 等位基因。证明 *TaAFP-B* 基因在影响种子休眠的过程中其作用可能大于 *TaAFP-A* 和 *TaAFP-D*,即 *TaAFP-B* 在 ABA 应答机制中确实发挥更为重要的作用,为 *TaAFP-B* 基因与促进胚萌发、抑制种子休眠的调控机制密切相关提供了证据。

mRNA 的降解速率是所有生物转录后调控的一个关键因素,其半衰期作为 mRNA 稳定性的指标会影响相应蛋白产量的随机波动(McAdams 和 Arkin,1997)。mRNA 的稳定性决定了一个新蛋白达到平衡水平的速度,一定条件下改变它会对基因表达的动态平衡产生重要影响,而 5′端帽子和 3′端 poly(A)尾的结构会保护 mRNA 不被降解,进而加强其稳定性(韩飞和王高,2007;熊高飞等,2006;Fan 等,2002;Prescott,1988)。5′UTR 的长度会影响 mRNA 的半衰期,其紧密的折叠可以辅助 mRNA 接近于核糖体,参与翻译调节(Shu 等,2007;Picketing 和 Willis,2005)。本研究将 5′UTR 区域存在差异的目的基因片段 *TaAFP-BaF*(276 bp)和 *TaAFP-BbF*(262 bp)构建于载体 pITV1#1534 上,瞬时表达分析标记基因 *tdTomatoER* 表达的荧光强度、*GUS* 基因的表达量和 GUS 的活性,其趋势均为 pITV1-*TaAFP-BaF*>pITV1-*TaAFP-BbF*>pITV1#1534,证明插入片段 *TaAFP-BaF* 增强基因的表达,缺失片段 *TaAFP-BbF* 减弱基因的表达。此结果表明,5′UTR 区域 4 bp 的缺失不仅影响 mRNA 的半衰期和转录本的表达水平,而且对下游基因的翻译水平也产生影响。另外,本研究证明启动子 *PTaAFP-Ba* 的活性高于 *PTaAFP-Bb*,结合 5′UTR 和启动子共同调节基因的转录翻译水平(李生辉等,2016),而 *TaAFP-B* 在其起始密码子上游调控区−25 bp 处存在插入和缺失的变化,进一步证实 *TaAFP-B* 基因 5′UTR 区域的结构差异可能通过改变启动子的活性进而影响其转录本的表达水平。

研究表明,内源 ABA 的水平和萌发能力呈负相关关系,成熟时 ABA 含量与休眠性相一致;不同穗发芽抗性品种胚的萌发能力与胚对 ABA 的敏感程度有关,易穗发芽基因型品种胚对 ABA 的敏感性随胚萌发能力的提高而呈下降趋势(Holdsworth 和 Kurup,1999;孙果忠,2009;杨燕,2008)。在本研究中发现:转基因 *TaAFP-BaS* 水稻种子的穗发芽指数低于转基因 *TaAFP-BbS* 水稻种子,且对 ABA 的胁迫处理更为敏感;转基因 *TaAFP-BbS* 小麦种子穗发芽指数低于转基因 *TaAFP-BaS*,且对 ABA 的胁迫处理较为敏感;穗发芽指数越低其种子的休眠程度越高,进而对 ABA 的敏感性越强,这与前人的研究结果一致,表明 *TaAFP-B* 是 ABA 应答机制的重要调节因子,与种子的休眠机制密切相关。

本研究还发现:在转基因水稻和小麦的各组织中 *TaAFP-B* 转录本的表达量趋势均为蜡熟期种子>根>茎>叶,这与转基因 *PTaAFP-Ba/b-GUS* 水稻中 GUS 的活性变化趋势一致;转基因 *TaAFP-BaS* 材料中 *TaAFP-B* 转录本的表达量始终低于转基因 *TaAFP-BbS* 材料,这与该基因在 *TaAFP-Ba* 和 *TaAFP-Bb* 基因型的普通小麦中的表达量变化趋势结果相反;转基因 *TaAFP-BaS* 小麦的发芽指数高于转基因 *TaAFP-BbS* 小麦,而转基因 *TaAFP-*

BaS/-GFP 水稻的发芽指数低于转基因 *TaAFP-BbS/-GFP* 水稻。综合以上结果表明:转基因 *TaAFP-Ba/bS* 小麦中 *TaAFP-B* 的转录本表达量的改变未引起发芽指数的改变,而转基因 *TaAFP-Ba/bS* 和 *TaAFP-Ba/bS-GFP* 水稻中 *TaAFP-B* 转录本表达量的改变同时引起了发芽指数的改变。广泛研究证明异源多倍体中低拷贝基因存在沉默现象,如 Mittelsten 等(1996)在研究转基因拟南芥时将单拷贝基因的表观遗传沉默和倍性变化相关联,Comai 等(2000)发现单拷贝基因在新合成的异源多倍体中具有表观遗传沉默现象。因此,本研究的结果可能是因为异源六倍体小麦中超表达了与发芽抗性密切相关的 *TaAFP-B* 基因而引起其表观遗传的沉默。另外,可能由于有 *TaAFP-A* 和 *TaAFP-D* 基因的协同作用,即使 *TaAFP-B* 在转基因 *TaAFP-BaS* 材料中的表达量低于转基因 *TaAFP-BbS* 材料,但这并未引起发芽指数的改变,而水稻是二倍体且 *TaAFP* 是外源基因,因此转基因水稻 *TaAFP-Ba/bS-GFP* 中目的基因 *TaAFP-B* 转录本的表达量变化直接引起了发芽指数的改变,没有造成水稻表观遗传的沉默。另外,转基因水稻和小麦中基因型 *TaAFP-BaS/-GFP* 和 *TaAFP-BbS/-GFP* 的 T_2代植株相比,只有发芽指数均差异显著,应对 ABA 的胁迫处理均较为敏感,这再次证明 *TaAFP-B* 是 ABA 信号通路的重要调控因子,与促进胚萌发、抑制种子休眠的调控机制密切相关(Lopez-Mollina 等,2003;Naruhito 等,2008)。

4.5 结论

(1)获得了不同穗发芽抗性白粒小麦中 *TaAFP-A*、*TaAFP-B* 和 *TaAFP-D* 基因的全长序列。

(2)在 *TaAFP-B* 的 5′UTR 区域发现了两种等位变异类型,分别命名为 *TaAFP-Ba* 和 *TaAFP-Bb*。

(3)开发出一个与小麦穗发芽抗性密切相关的分子标记 AFP-BF。

(4)等位基因型为 *TaAFP-Ba* 的周 8425B 材料在籽粒发育的各个时期转录本表达量均大于等位基因型为 *TaAFP-Bb* 的万县白麦材料。

(5)*TaAFP-B* 基因 5′UTR 区域的序列差异影响了基因 mRNA 的稳定性,*TaAFP-Ba* 的 mRNA 稳定性远远大于 *TaAFP-Bb* 的 mRNA 稳定性。

(6)*TaAFP-B* 基因 5′UTR 区域的差异片段中插入片段 *TaAFP-BaF* 增强标记基因的表达,缺失片段 *TaAFP-BbF* 减弱标记基因的表达。

(7)*TaAFP-B* 的启动子可能是组成型启动子,而且在 5′UTR 区域的插入增强了启动子的活性。

(8)转基因 *TaAFP-Ba/bS*、*TaAFP-Ba/bS-GFP* 水稻和转基因 *TaAFP-Ba/bS* 小麦的转化效率分别为 60%、65%和 76%,单拷贝株系的获得率分别为 72.22%、61.54%和 46.67%。

(9)转基因水稻和小麦在各组织中 *TaAFP-B* 基因表达量的变化趋势均为种子>根>茎>叶,转基因 *TaAFP-BaS* 材料中 *TaAFP-B* 的表达量低于转基因 *TaAFP-BbS* 材料。

(10)转基因 *TaAFP-BaS-GFP* 水稻幼叶中融合蛋白 GFP 的表达量低于转基因 *TaAFP-BbS-GFP* 水稻。

(11)ABA 胁迫处理后，转基因 *TaAFP-BaS* 水稻材料中 *TaAFP-B* 基因的表达量始终都高于转基因 *TaAFP-BbS* 水稻材料，但是转基因小麦的结果与之相反。

(12)转基因 *TaAFP-BaS* 水稻的发芽指数高于转基因 *TaAFP-BbS* 水稻，但是转基因小麦的结果趋势与之相反。

参考文献

陈文华．中国原始农业的起源和发展[J]．农业考古，2005，1：8-15．

高媛，马大鹏，肖建华．RNA 结合蛋白调节 mRNA 稳定性的作用机制[J]．微生物学免疫进展，2012，40(2)：79-83．

韩飞，王高．真核生物 mRNA 稳定性的控制机制 [J]． 安徽农学通报，2007，13(11)：27-29．

侯学文，郑穗平．mRNA 降解机制的新进展[J]．生命的化学，1997，6(17)：7-8．

胡伟，陈荣华，张晨，等．微滴式数字 PCR 技术用于生物样品种属鉴定和绝对定量[J]．法医学杂志，2014，30(5)：342-345．

康国章，李鸽子，许海．我国作物转基因技术的发展与现状[J]．现代农业科技，2017(22)：27-29．

李春勇．数字 PCR 技术原理及应用[J]．生物技术世界，2014，84(11)：10-13．

李生辉，王凤茹，黄荣峰，等．拟南芥 *VTC1* 的 5′UTR 内含子功能分析[J]．中国农业科技导报，2016，6：52-57．

李太强，高亚男，高居荣，等．转基因小麦中 *bar* 基因检测方法研究[J]．麦类作物学报，2015，35(9)：1190-1193．

刘宁．种子的休眠与萌发[J]．生物学通报，2014，49(10)：11-14．

刘志鹏，王能飞，赵爱云，等．低拷贝核基因在异源多倍体植物中的进化与表达[J]．遗传，2007，29(2)：163-171．

曲若端．休眠基因 *Viviparous-1* 在斯卑尔脱小麦中等位变异的鉴定及表达特性研究[D]．呼和浩特：内蒙古农业大学，2014．

孙果忠，张秀英，闫长生，等．不同穗发芽抗性的小麦胚对 ABA 敏感性及抗性机制研究[J]．麦类作物学报，2005，25(2)：27-32．

孙果忠，张秀英，闫长生，等．葡萄糖和 ABA 对小麦胚萌发过程中 *α*-淀粉酶表达的调控[J]．华北农学报，2009，1：12．

王丽，贾晓健，姜华军，等．人高密度脂蛋白受体基因 3′UTR 对其 mRNA 稳定性的影响[J]．中国医药生物技术，2013，8(1)：29-35．

王晓丽．*Tamyb10* 基因在不同穗发芽抗性白粒小麦中等位变异的鉴定和分子标记研发[D]．呼和浩特：内蒙古农业大学，2014．

熊高飞，熊向阳，张吉翔．mRNA 结构及其稳定性的关系[J]．细胞生物学杂志，2006，28：513-517．

徐欢欢，刘佳佳，李娜．小麦叶片瞬时表达体系的优化[J]．麦类作物学报，2015，35：1617-1623．

徐若梅.全球转基因作物商业化的发展态势与启示[J].安徽农业大学(社会科学版),2018,7(27):4.

许传亮,徐振宇.真核细胞中mRNA降解机制研究进展[J].国外医学分子生物学分册,2002(3):143-146.

杨燕.小麦*Vp-1*基因的表达特性和STS标记的开发与应用[D].呼和浩特:内蒙古农业大学,2008.

杨泽峰.利用比较分子遗传学鉴定小麦穗发芽基因的研究进展[J].中国农学通报,2004,20:50-54.

叶荣建,林拥军.水稻转基因技术及新品种培育[J].生命科学,2016,28(10):1268-1278.

叶兴国,徐惠君,杜丽璞,等.小麦规模化转基因技术体系构建及其应用[J].中国农业科学,2014,47(21):4155-4171.

于敏,徐恒,张华,等.植物激素在种子休眠与萌发中的调控机制[J].植物生理学报,2016,52(5):599-606.

余桂容,张维,杜文平,等.抗草甘膦转基因玉米外源基因ddPCR拷贝数分析[J].西北农业学报,2017,30(8):1707-1713.

禹思宇,唐连飞,陈雪琴,等.检测阴沟肠杆菌的数字PCR定量方法建立[J].畜牧与兽医,2016,48(3):1-4.

喻修道,徐兆师,陈明,等.小麦转基因技术研究及其应用[J].中国农业科学,2010,43(8):1539-1553.

张芳燕,罗翔,董娜.5′UTR与基因表达的关系[J].科技经济市场技术平台,2011(3):13-16.

张海峰,卢荣禾.小麦穗发芽抗性机理与遗传研究[J].作物学报,1993,19:523-530.

张红霞,邓启云,吴俊.农杆菌介导水稻转基因技术的原理与应用研究进展[J].湖南农业科学,2010,11:3-6.

张庆波,谢允慧,孙其信,等.小麦苗期根系mRNA的稳定性分析[J].自然科学进展2009,19(4):386-393.

章国卫,朱睦元.真核细胞中mRNA的降解机制[J].遗传,1999(6):49-53.

Anthonisen I L, Salvador M L, Klein U. Specific sequence elements in the 5′ untranslated regions of *rbc*L and *atp*B gene mRNAs stabilize transcripts in the chloroplast of *Chlamydomonas reinhardtii* [J]. RNA, 2001, 7(7): 1024-1033.

Bailey-Serres J, Sorenson R, Juntawong P. Getting the message across: cytoplasmic ribonucleoprotein complexes[J]. Trends Plant Sci, 2009, 14: 443-453.

Baker S S, Wilhelm K S, Thomashow M F. The 5′-region of *Arabidopsis thaliana cor15a* has *cis*-acting elements that confer cold-regulated, drought-regulated and ABA-regulated gene-expression[J]. Plant Mol Biol, 1994, 24: 701-713.

Barzilai A. The molecular mechanism of dopamine-induced apoptosis: identification and characterization of genes that mediate dopamine toxicity[J]. J Neural Transm Suppl, 2000(60): 59-76.

Belostotsky D A, Sieburth L E. Kill the messenger: mRNA decay and plant development

[J]. Curr Opin Plant Biol, 2009, 12: 96-102.

Benito J. Regulation of the G_1 phase of the cell cycle by periodic stabilization and degradation of the $p25^{rum1}$ CDK inhibitor[J]. EMBO J, 1998, 17: 482-497.

Bensmihen S, Giraudat J, Parcy F, et al. Characterization of three homologous basic leucine zipper transcription factors (bZIP) of the ABI5 family during *Arabidopsis thaliana* embryo maturation[J]. Journal of Experimental Botany, 2005, 56, 412: 597-603.

Bhalla P L. Genetic engineering of wheat-current challenges and opportunities[J]. Trends in Biotechnology, 2006, 24: 7.

Blake C M, Alexander K, Alyssa G, et al. Genome-wide analysis of NBS-LRR encoding genes in *Arabidopsis*[J]. Plant Cell, 2003, 15: 1683-1683.

Brunetto G S, Massoud R, Leibovitch E C, et al. Digital droplet PCR (ddPCR) for the precise quantification of human T-lymphotropic virus 1 proviral loads in peripheral blood and cerebrospinal fluid of HAM/TSP patients and identification of viral mutations[J]. Journal of Neurovirology, 2014, 20(4): 341-351.

Cankar K, Tebih D, Dreo T, et al. Critical points of DNA quantification by real-time PCR-effects of DNA extraction method and sample matrix on quantification of genetically modified organisms[J]. BMC Biotechnology, 2006(6): 37-52.

Chandrasekharan M B, Bishop K J, Hall T C. Module-specific regulation of the beta-phaseolin promoter during embryogenesis[J]. Plant, 2003, 33: 853-866.

Cheadle C, Fan J S. Control of gene expression during T cell activation: alternate regulation of mRNA transcription and mRNA stability[J]. BMC Genom, 2005, 6: 75.

Cheng M, Fry J E, Pang S Z, et al. Genetic transformation of wheat mediated by *Agrobacterium tumefaciens*[J]. Plant Physiology, 1997, 115(3): 971.

Comai L, Tyagi A P, Winter K, et al. Phenotypic instability and rapid gene silencing in newly formed *Arabidopsis allotetraploids*[J]. Plant Cell, 2000, 12(9): 1551-1567.

Conrad D F, Pinto D, Redon R, et al. Origins and functional impact of copy number variation in the human genome[J]. Nature, 2010, 464: 704-712.

Cui Y, Liu Z D, Li Y, et al. Application of a novel phosphinothricin N-acetyltransferase (RePAT) gene in developing glufosinate-resistant rice[J]. Sci Rep, 2016, 6: 21259.

Dai M, Xue Q, McCray T, et al. The PP6 phosphatase regulates ABI5 phosphorylation and abscisic acid signaling in *Arabidopsis*[J]. Plant Cell, 2013, 25: 517-534.

Derera N F, Bhatt G M. On the problem of preharvest sprouting of wheat[J]. Euphytica, 1977, 26: 99-308.

Duan Y, Zhai C, Li H, et al. Anefficient and high-throughput protocol for *Agrobacterium* mediated transformation based on phosphomannoseisomerase positive selection in Japonica rice (*Oryza sativa* L.) [J]. Plant Cell Reports, 2012, 31(9): 1611-1624.

Fan J, Yang X, Wang W, et al. Global analysis of stress-regulated mRNA turnover by using cDNA arrays[J]. Proc Natl Acad Sci USA, 2002, 99: 10611-10616.

Feng Y M, Liu M, Wang Z, et al. A 4-Bp deletion in the 5′UTR of *TaAFP-B* is associated with seed dormancy in common wheat (*Triticum aestivum* L.) [J]. BMC Plant Biology, 2019, 19:349.

Finkelstein R R, Lynch T J. The *Arabidopsis* abscisic acid response gene *ABI5* encodes a basic leucine zipper transcription factor[J]. Plant Cell, 2000, 12: 599-609.

Finkelstein R, Reeves W, Ariizumi T, et al. Molecular aspects of seed dormancy[J]. Annu Rev Plant Biol, 2008, 59:387-415.

Finkelstein R R, Gampala S S L, Rock C D. Abscisic acid signaling in seeds and seedlings [J]. Plant Cell, 2002, 14:S15-S45.

Fresard L, Leroux S, Servin B, et al. Transcriptome-wide investigation of genomic imprinting in chicken[J]. Nucleic Acids Research, 2014, 42(6):3768-3782.

Gale M D, Flintham J E. Cereal comparative genetics and pre-harvest sprouting[J]. Euphytica, 2002, 126: 21-25.

Gao F Y, Ren G J, Lu X J, et al. QTL analysis forresistance to preharvest sprouting in rice (*Oryza sativa*) [J]. Plant Breeding, 2008, 127(3):268-273.

Garneau N L, Wilusz J, Wilusz C. The high ways and by ways of mRNA decay[J]. Nat Rev Mol Cell Biol, 2007, 8: 113-126.

Gen H, Wang SL, Guo L, et al. Effect of mannitol on wheat germination and seedling growth under seawater stress[J]. Genomics and Applied Biology, 2011, 30(2):218-223.

Gerjets T, Scholefield D, Foulkes M J, et al. An analysis of dormancy, ABA responsiveness, after ripening and pre-harvest sprouting in hexaploid wheat (*Triticum aestivum* L) caryopses [J]. J Exp Bot, 2010, 61(2):597-607.

Giraudat J. Isolation of the *Arabidopsis ABI3* gene by positional cloning[J]. Plant Cell, 1992, 4:1251-1261.

Grill E, Christmann A. A plant receptor with a big family [J]. Science, 2007, 315: 1676-1677.

Groop C, Gay G, Perretant M R, et al. Study of the relationship between pre-harvest sprouting and grain color by quantitative trail analysis in a white×red grain bread-wheat cross [J]. Theor Appl Gene, 2002, 104:39-47.

Grotewold E, Drummond B J, Bowen B, et al. The *myb*-homologous *P* gene controls phlobaphene pigmentation in maize floral organs by directly activating a flavonoid biosynthetic gene subset[J]. Cell, 1994, 76: 543-553.

Gubler F, Kalla R, Roberts J K, et al. Gibberellin-regulated expression of a *myb* gene in barley aleurone cells-evidence for myb transactivation of a high-pI α-amylase gene promoter [J]. Plant Cell, 1995, 7: 1879-1891.

Gubler F, Millar A A, Jacobsen J V. Dormancy release, ABA and pre-harvest sprouting[J]. Curr Opin Plant Biol, 2005, 8(2):183-187.

Guiltinan M J, Marcotte W R, Quatrano R S. A plant leucine zipper protein that recognizes an abscisic acid response element[J]. Science, 1990, 250: 267-271.

Hang D, Guo J. The development and standardization of testing methods for genetically modified organisms and their derived products[J]. Journal of Integrative Plant Biology, 2011, 53(7): 539-551.

Hao C N, Li M X. Role of HY5 in abscisic acid response in seeds and seedlings[J]. Plant Signal Behav, 2008, 3: 986-988.

Himi E, Noda K. Red grain color gene (*R*) of wheat is a Myb-type transcription factor [J]. Euphytica, 2005, 143: 239-242.

Hoecker U, Vasil I K, Mecarty D R. Integrated control of seed maturation and germination programs by activator and repressor functions of Viviparous-1 of maize[J]. Genes Dev, 1995, 9: 2459-2469.

Holdsworth M, Kurup S. Molecular and genetic mechanisms regulating the transition from embryo development to germination[J]. Trends Plant Sci, 1999, 4: 275-280.

Jeon J P, Shim S M, Nam H Y, et al. Copy number variation at leptin receptor genelocus associated with metabolic traits and the risk of type 2 diabetes mellitus[J]. BMC Genom, 2010, 11: 426.

Jiang C, Iu B, Singh J. Requirement of a CCGAC *cis*-acting element for cold induction of the *BN115* gene from winter *Brassica napus*[J]. Plant Mol. Biol, 1996, 30: 679-684.

Jiang W B, Yu D Q. *Arabidopsis WRKY2* transcription factor mediates seed germination and postgermination arrest of development by abscisic acid[J]. BMC Plant Biol, 2009, 9: 96.

Kagaya Y, Ohmiya K, Hattori T. RAV1 a novel DNA-binding protein, binds to bipartite recognition sequence through two distinct DNA-binding domains uniquely found in higher plants[J]. Nucl Acids Res, 1999, 27: 470-478.

Karlowski W M, Hirsch A M. The over-expression of an alfa RING-H2 gene induces pleiotropic effects on plant growth and development[J]. Plant Mol Biol, 2003, 52: 121-133.

Khanna H, Daggard G. *Agrobacterium tumefaciens*-mediated transformation of wheat using a superbinary vector and a polyamine-supplemented regeneration medium plant[J]. Cell Reports, 2003, 21(5): 429-436.

Kim S Y, Ma J, Perret P. *Arabidopsis* ABI5 subfamily members have distinct DNA-binding and transcriptional activities[J]. Plant Physiol, 2002, 130: 688-697.

Laura P, Fernando C. Expression analysis of a GA 20-oxidase in embryos form two sorghum lines with contrasting dormancy: possible participation of this gene in the hormonal control of germination[J]. J Exp Bot, 2003, 54: 2071-2079.

Leung J, Giraudat J. Abscisic acid signal transduction[J]. Annu Rev Plant Biol, 1998, 49: 199-222.

Li H, Li J, Xu R F, et al. Isolation of five rice non-endosperm tissue-expressed promoters and evaluation of their activities in transgenic rice DR[J]. Plant Biotechnology Journal, 2017. dol: 10.1111/pbi.12858

Li J R, Ye X G, An B Y, et al. Genetic transformation of wheat: current status and future-prospects[J]. Plant Biotechnol Rep, 2012, 6: 183-193.

Liu A, Gao F, Kanno Y, et al. Regulation of wheat seed dormancy by after-ripening is mediated by specific transcriptional switches that induce changes in seed hormone metabolism and signalling[J]. PLoS ONE, 2013, 8: e56570.

Lopez-Molina L, Mongrand S, Kinoshita N, et al. AFP is a novel negative regulator of ABA signaling that promotes ABI5 protein degradation[J]. Genes Devel, 2003, 17: 410-418.

Lopez-Molina L, Mongrand S, McLachlin D T, et al. ABI5 acts downstream of ABI3 to execute an ABA-dependent growth arrest during germination[J]. Plant J, 2002, 32: 1-12.

Lopez-Molina L, Mongrand S, Chua N H. A post germination developmental arrest checkpoint is mediated by abscisic acid and requires the AB15 transcription factor in *Arabidopsis*[J]. Proceedings of the National Academy of Sciences of the United States of America, 2001, 98: 4782-4787.

Marzougui S, Sugimoto K, Yamanouchi U, et al. Mapping and characterization of seed dormancy QTLs using chromosome segment substitution lines in rice[J]. Theor Appl Genet, 2012, 124(5): 893-902.

McAdams H H, Arkin A. Stochastic mechanisms in gene expression[J]. Proc Natl Acad Sci USA, 1997, 94: 814-819.

McIntosh R A, Hart G E. Catalogue of gene symbols for wheat [C]//In: Proceedings of the Ninth International Wheat Genetics symposium, University of Saskatchewan Extension Pre ss, Canada, 1998.

Medina D A, Jordán-Pla A, Millán-Zambrano G, Cytoplasmic 5′-3′ exonuclease Xrn1p is also a genome-wide transcription factor in yeast[J]. Front Genet, 2014, 5: 1.

Meshorer E. Chromatin in embryonic stem cell neuronal differentiation [J]. Histology Histopathology: Cellular and Molecular Biology, 2007, 22: 311-319.

Mittelsten O, Jakovleva L, Afsar K, et al. A change in ploidy can modify epigenetic silencing[J]. PNAS, 1996, 93(14): 7114-7119.

Morisset D, Stebih D, Milavec M, et al. Quantitative analysis of food and feed samples with droplet digital PCR[J]. PLoS ONE, 2013, 8(5): 1-9.

Nakabayashi K, Okamoto M, Koshiba T, et al. Genome wide profiling of stored mRNA in *Arabidopsis thaliana* seed germination: epigenetic and genetic regulation of transcription in seed [J]. Plant Journal, 2005, 41: 697-709.

Naruhito O, Eiko H, Yoshiki Y, et al. Differential expression of three ABA-insensitive five binding protein (AFP)-like genes in wheat[J]. Genes Genet Syst, 2008, 83: 167-177.

Newbury S F. Control of mRNA stability in eukaryotes[J]. Biochem Soc Trans, 2006, 34: 30-34.

Ogawa T, Kawahigashi H, Toki S, et al. Efficient transformation of wheat by using a mutated rice acetolactate synthase gene as a selectable marker [J]. Plant Cell Rep, 2008, 27: 1325-1331.

Page A, Parsot C. Chaperones of the type Ⅲ secretion pathway: jacks of all trades[J]. Mol Microbiology, 2002, 46(1): 1-11.

Park R W, Kim T M, Kasif S, et al. Identification ofrare germline copy number variations over represented in five human cancer types[J]. Mol Cancer, 2015, 14: 25.

Per H. Using droplet digital PCR (ddPCR) to detect copy number variation in sugarcane, a high-level polyploid[J]. Euphytica, 2016, 209: 439-448.

Picketing B M, Willis A E. The implications of structured 5′unranslated regions on translation and disease [J]. Semin Cell Dev Biol, 2005, 16: 39-47.

Pinheiro L B, Coleman V A, Hindson C M, et al. Evaluation of a droplet digital polymerase chain reaction format for DNA copy number quantification[J]. Analytical Chemistry, 2012, 84 (2): 1003-1011.

Prescott D M. Cells: principles of molecular structure and function[J]. Boston: Jones and Borlett, 1988.

Qin H, Dong Y, von Arnim A G. Epigenetic interactions between *Arabidopsis* transgenes: characterization in light of transgene integration sites[J]. Plant Mol Biol, 2003, 52(1): 217-237.

Qin J, Jones R C, Ramakrishnan R. Studying copy number variations using anano fluidic platform[J]. Nucleic Acids Research, 2008, 36(18): e116.

Ray C, Kasturi D, Xing Y P, et al. Accurate measurement of transgene copy number in cropplants using droplet digital PCR[J]. The Plant Journal, 2017. doi: 10.1111/tpj.1351738.

Ringnér M, Krogh M. Folding free energies of 5′-UTRs impact post-transcriptional regulation on a genomic scale in yeast [J]. PLoS Comput Biol, 2005, 1: 72.

Ruiz E. Making sense of nonsense in yeast[J]. TIBS, 1996, 21: 433.

Sanders R, Huggett J F, Bushell C A, et al. Evaluation of digital PCR for absolute DNA quantification[J]. Analytical Chemistry, 2011, 83: 6474-6484.

Schwartz D C. Mutations in translation initiation factors lead to increased rates of deadenylation and decapping of mRNAs in *Saccharomyces cerevisiae*[J]. Mol Cell Biol, 1999, 19: 5247-5256.

Shang Y, Yan L, Liu Z Q, et al. The Mg-chelatase H subunit of *Arabidopsis antagonizes* a group of WRKY transcription repressors to relieve ABA-responsive genes of inhibition[J]. Plant Cell, 2010, 22: 1909-1935.

Shu K, Liu X D, Xie Q, et al. Two faces of one seed: hormonal regulation of dormancy and germination[J]. Mol Plant, 2016, 9(1): 34-45.

Shu W L, Liang F, Deng K N. Selection for the miniaturization of highly expressed genes [J]. Biochem Biophys Res Commun, 2007, 360: 586-592.

Stone S L, Williams L A, Farmer L. Keep on going a RING E3 ligase essential for *Arabidopsis* growth and development, is involved in abscisic acid signaling[J]. Plant Cell, 2006, 18: 3415-3428.

Suzu K, Koa C Y, Mecarty D R. The ABI3 domain of *VIVIPAROUS1* has a cooperative DNA binding activety[J]. Plant Cell, 1997, 9: 799-807.

Sykes P J, Neoh S H, Brisco M J, et al. Quantitation of targents for PCR by use of limiting dilution[J]. Biotechniques, 1992, 13(3): 444-449.

Takaiwa F, Yamanouchi U. Characterization of common *cis*-regulatory elements responsible for the endosperm-specific expression of members of the rice glutelin multigene family[J]. Plant Mol Biol,1996,30: 1207-1221.

Tuller T, Ruppin E, Kupiec M. Properties of untranslated regions of the *S. cerevisiae* genome [J]. BMC Genomics,2009,10:391.

Vaucheret H,B Clin C,Elmayan T,et al. Transgene induced gene silencing plants[J]. The Plant Journal,1998,16(6):651.

Vlees H W,BouwMeester H J. A simulational model for seasonal changes in dormancy and germination of weed seeds[J]. Seed Science Research,2001,11:77-92.

Wang R,Lu L X, Pan X B, et al. Functional analysis of *OsPGIP1* in rice sheath blight resistance[J]. Plant Mol Biol,2015,87:181-191.

Wu C Y, Washida H, Onodera Y, et al. Quantitative nature of the Prolamin-box, ACGT and AACA motifs in a rice glutelin gene promoter: minimal *cis*-element requirements for endosperm-specific gene expression[J]. Plant J,2000,23: 415-421.

Wu H,Doherty A,Jones H D. *Agrobacterium*-mediated transformation of bread and durum wheat using freshly isolated immature embryos[J]. Methods Mol Biol,2009,478:93-103.

Xiong G F,Xiong X Y,Zhang J X. The relationship between mRNA structure and its stability[J]. Chinese Journal of Cell Biology,2006,28: 513-517.

Yang T L, et al. Genome wide copy number variation study identified a susceptibility gene,UGT2B17,for *Osteoporosis*[J]. Am J Hum Genet,2008,83:663-674.

Yang T L,Guo Y,Shen H,et al. Copy number variation on chromosome 10q26.3 for obesity identified by a genome-wide study[J]. J Clin Endocr Metab,2013,98:E191-E195.

Yi K K,Wu Z C,Zhou J,et al. *OsPTF1*,a novel transcription factor involved in tolerance to phosphate starvation in rice[J]. Plant Physiol,2005,138:2087-2096.

Yin G X,Wang Y L,She M Y,et al. Establishment of a highly efficient regeneration system for the mature embryo culture of wheat[J]. Agric Sci China,2011,10:9-17.

Zhang X R,Garreton V,Chua N H. The AIP2 E3 ligase acts as a novel negative regulator of ABA signaling by promoting ABI3 degradation[J]. Genes Dev,2005,19:1532-1543.

Zhou K,Yang J,Wang Z X,et al. Sequence analysis and expression profiles of *TaABI5*,a pre-harvest sprouting resistance gene in wheat[J]. Genes Genom,2017,39:161-171.

第5章

TaMYB10 与小麦种皮颜色和种子休眠特性的相关性

5.1 引言

5.1.1 MYB 类转录因子的结构及其研究进展

植物中转录因子分为 bHLH(碱性螺旋-环-螺旋)、MYB 蛋白、Zinc-finger(锌指蛋白)、bZ-IP(碱性亮氨酸拉链)、WRKY、DREB、NAC 等多个不同家族。其中 *MYB* 基因家族，在不同物种中存在结构和序列上的差异，甚至在同一物种中，*MYB* 基因家族也发生了多个分支。MYB 蛋白家族成员均含一个高度保守的 MYB 结构域，这个结构域通常含有 1～4 个不完全重复序列，每个重复序列约含 52 个氨基酸。根据邻近 MYB 结构域的数目不同，MYB 转录因子可分为 3 种简单类型：①单个 MYB 结构域的 MYB 蛋白亚类。在结构上只含一个 MYB 结构域，可存在于肽链的 C-端、N-端或中间部位，此类 MYB 蛋白成员是一类重要的端粒结合蛋白，在调节基因功能、转录和维持基因组结构的完整性上扮演重要角色。②含 2 个 MYB 结构域的 R2R3-MYB 亚类。R2R3-MYB 转录因子是植物中数目最多的一类 MYB 蛋白，它们以 N-端含有由两个 MYB 结构域构成的 DNA 结合功能域为共同特征。此种类型蛋白功能很多，调控初级、次级代谢过程，调节植物发育，调控对生物和非生物的胁迫反应等。③含有 3 个 MYB 结构域的 R1R2R3-MYB 亚类。植物中的 R1R2R3-MYB 亚类与动物、真菌中的 R1R2R3-MYB 蛋白具高度同源性，主要参与细胞周期的控制和调节细胞的分化。R1R2R3-MYB(3R-MYB)蛋白家族在高等植物基因组中有 5 个成员，是一类在细胞循环中扮演多样性功能的保守基因(Ito，2005；Haga 等，2007)。

植物在受到外界逆境胁迫后，会通过启动自身一系列的调节机制来响应外界环境的改变，在这个过程中转录因子发挥着重要的作用(Nakashima 等，2009；Shinozaki 和 Yamaguchi，2007)。在拟南芥中已发现的 MYB 转录因子大约有 204 个；水稻中有 218 个家族成员被发现；葡萄中有 279 个家族成员；杨树中有 197 个；而小麦中目前发现仅 80 多种（Chen 等，2006；Matus 等，2008；Wilkins 等，2009；Dubos 等，2010）。MYB 基因家族的功能在拟南芥和水稻中研究的较多（Dubos 等，2010；Du 等，2009；Feller 等，2011），拟南芥中 *AtMYB41* 在正常的生长条件下是不表达的，但经干旱、ABA 及盐胁迫诱导后，其高水平表达，它可能通过参与调控表皮的合成及细胞增殖来响应各种逆境胁迫（Vannini 等，2004）；大豆 *GmMYBj6* 基因在高盐条件下，其表达量上升（杨文杰等，2009）。*MYB* 基因的超表达能增强转基因植物对于生物或非生物胁迫的抗性（Gutterson 和 Reuber，2004；Mandaokar 和 Browse，2009；Dai 等，2007）。水稻 *OsMYB4* 基因在拟南芥中过量表达后能增强转基因植株对低温和冻害的抗性（Cominelli 等，2008）；*TaMYB33* 超表达提高了拟南芥的耐旱和耐盐能力（Qin 等，2012）；*TaMYB2A* 在拟南芥中异位表达可提高在多重非生物胁迫下植株的耐受性（Mao 等，2011）；*TaMYB73* 在渗透应力胁迫下能快速被诱导表达，最新研究还发现 *TaMYB73* 超表达与 *TaMYB33* 类似，在拟南芥中可明显提高盐胁迫时植株的耐受性。在小麦中对 MYB 的研究也逐渐进入一个火热时代，Zhang 等（2012）找出小麦中 60 个 MYB 转录因子，并对它们进行了结构功能分析，研究其在进化树中的位置及部分 TaMYB 转录因子在小麦植株生长发育过程中所具有特殊的作用。研究发现大部分转录因子在小麦各个器官中都可表达，但由于空间差异性，表达水平会有所不同，如 *TaMYB21* 是其中唯一组织特异性表达的基因（Haga 等，2007）；在非生物胁迫方面，*TaMYB32* 是研究比较透彻的受高盐胁迫诱导表达的基因之一（张立超等，2009）。

在小麦植株中，已知的 MYB 类型基因在高盐胁迫下，大部分应答基因会受其诱导；在 PEG 处理下，应答基因被抑制的比被诱导的多；而在冷冻或高 ABA 胁迫下，被抑制量大概同等被诱导量（Dubos 等，2010）。研究发现 *TaMYB1*、*TaMYB34*、*TaMYB29*、*TaMYB41*、*TaMYB45*、*TaMYB68* 和 *TaMYB72* 都能受高盐诱导。其中 *TaMYB29* 还受高 ABA 诱导表达；*TaMYB41* 和 *TaMYB45* 属盐诱导基因；*TaMYB1*、*TaMYB34*、*TaMYB68* 和 *TaMYB72* 被 PEG 抑制；*TaMYB30* 则仅被 PEG 诱导表达；*TaMYB56* 和 *TaMYB69* 被 PEG 抑制，而低温诱导其表达（Dubos 等，2010）。*TaMYB31* 和 *TaMYB32* 都是没有内含子的 R2R3-MYB 类型的典型盐胁迫相关基因。其中 *TaMYB31* 能提高植株的抗逆性，与其有相似表达模式的基因可成为后续耐逆性候选基因（吕健，2010）。*TaMYB13* 受盐胁迫或旱胁迫时均负调控其基因的表达，参与胁迫早期信号传导，而且它主要参与了小麦根中信号的传递（朱筠，2012）。*TaMYBsdu1* 在持续干旱胁迫下，叶片、根中上调表达量；而在高盐胁迫下，耐盐小麦栽培种中的表达量明显高于感盐小麦栽培种（Rahaie 等，2010）。用半定量和实时定量 RT-PCR 方法验证 *TaMYB32* 在根、茎、叶、雌蕊和花药组织中均高表达，且表达量没有明显差别；*TaMYB32* 在受到盐胁迫后，其表达在盐敏感品种中国春和耐盐品种茶淀红中都受到了诱导，只是表现为不同的模式，其表达量在受胁迫 1 h 后迅速增加至处理前的 6 倍以上，表明该基因很有可能在小麦的盐胁迫响应过程中发挥着重要作用（Zhang 等，2009）。

在寒冷环境中超表达的小麦 *TaMYB56* 基因被发现在拟南芥中异位表达，能够激活冷冻胁迫应答基因 *DREB1A*/*CBF3* 和 *COR15a* 的表达模式，这就从根本上提高了拟南芥的抗寒性，并且进一步研究发现 *TaMYB56-B* 和 *TaMYB56-D* 在冷冻胁迫下受诱导强烈表达，而在高盐胁迫下却受诱导微弱表达（Zhang 等，2012）。*TaMYB* 对于水分胁迫的研究相对比较透彻，*TaMYB2* 基因是从经过 30%PEG 处理 8 h 的叶片中克隆到的（Chen 等，2005）。在研究 *TaMYB2* 基因与抗旱性的关系时，检测到 *TaMYB2*-Ⅰ、*TaMYB2*-Ⅱ和 *TaMYB2*-Ⅲ 3 种类型 cD-

NA序列(Wang等,2006),其中*TaMYB2*-Ⅱ主要参与了对水分胁迫的应答过程,而且随水分胁迫时间长短不同*TaMYB2*-Ⅱ体现了不同的表达量(王爱萍等,2008);氨基酸序列比对结果表明,*TaMYB2s*的序列之间相似度很高。实时定量PCR检测结果表明,小麦幼苗中的*TaMYB2s*同*TaMYB73*类似,均参与对渗透胁迫的应答反应,但表达模式不完全相同;*TaMYB2*-Ⅲ对水分渗透胁迫的响应最迅速,*TaMYB2*-Ⅰ次之,*TaMYB2*-Ⅱ最缓慢;小麦不同发育时期幼嫩组织中*TaMYB2s*的表达情况分析表明:*TaMYB2*-Ⅰ和*TaMYB2*-Ⅲ可能主要在生长发育的前期调控下游基因,而*TaMYB2*-Ⅱ主要在发育后期发挥功能(Jia和Mao,2008)。*TaMYB1*是缺氧胁迫相关的基因,其表达量与植株根中氧的浓度相关(Wang等,2006);在30%PEG处理下*TaMYB1*、*TaMYB2*、*TaMYB4*同时又受高盐和ABA的诱导表达;但目前还不清楚其类型具体的功能(Lee等,2007;Chen等,2005)。

5.1.2 *TaMYB10*基因

MYB可以参与调控植物类黄酮的合成途径,从而影响植物花、器官和果实的着色。例如,转基因烟草的叶、花瓣、花药、果实的颜色的变化(Pattanaik等,2010);*MdMYB*1与苹果的果皮颜色有密切关系(Zhu等,2010);R2R3-MYB类型的*AtMYB*60在拟南芥中超表达可使莴苣中的4-还原酶活性下降,从而导致红色素合成受限(Park等,2008)。

小麦籽粒的红色素是多酚化合物即原花色素或鞣红,它是通过类黄酮生物合成途径合成的,Himi和Noda(2005)在进一步的研究中发现*TaMYB10*就是在发育的籽粒中调控黄酮类化合物生物合成的*R*基因,且位于3A、3B和3D染色体长臂上,在不同颜色的小麦品种中存在基因序列差异,引起开放阅读框架的移动,改变了基因所编码的氨基酸序列。

红粒小麦的穗发芽抗性普遍高于白粒小麦,有学者检测了发育中小麦籽粒类黄酮途径中4个基因的表达(即*CHS*、*CHI*、*F3H*和*DFR*),结果发现相比于红粒小麦,白粒小麦中这几个基因的表达显著降低甚至被抑制不表达(Himi等,2005;Himi和Noda,2004,2005)。在进一步研究中表明,*TaMYB10*基因是类黄酮合成基因的转录活化剂(Himi等,2011)。Himi等(2011)针对来自不同物种中调控类黄酮生物合成途径的MYB蛋白(R2R3类型)及*TaMYB10*基因的R2R3区域的氨基酸构建一个系统进化树,发现小麦中的*TaMYB10s*、水稻中的*OsMYB3*及高粱中的*SbMYB1*趋于同一个进化方向,进一步研究发现*TaMYB10*编码的序列蛋白与*AtMBY-TT2*(Nesi等,2011)、*OsMYB3*(Suzuki等,1997)之间共享一段保守序列,而*AtMYB-TT2*、*OsMYB3*等都是原花色素(PA)的调控基因。拟南芥中的*TT2*基因主要控制了黄酮类化合物生物合成途径中晚期基因表达,如*DFR*、*ANS*和*BAN*等。*DkMYB2*、*PtMYB134*、*LjTT2s*和*VvMYBPA2*等都能调控PA的沉积,*DkMYB4*(Akagi等,2009)和*VvMYBPA1*(Bogs等,2007)据报道也是原花色素调控基因,但由于没有蛋白功能而被分到另一个分支,不同于拟南芥的*TT2*基因的一支(Akagi等,2010)。

对于*TaMYB10*基因的研究,Himi等(2011)研究发现*TaMYB10*基因就是控制小麦籽粒颜色的基因,他们分别从小麦3A、3B和3D染色体长臂上克隆出了*TaMYB10-A1*、*TaMYB10-B1*和*TaMYB10-D1*基因,并发现该基因主要在发育中的种子中表达。*TaMYB10*基因能激活类黄酮生物合成途径,基于PCR扩增技术,在白粒品系研究中发现,*TaMYB10-A1*扩增产物具有两种类型:①在MYB区域的R2重复域上,前半区域是缺失的,这可能导致

DNA结合功能的缺失。②插入一个2.2 kb的转座子，这个转座子属于Hat家族。在白粒小麦品系中发现*TaMYB10-B1*在开放阅读框的中间部分有19 bp的碱基插入导致移码突变。总体来讲*TaMYB10-A1*和*TaMYB10-B1*都有扩增产物，但是*TaMYB10-D1*在白粒品系上没有得到扩增片段。*TaMYB10-A1*在人工处理获得AUS1490(红粒)的一个突变体EMS-AUS(白粒)，发现能够表达却无功能，即不能诱导白色胚芽鞘进行色素沉积。*TaMYB10-A1*基因在AUS1490与突变体序列比对中发现，在红粒小麦中有一个甘氨酸可能是色素沉着过程中必不可少的功能调节蛋白。到目前为止，*TaMYB10-D1*基因上在白粒小麦品种中还没有被克隆出来，这可能是由于该类型品种的*TaMYB10-D1*位点有一个较大的插入或缺失所致，也可能是用于克隆这个等位基因的引物位点存在着较大差异(Bagge等，2007)。

5.1.3 *TaMYB10*基因在小麦中进行研究的目的和意义

小麦*TaMYB10*基因不仅决定着种皮颜色，而且具有一因多效的功能，与小麦的穗发芽抗性也具有密切关系(Flintham，2000；Warner等，2000；Himi等，2002；McIntosh和Hart，1998；Derera等，1977)。种皮的颜色是通过类黄酮生物合成途径合成的，白粒小麦在这个途径中的表达量明显下降，而红粒小麦总体表现出比白粒小麦更高的穗发芽抗性(Himi等，2005；Himi和Noda，2004，2005)。

研究表明，VP-1/ABA/GA通过转录因子MYB协同作用于籽粒颜色和穗发芽抗性，Myb/c1是控制黄酮类化合物合成基因的转录因子，其基因位于3A、3B和3D染色体的长臂，距离基因大约30 cM处，与控制休眠和籽粒颜色的基因连锁(Groos等，2002；Himi和Noda，2005)。在*Myb/c1*基因的启动子区，VP-1蛋白和Sphcis元件相互作用调控其表达(Hattori等，1992；Carson等，1997)，而且Myb/c1转录因子与控制4-黄烷酮醇还原酶基因*DFR*启动子的P元件结合，*DFR*基因是控制花青素生物合成途径到谷物籽粒颜色的基因，位于小麦的3A、3B和3D染色体(Himi和Noda，2004)；而且*Vp-1*的突变体抑制花青素的合成(Xia和Ganal，2008)；小麦3D染色体的长臂缺失后种子呈白色(Himi和Noda，2004)，表明*DFR*、*Myb/c*、*Vp-1D*或者3D染色体上这3个基因都可能缺失，在籽粒颜色上获得一些功能(Xia和Ganal，2008)。穗发芽抗性和籽粒颜色关系的调控机理非常有可能就在这3个基因之间的相互作用之中。

本试验研究目是探索在不同穗发芽抗性的白粒小麦品种中是否也存在*TaMYB10*基因的等位变异？这种等位变异是否也是引起白粒小麦穗发芽抗性不同的另一个原因？与穗发芽抗性的关系如何？在穗发芽抗性机制中扮演什么角色？这是一个值得继续深入探讨的问题。

5.2 材料和方法

5.2.1 材料

103份广泛分布于中国冬麦区并且经过2005—2006年和2006—2007年两年两点GI值鉴定的白粒小麦品种和品系。

用于 *TaMYB10-A1*、*TaMYB10-B1* 和 *TaMYB10-D1* 基因 PCR 扩增的试验材料是 5 份极抗和 5 份极感穗发芽的小麦样品。极抗穗发芽的小麦品种：豫麦 18、小玉花、小白玉花、小偃 6 号和洋小麦；极感穗发芽的小麦品种：周 8425B、济麦 19、京 411、中优 9507 和衡水 7228。

5.2.2 方法

根据 GenBank 中注册的 AB191458、AB191459 和 AB191460 序列，应用 DNAMAN 软件及 Primer5.0 软件分别设计了 3A、3B 和 3D 染色体上扩增 *TaMYB10* 基因的特异性引物（表 5-1）。

表 5-1 研究所用特异性引物

引物名称	上游引物序列（5′→3′）	下游引物序列（5′→3′）	退火温度/℃	片段大小/bp
TaMYB10-A F_1/R_1	ATGGCTGCTCCCAAAGCTCTCA	CGATGAGCTCCTCTTCGTCGTT	64	1 948
TaMYB10-A F_2/R_2	AATCGCTGCGGTAAGAGCTG	GCAGCATCCTCTTGCTCAGG	65	1 082
TaMYB10-A F_3/R_3	TCAAGAACTACTGGAACACC	CGTATTTTACTGCACGTAAC	53	540
TaMYB10-B F_1/R_1	ATGGGGAGGAAACCATGCTG	CCGGCAGCTCTTTCCGCAC	63	447
TaMYB10-B F_2/R_2	AATCGGTGCGGAAAGAGCTG	CCGTATCGGGCTGCTGCTC	65	1 198
TaMYB10-B F_3/R_3	TGCCGGGGCGAACAGACAAT	TGTCACCCGGGCCATCAAAG	68	515
TaMYB10-D F_1/R_1	ATGGGGAGGAAGCCATGCTG	CGCAGCGATTCAGCCCTGA	64	429
TaMYB10-D F_1/R_2	ATGGGGAGGAAGCCATGCTG	ACTGCTGCTCGTGCCCTCC	64	1 629
TaMYB10-D F_3/R_3	GGGCGAACAGACAATGAGAT	CTTTGTTTACAGCACCAC	57	630

5.3 结果与分析

5.3.1 *TaMYB10* 基因在 A 基因组上的扩增

结果用普通 PCR 的方法，以 10 份小麦基因组 DNA 为模板，用 TaMYB10-AF_1/R_1、TaMYB10-AF_2/R_2 和 TaMYB10-AF_3/R_3 3 对特异性引物对 *TaMYB10* 在 A 基因组进行 PCR

扩增。扩增结果是:3 对引物在 10 份不同穗发芽抗性的材料中都得到了预期大小的目的片段(图 5-1)。测序结果如图 5-2 所示,与保守序列 AB191458 相比,10 份白粒小麦均在第 1 外显子117 bp 处有 G-T 的碱基突变,在第 3 外显子 2 957 bp 处有 G-A 的碱基突变,导致编码氨基酸发生改变;另外,在 10 份白粒小麦中,*TaMYB*10-*A*1 基因在第 1 内含子和第 2 内含子中碱基的突变位点比较多,分别位于第 1 内含子中 177 bp 处 C-T、871 bp 处 G-A、890 bp 处 G-A、1 280 bp 处 C-T、1 528 bp 处插入 T、1 611 bp 处 G-A、1 636 bp 处 C-T;第 2 内含子中 2 082 bp 处 C-T、2 354 bp 处插入 A、2 674 bp 处 C-T、2 808 bp 处 A-G、2 832 bp 处 C-T。

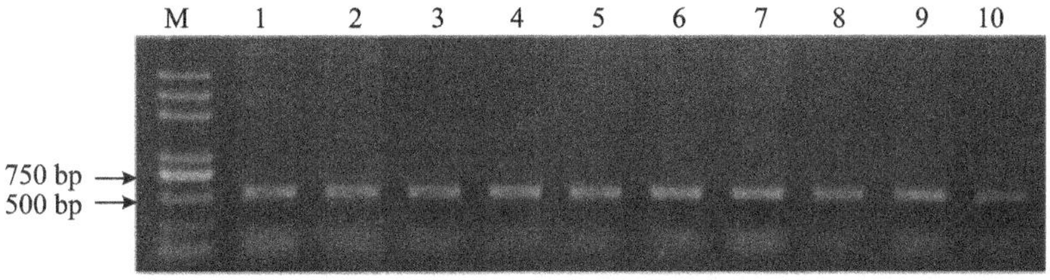

图 5-1 引物 TaMYB10-AF$_1$/R$_1$ 对 *TaMYB10-A1* 基因的 PCR 扩增

M. DNA 分子量标准(Trans 5k);1. 周 8425B;2. 济麦 19;3. 京 411;4. 中优 9507;5. 衡水 7228;6. 豫麦 18;7. 小玉花; 8. 小白玉花;9. 小偃 6 号;10. 洋小麦

周8425B	ACCTGCCCTCGCGCCTCGGCAGGGCGTGTGCCATCGGTCGCTCCGGTGCCGGTCCGTTGT	120
济麦19	ACCTGCCCTCGCGCCTCGGCAGGGCGTGTGCCATCGGTCGCTCCGGTGCCGGTCCGTTGT	120
京411	ACCTGCCCTCGCGCCTCGGCAGGGCGTGTGCCATCGGTCGCTCCGGTGCCGGTCCGTTGT	120
中优9507	ACCTGCCCTCGCGCCTCGGCAGGGCGTGTGCCATCGGTCGCTCCGGTGCCGGTCCGTTGT	120
衡水7228	ACCTGCCCTCGCGCCTCGGCAGGGCGTGTGCCATCGGTCGCTCCGGTGCCGGTCCGTTGT	120
豫麦18	ACCTGCCCTCGCGCCTCGGCAGGGCGTGTGCCATCGGTCGCTCCGGTGCCGGTCCGTTGT	120
小玉花	ACCTGCCCTCGCGCCTCGGCAGGGCGTGTGCCATCGGTCGCTCCGGTGCCGGTCCGTTGT	120
小白玉花	ACCTGCCCTCGCGCCTCGGCAGGGCGTGTGCCATCGGTCGCTCCGGTGCCGGTCCGTTGT	120
小偃6号	ACCTGCCCTCGCGCCTCGGCAGGGCGTGTGCCATCGGTCGCTCCGGTGCCGGTCCGTTGT	120
保守序列	ACCTGCCCTCGCGCCTCGGCAGGGCGTGTGCCATCGGTCGCTCCGGTGCCGGTCCGTGGT	120
周8425B	GCATCCACTGGCGAATCGAACATAGTATCTGCAGGAACAGGTGAGTATTATTGCCACTTA	180
济麦19	GCATCCACTGGCGAATCGAACATAGTATCTGCAGGAACAGGTGAGTATTATTGCCACTTA	180
京411	GCATCCACTGGCGAATCGAACATAGTATCTGCAGGAACAGGTGAGTATTATTGCCACTTA	180
中优9507	GCATCCACTGGCGAATCGAACATAGTATCTGCAGGAACAGGTGAGTATTATTGCCACTTA	180
衡水7228	GCATCCACTGGCGAATCGAACATAGTATCTGCAGGAACAGGTGAGTATTATTGCCACTTA	180
豫麦18	GCATCCACTGGCGAATCGAACATAGTATCTGCAGGAACAGGTGAGTATTATTGCCACTTA	180
小玉花	GCATCCACTGGCGAATCGAACATAGTATCTGCAGGAACAGGTGAGTATTATTGCCACTTA	180
小白玉花	GCATCCACTGGCGAATCGAACATAGTATCTGCAGGAACAGGTGAGTATTATTGCCACTTA	180
小偃6号	GCATCCACTGGCGAATCGAACATAGTATCTGCAGGAACAGGTGAGTATTATTGCCACTTA	180
保守序列	GCATCCACTGGCGAATCGAACATAGTATCTGCAGGAACAGGTGAGTATTATTGCCACCTA	180
周8425B	TTTTACCGGCACCCGGAGCTACCGGCGACGCACACCCAATGGGTTCAGCCACATGGTGTG	900
济麦19	TTTTACCGGCACCCGGAGCTACCGGCGACGCACACCCAATGGGTTCAGCCACATGGTGTG	900
京411	TTTTACCGGCACCCGGAGCTACCGGCGACGCACACCCAATGGGTTCAGCCACATGGTGTG	900
中优9507	TTTTACCGGCACCCGGAGCTACCGGCGACGCACACCCAATGGGTTCAGCCACATGGTGTG	900

衡水7228	TTTTACCGGCACCCGGAGCTACCGGCGACGCACACCCAATGGGTTCAGCCACATGGTGTG	900
豫麦18	TTTTACCGGCACCCGGAGCTACCGGCGACGCACACCCAATGGGTTCAGCCACATGGTGTG	900
小玉花	TTTTACCGGCACCCGGAGCTACCGGCGACGCACACCCAATGGGTTCAGCCACATGGTGTG	900
小白玉花	TTTTACCGGCACCCGGAGCTACCGGCGACGCACACCCAATGGGTTCAGCCACATGGTGTG	900
小偃6号	TTTTACCGGCACCCGGAGCTACCGGCGACGCACACCCAATGGGTTCAGCCACATGGTGTG	900
保守序列	TTTTACCGGCACCCGGAGCTACCGGCGACGCGCACCCAATGGGTTCAGCCGCATGGTGTG	900
周8425B	ATTTTGTGTGGAACTGCTTATTTTAGTGTTTGATACTGATATTTGTGATCAGTGAAATAC	1 320
济麦19	ATTTTGTGTGGAACTGCTTATTTTAGTGTTTGATACTGATATTTGTGATCAGTGAAATAC	1 320
京411	ATTTTGTGTGGAACTGCTTATTTTAGTGTTTGATACTGATATTTGTGATCAGTGAAATAC	1 320
中优9507	ATTTTGTGTGGAACTGCTTATTTTAGTGTTTGATACTGATATTTGTGATCAGTGAAATAC	1 320
衡水7228	ATTTTGTGTGGAACTGCTTATTTTAGTGTTTGATACTGATATTTGTGATCAGTGAAATAC	1 320
豫麦18	ATTTTGTGTGGAACTGCTTATTTTAGTGTTTGATACTGATATTTGTGATCAGTGAAATAC	1 320
小玉花	ATTTTGTGTGGAACTGCTTATTTTAGTGTTTGATACTGATATTTGTGATCAGTGAAATAC	1 320
小白玉花	ATTTTGTGTGGAACTGCTTATTTTAGTGTTTGATACTGATATTTGTGATCAGTGAAATAC	1 320
小偃6号	ATTTTGTGTGGAACTGCTTATTTTAGTGTTTGATACTGATATTTGTGATCAGTGAAATAC	1 320
保守序列	ATTTTGTGTGGAACTGCTTACTTTAGTGTTTGATACTGATATTTGTGATCAGTGAAATAC	1 320
周8425B	GTGTGAAATGAGTGAAATCTAATTTTTTTAAATGAGTGTAATGTGTTTTCTGAAACTAGT	1 560
济麦19	GTGTGAAATGAGTGAAATCTAATTTTTTTAAATGAGTGTAATGTGTTTTCTGAAACTAGT	1 560
京411	GTGTGAAATGAGTGAAATCTAATTTTTTTAAATGAGTGTAATGTGTTTTCTGAAACTAGT	1 560
中优9507	GTGTGAAATGAGTGAAATCTAATTTTTTTAAATGAGTGTAATGTGTTTTCTGAAACTAGT	1 560
衡水7228	GTGTGAAATGAGTGAAATCcAATTTTTTTAAATGAGTGTAATGTGTTTTCTGAAACTAGT	1 560
豫麦18	GTGTGAAATGAGTGAAATCTAATTTTTTTAAATGAGTGTAATGTGTTTTCTGAAACTAGT	1 560
小玉花	GTGTGAAATGAGTGAAATCTAATTTTTTTAAATGAGTGTAATGTGTTTTCTGAAACTAGT	1 560
小白玉花	GTGTGAAATGAGTGAAATCTAATTTTTTTAAATGAGTGTAATGTGTTTTCTGAAACTAGT	1 560
小偃6号	GTGTGAAATGAGTGAAATCTAATTTTTTTAAATGAGTGTAATGTGTTTTCTGAAACTAGT	1 560
保守序列	GTGTGAAATGAGTGAAATCTAA.TTTTTTAAATGAGTGTAATGTGTTTTCTGAAACTAGT	1 559
周8425B	GAAATCAATATTTTTGTAATGAGTGATATCAGTTTTTTAAACAAGTAAAATATAGTATCT	1 620
济麦19	GAAATCAATATTTTTGTAATGAGTGATATCAGTTTTTTAAACAAGTAAAATATAGTATCT	1 620
京411	GAAATCAATATTTTTGTAATGAGTGATATCAGTTTTTTAAACAAGTAAAATATAGTATCT	1 620
中优9507	GAAATCAATATTTTTGTAATGAGTGATATCAGTTTTTTAAACAAGTAAAATATAGTATCT	1 620
衡水7228	GAAATCAATATTTTTGTAATGAGTGATATCAGTTTTTTAAACAAGTAAAATATAGTATCT	1 620
豫麦18	GAAATCAATATTTTTGTAATGAGTGATATCAGTTTTTTAAACAAGTAAAATATAGTATCT	1 620
小玉花	GAAATCAATATTTTTGTAATGAGTGATATCAGTTTTTTAAACAAGTAAAATATAGTATCT	1 620
小白玉花	GAAATCAATATTTTTGTAATGAGTGATATCAGTTTTTTAAACAAGTAAAATATAGTATCT	1 620
小偃6号	GAAATCAATATTTTTGTAATGAGTGATATCAGTTTTTTAAACAAGTAAAATATAGTATCT	1 620
保守序列	GAAATCAATATTTTTGTAATGAGTGATATCAGTTTTTTAAACAAGTAAAATGTAGTATCT	1 619
周8425B	TAACTGAGTGAGTGCGTGCGATTTTCTCTTAGTTGACCGATCTCTCCTCCAAGCTCTTTC	1 680
济麦19	TAACTGAGTGAGTGCGTGCGATTTTCTCTTAGTTGACCGATCTCTCCTCCAAGCTCTTTC	1 680

京411	TAACTGAGTGAGTGCGTGCGATTTTCTCTTAGTTGACCGATCTCTCCTCCAAGCTCTTTC	1 680
中优9507	TAACTGAGTGAGTGCGTGCGATTTTCTCTTAGTTGACCGATCTCTCCTCCAAGCTCTTTC	1 680
衡水7228	TAACTGAGTGAGTGCGTGCGATTTTCTCTTAGTTGACCGATCTCTCCTCCAAGCTCTTTC	1 680
豫麦18	TAACTGAGTGAGTGCGTGCGATTTTCTCTTAGTTGACCGATCTCTCCTCCAAGCTCTTTC	1 680
小玉花	TAACTGAGTGAGTGCGTGCGATTTTCTCTTAGTTGACCGATCTCTCCTCCAAGCTCTTTC	1 680
小白玉花	TAACTGAGTGAGTGCGTGCGATTTTCTCTTAGTTGACCGATCTCTCCTCCAAGCTCTTTC	1 680
小偃6号	TAACTGAGTGAGTGCGTGCGATTTTCTCTTAGTTGACCGATCTCTCCTCCAAGCTCTTTC	1 680
保守序列	TAACTGAGTGAGTGCGCGCGATTTTCTCTTAGTTGACCGATCTCTCCTCCAAGCTCTTTC	1 679

周8425B	AAGCATTGTATATTGTTGTTTACTTACACTTACACTTACACTTGCATTTACATGCATATT	2 100
京411	AAGCATTGTATATTGTTGTTTACTTACACTTACACTTACACTTGCATTTACATGCATATT	2 100
中优9507	AAGCATTGTATATTGTTGTTTACTTACACTTACACTTACACTTGCATTTACATGCATATT	2 100
衡水7228	AAGCATTGTATATTGTTGTTTACTTACACTTACACTTACACTTGCATTTACATGCATATT	2 100
豫麦18	AAGCATTGTATATTGTTGTTTACTTACACTTACACTTACACTTGCATTTACATGCATATT	2 100
小玉花	AAGCATTGTATATTGTTGTTTACTTACACTTACACTTACACTTGCATTTACATGCATATT	2 100
小白玉花	AAGCATTGTATATTGTTGTTTACTTACACTTACACTTACACTTGCATTTACATGCATATT	2 100
小偃6号	AAGCATTGTATATTGTTGTTTACTTACACTTACACTTACACTTGCATTTACATGCATATT	2 100
洋小麦	AAGCATTGTATATTGTTGTTTACTTACACTTACACTTACACTTGCATTTACATGCATATT	248
保守序列	AAGCATTGTATATTGTTGTTTACTTACACTTACACTTACACTCGCATTTACATGCATATT	2 099

周8425B	TCATGATCACCTGTACACACCTACTATCCATATCAGTCAGCGTGCATGTTCCCAATTCAG	2 400
京411	TCATGATCACCTGTACACACCTACTATCCATATCAGTCAGCGTGCATGTTCCCAATTCAG	2 400
中优9507	TCATGATCACCTGTACACACCTACTATCCATATCAGTCAGCGTGCATGTTCCCAATTCAG	2 400
衡水7228	TCATGATCACCTGTACACACCTACTATCCATATCAGTCAGCGTGCATGTTCCCAATTCAG	2 400
豫麦18	TCATGATCACCTGTACACACCTACTATCCATATCAGTCAGCGTGCATGTTCCCAATTCAG	2 400
小玉花	TCATGATCACCTGTACACACCTACTATCCATATCAGTCAGCGTGCATGTTCCCAATTCAG	2 400
小白玉花	TCATGATCACCTGTACACACCTACTATCCATATCAGTCAGCGTGCATGTTCCCAATTCAG	2 400
小偃6号	TCATGATCACCTGTACACACCTACTATCCATATCAGTCAGCGTGCATGTTCCCAATTCAG	2 400
洋小麦	TCATGATCACCTGTACACACCTACTATCCATATCAGTCAGCGTGCATGTTCCCAATTCAG	548
保守序列	TCATGATCACCTGT.CACACCTACTATCCATATCAGTCAGCGTGCATGTTCCCAATTCAG	2 398

周8425B	GCTAATCGATCTACACCATGACTTGAAAAGGCTCTGACCTACAACAACCACGCACTCTGT	2 700
京411	GCTAATCGATCTACACCATGACTTGAAAAGGCTCTGACCTACAACAACCACGCACTCTGT	2 700
中优9507	GCTAATCGATCTACACCATGACTTGAAAAGGCTCTGACCTACAACAACCACGCACTCTGT	2 700
衡水7228	GCTAATCGATCTACACCATGACTTGAAAAGGCTCTGACCTACAACAACCACGCACTCTGT	2 700
豫麦18	GCTAATCGATCTACACCATGACTTGAAAAGGCTCTGACCTACAACAACCACGCACTCTGT	2 700
小玉花	GCTAATCGATCTACACCATGACTTGAAAAGGCTCTGACCTACAACAACCACGCACTCTGT	2 700
小白玉花	GCTAATCGATCTACACCATGACTTGAAAAGGCTCTGACCTACAACAACCACGCACTCTGT	2 700
小偃6号	GCTAATCGATCTACACCATGACTTGAAAAGGCTCTGACCTACAACAACCACGCACTCTGT	2 700
洋小麦	GCTAATCGATCTACACCATGACTTGAAAAGGCTCTGACCTACAACAACCACGCACTCTGT	848
保守序列	GCTAATCGATCTACACCATGACTTGAAAAGGCTCCGACCTACAACAACCACGCACTCTGT	2 698

周8425B	GCTAGAATTCGCTACTGCTAATCAATTGCAAGTGCTTACTAATTCAGGGTCAGCATGTGA	2 820
京411	GCTAGAATTCGCTACTGCTAATCAATTGCAAGTGCTTACTAATTCAGGGTCAGCATGTGA	2 820
中优9507	GCTAGAATTCGCTACTGCTAATCAATTGCAAGTGCTTACTAATTCAGGGTCAGCATGTGA	2 820
衡水7228	GCTAGAATTCGCTACTGCTAATCAATTGCAAGTGCTTACTAATTCAGGGTCAGCATGTGA	2 820
豫麦18	GCTAGAATTCGCTACTGCTAATCAATTGCAAGTGCTTACTAATTCAGGGTCAGCATGTGA	2 820
小玉花	GCTAGAATTCGCTACTGCTAATCAATTGCAAGTGCTTACTAATTCAGGGTCAGCATGTGA	2 820
小白玉花	GCTAGAATTCGCTACTGCTAATCAATTGCAAGTGCTTACTAATTCAGGGTCAGCATGTGA	2 820
小偃6号	GCTAGAATTCGCTACTGCTAATCAATTGCAAGTGCTTACTAATTCAGGGTCAGCATGTGA	2 820
洋小麦	GCTAGAATTCGCTACTGCTAATCAATTGCAAGTGCTTACTAATTCAGGGTCAGCATGTGA	968
保守序列	GCTAGAATTCGCTACTGCTAATCAATTGCAAGTGCTTACTAATTCAGGATCAGCATGTGA	2 818

周8425B	TAACAGTTGACGTGGCCCGTGGCAGGTGGTCGCTGATCGCGGGGCGGCTGCCGGGGCGAA	2 880
京411	TAACAGTTGACGTGGCCCGTGGCAGGTGGTCGCTGATCGCGGGGCGGCTGCCGGGGCGAA	2 880
中优9507	TAACAGTTGACGTGGCCCGTGGCAGGTGGTCGCTGATCGCGGGGCGGCTGCCGGGGCGAA	2 880
衡水7228	TAACAGTTGACGTGGCCCGTGGCAGGTGGTCGCTGATCGCGGGGCGGCTGCCGGGGCGAA	2 880
豫麦18	TAACAGTTGACGTGGCCCGTGGCAGGTGGTCGCTGATCGCGGGGCGGCTGCCGGGGCGAA	2 880
小玉花	TAACAGTTGACGTGGCCCGTGGCAGGTGGTCGCTGATCGCGGGGCGGCTGCCGGGGCGAA	2 880
小白玉花	TAACAGTTGACGTGGCCCGTGGCAGGTGGTCGCTGATCGCGGGGCGGCTGCCGGGGCGAA	2 880
小偃6号	TAACAGTTGACGTGGCCCGTGGCAGGTGGTCGCTGATCGCGGGGCGGCTGCCGGGGCGAA	2 880
洋小麦	TAACAGTTGACGTGGCCCGTGGCAGGTGGTCGCTGATCGCGGGGCGGCTGCCGGGGCGAA	1 028
保守序列	TAACAGTTGACGCGGCCCGTGGCAGGTGGTCGCTGATCGCGGGGCGGCTGCCGGGGCGAA	2 878

周8425B	ACGGCGCCGGCTGCTCGAACCACCCGCAGGCCAAGCCGCCGCTGCCGCCGCAGGCCGGCG	3 000
济麦19	ACGGCGCCGGCTGCTCGAACCACCCGCAGGCCAAGCCGCCGCTGCCGCCGCAGGCCGGCG	2 057
京411	ACGGCGCCGGCTGCTCGAACCACCCGCAGGCCAAGCCGCCGCTGCCGCCGCAGGCCGGCG	3 000
中优9507	ACGGCGCCGGCTGCTCGAACCACCCGCAGGCCAAGCCGCCGCTGCCGCCGCAGGCCGGCG	3 000
衡水7228	ACGGCGCCGGCTGCTCGAACCACCCGCAGGCCAAGCCGCCGCTGCCGCCGCAGGCCGGCG	3 000
豫麦18	ACGGCGCCGGCTGCTCGAACCACCCGCAGGCCAAGCCGCCGCTGCCGCCGCAGGCCGGCG	3 000
小玉花	ACGGCGCCGGCTGCTCGAACCACCCGCAGGCCAAGCCGCCGCTGCCGCCGCAGGCCGGCG	3 000
小白玉花	ACGGCGCCGGCTGCTCGAACCACCCGCAGGCCAAGCCGCCGCTGCCGCCGCAGGCCGGCG	3 000
小偃6号	ACGGCGCCGGCTGCTCGAACCACCCGCAGGCCAAGCCGCCGCTGCCGCCGCAGGCCGGCG	3 000
洋小麦	ACGGCGCCGGCTGCTCGAACCACCCGCAGGCCAAGCCGCCGCTGCCGCCGCAGGCCGGCG	1 148
保守序列	ACGGCGCCGGCTGCTCGGACCACCCGCAGGCCAAGCCGCCGCTGCCGCCGCAGGCCGGCG	2 998

图 5-2 *TaMYB10-A1* 基因在 10 份小麦中序列比对

标框内为序列差异位点

5.3.2 *TaMYB10* 基因在 B 基因组上的扩增结果

在 B 基因组上使用 TaMYB10-BF$_1$/R$_1$、TaMYB10-BF$_2$/R$_2$和 TaMYB10-BF$_3$/R$_3$ 3 对特异性引物分 3 段对 *TaMYB10-B1* 基因进行全长扩增(图 5-3)。使用引物 TaMYB10-BF$_1$/R$_1$扩增测序后发现除济麦 19 在 368 bp、399 bp 处分别有 6 bp 的插入以外，济麦 19 与洋小麦的序列极其相似；与保守序列 AB191459 相比，10 份白粒小麦材料在第 1 个外显子 41 bp 处有 G-A

的碱基突变，但并没有引起氨基酸种类的改变；白粒小麦在第 1 个内含子 179 bp 处有 A-T 的碱基突变，在 286 bp 处有 2 bp(GT)碱基插入，第 2 个内含子中 685 bp 处有 A-G 的碱基突变，1 147 bp 处有 C-T 的碱基突变(图 5-4)。

引物 TaMYB10-BF$_3$/R$_3$在 10 份不同穗发芽抗性的白粒小麦品种中有多态性片段(图 5-3)，测序结果表明，小白玉花在第 3 外显子中有 19 bp 的插入且多为 GCC 重复序列，导致开放阅读框的移码突变，图 5-5 为其二级结构。

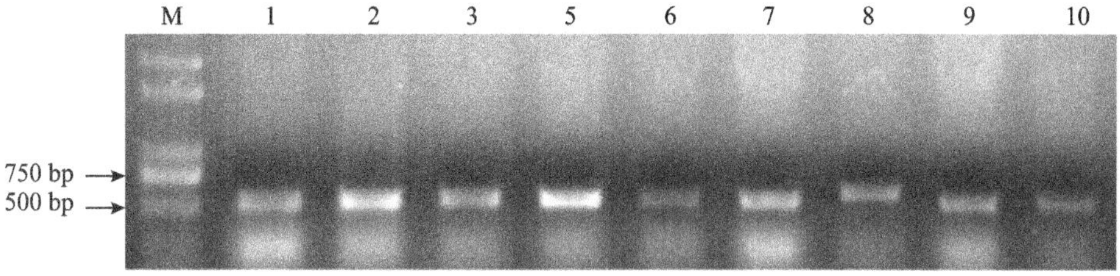

图 5-3　引物 TaMYB10-BF$_3$/R$_3$对 *TaMYB10-B* 基因的 PCR 扩增

M. DNA 分子量标准(Trans 5k)；1. 周 8425B；2. 济麦 19；3. 京 411；5. 衡水 7228；6. 豫麦 18；7. 小玉花；8. 小白玉花；9. 小偃 6 号；10. 洋小麦

周8425B	ATGGGGAGGAAACCATGCTGCGCCAAGGAGGGCCTGAACAGAGGGGCATGGACGGCAATG	60
济麦19	ATGGGGAGGAAACCATGCTGCTCCAAGGAGGGCCTCAACAGAGGGGCGTGGACGGCAATG	60
京411	ATGGGGAGGAAACCATGCTGCGCCAAGGAGGGCCTGAACAGAGGGGCATGGACGGCAATG	60
中优9507	ATGGGGAGGAAACCATGCTGCGCCAAGGAGGGCCTGAACAGAGGGGCATGGACGGCAATG	60
衡水7228	ATGGGGAGGAAACCATGCTGCGCCAAGGAGGGCCTGAACAGAGGGGCATGGACGGCAATG	60
豫麦18	ATGGGGAGGAAACCATGCTGCGCCAAGGAGGGCCTGAACAGAGGGGCATGGACGGCAATG	60
小玉花	ATGGGGAGGAAACCATGCTGCGCCAAGGAGGGCCTGAACAGAGGGGCATGGACGGCAATG	60
小白玉花	ATGGGGAGGAAACCATGCTGCGCCAAGGAGGGCCTGAACAGAGGGGCATGGACGGCAATG	60
小偃6号	ATGGGGAGGAAACCATGCTGCGCCAAGGAGGGCCTGAACAGAGGGGCATGGACGGCAATG	60
洋小麦	ATGGGGAGGAAACCATGCTGCTCCAAGGAGGGCCTCAACAGAGGGGCGTGGACGGCAATG	60
保守序列	ATGGGGAGGAAACCATGCTGCGCCAAGGAGGGCCTGAACAGGGGGGCATGGACGGCAATG	60
周8425B	GAGGACGAGATCCTGGTCTCCTACATCAACGATCACGGCGAGGGCAAGTGGGGAAGCCTT	120
济麦19	GAGGACGAGATaCTGGTTTCCTACATCAACGATCACGGCGAGGGCAAGTGGGGAAGCCTT	120
京411	GAGGACGAGATCCTGGTCTCCTACATCAACGATCACGGCGAGGGCAAGTGGGGAAGCCTT	120
中优9507	GAGGACGAGATCCTGGTCTCCTACATCAACGATCACGGCGAGGGCAAGTGGGGAAGCCTT	120
衡水7228	GAGGACGAGATCCTGGTCTCCTACATCAACGATCACGGCGAGGGCAAGTGGGGAAGCCTT	120
豫麦18	GAGGACGAGATCCTGGTCTCCTACATCAACGATCACGGCGAGGGCAAGTGGGGAAGCCTT	120
小玉花	GAGGACGAGATCCTGGTCTCCTACATCAACGATCACGGCGAGGGCAAGTGGGGAAGCCTT	120
小白玉花	GAGGACGAGATCCTGGTCTCCTACATCAACGATCACGGCGAGGGCAAGTGGGGAAGCCTT	120
小偃6号	GAGGACGAGATCCTGGTCTCCTACATCAACGATCACGGCGAGGGCAAGTGGGGAAGCCTT	120
洋小麦	GAGGACGAGATaCTGGTTTCCTACATCAACGATCACGGCGAGGGCAAGTGGGGAAGCCTT	120
保守序列	GAGGACGAGATCCTGGTCTCCTACATCAACGATCACGGCGAGGGCAAGTGGGGAAGCCTT	120
周8425B	CCCAAACGAGCTGGTAGGTTACAGTACACACACCATCGTCTCTAATCTTTGCTTTTCTCT	180
济麦19	CCCAAACGAGCTGGTAGGT.....TACAaACACCATCGTCTCTAAGCTTTGCTCTTCTTT	175

京411	CCCAAACGAGCTGGTAGGTTACAGTACACACACCATCGTCTCTAATCTTTGCTTTTCTCT	180
中优9507	CCCAAACGAGCTGGTAGGTTACAGTACACACACCATCGTCTCTAATCTTTGCTTTTCTCT	180
衡水7228	CCCAAACGAGCTGGTAGGTTACAGTACACACACCATCGTCTCTAATCTTTGCTTTTCTCT	180
豫麦18	CCCAAACGAGCTGGTAGGTTACAGTACACACACCATCGTCTCTAATCTTTGCTTTTCTCT	180
小玉花	CCCAAACGAGCTGGTAGGTTACAGTACACACACCATCGTCTCTAATCTTTGCTTTTCTCT	180
小白玉花	CCCAAACGAGCTGGTAGGTTACAGTACACACACCATCGTCTCTAATCTTTGCTTTTCTCT	180
小偃6号	CCCAAACGAGCTGGTAGGTTACAGTACACACACCATCGTCTCTAATCTTTGCTTTTCTCT	180
洋小麦	CCCAAACGAGCTGGTAGGT.....TACAaACACCATCGTCTCTAAGCTTTGCTCTTCTTT	175
保守序列	CCCAAACGAGCTGGTAGGTTACAGTACACACACCATCGTCTCTAATCTTTGCTTTTCTCA	180

周8425B	GAACATTACATCAATACATACATTTGTCTATTATGCGTGCGATTTTCTTGAAGTTGACC.	239
济麦19	GAACATTACATCA....ATACATTTGTCGATTACGTGTGCGATTTTCTCTAAGTTGATAT	231
京411	GAACATTACATCAATACATACATTTGTCTATTATGCGTGCGATTTTCTTGAAGTTGACC.	239
中优9507	GAACATTACATCAATACATACATTTGTCTATTATGCGTGCGATTTTCTTGAAGTTGACC.	239
衡水7228	GAACATTACATCAATACATACATTTGTCTATTATGCGTGCGATTTTCTTGAAGTTGACC.	239
豫麦18	GAACATTACATCAATACATACATTTGTCTATTATGCGTGCGATTTTCTTGAAGTTGACC.	239
小玉花	GAACATTACATCAATACATACATTTGTCTATTATGCGTGCGATTTTCTTGAAGTTGACC.	239
小白玉花	GAACATTACATCAATACATACATTTGTCTATTATGCGTGCGATTTTCTTGAAGTTGACC.	239
小偃6号	GAACATTACATCAATACATACATTTGTCTATTATGCGTGCGATTTTCTTGAAGTTGACC.	239
洋小麦	GAACATTACATCA....ATACATTTGTCGATTACGTGTGCGATTTTCTCTAAGTTGATAT	231
保守序列	GAACATTACATCAATACATACATTTGTCTATTATGCGTGCGATTTTCTTGAAGTTGACC.	239

周8425B	GATCTCTCCTCCGAACTCTTTCTAGCCATTGCAACTGAAACAAAGAGTGTGTGTGTGTGT	299
济麦19	GATCTCTCCTCCAAACTCTTTCTAGCCATTGCAACTGAAACAAAGA.T...TGTATGTGT	287
京 411	GATCTCTCCTCCGAACTCTTTCTAGCCATTGCAACTGAAACAAAGAGTGTGTGTGTGTGT	299
中优9507	GATCTCTCCTCCGAACTCTTTCTAGCCATTGCAACTGAAACAAAGAGTGTGTGTGTGTGT	299
衡水7228	GATCTCTCCTCCGAACTCTTTCTAGCCATTGCAACTGAAACAAAGAGTGTGTGTGTGTGT	299
豫麦18	GATCTCTCCTCCGAACTCTTTCTAGCCATTGCAACTGAAACAAAGAGTGTGTGTGTGTGT	299
小玉花	GATCTCTCCTCCGAACTCTTTCTAGCCATTGCAACTGAAACAAAGAGTGTGTGTGTGTGT	299
小白玉花	GATCTCTCCTCCGAACTCTTTCTAGCCATTGCAACTGAAACAAAGAGTGTGTGTGTGTGT	299
小偃6号	GATCTCTCCTCCGAACTCTTTCTAGCCATTGCAACTGAAACAAAGAGTGTGTGTGTGTGT	299
洋小麦	GATCTCTCCTCCAAACTCTTTCTAGCCATTGCAACTGAAACAAAGA.T...TGTATGTGT	287
保守序列	GATCTCTCCTCCGAACTCTTTCTAGCCATTGCAACTGAAACAAAGA..GTGTGTGTGTGT	297

周8425B	GAGTATGCTTGAAGAAGCGCGCGGCCAGGTGGCTGAAACAAGGAATGCGGCAAAAGAGAG	359
济麦19	GCGTATGCTTGAAGAAG........CAGGTGACTGAAACAAGTAATGCGGC..AAGAGAG	337
京411	GAGTATGCTTGAAGAAGCGCGCGGCCAGGTGGCTGAAACAAGGAATGCGGCAAAAGAGAG	359
中优9507	GAGTATGCTTGAAGAAGCGCGCGGCCAGGTGGCTGAAACAAGGAATGCGGCAAAAGAGAG	359
衡水7228	GAGTATGCTTGAAGAAGCGCGCGGCCAGGTGGCTGAAACAAGGAATGCGGCAAAAGAGAG	359
豫麦18	GAGTATGCTTGAAGAAGCGCGCGGCCAGGTGGCTGAAACAAGGAATGCGGCAAAAGAGAG	359
小玉花	GAGTATGCTTGAAGAAGCGCGCGGCCAGGTGGCTGAAACAAGGAATGCGGCAAAAGAGAG	359
小白玉花	GAGTATGCTTGAAGAAGCGCGCGGCCAGGTGGCTGAAACAAGGAATGCGGCAAAAGAGAG	359

小偃6号	GAGTATGCTTGAAGAAGCGCGCGGCCAGGTGGCTGAAACAAGGAATGCGGCAAAAGAGAG	359
洋小麦	GCGTATGCTTGAAGAAG........CAGGTGACTGAAACAAGGAATGCGGC..AAGAGAG	337
保守序列	GAGTATGCTTGAAGAAGCGCGCGGCCAGGTGGCTGAAACAAGGAATGCGGCAAAAGAGAG	357
周8425B	AGATCACTGG......TTTAGCATAGCTCGAGATGGTCGTGCTTAC......TGAGACGT	407
济麦19	AGATCACTGGTTTAGCTTTAGCATAGCTtGAGATGGcCGTGtTGACGTCGTGTGAGATGT	397
京411	AGATCACTGG......TTTAGCATAGCTCGAGATGGTCGTGCTTAC......TGAGACGT	407
中优9507	AGATCACTGG......TTTAGCATAGCTCGAGATGGTCGTGCTTAC......TGAGACGT	407
衡水7228	AGATCACTGG......TTTAGCATAGCTCGAGATGGTCGTGCTTAC......TGAGACGT	407
豫麦18	AGATCACTGG......TTTAGCATAGCTCGAGATGGTCGTGCTTAC......TGAGACGT	407
小玉花	AGATCACTGG......TTTAGCATAGCTCGAGATGGTCGTGCTTAC......TGAGACGT	407
小白玉花	AGATCACTGG......TTTAGCATAGCTCGAGATGGTCGTGCTTAC......TGAGACGT	407
小偃6号	AGATCACTGG......TTTAGCATAGCTCGAGATGGTCGTGCTTAC......TGAGACGT	407
洋小麦	AGATCACTGG......TTTAGCATAGCTtGAGATGGTCGTGtTGAC......TGAGATGT	385
保守序列	AGATCACTGG......TTTAGCATAGCTCGAGATGGTCGTGCTTAC......TGAGACGT	405
周8425B	TGTGTGCAGGGCTGAATCGGTGCGGAAAGAGCTGCCGGCTGCGGTGGCTCAACTACCTCC	467
济麦19	TGTATGCAGGGCTGAACCGGTGCGGAAAGAGCTGCCGGCTGCGGTGGCTCAACTACCTCC	457
京411	TGTGTGCAGGGCTGAATCGGTGCGGAAAGAGCTGCCGGCTGCGGTGGCTCAACTACCTCC	467
中优9507	TGTGTGCAGGGCTGAATCGGTGCGGAAAGAGCTGCCGGCTGCGGTGGCTCAACTACCTCC	467
衡水7228	TGTGTGCAGGGCTGAATCGGTGCGGAAAGAGCTGCCGGCTGCGGTGGCTCAACTACCTCC	467
豫麦18	TGTGTGCAGGGCTGAATCGGTGCGGAAAGAGCTGCCGGCTGCGGTGGCTCAACTACCTCC	467
小玉花	TGTGTGCAGGGCTGAATCGGTGCGGAAAGAGCTGCCGGCTGCGGTGGCTCAACTACCTCC	467
小白玉花	TGTGTGCAGGGCTGAATCGGTGCGGAAAGAGCTGCCGGCTGCGGTGGCTCAACTACCTCC	467
小偃6号	TGTGTGCAGGGCTGAATCGGTGCGGAAAGAGCTGCCGGCTGCGGTGGCTCAACTACCTCC	467
洋小麦	TGTATGCAGGGCTGAACCGGTGCGGAAAGAGCTGCCGGCTGCGGTGGCTCAACTACCTCC	445
保守序列	TGTGTGCAGGGCTGAATCGGTGCGGAAAGAGCTGCCGGCTGCGGTGGCTCAACTACCTCC	465
周8425B	ACCATGCGCATTTTCTCTTGTGTAGATGATCAAGCATTGTATATTGTTGTTTACTTGCGG	647
济麦19	ACCATGCGCATTTTCTCTTGTGTAGATGATCAAGCATTGTATATTGTTGTTTACTTGCGG	637
京411	ACCATGCGCATTTTCTCTTGTGTAGATGATCAAGCATTGTATATTGTTGTTTACTTGCGG	647
中优9507	ACCATGCGCATTTTCTCTTGTGTAGATGATCAAGCATTGTATATTGTTGTTTACTTGCGG	647
衡水7228	ACCATGCGCATTTTCTCTTGTGTAGATGATCAAGCATTGTATATTGTTGTTTACTTGCGG	647
豫麦18	ACCATGCGCATTTTCTCTTGTGTAGATGATCAAGCATTGTATATTGTTGTTTACTTGCGG	647
小玉花	ACCATGCGCATTTTCTCTTGTGTAGATGATCAAGCATTGTATATTGTTGTTTACTTGCGG	647
小白玉花	ACCATGCGCATTTTCTCTTGTGTAGATGATCAAGCATTGTATATTGTTGTTTACTTGCGG	647
小偃6号	ACCATGCGCATTTTCTCTTGTGTAGATGATCAAGCATTGTATATTGTTGTTTACTTGCGG	647
洋小麦	ACCATGCGCATTTTCTCTTGTGTAGATGATCAAGCATTGTATATTGTTGTTTACTTGCGG	625
保守序列	ACCATGCGCATTTTCTCTTGTGTAGATGATCAAGCATTGTATATTGTTGTTTACTTGCAG	645
周8425B	TACACCATAACTTGAAAAGGCTCCCATGGAGCTAGGTCTAGAACGAAATGCCACTCCCTC	1 187
济麦19	TACACCATAACTTGAAAAGGCTCCCATGGAGCTAGGTCTAGAACGAAATGCCACTCCCTC	1 177

京411	TACACCATAACTTGAAAAGGCTCCCATGGAGCTAGGTCTAGAACGAAATGCCACTCCCTC	1 187
中优9507	TACACCATAACTTGAAAAGGCTCCCATGGAGCTAGGTCTAGAACGAAATGCCACTCCCTC	1 187
衡水7228	TACACCATAACTTGAAAAGGCTCCCATGGAGCTAGGTCTAGAACGAAATGCCACTCCCTC	1 187
豫麦18	TACACCATAACTTGAAAAGGCTCCCATGGAGCTAGGTCTAGAACGAAATGCCACTCCCTC	1 187
小玉花	TACACCATAACTTGAAAAGGCTCCCATGGAGCTAGGTCTAGAACGAAATGCCACTCCCTC	1 187
小白玉花	TACACCATAACTTGAAAAGGCTCCCATGGAGCTAGGTCTAGAACGAAATGCCACTCCCTC	1 187
小偃6号	TACACCATAACTTGAAAAGGCTCCCATGGAGCTAGGTCTAGAACGAAATGCCACTCCCTC	1 187
洋小麦	TACACCATAACTTGAAAAGGCTCCCATGGAGCTAGGTCTAGAACGAAATGCCACTCCCTC	1 165
保守序列	TACACCACAACTTGAAAAGGCTCCCATGGAGCTAGGTCTAGAACGAAATGCCACTCCCTC	1 185

周8425B	CCACCCACAGGCCAAGCC...................GCCGGCGGCGAGGCGCACGCCCT	1 588
济麦19	CCACCCACAGGCCAAGCC...................GCCGGCGGCGAGGCGCACGCCCT	1 578
京411	CCACCCACAGGCCAAGCC...................GCCGGCGGCGAGGCGCACGCCCT	1 588
中优9507	CCACCCACAGGCCAAGCC...................GCCGGCGGCGAGGCGCACGCCCT	1 588
衡水7228	CCACCCACAGGCCAAGCC...................GCCGGCGGCGAGGCGCACGCCCT	1 588
豫麦18	CCACCCACAGGCCAAGCC...................GCCGGCGGCGAGGCGCACGCCCT	1 588
小玉花	CCACCCACAGGCCAAGCC...................GCCGGCGGCGAGGCGCACGCCCT	1 588
小白玉花	CCACCCACAGGCCAAGCCGCCGCCGCCGCCGCCGCAGGCCGGCGGCGAGGCGCACGCCCT	1 607
小偃6号	CCACCCACAGGCCAAGCC...................GCCGGCGGCGAGGCGCACGCCCT	1 588
洋小麦	CCACCCACAGGCCAAGCC...................GCCGGCGGCGAGGCGCACGCCCT	1 566
保守序列	CCACCCACAGGCCAAGCC...................GCCGGCGGCGAGGCGCACGCCCT	1 586

图 5-4 *TaMYB10-B1* 基因在 10 份小麦中序列比对

标框内为序列差异位点

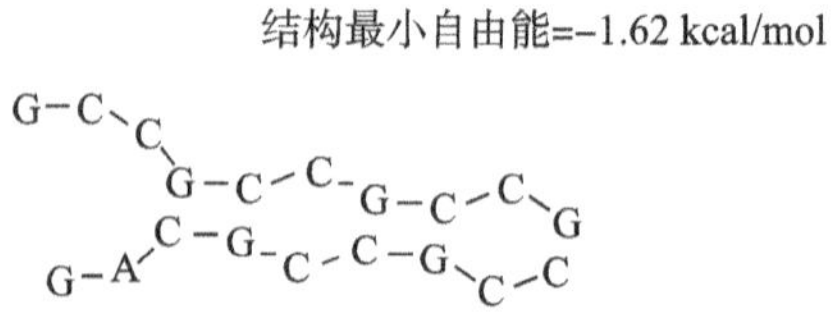

图 5-5 第 3 个外显子中 *TaMYB10-B* 的 1 565～1 583 bp 位点上的反向重复序列

5.3.3 *TaMYB10* 基因在 D 基因组上的扩增结果

选用 TaMYB10-DF$_1$/R$_2$引物对 *TaMYB10-D1* 基因进行全长扩增，结果在 10 份不同穗发芽抗性的材料中扩增出多态性片段，在周 8425B、小白玉花和洋小麦中有正确产物，而在济麦 19、京 411、中优 9507、衡水 7228、豫麦 18、小玉花和小偃 6 号中没有得到正确产物，得到的是非特异性扩增片段(图 5-6)。

测序分析表明：10 种材料在第 1 外显子 124 bp 处都有 G-A 的碱基突变，三联体密码子 AGA 变为 AAA(图 5-7)，翻译的氨基酸由不带电荷的极性氨基酸甘氨酸变为非极性的丙氨酸。

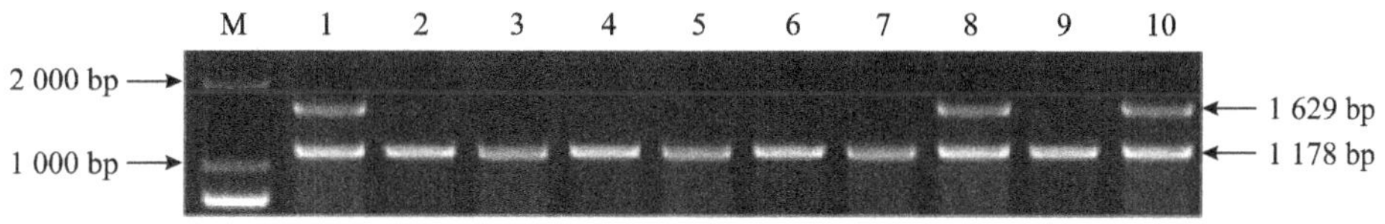

图 5-6 引物 TaMYB10-DF$_1$/R$_2$ 对 *TaMYB10-D1* 基因的 PCR 扩增

M. DNA 分子量标准(Trans 2k);1. 周 8425B;2. 济麦 19;3. 京 411;4. 中优 9507;5. 衡水 7228;6. 豫麦 18;7. 小玉花;8. 小白玉花;9. 小偃 6 号;10. 洋小麦

周8425B	ATGGGGAGGAAGCCATGCTGCGCCAAGGAAGGCCTGAACAGAGGGGCATGGACGGCAATG	60
济麦19	ATGGGGAGGAAGCCATGCTGCGCCAAGGAAGGCCTGAACAGAGGGGCATGGACGGCAATG	60
京411	ATGGGGAGGAAGCCATGCTGCGCCAAGGAAGGCCTGAACAGAGGGGCATGGACGGCAATG	60
中优9507	ATGGGGAGGAAGCCATGCTGCGCCAAGGAAGGCCTGAACAGAGGGGCATGGACGGCAATG	60
衡水7228	ATGGGGAGGAAGCCATGCTGCGCCAAGGAAGGCCTGAACAGAGGGGCATGGACGGCAATG	60
豫麦18	ATGGGGAGGAAGCCATGCTGCGCCAAGGAAGGCCTGAACAGAGGGGCATGGACGGCAATG	60
小玉花	ATGGGGAGGAAGCCATGCTGCGCCAAGGAAGGCCTGAACAGAGGGGCATGGACGGCAATG	60
小白玉花	ATGGGGAGGAAGCCATGCTGCGCCAAGGAAGGCCTGAACAGAGGGGCATGGACGGCAATG	60
小偃6号	ATGGGGAGGAAGCCATGCTGCGCCAAGGAAGGCCTGAACAGAGGGGCATGGACGGCAATG	60
洋小麦	ATGGGGAGGAAGCCATGCTGCGCCAAGGAAGGCCTGAACAGAGGGGCATGGACGGCAATG	60
保守序列	ATGGGGAGGAAGCCATGCTGCGCCAAGGAAGGCCTGAACAGAGGGGCATGGACGGCAATG	60

周8425B	GAGGACGAGATCCTGGTCTCCTACATCAACGATCACGGTGAGGGCAAGTGGGGGAGCCTC	120
济麦19	GAGGACGAGATCCTGGTCTCCTACATCAACGATCACGGTGAGGGCAAGTGGGGGAGCCTC	120
京411	GAGGACGAGATCCTGGTCTCCTACATCAACGATCACGGTGAGGGCAAGTGGGGGAGCCTC	120
中优9507	GAGGACGAGATCCTGGTCTCCTACATCAACGATCACGGTGAGGGCAAGTGGGGGAGCCTC	120
衡水7228	GAGGACGAGATCCTGGTCTCCTACATCAACGATCACGGTGAGGGCAAGTGGGGGAGCCTC	120
豫麦18	GAGGACGAGATCCTGGTCTCCTACATCAACGATCACGGTGAGGGCAAGTGGGGGAGCCTC	120
小玉花	GAGGACGAGATCCTGGTCTCCTACATCAACGATCACGGTGAGGGCAAGTGGGGGAGCCTC	120
小白玉花	GAGGACGAGATCCTGGTCTCCTACATCAACGATCACGGTGAGGGCAAGTGGGGGAGCCTC	120
小偃6号	GAGGACGAGATCCTGGTCTCCTACATCAACGATCACGGTGAGGGCAAGTGGGGGAGCCTC	120
洋小麦	GAGGACGAGATCCTGGTCTCCTACATCAACGATCACGGTGAGGGCAAGTGGGGGAGCCTC	120
保守序列	GAGGACGAGATCCTGGTCTCCTACATCAACGATCACGGTGAGGGCAAGTGGGGGAGCCTC	120

周8425B	CCCAAACGAGCTGGTAGGTTACTCACACCATCGTCTCTAATCTATGCTCTTCTCCGAACA	180
济麦19	CCCAAACGAGCTGGTAGGTTACTCACACCATCGTCTCTAATCTATGCTCTTCTCCGAACA	180
京411	CCCAAACGAGCTGGTAGGTTACTCACACCATCGTCTCTAATCTATGCTCTTCTCCGAACA	180
中优9507	CCCAAACGAGCTGGTAGGTTACTCACACCATCGTCTCTAATCTATGCTCTTCTCCGAACA	180
衡水7228	CCCAAACGAGCTGGTAGGTTACTCACACCATCGTCTCTAATCTATGCTCTTCTCCGAACA	180
豫麦18	CCCAAACGAGCTGGTAGGTTACTCACACCATCGTCTCTAATCTATGCTCTTCTCCGAACA	180
小玉花	CCCAAACGAGCTGGTAGGTTACTCACACCATCGTCTCGAATCTATGCTCTTCTCCGAACA	180
小白玉花	CCCAAACGAGCTGGTAGGTTACTCACACCATCGTCTCTAATCTATGCTCTTCTCCGAACA	180
小偃6号	CCCAAACGAGCTGGTAGGTTACTCACACCATCGTCTCTAATCTATGCTCTTCTCCGAACA	180
洋小麦	CCCAAACGAGCTGGTAGGTTACTCACACCATCGTCTCTAATCTATGCTCTTCTCCGAACA	180
保守序列	CCCAGACGAGCTGGTAGGTTACTCACACCATCGTCTCTAATCTATGCTCTTCTCCGAACA	180

周8425B TTACATCAATACATACAATTGTCGATTGTGCGCGCGATTTTCTTTAAGTCGATCGATATC 240
济麦19 TTACATCAATACATACAATTGTCGATTGTGCGCGCGATTTTCTTTAAGTCGATCGATATC 240
京411 TTACATCAATACATACAATTGTCGATTATGCGCGCGATTTTCTTTAAGTCGATCGATATC 240
中优9507 TTACATCAATACATACAATTGTCGATTGTGCGCGCGATTTTCTTTAAGTCGATCGATATC 240
衡水7228 TTACATCAATACATACAATTGTCGATTATGCGCGCGATTTTCTTTAAGTCGATCGATATC 240
豫麦18 TTACATCAATACATACAATTGTCGATTGTGCGCGCGATTTTCTTTAAGTCGATCGATATC 240
小玉花 TTACATCAATACATACAATTGTCGATTATGCGCGCGATTTTCTTTAAGTCGATCGATATC 240
小白玉花 TTACATCAATACATACAATTGTCGATTGTGCGCGCGATTTTCTTTAAGTCGATCGATATC 240
小偃6号 TTACATCAATACATACAATTGTCGATTATGCGCGCGATTTTCTTTAAGTCGATCGATATC 240
洋小麦 TTACATCAATACATACAATTGTCGATTATGCGCGCGATTTTCTTTAAGTCGATCGATATC 240
保守序列 TTACATCAATACATACAATTGTCGATTATGCGCGCGATTTTCTTTAAGTCGATCGATATC 240

周8425B TCCTCCAAACTCTTTCTTGCCATTGCAACTGAAACAAAGAGTGTGTGTGTGTGTGCGTAT 300
济麦19 TCCTCCAAACTCTTTCTTGCCATTGCAACTGAAACAAAGAGTGTGTGTGTGTGTGCGTAT 300
京411 TCCTCCAAACTCTTTCTTGCCATTGCAACTGAAACAAAGAGTGTGTGTGTGTGTGCGTAT 300
中优9507 TCCTCCAAACTCTTTCTTGCCATTGCAACTGAAACAAAGAGTGTGTGTGTGTGTGCGTAT 300
衡水7228 TCCTCCAAACTCTTTCTTGCCATTGCAACTGAAACAAAGAGTGTGTGTGTGTGTGCGTAT 300
豫麦18 TCCTCCAAACTCTTTCTTGCCATTGCAACTGAAACAAAGAGTGTGTGTGTGTGTGCGTAT 300
小玉花 TCCTCCAAACTCTTTCTTGCCATTGCAACTGAAACAAAGAGTGTGTGTGTGTGTGCGTAT 300
小白玉花 TCCTCCAAACTCTTTCTTGCCATTGCAACTGAAACAAAGAGTGTGTGTGTGTGTGCGTAT 300
小偃6号 TCCTCCAAACTCTTTCTTGCCATTGCAACTGAAACAAAGAGTGTGTATGTGTGTGCGTAT 300
洋小麦 TCCTCCAAACTCTTTCTTGCCATTGCAACTGAAACAAAGAGTGTGTGTGTGTGTGCGTAT 300
保守序列 TCCTCCAAACTCTTTCTTGCCATTGCAACTGAAACAAAGAGTGTGTGTGTGTGTGCGTAT 300

周8425B GCTTGAAGAAGCCAGGTGACTGAAACAAGGAATGCGGCAAGAGTGAGATCACTGGTTTAG 360
济麦19 GCTTGAAGAAGCCAGGTGACTGAAACAAGGAATGCGGCAAGAGTGAGATCACTGGTTTAG 360
京411 GCTTGAAGAAGCCAGGTGACTGAAACAAGGAATGCGGCAAGAGTGAGATCACTGGTTTAG 360
中优9507 GCTTGAAGAAGCCAGGTGACTGAAACAAGGAATGCGGCAAGAGTGAGATCACTGGTTTAG 360
衡水7228 GCTTGAAGAAGCCAGGTGACTGAAACAAGGAATGCGGCAAGAGTGAGATCACTGGTTTAG 360
豫麦18 GCTTGAAGAAGCCAGGTGACTGAAACAAGGAATGCGGCAAGAGTGAGATCACTGGTTTAG 360
小玉花 GCTTGAAGAAGCCAGGTGACTGAAACAAGGAATGCGGCAGGAGTGAGATCACTGGTTTAG 360
小白玉花 GCTTGAAGAAGCCAGGTGACTGAAACAAGGAATGCGGCAAGAGTGAGATCACTGGTTTAG 360
小偃6号 GCTTGAAGAAGCCAGGTGACTGAAACAAGGAATGCGGCAAGAGTGAGATCACTGGTTTAG 360
洋小麦 GCTTGAAGAAGCCAGGTGACTGAAACAAGGAATGCGGCAAGAGTGAGATCACTGGTTTAG 360
保守序列 GCTTGAAGAAGCCAGGTGACTGAAACAAGGAATGCGGCAAGAGTGAGATCACTGGTTTAG 360

周8425B CTTTAGCATAGCTCGAGATGGTCGTGTTGACGGCGTGTGAGATAGTGTGTTCAGGGCTGA 420
济麦19 CTTTAGCATAGCTCGAGATGGTCGTGTTGACGGCGTGTGAGATAGTGTGTTCAGGGCTGA 420
京411 CTTTAGCATAGCTCGAGATGGTCGTGTTGACGGCGTGTGAGATATTGTGTTCAGGGCTGA 420
中优9507 CTTTAGCATAGCTCGAGATGGTCGTGTTGACGGCGTGTGAGATAGTGTGTTCAGGGCTGA 420
衡水7228 CTTTAGCATAGCTCGAGATGGTCGTGTTGACGGCGTGTGAGATATTGTGTTCAGGGCTGA 420
豫麦18 CTTTAGCATAGCTCGAGATGGTCGTGTTGACGGCGTGTGAGATAGTGTGTTCAGGGCTGA 420

小玉花	CTTTAGCATAGCTCGAGATGGTCGTGTTGACGGCGTGTGAGATATTGTGTTCAGGGCTGA	420
小白玉花	CTTTAGCATAGCTCGAGATGGTCGTGTTGACGGCGTGTGAGATAGTGTGTTCAGGGCTGA	420
小偃6号	CTTTAGCATAGCTCGAGATGGTCGTGTTGACGGCGTGTGAGATATTGTGTTCAGGGCTGA	420
洋小麦	CTTTAGCATAGCTCGAGATGGTCGTGTTGACGGCGTGTGAGATATTGTGTTCAGGGCTGA	420
保守序列	CTTTAGCATAGCTCGAGATGGTCGTGTTGACGGCGTGTGAGATATTGTGTTCAGGGCTGA	420
周8425B	ATCGCTGCGGAAAGAGCTGCCGGCTGCGGTGGCTCAACTACCTCCGGCCGGGGATCAAGA	480
济麦19	ATCGCTGCGGAAAGAGCTGCCGGCTGCGGTGGCTCAACTACCTCCGGCCGGGGATCAAGA	480
京411	ATCGCTGCGGAAAGAGCTGCCGGCTGCGGTGGCTCAACTACCTCCGGCCGGGAATCAAGA	480
中优9507	ATCGCTGCGGAAAGAGCTGCCGGCTGCGGTGGCTCAACTACCTCCGGCCGGGGATCAAGA	480
衡水7228	ATCGCTGCGGAAAGAGCTGCCGGCTGCGGTGGCTCAACTACCTCCGGCCGGGGATCAAGA	480
豫麦18	ATCGCTGCGGAAAGAGCTGCCGGCTGCGGTGGCTCAACTACCTCCGGCCGGGGATCAAGA	480
小玉花	ATCGCTGCGGAAAGAGCTGCCGGCTGCGGTGGCTCAACTACCTCCGGCCGGGGATCAAGA	480
小白玉花	ATCGCTGCGGAGGAGAGCTGCCGGCTGCGGTGGCTCAACTACCTCCGGCCGGGGATCAAGA	480
小偃6号	ATCGCTGCGGAAAGAGCTGCCGGCTGCGGTGGCTCAACTACCTCCGGCCGGGGATCAAGA	480
洋小麦	ATCGCTGCGGAAAGAGCTGCCGGCTGCGGTGGCTCAACTACCTCCGGCCGGGGATCAAGA	480
保守序列	ATCGCTGCGGAAAGAGCTGCCGGCTGCGGTGGCTCAACTACCTCCGGCCGGGGATCAAGA	480
周8425B	GAGGCAACATCTCCGACGACGAAGAGGAGCTCATCGTCAGGCTTCACGGGCTCCTAGGCA	540
济麦19	GAGGCAACATCTCCGACGACGAAGAGGAGCTCATCGTCAGGCTTCACGGGCTCCTAGGCA	540
京411	GAGGCAACATCTCCGACGACGAAGAGGAGCTCATCGTCAGGCTTCACGGGCTCCTAGGCA	540
中优9507	GAGGCAACATCTCCGACGACGAAGAGGAGCTCATCGTCAGGCTTCACGGGCTCCTAGGCA	540
衡水7228	GAGGCAACATCTCCGACGACGAAGAGGAGCTCATCGTCAGGCTTCACGGGCTCCTAGGCA	540
豫麦18	GAGGCAACATCTCCGACGACGAAGAGGAGCTCATCGTCAGGCTTCACGGGCTCCTAGGCA	540
小玉花	GAGGCAACATCTCCGACGACGAAGAGGAGCTCATCGTCAGGCTTCACGGGCTCCTAGGCg	540
小白玉花	GAGGCAACATCTCCGACGACGAAGAGGAGCTCATCGTCAGGCTTCACGGGCTCCTAGGCA	540
小偃6号	GAGGCAACATCTCCGACGACGAAGAGGAGCTCATCGTCAGGCTTCACGGGCTCCTAGGCA	540
洋小麦	GAGGCAACATCTCCGACGACGAAGAGGAGCTCATCGTCAGGCTTCACGGGCTCCTAGGCA	540
保守序列	GAGGCAACATCTCCGACGACGAAGAGGAGCTCATCGTCAGGCTTCACGGGCTCCTAGGCA	540
周8425B	ACAGGTGCACATCTATGTTGTTTTCCTTTCGTTTGCATCGTGCACATTTCTGTTGTGTAC	600
济麦19	ACAGGTGCACATCTATGTTGTTTTCCTTTCGTTTGCATCGTGCACATTTCTGTTGTGTAC	600
京411	ACAGGTGCACATCTATGTTGTTTTCCTTTCGTTTGCATCGTGCACATTTCTGTTGTGTAC	600
中优9507	ACAGGTGCACATCTATGTTGTTTTCCTTTCGTTTGCATCGTGCACATTTCTGTTGTGTAC	600
衡水7228	ACAGGTGCACATCTATGTTGTTTTCCTTTCGTTTGCATCGTGCACATTTCTGTTGTGTAC	600
豫麦18	ACAGGTGCACATCTATGTTGTTTTCCTTTCGTTTGCATCGTGCACATTTCTGTTGTGTAC	600
小玉花	ACAGGTGCACATCTATGTTGTTTTCCTTTCGTTTGCATCGTGCACATTTCTGTTGTGTAC	600
小白玉花	ACAGGTGCACATCTATGTTGTTTTCCTTTCGTTTGCATCGTGCACATTTCTGTTGTGTAC	600
小偃6号	ACAGGTGCACATCTATGTTGTTTTCCTTTCGTTTGCATCGTGCACATTTCTGTTGTGTAC	600
洋小麦	ACAGGTGCACATCTATGTTGTTTTCCTTTCGTTTGCATCGTGCACATTTCTGTTGTGTAC	600
保守序列	ACAGGTGCACATCTATGTTGTTTTCCTTTCGTTTGCATCGTGCACATTTCTGTTGTGTAC	600

周8425B	ATGATCAAGCACTGTATTGCTGTTTACTTACACTTACACTTGCATTTACATGCATATTCC	660
济麦19	ATGATCAAGCACTGTATTGCTGTTTACTTACACTTACACTTGCATTTACATGCATATTCC	660
京411	ATGATCAAGCACTGTATTGCTGTTTACTTACACTTACACTTGCATTTACATGCATATTCC	660
中优9507	ATGATCAAGCACTGTATTGCTGTTTACTTACACTTACACTTGCATTTACATGCATATTCC	660
衡水7228	ATGATCAAGCACTGTATTGCTGTTTACTTACACTTACACTTGCATTTACATGCATATTCC	660
豫麦18	ATGATCAAGCACTGTATTGCTGTTTACTTACACTTACACTTGCATTTACATGCATATTCC	660
小玉花	ATGATCAAGCACTGTATTGCTGTTTACTTACACTTACACTTGCATTTACATGCATATTCC	660
小白玉花	ATGATCAAGCACTGTATTGCTGTTTACTTACACTTACACTTGCATTTACATGCATATTCC	660
小偃6号	ATGATCAAGCACTGTATTGCTGTTTACTTACACTTACACTTGCATTTACATGCATATTCC	660
洋小麦	ATGATCAAGCACTGTATTGCTGTTTACTTACACTTACACTTGCATTTACATGCATATTCC	660
保守序列	ACGATCAAGCACTGTATTGCTGTTTACTTACACTTACACTTGCATTTACATGCATATTCC	660
周8425B	TAATGTAATACGGGGTACGTAGTATATAGTGTGAACGAAGATGTACAAGTGGGTCTTTGG	720
济麦19	TAATGTAATACGGGGTACGTAGTATATAGTGTGAACGAAGATGTACAAGTGGGTCTTTGG	720
京411	TAATGTAATACGGGGTACGTAGTATATAGTGTGAACGAAGATGTACAAGTGGGTCTTTGG	720
中优9507	TAATGTAATACGGGGTACGTAGTATATAGTGTGAACGAAGATGTACAAGTGGGTCTTTGG	720
衡水7228	TAATGTAATACGGGGTACGTAGTATATAGTGTGAACGAAGATGTACAAGTGGGTCTTTGG	720
豫麦18	TAATGTAATACGGGGTACGTAGTATATAGTGTGAACGAAGATGTACAAGTGGGTCTTTGG	720
小玉花	TAATGTAATACGGGGTACGTAGTATATAGTGTGAACGAAGATGTACAAGTGGGTCTTTGG	720
小白玉花	TAATGTAATACGGGGTACGTAGTATATAGTGTGAACGAAGATGTACAAGTGGGTCTTTGG	720
小偃6号	TAATGTAATACGGGGTACGTAGTATATAGTGTGAACGAAGATGTACAAGTGGGTCTTTGG	720
洋小麦	TAATGTAATACGGGGTACGTAGTATATAGTGTGAACGAAGATGTACAAGTGGGTCTTTGG	720
保守序列	TAGTGTAATACGGGGTACGTAGTATATAGTGTGAACGAAGATGTACAAGTGGGTCTTTGG	720
周8425B	TCGTGGAGGAGTATTAATTAGTCACACTTGCTTGACAAAATTTAGTACTAGTAATAAACA	780
济麦19	TCGTGGAGGAGTATTAATTAGTCACACTTGCTTGACAAAATTTAGTACTAGTAATAAACA	780
京411	TCGTGGAGGAGTATTAATTAGTCACACTTGCTTGACAAAATTTAGTACTAGTAAcAAACA	780
中优9507	TCGTGGAGGAGTATTAATTAGTCACACTTGCTTGACAAAATTTAGTACTAGTAATAAACA	780
衡水7228	TCGTGGAGGAGTATTAATTAGTCACACTTGCTTGACAAAATTTAGTACTAGTAATAAACA	780
豫麦18	TCGTGGAGGAGTATTAATTAGTCACACTTGCTTGACAAAATTTAGTACTAGTAATAAACA	780
小玉花	TCGTGGAGGAGTATTAATTAGTCACACTTGCTTGACAAAATTTAGTACTAGTAATAAACA	780
小白玉花	TCGTGGAGGAGTATTAATTAGTCACACTTGCTTGACAAAATTTAGTACTAGTAATAAACA	780
小偃6号	TCGTGGAGGAGTATTAATTAGTCACACTTGCTTGACAAAATTTAGTACTAGTAATAAACA	780
洋小麦	TCGTGGAGGAGTATTAATTAGTCACACTTGCTTGACAAAATTTAGTACTAGTAATAAACA	780
保守序列	TCGTGGAGGAGTATTAATTAGTCACACTTGCTTGACAAAATTTAGTACTAGTAATAAACA	780
周8425B	CCAAGGTCATGCTAATACCTTTCCGTTGGAATTTCATTTTCTTTTTCCCTACATGGAAGA	840
济麦19	CCAAGGTCATGCTAATACCTTTCCGTTGGAATTTCATTTTCTTTTTCCCTACATGGAAGA	840
京411	CCAAGGTCATGCTAATACCTTTCCGTTGGAATTTCATTTTCTTTTTCCCTACATGGAAGA	840
中优9507	CCAAGGTCATGCTAATACCTTTCCGTTGGAATTTCATTTTCTTTTTCCCTACATGGAAGA	840
衡水7228	CCAAGGTCATGCTAATACCTTTCCGTTGGAATTTCATTTTCTTTTTCCCTACATGGAAGA	840
豫麦18	CCAAGGTCATGCTAATACCTTTCCGTTGGAATTTCATTTTCTTTTTCCCTACATGGAAGA	840

小玉花	CCAAGGTCATGCTAATACCTTTCCGTCGGAATTTCATTTTCTTTTTCCCTACATGGAAGA	840
小白玉花	CCAAGGTCATGCTAATACCTTTCCGTTGGAATTTCATTTTCTTTTTCCCTACATGGAAGA	840
小偃6号	CCAAGGTCATGCTAATACCTTTCCGTTGGAATTTCATTTTCTTTTTCCCTACATGGAAGA	840
洋小麦	CCAAGGTCATGCTAATACCTTTCCGTTGGAATTTCATTTTCTTTTTCCCTACATGGAAGA	840
保守序列	CCAAGGTTATGCTAATACCTTTCCGTTGGAATTTCATTTTCTTTTTCCCTACATGGAAGA	840

周8425B	CAGAGAGAGATGTATGATCAGGCAAAGTAGGCCAACACCTTCTAAACGTATATAACTTCT	900
济麦19	CAGAGAGAGATGTATGATCAGGCAAAGTAGGCCAACACCTTCTAAACGTATATAACTTCT	900
京411	CAGAGAGAGATGTATGATCAGGCAAAGTAGGCCAACACCTTCTAAACGTATATAACTTCT	900
中优9507	CAGAGAGAGATGTATGATCAGGCAAAGTAGGCCAACACCTTCTAAACGTATATAACTTCT	900
衡水7228	CAGAGAGAGATGTATGATCAGGCAAAGTAGGCCAACACCTTCTAAACGTATATAACTTCT	900
豫麦18	CAGAGAGAGATGTATGATCAGGCAAAGTAGGCCAACACCTTCTAAACGTATATAACTTCT	900
小玉花	CAGAGAGAGATGTATGATCAGGCAAAGTAGGCCAACACCTTCTAAACGTATATAACTTCT	900
小白玉花	CAGAGAGAGATGTATGATCAGGCAAAGTAGGCCAACGCCTTCTAAACGTATATAACTTCT	900
小偃6号	CAGAGAGAGATGTATGATCAGGCAAAGTAGGCCAACACCTTCTAAACGTATATAACTTCT	900
洋小麦	CAGAGAGAGATGTATGATCAGACAAAGTAGGCCAACACCTTCTAAACGTATATAACTTCT	900
保守序列	CAGAGAGAGATGTATGATCAGACAAAGTAGGCCAACACCTTCTAAACGTATATAACTTCT	900

周8425B	CCATAACCTGAAAAGGCTCCCATGGAGGTCTAGAACGAAATGCCACTCCCTCCCTCCCAG	1 200
济麦19	CCATAACCTGAAAAGGCTCCCATGGAGGTCTAGAACGAAATGCCACTCCCTCCCTCCCAG	1 200
京411	CCATAACCTGAAAAGGCTCCCATGGAGGTCTAGAACGAAATGCCACTCCCTCCCTCCCAG	1 200
中优9507	CCATAACCTGAAAAGGCTCCCATGGAGGTCTAGAACGAAATGCCACTCCCTCCCTCCCAG	1 200
衡水7228	CCATAACCTGAAAAGGCTCCCATGGAGGTCTAGAACGAAATGCCACTCCCTCCCTCCCAG	1 200
豫麦18	CCATAACCTGAAAAGGCTCCCATGGAGGTCTAGAACGAAATGCCACTCCCTCCCTCCCAG	1 200
小玉花	CCATAACCTGAAAAGGCTCCCATGGAGGTCTAGAACGAAATGCCACTCCCTCCCTCCCAG	1 200
小白玉花	CCATAACCTGAAAAGGCTCCCATGGAGGTCTAGAACGAAATGCCACTCCCTCCCTCCCAG	1 200
小偃6号	CCATAACCTGAAAAGGCTCCCATGGAGGTCTAGAACGAAATGCCACTCCCTCCCTCCCAG	1 200
洋小麦	CCATAACTTGAAAAGGCTCCCATGGAGGTCTAGAACGAAATGCCACTCCCTCCCTCCCAG	1 200
保守序列	CCATAACTTGAAAAGGCTCCCATGGAGGTCTAGAACGAAATGCCTCTCCCTCCCTCCCAG	1 200

周8425B	ATGTGGC.CAACAACCACTGCTAATCAATCTACACCATGACTTGAAAAGGCTCTGATCTA	1 259
济麦19	ATGTGGCACAACAACCACTGCTAATCAATCTACACCATGACTTGAAAAGGCTCTGATCTA	1 260
京411	ATGTGGCACAACAACCACTGCTAATCAATCTACACCATGACTTGAAAAGGCTCTGATCTA	1 260
中优9507	ATGTGGCACAACAACCACTGCTAATCAATCTACACCATGACTTGAAAAGGCTCTGATCTA	1 260
衡水7228	ATGTGGCACAACAACCACTGCTAATCAATCTACACCATGACTTGAAAAGGCTCTGATCTA	1 260
豫麦18	ATGTGGCACAACAACCACTGCTAATCAATCTACACCATGACTTGAAAAGGCTCTGATCTA	1 260
小玉花	ATGTGGCACAACAACCACTGCTAATCAATCTACACCATGACTTGAAAAGGCTCTGATCTA	1 260
小白玉花	ATGTGGCACAACAACCACTGCTAATCAATCTACACCATGACTTGAAAAGGCTCTGATCTA	1 260
小偃6号	ATGTGGCACAACAACCACTGCTAATCAATCTACACCATGACTTGAAAAGGCTCTGATCTA	1 260
洋小麦	ATGTGGC.CAACAACCACTGCTAATCAATCTACACCATGACTTGAAAAGGCTCTGATCTA	1 259
保守序列	ATGTGGCACAACAACCACTGCTAATCAATCTACACCATGACTTGAAAAGGCTCTGATCTA	1 260

周8425B	TAATAGTAGTAACTAATCCAGCGTCAGATAACAGTGACCGTGGCCCGTGGCAGGTGGTCG	1 439
济麦19	TAATAGTAGTAACTAATCCAGCGTCAGATAACAGTGACCG....................	1 420
京411	TAATAGTAGTAACTAATCCAGCGTCAGATAACAGTGACCG....................	1 420
中优9507	TAATAGTAGTAACTAATCCAGCGTCAGATAACAGTGACCG....................	1 440
衡水7228	TAATAGTAGTAACTAATCCAGCGTCAGATAACAGTGACCG....................	1 440
豫麦18	TAATAGTAGTAACTAATCCAGCGTCAGATAACAGTGACCG....................	1 420
小玉花	TAATAGTAGTAACTAATCCAGCGTCAGATAACAGTGACCG....................	1 420
小白玉花	TAATAGTAGTAACTAATCCAGCGTCAGATAACAGTGACCGTGGCCCGTGGCAGGTGGTCG	1 440
小偃6号	TAATAGTAGTAACTAATCCAGCGTCAGATAACAGTGACCG....................	1 420
洋小麦	TAATAGTAGTAACTAATCCAGCGTCAGATAACAGTGACCGTGGCCCGTGGCAGGTGGTCG	1 439
保守序列	TAATAGTAGTAACTAATCCAGCGTCAGATAACAGTGACCGTGGCCCGTGGCAGGTGGTCG	1 440

周8425B	CTGATCGCGGGGCGGCTGCCGGGGCGAACAGACAATGAGATCAAGAACTACTGGAACACC	1 499
小白玉花	CTGATCGCGGGGCGGCTGCCGGGGCGAACAGACAATGAGATCAAGAACTACTGGAACACC	1 500
洋小麦	CTGATCGCGGGGCGGCTGCCGGGGCGAACAGACAATGAGATCAAGAACTACTGGAACACC	1 499
保守序列	CTGATCGCGGGGCGGCTGCCGGGGCGAACAGACAATGAGATCAAGAACTACTGGAACACC	1 500

周8425B	ACGCTGAGCAAGAGGAACCAGCAGTCCCACGGCGCCGGCTGCTCGAACCACCCGCAGGCC	1 559
小白玉花	ACGCTGAGCAAGAGGAACCAGCAGTCCCACGGCGCCGGCTGCTCGAACCACCCGCAGGCC	1 560
洋小麦	ACGCTGAGCAAGAGGAACCAGCAGTCCCACGGCGCCGGCTGCTCGAACCACCCGCAGGCC	1 559
保守序列	ACGCTGAGCAAGAGGAACCAGCAGTCCCACGGCGCCGGCTGCTCGAACCACCCGCAGGCC	1 560

周8425B	AAGCCGCTGCCGCCGGCGCCGCAGGCCGGTGGCGAGGCACAGGCCCTGCCGGAGGGCACG	1 619
小白玉花	AAGCCGCTGCCGCCGGCGCCGCAGGCCGGTGGCGAGGCACAGGCCCTGCCGGAGGGCACG	1 620
洋小麦	AAGCCGCTGCCGCCGGCGCCGCAGGCCGGTGGCGAGGCACAGGCCCTGCCGGAGGGCACG	1 619
保守序列	AAGCCGCTGCCGCCGGCGCCGCAGGCCGGTGGCGAGGCACAGGCCCTGCCGGAGGGCACG	1 620

周8425B	AGCAGCAGT...	1 628
小白玉花	AGCAGCAGT...	1 629
洋小麦	AGCAGCAGT...	1 679
保守序列	AGCAGCAGTCCGATACGGACCAAGGCGCTGCGGTGCACCACCACGGTGCTGGCGGCAGCA	1 680

图 5-7　引物 TaMYB10-DF$_1$/R$_2$ 在 10 份小麦中序列比对

标框内为序列差异位点

5.3.4　分子标记的开发

根据引物 TaMYB10-DF$_1$/R$_2$在不同穗发芽抗性材料中扩增 *TaMYB10-D* 基因时出现的序列特征，开发了一个与小麦穗发芽抗性相关的 STS 标记 *TaMYB10-D1*。在本研究所用的 103 份自然群体中可以扩增出两种类型的 PCR 片段。在 103 份材料中共有 24 份扩增出 1 629 bp 和 1 178 bp 两种 PCR 片段，把这种单倍型命名为 *TaMYB10-D1b*；另外的 79 份材料只扩增出 1 178 bp 的 PCR 片段，把这种单倍型命名为 *TaMYB10-D1a*（表 5-2 和图 5-8）。属于 *TaMYB10-D1a* 和 *TaMYB10-D1b* 两种单倍型材料分别占到总数的 23.3%和 76.7%，其平均

GI 值分别为 0.245 和 0.398。被测 103 份自然群体两年发芽指数相关系数 $R=0.966$（$P<0.0001$），群体在 2016 年和 2017 年两年的平均发芽指数分别为（0.361±0.2）和（0.359±0.19）。数据分析表明，*TaMYB10-D1* 不同等位变异的平均 GI 值差异显著（$P=0.00012$）。用引物 TaMYB10-DF$_1$/R$_2$ 只能扩增出 1 178 bp 片段类型的材料平均 GI 值为 0.398，对穗发芽更敏感；而同时能扩增出 1 178 bp 和 1 629 bp 片段类型的材料平均 GI 值为 0.246，表现出抗穗发芽特性。为了进一步验证 *TaMYB10-D1* 不同等位变异与穗发芽抗性的相关性，利用具有两年两个生态点的重组自交系群体洋小麦/中优 9507 用来做验证（表 5-3）。数据分析表明，等位基因 *TaMYB10-Db* 与 GI 值和穗发芽抗性紧密连锁（$P=0.001$），并且在该重组自交系群体中可以解释73.92%的表型变异率（表 5-3）。

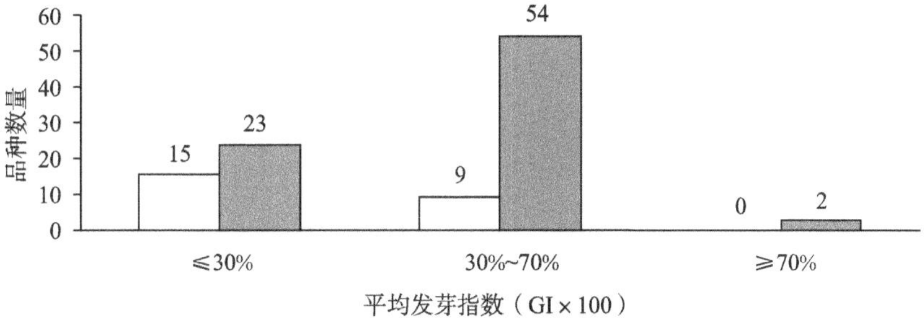

图 5-8　*TaMYB10-D* 在 103 份不同发芽指数的白粒小麦品种中扩增出的两种片段类型柱状图

白色框代表能扩增出 1 178 bp 和 1 629 bp 片段的品种数目，黑色框代表能扩增出 1 178 bp 的片段的品种数目

表 5-2　103 份不同发芽指数的小麦中 *TaMYB10* 的单倍型检测

编号	品种	GI/%	*TaMYB10-A1*	*TaMYB10-B1*	*TaMYB10-D1*	基因型
1	中优 9507	0.708	a	b	a	aba
2	CA0459	0.706	a	b	a	aba
3	CA0474	0.699	b	b	a	bba
4	衡水 7228	0.684	a	a	a	aaa
5	邯 6172	0.670	a	b	a	aba
6	CA0349	0.667	b	b	a	bba
7	郑麦 98	0.659	a	b	a	aba
8	白硬冬 2 号	0.646	a	b	a	aba
9	京 411	0.642	a	a	a	aaa
10	CA0475	0.632	b	b	a	bba
11	济南 16	0.616	b	b	a	bba
12	CA0306	0.615	b	b	b	bbb
13	红良 4 号	0.600	b	b	a	bba
14	小偃 22	0.590	a	b	a	aba
15	济麦 19	0.584	b	b	a	bba
16	泰山 008	0.563	a	b	a	aba
17	周 8425B	0.560	a	a	b	aab
18	石家庄 8 号	0.558	a	b	a	aba

续表 5-2

编号	品种	GI/%	*TaMYB10-A1*	*TaMYB10-B1*	*TaMYB10-D1*	基因型
19	烟农 19	0.544	b	b	a	bba
20	CA0465	0.542	b	b	a	bba
21	冀师 02-1	0.523	a	b	a	aba
22	红穗白	0.519	b	b	b	bbb
23	郑麦 004	0.514	a	b	a	aba
24	衡观 35	0.505	b	b	a	bba
25	豫麦 2 号	0.505	a	b	a	aba
26	鲁麦 14	0.500	a	b	a	aba
27	周麦 16	0.494	a	b	a	aba
28	CA0420	0.491	b	b	a	bba
29	陕 213	0.489	a	b	a	aba
30	邯 5316	0.476	b	b	a	bba
31	晋麦 5 号	0.473	a	b	a	aba
32	新麦 9 号	0.468	a	b	a	aba
33	泰山 9818	0.466	b	b	a	bba
34	CA0471	0.462	b	a	a	baa
35	CA0175	0.452	a	b	a	aba
36	豫麦 34	0.447	b	b	a	bba
37	秃头麦(甲)	0.436	a	b	a	aba
38	中育 6 号	0.434	b	b	a	bba
39	石 4185	0.432	a	b	a	aba
40	淮麦 20	0.428	b	b	a	bba
41	西农 88	0.419	b	b	a	bba
42	藁城 8901	0.419	a	a	b	aab
43	烟辐 188	0.419	a	b	a	aba
44	徐麦 856	0.416	a	b	a	aba
45	偃师 4110	0.407	a	b	b	abb
46	淄麦 12	0.401	a	a	a	aaa
47	济南 17	0.399	b	b	a	bba
48	白玉花	0.389	b	b	a	bba
49	新麦 18	0.377	a	b	b	abb
50	潍麦 8 号	0.375	a	b	a	aba
51	烟农 15	0.374	b	a	a	baa
52	郑 9023	0.373	b	a	a	baa
53	陕 160	0.370	a	a	a	aaa
54	CA0481	0.369	b	a	a	baa
55	豫麦 47	0.369	a	a	a	aaa

续表 5-2

编号	品种	GI/%	*TaMYB10-A1*	*TaMYB10-B1*	*TaMYB10-D1*	基因型
56	衡 95 观 26	0.366	a	a	a	aaa
57	邯 3475	0.365	a	b	a	aba
58	新麦 11 号	0.360	a	a	a	aaa
59	中育 5 号	0.360	a	a	a	aaa
60	偃展 1 号	0.332	a	a	a	aaa
61	西农 979	0.327	a	a	a	aaa
62	临麦 2 号	0.325	a	a	b	aab
63	良星 99	0.325	b	a	b	bab
64	鲁麦 21	0.320	a	a	a	aaa
65	石新 733	0.314	b	a	a	baa
66	科农 9204	0.297	a	a	a	aaa
67	辉县红	0.290	b	a	b	bab
68	PH82-2	0.287	a	a	a	aaa
69	白穗白	0.254	b	a	a	baa
70	陕优 225	0.253	b	a	a	baa
71	CA0178	0.244	b	a	a	baa
72	宜宾白麦	0.240	a	a	b	aab
73	郑 3666	0.236	a	a	a	aaa
74	周麦 19	0.235	b	a	a	baa
75	内乡 19	0.235	b	a	a	baa
76	永川白麦	0.232	a	a	b	aab
77	百农 64	0.229	a	b	a	aba
78	陕 253	0.226	a	a	a	aaa
79	濮麦 9 号	0.200	b	a	a	baa
80	小偃 54	0.187	a	a	a	aaa
81	济麦 21	0.176	a	a	a	aaa
82	陕农 757	0.173	a	a	a	aaa
83	女儿麦	0.164	a	a	b	aab
84	矮抗 58	0.152	a	a	a	aaa
85	兰考 906	0.150	a	a	a	aaa
86	小偃 6 号	0.137	a	a	a	aaa
87	荣昌白麦	0.102	b	b	b	bbb
88	遂宁坨坨麦	0.101	b	a	b	bab
89	小玉花	0.097	a	a	a	aaa
90	秃葫芦头	0.091	a	a	b	aab
91	阆中白麦	0.084	a	a	b	aab
92	内乡 173	0.083	b	a	a	baa

续表 5-2

编号	品种	GI/%	*TaMYB10-A1*	*TaMYB10-B1*	*TaMYB10-D1*	基因型
93	万县白麦	0.076	a	a	b	aab
94	洋小麦	0.075	b	a	b	bab
95	歪头白	0.072	a	a	b	aab
96	豫麦 18	0.072	a	a	a	aaa
97	新麦 13 号	0.070	a	a	a	aaa
98	涪陵须须白麦	0.069	a	a	b	aab
99	叙永	0.067	b	a	b	bab
100	川 362	0.045	a	a	b	aab
101	小白玉花	0.040	a	b	b	abb
102	丰产 3 号	0.039	a	a	a	aaa
103	徐麦 954	0.038	a	a	a	aaa

表 5-3 用 200 份 RIL 群体对 *TaMYB10-D* 标记的有效性进行验证

性状	*TaMYB10-D*	等位基因数	平均值	*F* 值	表型变异率 (R^2)/%
GI 值	a type of fragment	125	19.24	21.139***	73.92
	b type of fragment	75	30.87		

*** 表示 *TaMYB10-D* 的不同等位变异和 GI 值的表型变异率显著相关，$P=0.001$。

5.3.5 基因在具有不同穗发芽抗性小麦中单倍型的检测

Himi 等(2011)的研究中用引物对 Myb10-A1、Myb10-A2、Myb10-A3 和 Myb10-B 来对 *TaMYB10-A1* 和 *TaMYB10-B1* 的单倍型进行检测。本研究中进一步得出用引物对 TaMYB10-DF$_1$/R$_2$鉴定 *TaMYB10-D1* 基因的不同等位变异。首先利用引物 Myb10-A1、Myb10-A2 和 Myb10-A3 鉴定 103 份自然群体中 *TaMYB10-A1b* 和 *TaMYB10-A1a* 两种等位变异类型，发现 38 份属于 *TaMYB10-A1b* 等位基因类型的材料用引物对 Myb10-A1、Myb10-A3 和 Myb10-A2 分别扩增出 665 bp、565 bp 和无 PCR 产物的片段(图 5-9)。共有 65 份属于 *TaMYB10-A1a* 等位基因类型的材料用引物对 Myb10-A1、Myb10-A3 和 Myb10-A2 分别扩增出 665 bp、636 bp 和无 565 bp 或者 565 bp 和 2 750 bp 的产物片段(图 5-9A)。在被检测的 103 份材料中，有 5 份材料分别是鲁麦 21、女儿麦、川 362、陕 253 和 PH82-2 用引物对 Myb10-A3 被检测出具有2 750 bp 和 565 bp 的杂合片段。另外 3 份材料没有被引物对 Myb10-A1 检测出产物片段(图 5-9A)。进一步数据分析表明，38 份 *TaMYB10-A1b* 等位基因类型材料和 65 份 *TaMYB10-A1a* 等位基因类型材料的平均 GI 值和偏分离值分别是(0.390±0.028)和(0.342±0.024)，这两组数据与 GI 值和穗发芽抗性不相关。

用引物对 Myb10-B 鉴定 103 份自然群体中 *TaMYB10-B1* 基因的不同等位基因。两种不同的片段类型 282 bp 和 263 bp 被发现(图 5-9B)。能扩增出 282 bp 片段类型的材料属于 *TaMYB10-B1b* 等位基因类型，而扩增出 263 bp 片段类型的材料属于 *TaMYB10-B1a* 等位基因类型。该群体中 48 份 *TaMYB10-B1b* 等位基因型材料和 55 份 *TaMYB10-B1a* 等位基因型材料的平均 GI 值及其偏分离值分别为(0.491±0.020)和(0.245±0.020),表明这两种等位基因类型材料的平均 GI 值显著不同($P<0.01$)。数据分析表明 *TaMYB10-B1* 的等位基因与穗发芽抗性相关。

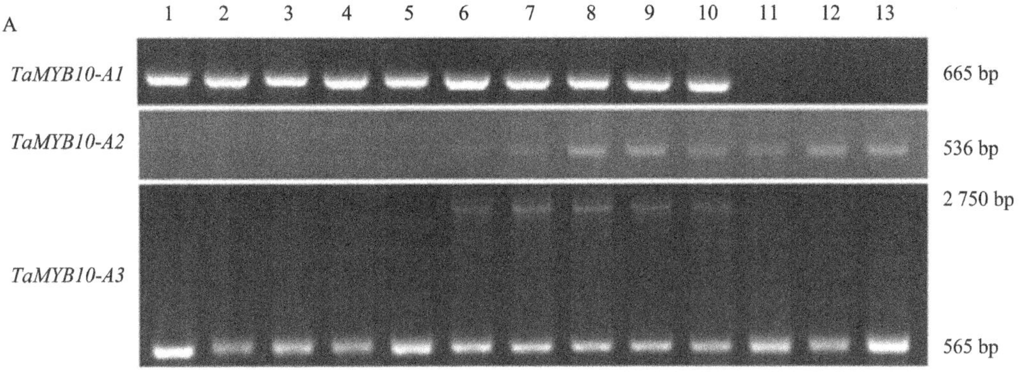

TaMYB10-A1	+	+	+	+	+	+	+	+	+	+	−	−	−
TaMYB10-A2	−	−	−	−	−	+	+	+	+	+	+	+	+
TaMYB10-A3	+	+	+	+	+	+	+	+	+	+	+	+	+
TaMYB10-A	b	b	b	b	b	a	a	a	a	a	a	a	a

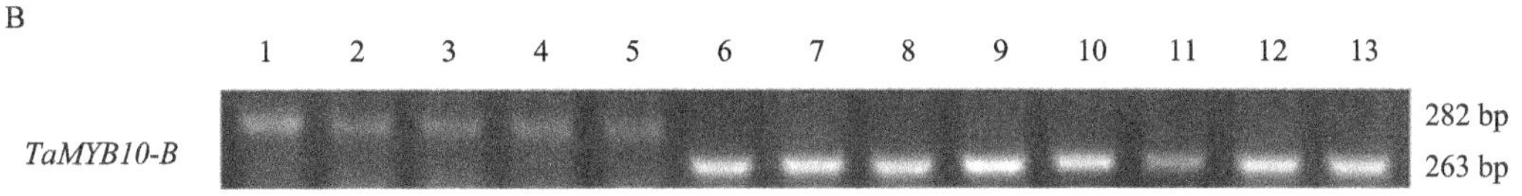

	+	+	+	+	+	−	−	−	−	−	−	−	−
TaMYB10-B	b	b	b	b	b	a	a	a	a	a	a	a	a

图 5-9 用 4 对特异性引物在部分小麦中鉴定了 *TaMYB10* 的单倍型

1.衡观 35;2.烟农 19;3.CA0420;4.西农 88;5.邯 5316;6.鲁麦 21;7.女儿麦 ;8.川 362;9.陕 253;10.PH82-2;11.郑 366;12.豫麦 47;13.歪头白

利用分子标记 TaMYB10D1,在 *TaMYB10-D1b* 类型材料中扩增出 1 629 bp 的片段,而在 *TaMYB10-Da* 类型材料中得到的是非特异性扩增片段。在 103 份自然群体中有 23 份属于 *TaMYB10-D1b* 等位基因类型,另外 80 份属于 *TaMYB10-D1a* 等位基因类型(图 5-6 和表 5-2)。

在 103 份自然群体中共检测出 8 种 *TaMYB10* 的单倍型(*TaMYB10-A1*、*TaMYB10-B1* 和 *TaMYB10-D1*),分别命名为 aaa、aab、aba、abb、baa、bab、bba 和 bbb,它们表现出随着单倍型中显性等位基因 “b”的增加,籽粒颜色也逐渐增加的趋势(图 5-10)。多重比较分析表明单倍型 aaa 和 aba、aaa 和 bba、aab 和 aba、aab 和 bba、aba 和 abb、aba 和 bab、abb 和 bba、baa 和 bba、以及 bab 和 bba 之间平均 GI 值有显著差异($P<0.01$)。单倍型 aaa、aab、abb、baa 和 bab,其平均 GI 值分别是 0.264、0.198、0.275、0.283 和 0.172,更抗穗发芽;而单倍型 aba 和 bba 的平均 GI 值为 0.508 和 0.519,表现出更感穗发芽(表 5-4 和表 5-5)。

表 5-4 *TaMYB10* 在 103 份白粒小麦中的单倍型

穗发芽抗性	编号	GI/%	GI 值范围/%	*TaMYB10-A1*		*TaMYB10-B1*		*TaMYB10-D1*	
				b	a	b	a	b	a
抗穗发芽	35	14.1	0～26	11	24	3	32	14	21
中抗穗发芽	56	43.2	27～60	22	34	35	21	8	48
感穗发芽	12	66.2	61～100	5	7	10	2	1	11
合计	103			38	65	48	55	23	80

注:GI 是两年两点的平均值。

表 5-5 不同 *TaMYB10* 单倍型的发芽指数值

基因型	数量	GI/%	GI 值范围 /%
aaa	26	26.4±3.2^{a}	3.8～68.4
aab	12	19.8±4.7^{a}	4.5～56
aba	24	50.8±2.4^{b}	22.9～70.8
abb	3	27.5±11.8^{a}	4～40.7
baa	12	28.3±2.9^{a}	8.3～46.2
bab	5	17.2±5.6^{a}	6.7～32.5
bba	18	51.9±2.3^{b}	38.9～69.9
bbb	3	41.2±15.7^{ab}	10.2～61.5

注:GI 值是两年两点的平均值±偏差，基因型中的不同小写字母表示不同的单倍型。在平均 GI±偏差中的不同小写上标字母表示具有显著差异($P<0.01$)。

5.4 讨论

对玉米的休眠突变体 *Vp-1* 和拟南芥的透明种皮突变体 *tt* 研究表明:种皮颜色与种子的休眠程度相关(McCarty 等,1991;Debeaujon 等,2000)。一般情况下,红色种皮的小麦品种比白色种皮的小麦品种具有更高的穗发芽抗性(Flintham,2000;Warner 等,2000;Himi 等,2002),但是生产中也存在白粒的休眠特性很强的小麦品种,如徐麦 954、丰产 3 号、新麦 13、豫麦 18 和小玉花,它们就有更高的穗发芽抗性,发芽指数值平均都小于 10%(表 5-2),而且它们的 *TaMYB10* 单倍型组成是 aaa。小麦的粒色是多基因控制的数量性状,白粒小麦纯合体携带 3 个 *R-1* 隐性基因,红粒小麦是携带 1～3 个 *R-1* 显性基因的杂合体或者纯合体(McIntosh 和 Hart,1998),并且以前的研究中利用 *TaMYB10-Da* 基因的特异性引物在白粒小麦的 DNA 和cDNA 中没有得到特异性扩增的片段(Himi 等,2011)。在本研究中,从具有更高穗发芽敏感性的面包小麦中幸运地获得了 *TaMYB10-Da* 基因的 1 419 bp 的部分序列。与 *TaMYB10-D1b* (AB191460)序列相比较,*TaMYB10-Da* 序列的开放阅读框(ORF)与 *TaMYB10-B1a* 具有非常高的相似性。在检测的 103 份面包小麦中,有 23 份材料(平均 GI 值为 0.245)属于 *TaMYB10-D1b* 的单倍型,能扩增出特异性片段 1 629 bp 的非特异性扩增片段;而剩余的 80 份材料(平均 GI 值为 0.398)属于 *TaMYB10-D1a* 的单倍型,并且能特异性扩增出 1 419 bp 的片段。以上研究结果表明，*TaMYB10-D1a* 类型的突变体可能在位于 *TaMYB10-D1* 基因的 1 419 bp 和 1 629 bp 处提前产生一个终止密码子或者插入一个大片段而导致其存在稳定的非特异性扩增的情况。

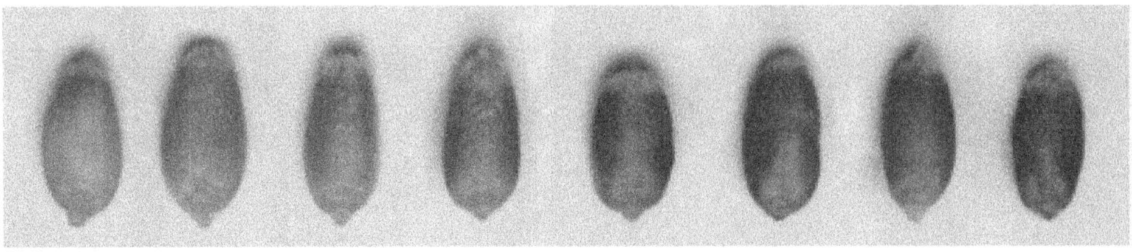

TaMYB10-A	a	a	a	b	a	b	b	b
TaMYB10-B	a	a	b	a	b	a	b	b
TaMYB10-D	a	b	a	a	b	b	a	b

图 5-10　*TaMYB10* 不同单倍型组合的小麦籽粒颜色

从左到右分别是：小偃 6 号、周 8425B、中优 9507、小白玉花、周麦 19、洋小麦、济麦 19 和红穗白

小麦品种中国春的 3D 染色体缺失系表现出白粒特征（Himi 和 Noda，2004），表明 3D 染色体上 *DFR* 或 *Myb/c* 或 *TaVp-1D* 基因的丢失使该缺失系获得了这样的功能(Xia 和Ganal，2008)，并且在红粒小麦中，*TaMYB10* 的 3 个同源基因对籽粒颜色和穗发芽贡献最大的是 *TaMYB10-D1*，其次是 *TaMYB10-B1*，最后是 *TaMYB10-A1*（Wang 等，2014）。在本研究中，两种单倍型 *TaMYB10-A1b* 和 *TaMYB10-A1a* 之间的平均 GI 值没有显著差异，但是 *TaMYB10-B1a* 和 *TaMYB10-B1b* 两种单倍型的平均 GI 值差异显著(F=1.400，P=0.000 000 000 000 09)，同时 *TaMYB10-D1b* 和 *TaMYB10-D1a* 两种单倍型的平均 GI 值也存在显著差异（F=0.296，P=0.000 12)；并且，单倍型 *TaMYB10-B1a* 比 *TaMYB10-B1b* 更抗穗发芽，单倍型 *TaMYB10-D1b* 比单倍型 *TaMYB10-D1a* 更抗穗发芽；*TaMYB10-B1* 对籽粒休眠的影响最大，其次是 *TaMYB10-D1*，*TaMYB10-A1* 对籽粒休眠的影响最小。同时本研究中表明小麦品种中*R-B*（包括 *R-A1b*、*R-B1b* 和 *R-D1b*)的数目与籽粒的休眠程度不相关，这也是一般情况下红粒小麦比白粒小麦更抗穗发芽，但是并不是所有的红粒小麦都比白粒小麦更抗穗发芽的原因。本研究中获得了另外一个有趣的结果就是关于 RIL 群体：洋小麦/中优 9507 的一个 RIL 群体用于进一步验证单倍型 *TaMYB10-Ba* 和 *TaMYB10-Bb* 是否与穗发芽抗性相关，结果表明两种单倍型之间的平均 GI 值差异不显著（F=6.67，P=0.254)。

在我们以前的研究中，根据小麦籽粒休眠相关基因 *Vp-1A* 和 *Vp-1B* 在不同穗发芽抗性小麦中的序列差异开发出穗发芽抗性相关分子标记 *Vp1A3* 和 *Vp1B3*（Yang 等，2007，2014）。虽然我们利用这两种分子标记对小麦的穗发芽抗性进行联合筛选，但是有一些穗发芽抗性特别强的小麦品种，如遂宁坨坨麦（平均 GI=0.101）和 歪头白(平均 GI=0.072)，它们的单倍型组成并不是抗穗发芽的单倍型组成 *TaVp-1Aam* 和 *TaVp-1Bc*，但是它们确实具有较高的穗发芽抗性(Yang 等，2014)。更加有趣的是，遂宁坨坨麦和歪头白都属于 *TaMYB10-Db* 单倍型，该单倍型是抗穗发芽类型。因此，在分子标记联合筛选中应用 3 个穗发芽抗性相关分子标记 *Vp1A3*、*Vp1B3* 和 *TaMYB10-D* 的联合将会极大地提高筛选效率。因为分子标记 *Vp1A3* 和 *Vp1B3* 是与胚休眠相关的，而 *TaMYB10-D* 是与种皮休眠相关的，并且种子的休眠机制是分为胚休眠和种皮休眠两种机制的。

参考文献

吕健.小麦渐渗系山融3号MYB基因家族对非生物胁迫的响应及 *Tamyb31* 基因功能研究[D].济南:山东大学,2010.

王爱萍,梁素明,宋长水,等.干旱胁迫下小麦 *TaMyb2*-Ⅱ基因的表达水平变化研究[J].山西农业大学学报(自然科学版),2008,28(3):255-256.

杨文杰,吴燕民,唐益雄.大豆转录因子基因GmMYBJ6的表达及功能分析[J].遗传,2009,31(6): 645-653.

张立超,赵光耀,贾继增,等.小麦盐胁迫相关基因 *TaMYB32* 的克隆与分析[J].作物学报,2009,35(7): 1181-1187.

朱筠.小麦逆境胁迫响应基因 *TaMYB13* 的功能研究[D].济南:山东大学,2012.

Akagi T, Ikegami A, Yonemori K. DkMyb2 wound-induced transcription factor of persimmon (*Diospyros kaki* Thunb.), contributes to proanthocyanidin regulation [J]. Planta, 2010, 232(5):1045-1059.

Akagi T, Ikegami A, Tsujimoto T, et al. Dkmyb4 is a Myb transcription factor involved in proanthocyanidin biosynthes is in persimmon fruit [J]. Plant Physiol, 2009, 151(4):2028-2045.

Bagge M, Xia X C, Lubberstedt T. Functional marker in wheat[J]. Current Opinion in Plant Biology, 2007, 10:211-216.

Bogs J, Jaffe F W, Takos A M, et al. The grapevine transcription factor VvMYBPA1 regulates proanthocyanidin synthesis during fruit development [J]. Plant Physiol, 2007, 143(3): 1347-1361.

Carson C B, Hattori T, Rosenkrans L, et al. The quiescent/colorless alleles of *viviparous1* show that the conserved B3 domain of Vp1 is not essential for ABA-regulated gene expression in the seed [J]. Plant, 1997, 12:1231-1240.

Chen R, Ni Z, Nie X, et al. Isolation and characterization of genes encoding Myb transcription factor in wheat (*Triticum aestivum* L.) [J]. Plant Sci, 2005, 169:1146-1154.

Chen Y H, Yang X Y, He K, et al. The MYB transcription factor superfamily of *Arabidopsis* expression analysis and phylogenetic comparison with the rice MYB family[J]. Plant Molecular Biology, 2006, 60(1):107-124.

Cominelli E, Sala T, Calvi D, et al. Overexpression of the *Arabidopsis AtMYB41* gene alters cell expansion and leaf surface permeability[J]. The Plant Journal, 2008, 53:53-64.

Dai X, Xu Y, Ma Q, et al. Overexpression of an R1R2R3 MYB gene, *OsMYB3R-2*, increases tolerance to freezing, drought, and salt stress in transgenic *Arabidopsis*[J]. Plant Physiology, 2007, 143:1739-1751.

Debeaujon I, Leon-Kloosterziel KM, Koornneef M. Influence of the testa on seed dormancy, germination, and longevity in *Arabidopsis*[J]. Plant Physiol, 2000, 122(2):403-414.

Derera N F, Bhatt G M, McMaster G J. On the problem of preharvest sprouting of wheat [J]. Euphytica, 1977, 26:299-308.

Du H, Zhang L, Liu L, et al. Biochemical and molecular characterization of plant MYB transcription factor family[J]. Biochemistry, 2009, 74(1): 1-11.

Dubos C, Stracke R, Grotewold E, et al. MYB transcription factors in *Arabidopsis* [J]. Trends in Plant Science, 2010, 15(10): 573-581.

Feller A, Machemer K, Braun E L, et al. Evolutionary and comparative analysis of MYB and bHLH plant transcription factors[J]. The Plant Journal, 2011, 66: 94-116.

Flintham J E. Different genetic components control coat-imposed and embryo-imposed dormancy in wheat[J]. Seed Science Research, 2000, 10: 43-50.

Groos C, Gay G, Perretant M R, et al. Study of the relationship between pre-harvest sprouting and grain color by quantitative trait loci analysis in a white × red grain bread-wheat cross [J]. Theor Appl Genet, 2002, 104: 39-47.

Gutterson N, Reuber T L. Regulation of disease resistance pathways by AP2/ERF transcription factors[J]. Current Opinion in Plant Biology, 2004, 7(4): 465-471.

Haga N, Kato K, Murase M, et al. R1R2R3-Myb proteins positively regulate cytokinesis through activation of KNOLLE transcription in *Arabidopsis thaliana* [J]. Developmental Biology, 2007, 134(6): 1101-1110.

Hattori T, Vasll V, Rosenkrans L. The *Viviparous-1* gene and abscisic acid activate the C7 regulatory gene for anthocyanin biosynthesis during seed maturation in maize[J]. Genes, 1992, 6: 609-618.

Himi E, Noda K. Isolation and location of three homoeologous dihydroflavonol-4-reductase (DFR) genes of wheat and their tissue-dependent expression[J]. J Exp Bot, 2004, 55: 365-375.

Himi E, Noda K. Red grain color gene (*R*) of wheat is a Myb-type transcription factor [J]. Euphytica, 2005, 143: 239-242.

Himi E, Maekawa M, Miura H, et al. Development of PCR markers for *Tamyb10* related to *R-1*, red grain color gene in wheat[J]. The Oritical and Applied Genetics, 2011, 122: 1561-1576.

Himi E, Mares D J, Yanagisawa A, et al. Effect of grain colour gene (*R*) on grain dormancy and sensitivity of the embryo to abscisic acid (ABA) in wheat[J]. Journal of Experimental Botany, 2002, 53: 1569-1574.

Himi E, Nisar A, Noda K. Colour genes (*R* and *Rc*) for grain and coleoptile upregulate flavonoid biosynthesis genes in wheat[J]. Genome, 2005, 48(4): 747-754.

Ito M. Conservation and diversification of three-repeat Myb transcription factors in plants [J]. Journal of Plant Research, 2005, 118(1): 61-69.

Jia D S, Mao X G. Cloning and expression of transcription factor *TaMyb2s* in wheat [J]. Acta Agronomica Sinica, 2008, 34(8): 1323-1329.

Lee T G, Jang C S, Kim J Y, et al. A Myb transcription factor (*TaMyb1*) from wheat roots is expressed during hypoxia: roles in response to the oxygen concentration in root environment and abiotic stresses[J]. Physiol Plant, 2007, 129: 375-385.

Mandaokar A, Browse J. MYB108 acts together with MYB24 to regulate jasmonate-mediated stamen maturation in *Arabidopsis*[J]. Plant Physiology, 2009, 149: 851-862.

Mao X, Jia D, Li A, et al. Transgenic expression of *TaMYB2A* confers enhanced tolerance to multiple abiotic stresses in *Arabidopsis*[J]. Functional and Integrative Genomics, 2011, 11: 445-465.

Matus J T, Aquea F, Arce-Johnson P. Analysis of the grape MYB R2R3 subfamily reveals expanded wine quality-related clades and conserved gene structure organization across *Vitis* and *Arabidopsis* genomes[J]. BMC Plant Biology, 2008, 8: 1-15.

McCarty D R, Hattori T, Carson C B, et al. The *Viviparous-1* developmental gene of maize encodes a novel transcriptional activator[J]. Cell, 1991, 66: 895-905.

McIntosh R A, Hart G E. Catalogue of gene symbols for wheat [C]. In: Proceedings of the Ninth International Wheat Genetics Symposium, University of Saskatchewan Extension Press, Canada, 1998.

Nakashima K, Ito Y, Yamaguchi S K. Transcriptional regulatory networks in response to abiotic stresses in *Arabidopsis* and grasses[J]. Plant Physiol, 2009, 149: 88-95.

Nesi N, Jond C, Debeaujon I, et al. The *Arabidopsis TT2* gene encodes an R2R3 MYB domain protein that acts as a key determinant for proanthocyanidin accumulation in developing seed[J]. Plant Cell, 2011, 13(9): 2099-2114.

Park J S, Kim J B, Cho J K, et al. *Arabidopsis* R2R3-MYB transcription factor AtMYB60 functions as a transcriptional repressor of anthocyanin biosynthesis in lettuce (*Lactuce sativa*) [J]. Plant Cell Reports, 2008, 27: 985-994.

Pattanaik S, Kong Q, Zaitlin D, et al. Isolation and functional characterization of a floral tissue-specific R2R3 MYB regulator from tobacco[J]. Planta, 2010, 231: 1061-1076.

Qin Y X, Wang M C, Tian Y, et al. Over-expression of *TaMYB33* encoding a novel wheat MYB transcription factor increases salt and drought tolerance in *Arabidopsis*[J]. Molecular Biology Reports, 2012, 39: 7183-7192.

Rahaie M, Xue G P, Naghavi M R, et al. A *MYB* gene from wheat (*Triticum aestivum* L.) is up-regulated during salt and drought stresses and differentially regulated between salttolerant and sensitive genotypes[J]. Plant Cell Report, 2010, 29: 835-844.

Shinozaki K, Yamaguchi S K. Gene networks involved in drought stress response and tolerance[J]. Journal of Experimental Botany, 2007, 58(2): 221-227.

Suzuki A, Suzuki T, Tanabe F, et al. Cloning and expression of five Myb-related genes from rice seed[J]. Gene, 1997, 198(1-2): 393-398.

Vannini C, Locatelli F, Bracale M, et al. Overexpression of the rice *Osmyb4* gene increases chilling and freezing tolerance of *Arabidopsis thaliana* plants[J]. The Plant Journal, 2004, 37(1): 115-127.

Wang A P, Mao X G, Jiang R L, et al. Single nucleotide polymorphism of *TaMyb2*-Ⅱ gene in common wheat (*Triticum aestivum* L.) and its relatives[J]. Acta Agron Sin, 2006, 32(12): 1809-1816.

Wang G P, Bi H H, Sun Y W, et al. Characterization of *Tamyb10* haplitypes and their association with pre-harvest sprouting in a set of Chinese red-grained wheat[J]. Acta Agronomica Sinca, 2014, 40: 984-993.

Warner R L, Kudrna D A, Speath S C, et al. Dormancy in white-grain mutants of Chinese Spring wheat (*Triticum aestivum* L.)[J]. Seed Science Research, 2000, 10: 51-60.

Wilkins O, Nahal H, Foong J, et al. Expansion and diversification of the populus R2R3-MYB family of transcription factors[J]. Plant Physiology, 2009, 149(2): 981-993.

Xia L Q, Ganal M W. Evaluation of the *Viviparous-1* gene alleles in the European wheat varieties[J]. Euphytica, 2008, 159: 411-417.

He Y, Li W. Ectopic expression of a wheat MYB transcription factor gene, *TaMYB73*, improves salinity stress tolerance in *Arabidopsis thaliana*[J]. Journal of Experimental Botany, 2012, 63(3): 1511-1522.

Yang Y, Ma Y Z, Xu Z S, et al. Isolation and characterization of *Vp-1* genes in wheat varieties with distinct pre-harvest sprouting tolerance and ABA sensitivity[J]. J Exp Bot, 2007, 58: 2863-2871.

Yang Y, Zhang C L, Liu S X, et al. Characterization of the rich haplotypes of *Viviparous-1A* in Chinese wheats and development of a novel sequence-tagged site marker for pre-harvest sprouting resistance[J]. Mol Breeding, 2014, 33: 75-88.

Zhang L, Zhao G, Jia J, et al. Molecular characterization of 60 isolated wheat *MYB* genes and analysis of their expression during abiotic stress[J]. Journal of Experimental Botany, 2012, 63(1): 203-214.

Zhang L C, Zhao G Y, Jia J Z, et al. Cloning and analysis of a salt stress related gene *TaMYB32* in wheat[J]. Acta Agronomica Sinica, 2009, 35(7): 1181-1187.

Zhu Y M, Evans K, Peace C. Utility testing of an apple skin color *MdMYB1* marker in two progenies [J]. Molecular Breeding, 2010, 27(4): 525-532.

第6章

穗发芽抗性相关分子标记的应用

6.1 *Vp1A3* 和 *Vp1B3* 对107份小麦历史品种抗穗发芽基因型的检测

6.1.1 引言

小麦穗发芽是指小麦在收获前遇到阴雨天气或在潮湿环境下籽粒在穗上发芽的现象。它是影响小麦生产的一种世界性灾害，不仅降低产量而且严重劣化品质（尤其是加工品质）和种用价值（孙果忠等，2003），给小麦生产者和加工商造成严重的经济损失。在小麦收获期间，降雨量丰富的地区发生穗发芽现象更为严重。我国麦区诸如西南、东北麦区以及长江中下游流域受穗发芽的危害颇为严重（Xiao 等，2002），尤其对白粒小麦的优质和高产生产极为不利，成为制约小麦生产的一个瓶颈。因此，培育抗穗发芽品种将对小麦安全生产具有重要意义。

种子休眠水平是小麦穗发芽抗性强弱的一个主要遗传因素，种子的休眠和破眠机制目前已经研究得非常清楚。利用分子标记辅助育种对品种的穗发芽抗性进行筛选是提高穗发芽抗性的一个重要方法。目前已经在小麦的2B、2D、3A、3B、3D、4A、4B、5A、6B和7D等染色体上发现了与小麦穗发芽抗性相关的各种类型的分子标记、QTL位点和基因（Appels 等，2003；Kulwal 等，2005；Flintham 等，2002；Roy 等，1999；Mares 等，2005；Yang 等，2007a，2014；Zhang 等，2009）。根据标记的类型和所能解释表型变异率的高低，一些标记如 *Vp1B3*、*Xgwm155*、*Xwmc468*、*Xgwm397*、*MST101* 和 *Vp1A3* 被筛选出进行有效性验证并且应用于小麦抗穗发芽的标记辅助选择育种中（Yang 等，2007a，2008，2011）。*Vp-1* 基因是影响小麦穗发芽抗性众多基因中的一个主效基因，也是影响小麦胚休眠的一个主要基因，具有调节胚发育、促进胚成熟和休眠的功能，该基因目前已定位在小麦第三组同源染色体的长臂上（Bailey

和 Mckibbin,1999)。根据不同穗发芽抗性的白粒小麦中 *Vp-1* 基因的序列差异和表达特性差异开发出两个与小麦穗发芽抗性相关的 STS 标记 *Vp1A3* 和 *Vp1B3*(Yang 等,2007b,2014)。*Vp1A3* 位于小麦 3A 染色体上,在不同穗发芽抗性的小麦材料中,*TaVp-1A* 基因在引物Vp-1 AF_2/R_2区段存在广泛的等位变异,目前共得到 8 种片段类型,分别是 774 bp(用字母 A 表示)、789 bp(B)、762 bp(G)、733 bp(H)、725 bp(I)、765 bp(J)、780 bp(K)和 783 bp(L)。它们之间的主要区别是存在不同拷贝数的短重复序列 CTT;在另一个引物 Vp-1AF_4/R_4区段存在 3 种片段类型,分别是 1 080 bp(M)、1 214 bp(N)和 1 374 bp(O)。通过对引物 Vp-1AF_2/R_2 和 Vp-1AF_4/R_4的扩增结果进行统计我们共发现了 17 种新的等位基因,分别为 *TaVp-1Aam*、*TaVp-1Aan*、*TaVp-1Aao*、*TaVp-1Abm*、*TaVp-1Abn*、*TaVp-1Agm*、*TaVp-1Ahm*、*TaVp-1Ahn*、*TaVp-1Aho*、*TaVp-1Aim*、*TaVp-1Ain*、*TaVp-1Aio*、*TaVp-1Ajm*、*TaVp-1Ajn*、*TaVp-1Akm*、*TaVp-1Alm* 和 *TaVp-1Aln*。不同片段类型的材料与其平均发芽指数的相关性分析发现,基因型为 *TaVp-1Agm* 的材料是属于高抗穗发芽基因型,而且 G 片段类型和 M 片段类型是紧密连锁的,所以在抗穗发芽基因型筛选中只需筛选 G 片段类型即可(Yang 等,2014)。*Vp1B3* 位于小麦的 3B 染色体上,能扩增出大小分别为 569 bp、627 bp、652 bp 和 845 bp 的 4 种片段类型,分别属于 *TaVp-1Bc*、*TaVp-1Bd*、*TaVp-1Ba* 和 *TaVp-1Bb* 4 种基因类型,在中国小麦品种资源中基本都属于 *TaVp-1Bc*、*TaVp-1Ba* 和 *TaVp-1Bb* 基因类型,*TaVp-1Bd* 基因类型在欧洲小麦种普遍存在(Yang 等,2007c;Xia 等,2008),进一步的研究证明,3 种基因型的穗发芽抗性依次为 *TaVp-1Bb*>*TaVp-1Bc*>*TaVp-1Ba*(Yang 等,2007a)。在小麦抗穗发芽育种工作中,抗性亲本的选择是至关重要的,而历史小麦品种是育种中不可或缺的基因资源,所以从基因水平的高度来重新认识这些基因资源对小麦抗穗发芽育种是非常必要的。本研究利用 *Vp1A3* 和 *Vp1B3* 这 2 个分子标记对我国 107 份小麦历史品种进行了穗发芽抗性鉴定,旨在筛选出抗穗发芽基因型材料,为抗穗发芽育种工作提供抗性亲本。

6.1.2 材料和方法

1.供试材料

107 份小麦历史品种由中国农业科学院提供,其中 77 份材料的平均发芽指数来自肖世和等(2004)。

2.穗发芽抗性标记及引物

选取 2 个穗发芽抗性标记:*Vp1A3* 和 *Vp1B3*,共包括 2 对引物,详见表 6-1。

3.DNA 的提取和 PCR 扩增

采用 CTAB 法从幼苗中提取基因组总 DNA。PCR 的反应体系为 50 μL,包括浓度为10× PCR 缓冲液 5 μL、浓度为 2.5 mmol/L 的 dNTPs 4 μL、浓度为 20 μmol/L 上下游引物共 2 μL、浓度为 5.0 U 的 Taq 酶 1 μL 和 100 ng 的模板 DNA。PCR 扩增程序:94 ℃预变性 5 min;94 ℃变性 1 min,退火 1 min,72 ℃延伸 1 min,36 个循环;72 ℃延伸 10 min。*Vp1A3* 的 PCR 产物用 12%的聚丙烯酰胺凝胶电泳检测;*Vp1B3* 的 PCR 产物用 1.5%的琼脂糖凝胶电泳检测。

表 6-1　选用的 2 个与穗发芽抗性相关标记及引物序列

标记	引物名称	引物序列(5′→3′)	退火温度/℃	染色体	等位变异(片段大小)/bp	参考文献
Vp1A3	Vp-1AF$_2$/R$_2$	F：AGGACATCGGCACATCTCA R：CACCCACAAGTTCAAGCAC	59	3AL	A(774)；B(789)；G(762)；H(733)；I(725)；J(765)；K(780)；L(783)；R(759)	Mohan 等(1997)
Vp1B3	Vp1B3	F：TGCTCCTTTCCCAATTGG R：ACCCTCCTGCAGCTCATTG	58	3BL	*Vp-1Ba*(652)；*Vp-1Bb*(845)；*Vp-1Bc*(569)	Mares 等(2005)

表 6-2　107 份历史小麦品种的平均发芽指数和 2 种标记的检测结果

序号	品种名称	*Vp1A3* 引物扩增出的片段类型	*VP1B3* 检测的等位基因类型	平均发芽指数/%
1	金光麦	A	*TaVp-1Bc*	0
2	白骆驼	I	*TaVp-1Ba*	0
3	UC	A	*TaVp-1Ba*	0
4	京 411	I	*TaVp-1Ba*	81.5
5	许跃 6 号	I	*TaVp-1Bc*	2
6	大青芒	I	*TaVp-1Ba*	3.5
7	克壮	I	*TaVp-1Bc*	3.5
8	安选 2 号	R	*TaVp-1Bc*	4
9	小偃 5 号	I	*TaVp-1Bc*	4.5
10	烟农 15	H	*TaVp-1Bc*	5
11	白壳旱 2 号	J	*TaVp-1Ba*	5
12	西昌 5762	K	*TaVp-1Bc*	5.5
13	平原 50	B	*TaVp-1Ba*	6
14	郑州 683	B	*TaVp-1Bc*	6.5
15	郑州 742	G	*TaVp-1Bc*	7
16	百农 3217	I	*TaVp-1Bc*	7.5
17	克群	H	*TaVp-1Bc*	8
18	西农 6028	A	*TaVp-1Bc*	8
19	陕旱 1 号	A	*TaVp-1Ba*	8.5
20	郑州 761	I	*TaVp-1Bc*	10.5
21	内乡薄地犟	A	*TaVp-1Bc*	11
22	干农 4 号	A	*TaVp-1Bc*	12.5
23	孟县 4 号	I	*TaVp-1Bc*	13
24	双丰收	I	*TaVp-1Bc*	13

续表 6-2

序号	品种名称	*Vp1A3* 引物扩增出的片段类型	*VP1B3* 检测的等位基因类型	平均发芽指数/%
25	内乡 36	I	*TaVp-1Bc*	13.5
26	大荔 52	J	*TaVp-1Ba*	14
27	郑州 17	I	*TaVp-1Bc*	15
28	武农 132	I	*TaVp-1Ba*	15
29	宝鸡 42	I	*TaVp-1Bc*	15
30	跃进 5 号	B	*TaVp-1Bb*	15.5
31	西昌 2043-117	J	*TaVp-1Bc*	15.5
32	小偃 4 号	I	*TaVp-1Bc*	16
33	陕农 17	G	*TaVp-1Ba*	16.5
34	蚰子麦	L	*TaVp-1Ba*	17
35	内乡 5 号	G	*TaVp-1Bc*	17
36	咸农 68	J	*TaVp-1Ba*	17.5
37	西北 612	K	*TaVp-1Bc*	18
38	咸农 39	J	*TaVp-1Bc*	18.5
39	泰农 153	H	*TaVp-1Bc*	18.5
40	跃进 8 号	I	*TaVp-1Bc*	19.5
41	泰山 1 号	A	*TaVp-1Bb*	21
42	泰山 4 号	I	*TaVp-1Bc*	22.5
43	济南 12	I	*TaVp-1Bb*	22.5
44	泾阳 60	A	*TaVp-1Bb*	27.8
45	绵阳 82-36	J	*TaVp-1Bc*	27.8
46	复壮 30	I	*TaVp-1Bb*	28.5
47	官村 1 号	A	*TaVp-1Bc*	29
48	安选 5 号	H	*TaVp-1Bc*	31
49	克刚	I	*TaVp-1Bc*	31.5
50	郑 6 辐	H	*TaVp-1Ba*	35
51	长武 702	L	*TaVp-1Ba*	35
52	信阳 751	A	*TaVp-1Bc*	38.5
53	燕京白芒白	K	*TaVp-1Ba*	42.5
54	石家庄 407	H	—	43.5
55	碧玉麦	I	*TaVp-1Bc*	46.5
56	涿麓冬麦	B	*TaVp-1Ba*	48.5
57	巴麦 5 号	I	*TaVp-1Ba*	49
58	凤麦 27	B	*TaVp-1Bc*	50.5
59	白芒麦	A	*TaVp-1Ba*	52
60	凤麦 29	A	*TaVp-1Bc*	54

续表 6-2

序号	品种名称	*Vp1A3* 引物扩增出的片段类型	*VP1B3* 检测的等位基因类型	平均发芽指数/%
61	渭麦 8 号	A	*TaVp-1Bc*	59.5
62	农大 36	A	*TaVp-1Ba*	64
63	矮早 781	B	*TaVp-1Ba*	65
64	太原 566	I	*TaVp-1Ba*	67
65	定县 72	J	*TaVp-1Ba*	68
66	农大 183	A	*TaVp-1Ba*	74
67	石家庄 52	I	*TaVp-1Ba*	82
68	乐亭 1831	I	*TaVp-1Bc*	83
69	北京 5 号	A	*TaVp-1Ba*	84.5
70	丰抗 10 号	I	*TaVp-1Bc*	87.5
71	丰抗 15	J	*TaVp-1Bb*	92
72	京冬 1 号	I	*TaVp-1Bc*	92.5
73	京双 10 号	I	*TaVp-1Ba*	93.5
74	延安 11	A	*TaVp-1Ba*	94
75	京 437	A	*TaVp-1Ba*	95
76	冀麦 14	I	*TaVp-1Bc*	99
77	农大 45	A	*TaVp-1Ba*	100
78	武农 99	H	*TaVp-1Bc*	-
79	淄选 2 号	I	*TaVp-1Bc*	-
80	开封 124	B	*TaVp-1Bc*	-
81	大白芒	A	*TaVp-1Ba*	-
82	京 136	A	*TaVp-1Ba*	-
83	京 81	A	*TaVp-1Ba*	-
84	京 148	A	*TaVp-1Ba*	-
85	济农 2 号	A	*TaVp-1Bb*	-
86	北京 8 号	I	*TaVp-1Bb*	-
87	川 484-769	A	*TaVp-1Bc*	-
88	京 170	K	*TaVp-1Ba*	-
89	青春 2 号	I	*TaVp-1Bc*	-
90	济宁 3 号	A	*TaVp-1Bc*	-
91	济南矮 6 号	I	*TaVp-1Bb*	-
92	京 130	I	*TaVp-1Bb*	-
92	济南 10	I	*TaVp-1Ba*	-
94	京 89	I	*TaVp-1Ba*	-
95	京 95	I	*TaVp-1Ba*	-
96	京 87	I	*TaVp-1Ba*	-

续表 6-2

序号	品种名称	*Vp1A3* 引物扩增出的片段类型	*VP1B3* 检测的等位基因类型	平均发芽指数/%
97	铁杆白	B	*TaVp-1Ba*	-
98	白芒麦	B	*TaVp-1Ba*	-
99	中农 28	A	*TaVp-1Ba*	-
100	河南白	I	*TaVp-1Ba*	-
101	马连屯	A	*TaVp-1Ba*	-
102	北京 15	A	*TaVp-1Ba*	-
103	白芒红	H	*TaVp-1Ba*	-
104	小圆五花头	A	*TaVp-1Ba*	-
105	小白芒	H	*TaVp-1Ba*	-
106	紫莛白	I	*TaVp-1Ba*	-
107	农大 146	I	*TaVp-1Bc*	-

"-"表示这部分研究材料没有进行平均发芽指数鉴定;"—"表示该材料没有得到 PCR 产物

6.1.3 结果与分析

1.STS 标记 *Vp1A3* 对 107 份小麦历史品种的检测结果

引物 Vp-1AF$_2$/R$_2$对供试的 107 份材料进行扩增共得到 9 种片段类型(图 6-1),分别为 774 bp、789 bp、762 bp、733 bp、725 bp、765 bp、780 bp、783 bp 和 759 bp,分别占供试材料总数的 27.10%、8.41%、2.80%、8.41%、36.45%、7.48%、3.74%、1.87%和 0.93%(表 6-2)。其中,774 bp 片段类型与 *TaVp-1Aa*(AJ400712)一致;789 bp 片段类型在 2 718～2 732 bp 处有 5 个 CTT 的插入;762 bp 片段类型在 2 718～2 729 bp 处有 4 个 CTT 的缺失;733 bp 片段类型存在 41 bp 的缺失(11 个 CTT+1 个 GAA+1 个 TTC+1 个 TT);725 bp 片段类型在 2 707～2 755 处有 49 bp 的缺失(3 个 TCT+1 个 TCC+12 个 TTC+1 个 T);765 bp 片段类型在 2 721～2 729 bp 处有 3 个 CTT 的缺失;780 bp 片段类型在 2 718～2 723 bp 处有 2 个 CTT 的插入;783 bp 片段类型在 2 718～2 726 bp 处有 3 个 CTT 的插入;759 bp 片段类型在 2 718～2 732 bp 处有 15 个碱基缺失(5 个 CTT)。根据序列分析结果可知,除 759 bp 片段类型外,其余片段分别与 Yang 等(2014)研究中的 A、B、G、H、I、J、K 和 L 片段类型相同,而 759 bp 片段类型为新扩增的片段类型,故命名为 R 片段类型(图 6-2)。

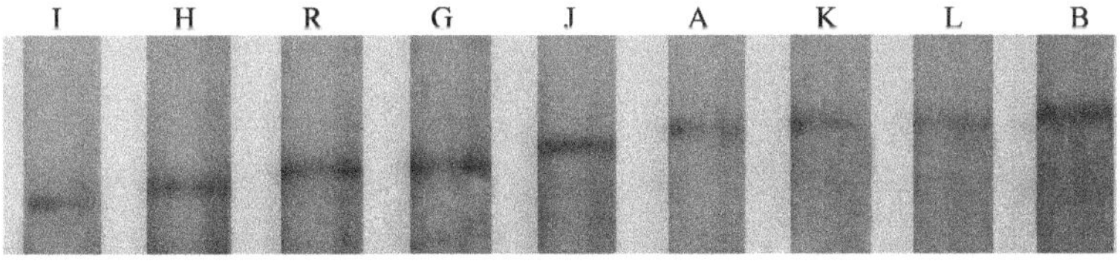

图 6-1 引物 Vp-1AF$_2$/R$_2$所扩增的 9 种片段带型

I. 白骆驼;H. 烟农 15;R. 安选 2 号;G. 郑州 742;J. 白壳旱 2 号;A. 金光麦;K. 西昌 5762;L. 长武 702;B. 平原 50

```
I    TTTTCCA.................................................     410
H    TTTTCCATCTTCTTCTTC.......................................    421
G    TTTTCCATCTTCTTCTTC.........................CTTCTTCTTCTTCTT   436
J    TTTTCCATCTTCTTCTTC......................CTTCTTCTTCTTCTTCTT   439
A    TTTTCCATCTTCTTCTTC...............CTTCTTCTTCTTCTTCTTCTTCTT   2 745
K    TTTTCCATCTTCTTCTTCCTTCTT.........CTTCTTCTTCTTCTTCTTCTTCTT   454
L    TTTTCCATCTTCTTCTTCCTTCTTCTT......CTTCTTCTTCTTCTTCTTCTTCTT   457
B    TTTTCCATCTTCTTCTTCCTTCTTCTTCTTCTTCTTCTTCTTCTTCTTCTTCTTCTT   463
R    TTTTCCATCTTCTTCTTC............................CTTCTTCTTCTT 433

I    ...........TCTTCTTCTTCTTCTTCTTCTTCTTCTTCTTCTTCTTCCAAAGTGTATC   459
H    ......TTCCTTCTTCTTCTTCTTCTTCTTCTTCTTCTTCTTCTTCTTCCAAAGTGTATC  475
G    CTTCTTCTTCTTCTTCTTCTTCTTCTTCTTCTTCTTCTTCTTCTTCTTCCAAAGTGTATC  496
J    CTTCTTCTTCTTCTTCTTCTTCTTCTTCTTCTTCTTCTTCTTCTTCTTCCAAAGTGTATC  499
A    CTTCTTCTTCTTCTTCTTCTTCTTCTTCTTCTTCTTCTTCTTCTTCTTCCAAAGTGTATC  2 805
K    CTTCTTCTTCTTCTTCTTCTTCTTCTTCTTCTTCTTCTTCTTCTTCTTCCAAAGTGTATC  514
L    CTTCTTCTTCTTCTTCTTCTTCTTCTTCTTCTTCTTCTTCTTCTTCTTCCAAAGTGTATC  517
B    CTTCTTCTTCTTCTTCTTCTTCTTCTTCTTCTTCTTCTTCTTCTTCTTCCAAAGTGTATC  523
R    CTTCTTCTTCTTCTTCTTCTTCTTCTTCTTCTTCTTCTTCTTCTTCTTCCAAAGTGTATC  493
```

图 6-2 引物 Vp-1AF$_2$/R$_2$ 扩增所得的 9 种带型部分序列比对结果

2.STS 标记 *Vp1B3* 对 107 份小麦历史品种的检测结果

用 STS 标记 *Vp1B3* 对供试的 107 份材料进行扩增共得到 3 种类型的片段，分别是 569 bp、652 bp 和 845 bp(图 6-3)，即 *TaVp-1Bc*、*TaVp-1Ba* 和 *TaVp-1Bb*，分别占供试材料总数的 44.86%、44.86%和 9.35%(表 6-2)。

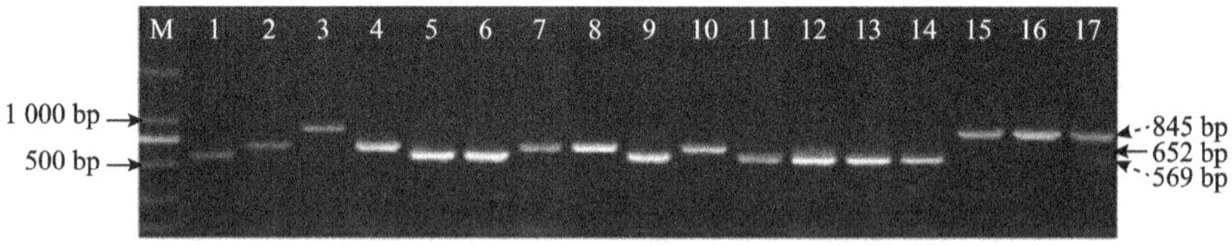

图 6-3 标记 *Vp1B3* 引物扩增出的 3 种片段类型

M. DL 2000；1. 丰抗 10 号；2. 京 136；3. 济南 12；4. 白芒白；5. 青春 2 号；6. 济宁 3 号；7. 陕农 17；8. 蚰子麦；9. 内乡 5 号；10. 咸农 68；11. 西北 612；12. 咸农 39；13. 泰农 153；14. 跃进 8 号；15. 泰山 1 号；16. 济南矮 6 号；17. 白壳红麦

3.抗穗发芽基因型的筛选

根据分子标记 *Vp1A3* 和 *Vp1B3* 对 107 份中国小麦历史品种的扩增结果及部分供试材料发芽指数(GI)的表型数据进行抗穗发芽基因型材料筛选。结果可知，单倍型为 *TaVp-1Agm* 的材料有 3 份，分别为郑州 742、陕农 17 和内乡 5 号，其发芽指数小于 17%。单倍型为 *TaVp-1Bb* 的材料有 10 份，分别为跃进 5 号、泰山 1 号、济南 12、泾阳 60、复壮 30、丰抗 15、济农 2 号、北京 8 号、济南矮 6 号和京 130。其中，济农 2 号、北京 8 号、济南矮 6 号和京 130 没有表型数据，跃进 5 号、泰山 1 号、济南 12、泾阳 60 和复壮 30 的平均发芽指数小于 30%，而丰抗 15 的 GI 值为 92%。单倍型 *Vp-1Bc* 的材料共有 48 份，其中有表型数据的材料 41 份，GI 值范围 0～99%，平均 GI 值为 25%。在 77 份具有表型数据的材料中，平均发芽指数小于 0.1 的抗穗发芽基因型材料共 5 份，分别为安选 2 号、烟农 15、郑州 683、郑州 742 和克群。

6.1.4 讨论

小麦的穗发芽机制虽然十分复杂，但是休眠是影响穗发芽抗性的一个主要影响因素。*Vp1A3* 和 *Vp1B3* 是根据休眠基因 *Vp-1* 在不同穗发芽抗性小麦材料中基因序列差异而开发出来的 2 个基因型标记，而且研究证明 *TaVp-1A* 和 *TaVp-1B* 是通过非等位基因的互作来影响小麦的休眠特性，从而进一步影响小麦的穗发芽抗性。所以 *Vp1A3* 和 *Vp1B3* 两个标记对小麦的穗发芽抗性进行综合筛选能提高选择效率，可以提高抗穗发芽育种亲本选择的可靠性，缩短育种周期。根据以前的研究结果得知，属于 *TaVp-1Bb* 和 *TaVp-1Bc* 等位基因型的白粒小麦品种抗穗发芽，但是也有一些例外存在，而这些例外白粒小麦材料的田间穗发芽抗性很高，如荣昌白麦，其平均发芽指数 0.1，属于抗穗发芽品种，但属于 *TaVp-1Ba* 基因型。可是荣昌白麦又属于 *TaVp-1Agm* 基因类型，而 *TaVp-1Agm* 又与抗穗发芽相关（Yang 等，2014）；在以前的研究中知道，与单倍型为 *TaVp-1Bc* 类型的材料相比，单倍型为 *TaVp-1Bb* 的材料具有更强的穗发芽抗性（Yang 等，2007b）。而在本研究中，供试材料丰抗 15 属于抗穗发芽的 *TaVp-1Bb* 等位基因类型，但是其平均发芽指数为 92%，这种现象在以前的研究中也出现过（Yang 等，2007a，2007b，2014，2008），出现这种现象的原因是白粒小麦的穗发芽抗性除了与 *TaVp-1B* 基因相关以外，还与 *TaVp-1A* 相关（Yang 等，2014），并且可能其他的一些因素，如 GA、种皮、穗部性状以及环境因素等也影响了该品种的休眠性状（McCarty 和 Hattori，1991），我们的研究发现，除 *Vp-1* 基因以外，*TaMYB10* 也影响白粒小麦的休眠特性（本实验室未发表数据）。用 *Vp1A3* 标记的引物 Vp-1AF$_2$/R$_2$检测出不同大小的 PCR 片段类型，这些片段的差异是在 *TaVp-1A* 基因的第 3 内含子中存在不同个数重复序列 CTT 的插入或缺失，这些不同个数短序列的插入和缺失非常可能是在进化过程中由遗传物质同源重组进行交换和分离而导致的（Yang 等，2014）。另外，我们发现了一个新的等位基因类型并命名为 *TaVp-1Ar*，在本研究的所有材料中只有安选 2 号属于 *TaVp-1Ar* 等位变异类型，其平均发芽指数为 4%。*TaVp-1Ar* 是否属于抗穗发芽基因类型，还需要进一步对其基因的功能进行研究来确定。本研究在分子标记筛选结果中结合平均发芽指数共筛选出 5 个抗穗发芽的小麦品种，分别为安选 2 号（*TaVp-1Bc*）、烟农 15（*TaVp-1Bc*）、郑州 683（*TaVp-1Bc*）、郑州 742（*TaVp-1Agm* 和 *TaVp-1Bc*）和克群（*TaVp-1Bc*），其发芽率均小于 0.1（表 6-1），其中，郑州 742 在两个基因位点处均属于抗穗发芽的等位基因类型，而安选 2 号、烟农 15、郑州 683 和克群虽然在 *TaVp-1A* 基因位点处不属于抗穗发芽的等位基因类型，但是在 *TaVp-1B* 基因位点处属于抗穗发芽的等位基因类型 *TaVp-1Bc*。小麦的穗发芽抗性除与 *TaVp-1A* 和 *TaVp-1B* 相关之外，还与其他一些因素相关，需要科学家继续寻找探索存在的一些其他与穗发芽抗性相关的分子标记。另外，在本研究中的 30 份无发芽指数的小麦材料中，有 4 份材料济农 2 号、北京 8 号、济南矮 6 号和京 130，属于强抗穗发芽等位基因类型 *TaVp-1Bb*，也可以作为抗穗发芽育种中抗性亲本的参考选择。

6.2 红粒春小麦穗发芽抗性的鉴定及其分子标记的有效性验证

6.2.1 引言

穗发芽是指小麦在收获前遇到阴雨或潮湿环境下的穗上发芽(Bewley,1977)。发生穗发芽小麦的面粉黏度丧失,导致淀粉颗粒破裂,用这样的面粉制作的面包体积小、结构差(Humvphreys 和 Noll,2002)。虽然红粒小麦抗穗发芽能力比较强,但是在小麦生产中仍然存在穗发芽问题,尤其是在东北春麦区和长江春麦区。我国长江流域、西南地区和东北春麦区常遭受穗发芽危害,北部冬麦区大部分白粒小麦品种对穗发芽高度敏感,收获期遇雨极易引起穗发芽,如京津冀地区 1995 年和 2001 年穗发芽严重,造成巨大经济损失。所以抗穗发芽育种是目前我国乃至世界小麦品质育种亟待解决的关键问题之一。

影响穗发芽的因素很多,如种子的休眠特性、脱落酸、赤霉素、种皮性状等。另外,穗部吸水速度和环境因素也影响小麦穗发芽(McCarty 和 Hattori,1991;Li 等,2004)。目前,许多与小麦穗发芽抗性相关的基因和 QTL 被鉴定(Bailey 和 Mckibbin,1999;Tan 等,2006)。Atsushi 和 Yoichi(2002)利用 SSR 技术在构建基因图谱时,在 4AL 染色体上发现了一个与休眠性相关的主效 QTL,在温室种植条件下能解释 43.3%的表型变异,但是此 QTL 与大田种植条件下的表型性状不相关(Derera 等,1977)。另外两个与种子休眠性状相关的 QTL *QPhs. ocs-3A. 1* 和 *QPhs. ocs-3A. 2* 分别被定位到 3A 的短臂和长臂上。*QPhs. ocs-1* 可以解释 23%~38%的表型变异,*QPhs. ocs-3A* 的效应很小,只在种子的破眠阶段存在(Appels 等,2003)。应用一套重组自交系的作图群体,两个与穗发芽抗性相关的 QTL 被定位到 4AL 和 3AL,但是这两个标记的有效性需要在多种环境条件下验证(Lohwasser 等,2005)。除了上述与穗发芽抗性相关的标记外,还发现有许多其他基因和标记,如位于 4AL 染色体上与种皮颜色相关的 *Phs* 基因,位于 4BS 染色体上与穗部形状相关的 *Hd* 基因,位于 5AL 染色体的 *B1* 基因和位于 6BL 染色体的 *B2* 基因,以及位于 2DL 染色体上与穗型相关的 *C* 位点(Flintham 等,2002)和位于 2B 及 2D 染色体上与种皮吸水性状相关的标记(King 和 von Wettstein-Knowles,2000)。Liu 等(2008)在 3AS 上鉴定了一个与穗发芽抗性相关的主效 QTL,在 3 个温室环境中可解释 41.0%的表型变异。用红粒品种 SPR8198(抗穗发芽)和白粒品种 HD2329(穗发芽敏感)的杂交后代群体开发出与穗发芽抗性相关的 STMS 标记 *wmc104* 和 STS 标记 *MST101*,分别位于 6B 染色体和 7D 染色体(Roy 等,1999)。另外一个与穗发芽抗性相关的主效 QTL *QPhs. ccsu-3A. 1* 位于第三染色体的长臂上,与 *Xgwm155* 紧密连锁,LOD 值达 9.58,能解释 78.03%的表型变异(Kulwal 等,2005)。在我们以前的研究中也证明 *Xgwm155* 与白粒小麦的穗发芽抗性相关(杨燕等,2008)。位于 4A 染色体上的标记 *Xwmc468*、*Xgwm397*、*Xgwm269* 和 *Xgwm170* 与小麦的休眠性状相关,而且在 SW95-50213×Cunningham 和 Janz×AUS1408 两个群体中有较高的 LOD 值(Mares 等,2005)。到目前为止,已经开发出许多与小麦穗发芽抗性相关的标记，在其特定的环境和遗传背景下是有效的，但是要直接应用这些标记还需要进一步的验证。

Vp-1 基因在种子成熟、干燥及休眠过程中起着关键作用（McCarty 等，1989；Giraudat 等，1992）。研究玉米 *Vp-1* 突变体时发现 *Vp-1* 基因行使两个主要功能：一是能促进胚的成熟，二是加速胚休眠，抑制其萌发（McCarty 等，1989；Hoecker 等，1995）。拟南芥的 *abi3* 突变体和玉米的 *Vp-1* 突变体有相似的表型，都引起发育胚提前成熟，顶端分生组织活化，贮藏物质停止积累，*CAB3* 基因的启动子在种子脱落前提前启动（Nambara 等，1994）。*ABI3*/*VP-1* 的同源基因除了在小麦和拟南芥外，在其他几种植物中如水稻（Hattori 等，1994）、燕麦（Jones 等，1997）、白杨（Rohde 等，2002）等中也有报道。另外在转基因燕麦种子中发现 *AfVp-1* cDNA 的表达提高了燕麦的休眠性和穗发芽抗性（McKibbin 等，2002）。在我们研究欧洲和中国小麦时发现了 *Vp-1B* 基因的 5 个等位变异（Yang 等，2009；Xia 等，2008），并开发出与穗发芽抗性相关的 STS 标记 *Vp1B3*，位于 3B 染色体长臂上，能对不同品种的穗发芽抗性进行有效的筛选（Yang 等，2009）。

鉴定和应用与穗发芽抗性相关的分子标记可以加速抗穗发芽品种的育成，但是在育种中建立一个有效的标记育种选择体系却是比较难的（Xia 等，2008）。通过白粒小麦中开发出来的与穗发芽抗性相关的标记是否也适合于在红粒小麦中应用，目前还没有人知道。本研究利用来自东北和北部春麦区的 67 份红粒小麦，用发芽指数（GI）鉴定其穗发芽抗性，然后选用 4 个与穗发芽抗性相关性较高的标记 *Vp1B3*、*Xgwm155*、*Xwmc468* 和 *Xgwm397* 进行验证，以期筛选出能鉴定红粒小麦穗发芽抗性的分子标记，并从这 67 基因型中筛选出抗穗发芽的种质材料。

6.2.2 材料与方法

1.材料

供试材料为 67 份红粒小麦品种（系），分别来自北部和东北春麦区，具有不同的穗发芽抗性，具体名称见表 6-2。在 2006—2007 年的两个小麦生长季节中，将上述小麦品种植于黑龙江省哈尔滨，每个小区行长 2 m，行距 0.3 m，2 个重复，使用除草剂和杀菌剂，田间无杂草和病害。

2.方法

穗发芽抗性用发芽指数来鉴定。在小麦蜡熟期收获，手工脱粒，经 $HgCl_2$ 灭菌后，置入铺有滤纸的培养皿中，每皿 100 粒，胚朝上排好，3 次重复，加入适量无菌水，在可控温室中 25 ℃ 条件下发芽。记录每天发芽籽粒数，并且挑出发芽籽粒。种子的发芽指数 GI 计算方法参考 Walker-Simmons（1988）。

本试验共选用 4 个穗发芽抗性标记：*Vp1B3*、*Xgwm155*、*Xwmc468* 和 *Xgwm397*（表 6-3）。

表 6-3 本研究中选用的 4 种标记明细

标记	引物序列 (5′→3′)	染色体	参考文献
Vp1B3 (STS)	Forward：TGCTCCTTTCCCAATTGG Reverse：ACCCTCCTGCAGCTCATTG	3B	Yang 等(2007a)
Xgwm155 (SSR)	Forward:CAATCATTTCCCCCTCCC Reverse:AATCATTGGAAATCCATATGCC	3A	Kulwal 等(2005)
Xwmc468 (STMS)	Forward：AGCTGGGTTAATAACAGAGGAT Reverse:CACATAACTGTCCACTCCTTTC	4A	Mares 等(2005)
Xgwm397 (STMS)	Forward：TGTCATGGATTATTTGGTCGG Reverse：CTGCACTCTCGGTATACCAGC	4A	Mares 等(2005)

3. DNA 的提取和 PCR 扩增

用 CTAB 法从种子中提取基因组总 DNA。每种基因型取 3 粒种子分别提取 DNA，目的是能够使结果准确地代表种子的基因型。50 μL PCR 反应体系中包括 10×PCR buffer、125 μmol/L dNTP、8 pmol 上下游引物、2.0 U 的 Taq 酶和 100 ng 的模板 DNA。PCR 扩增程序为：94 ℃ 预变性 5 min，36 个循环包括 94 ℃变性 1 min，标记 *Vp1B3* 和 *Xgwm155* 均为 60 ℃退火 1 min，标记 *Xwmc468* 和 *Xgwm39* 58 ℃退火 1 min，72 ℃延伸 1 min，最后 72 ℃延伸 10 min。*Vp1B3* 的 PCR 产物用 2.0%的琼脂糖凝胶电泳检测，其他 3 个标记的 PCR 产物用 6%的聚丙烯酰胺凝胶电泳检测(Bassam 等，1991)。

4. 数据统计分析

采用 SAS Institute 1997 版本的 PROC MIXED 数据统计方法，把每一种标记所扩增出的不同类型片段的品种分成不同的基因簇，算出平均值，然后比较每一标记中不同基因簇与其 GI 平均值的差异显著性。STS 标记 *Vp1B3* 扩增出 569 bp、845 bp 和 652 bp 3 种类型的片段；STMS 标记 *Xgwm397* 扩增出 3 种类型的片段，分别用大写字母 A、B 和 C 表示；SSR 标记 *Xgwm155* 和 STMS 标记 *Xwmc468* 均扩增出 4 种类型的片段，分别用大写字母 A、B、C 和 D 表示。用 SAS PROC CORR 来统计两年 GI 平均值(2 点、2 个重复)的相关性。

6.2.3 结果与分析

1. 供试小麦品种的发芽指数(germination index，GI)

根据发芽指数(表 6-4)，67 份红粒小麦品种大致分为 3 种类型：12 份 GI 值小于 0.01；42 份 GI 值为 0.01～0.05；13 份 GI 值大于 0.05。红粒小麦抗穗发芽育种中可粗略认为这 3 个等级是抗性、中抗和感穗发芽的 3 个指标。67 份材料的 GI 值在年份间具有高度的相关性($R = 0.746, P < 0.0001$)。

表 6-4 67 份红粒春小麦品种(系)的穗发芽抗性及用 4 个分子标记的扩增产物

编号	名称	发芽指数(GI)	*Vp1B3*	*Xgwm155*	*Xwmc468*	*Xgwm397*
1	03-3339	0.002	569	C	B	C
2	龙辐麦 7 号	0.003	652	D	A	C
3	龙辐麦 11 号	0.003	652	D	C	C
4	垦九 10 号	0.004	652	B	C	C
5	克旱 20 号	0.005	652	B	B	—
6	龙 02B1545	0.005	652	C	C	C
7	03-3351	0.006	569	C	B	C
8	2006 杂 002	0.007	569	C	B	C
9	03-3769	0.007	569	C	B	C
10	04-4310	0.007	569	B	B	C
11	03-3313	0.008	569	C	B	C
12	龙麦 10 号	0.009	652	A	B	A
13	2006 杂 055	0.011	569	C	B	C
14	垦九 9 号	0.011	569	C	D	B
15	龙 94-4081	0.013	569	C	B	C
16	垦九 1 号	0.013	569	B	C	B
17	龙麦 15 号	0.014	652	B	C	C
18	龙 96-6239	0.016	652	C	A	A
19	龙麦 23	0.018	569	B	C	C
20	垦鉴麦 2 号	0.018	569	C	D	B
21	03-3679	0.02	569	C	B	C
22	04-4396	0.02	569	B	B	C
23	04-4517	0.021	569	C	B	C
24	04-4526	0.022	569	C	—	C
25	04-4703	0.023	569	C	—	C
26	02-2460	0.025	569	C	B	C
27	龙辐麦 13 号	0.026	652	C	B	—
28	03-3365	0.027	569	C	—	C
29	龙辐麦 10 号	0.029	569	C	C	C
30	克旱 18 号	0.029	652	C	C	C
31	龙麦 14 号	0.03	569	A	B	C
32	克丰 8 号	0.03	—	A	A	C
33	龙麦 20 号	0.031	569	B	—	C
34	龙 90-05099	0.031	652	C	—	—
35	龙 91-1825	0.032	569	D	A	—
36	龙辐麦 12 号	0.032	569	B	C	C

续表 6-4

编号	名称	发芽指数(GI)	*Vp1B3*	*Xgwm155*	*Xwmc468*	*Xgwm397*
37	龙辐麦 8 号	0.033	569	C	D	A
38	龙 85-5226	0.035	569	C	B	—
39	04-4747	0.036	569	C	—	C
40	龙麦 26	0.038	569	C	B	—
41	04-4568	0.038	569	C	B	C
42	04-4314	0.038	—	C	B	—
43	龙 91-1178	0.04	569	D	A	C
44	龙麦 24 号	0.041	569	C	C	C
45	克丰 10 号	0.041	652	A	C	C
46	龙 92-387	0.043	569	C	—	—
47	龙麦 13 号	0.043	652	C	B	C
48	龙麦 29 号	0.043	652	D	C	C
49	龙麦 19 号	0.044	569	C	B	C
50	龙辐麦 14 号	0.044	569	B	D	A
51	克旱 17 号	0.044	652	C	D	C
52	龙辐麦 5 号	0.045	652	B	C	C
53	05-5170	0.048	845	B	B	C
54	克旱 19 号	0.05	569	B	C	B
55	垦鉴麦 1 号	0.053	569	C	D	B
56	龙麦 12 号	0.058	569	C	B	C
57	龙麦 16 号	0.059	569	C	A	A
58	龙麦 11 号	0.063	569	B	B	B
59	龙辐麦 6 号	0.067	569	B	—	C
60	04-4393	0.067	569	C	C	C
61	龙 79-7759	0.069	569	C	D	B
62	03-3245	0.07	569	C	B	C
63	龙麦 27 号	0.081	569	C	C	C
64	龙麦 30 号	0.081	652	C	A	C
65	龙 91-1131	0.084	569	C	A	A
66	龙辐麦 9 号	0.11	569	C	C	C
67	克丰 9 号	0.254	569	C	D	B

注：发芽指数是 2006 年和 2007 年两年的平均值。

标记 *Xgwm155*（SSR 标记）、*Xgwm397*（STMS 标记）和 *Xwmc468*（STMS 标记）3 列中字母 A、B、C 和 D 各自表示 4 种类型的 PCR 片段；“—”表示没有 PCR 产物发现。2006 年和 2007 年在哈尔滨的试验田没有观察到由降雨而引起的穗发芽损害；每种材料都是在蜡熟期收获的。

2. 4 个不同穗发芽抗性标记的有效性验证结果

(1)*Vp1B3* STS 标记 *Vp1B3* 在 67 份材料中共扩增出 3 种类型的片段。在 GI 值小于 0.01 的 12 份品种中,有 6 份扩增出 569 bp 的片段,6 份扩增出 652 bp 的片段;在 GI 值大于 0.05 的 13 份品种中仅有 12 份扩增出 569 bp 的片段,1 份扩增出 652 bp 的片段;在 GI 值为 0.01～0.05 的 42 份品种中有 29 份扩增出 569 bp 的片段,10 份扩增出 652 bp 的片段,1 份扩增出 845 bp 的片段,2 份材料没有扩增出 PCR 片段(表 6-1、图 6-4)。数据分析表明,能扩增出 569 bp、652 bp 和 845 bp 3 类品种的平均 GI 值没有明显差异。

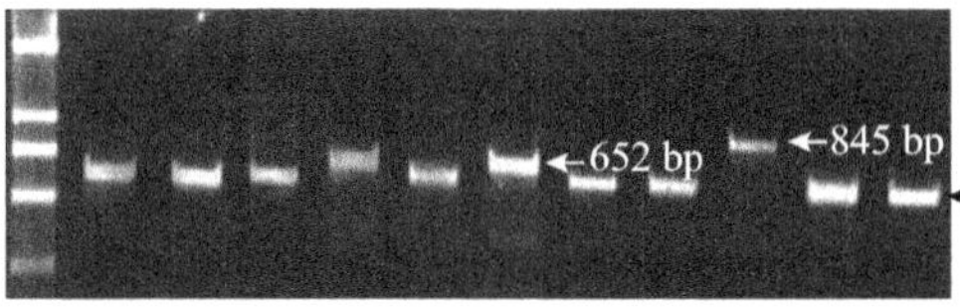

图 6-4 用标记 *Vp1B3* 扩增出的 PCR 片段类型

从左到右依次是:1 kb DNA marker,龙麦 13 号,龙麦 12 号,龙麦 11 号,龙麦 10 号,龙 91-1178,龙 90-05099,2006 杂 055,2006 杂 002,05-5170,龙 05-5061,05-5093

(2)*Xgwm*155 用 SSR 标记 *Xgwm*155 共扩增出 A、B、C、D 4 种类型的片段,部分结果见图 6-5。在 GI 值小于 0.01 的 12 份品种中,1 份扩增出 A 类型的片段,3 份扩增出 B 类型的片段,6 份扩增出 C 类型的片段,2 份扩增出 D 类型的片段;在 GI 值大于 0.05 的 13 份品种中,2 份扩增出 B 类型的片段,11 份扩增出 C 类型的片段,没有扩增出 A 和 D 类型的片段;在 GI 值大于 0.01 而小于 0.05 的 42 份品种中,3 份扩增出 A 类型的片段,10 份扩增出 B 类型的片段,26 份扩增出 C 类型的片段,3 份扩增出 D 类型的片段。数据分析表明,这 4 类品种平均值之间没有差异。

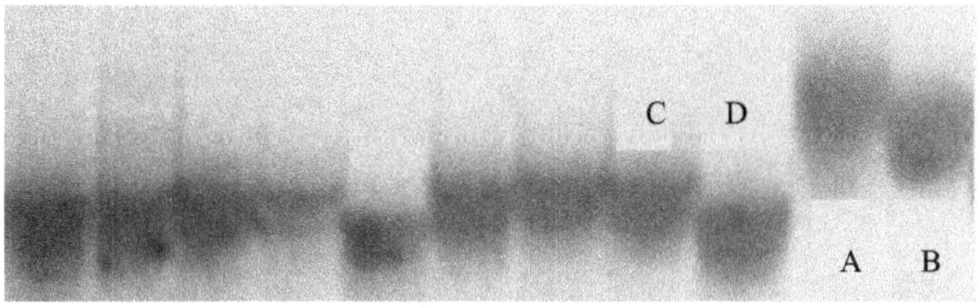

图 6-5 用标记 *Xgwm155* 扩增出的 4 种 PCR 片段类型

从左到右依次是:龙 02B1545,03-3351,2006 杂 002,03-3769,龙 91-1178,04-4568,04-4747,龙 85-5226,龙 91-1178,克丰 8 号,龙麦 20 号,字母 A,B,C 和 D 分别表示 4 种不同类型的 PCR 片段

(3)*Xwmc468* 用 STMS 标记 *Xwmc468* 共扩增出 A、B、C、D 4 种类型的片段,部分结果见图 6-6。在 GI 值小于 0.01 的 12 份品种中,1 份扩增出 A 类型的片段,8 份扩增出 B 类型的片段,3 份扩增出 C 类型的片段;在 GI 值大于 0.05 的 13 份品种中,3 份扩增出 A 类型的片段,3 份扩增出 B 类型的片段,3 份扩增出 C 类型的片段,3 份扩增出 D 类型的片段,1 份没有扩增出 PCR 片段;在 GI 值大于 0.01 而小于 0.05 的 42 份品种中,4 份扩增出 A 类型的片段,15 份扩增出 B 类型的片段,11 份扩增出 C 类型的片段,5 份扩增出 D 类型的片段,另外 7 份没有 PCR 产物。扩增出 A、B、C、D 这 4 种类型片段品种的平均 GI 值分别分别为 0.043 1、0.026 19、0.037 06 和 0.065 73。4 种类型之间扩增出 B 类型片段的品种更抗穗发芽,扩增出

D类型片段的品种对穗发芽更敏感($F=2.48, P>0.05$)。结果表明,标记 *Xwmc468* 可以在红粒小麦抗穗发芽育种中用于标记辅助选择育种。

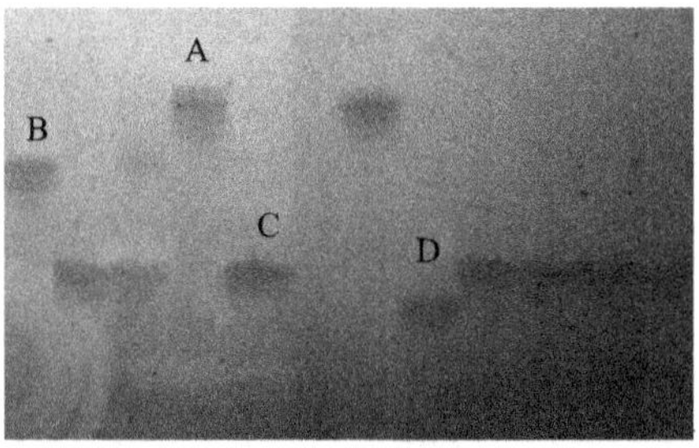

图 6-6　用标记 *Xwmc468* 扩增出的 PCR 片段类型

从左到右依次是:龙麦 26 号,Longmai 龙麦 27 号,龙麦 29 号,龙麦 30 号,龙辐麦 5 号,龙辐麦 6 号,龙辐麦 7 号,龙辐麦 8 号,龙辐麦 9 号,龙辐麦 10 号,龙辐麦 11 号。字母 A,B,C 和 D 表示 4 种不同类型的 PCR 片段

(4)*Xgwm397*　用 STMS 标记 *Xgwm397* 共扩增出 A、B 和 C 3 种类型的片段,部分结果见图 6-7。在 GI 值小于 0.01 的 12 份品种中,1 份扩增出 A 类型的片段,10 份扩增出 C 类型的片段,1 份没有扩增出产物,无 B 类型的片段;在 GI 值大于 0.05 的 13 份品种中,2 份扩增出 A 类型的片段,4 份扩增出 B 类型的片段,7 份扩增出 C 类型的片段;在 GI 值大于 0.01 而小于 0.05 的 42 份品种中,3 份扩增出 A 类型的片段,4 份扩增出 B 类型的片段,28 份扩增出 C 类型的片段,另外 7 份没有 PCR 产物。数据分析表明,这 3 类品种平均值之间没有显著差异。

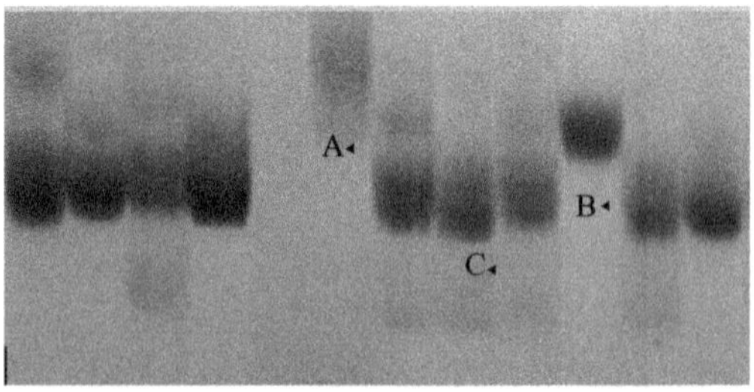

图 6-7　标记 *Xgwm397* 扩增出 3 种类型的 PCR 片段

从左到右依次是:龙辐麦 9 号,龙辐麦 10 号,龙辐麦 11 号,龙辐麦 12,阴性对照,龙辐麦 14 号,龙辐麦 15 号,龙辐麦 16 号,克丰 8 号,克丰 9 号,克丰 10 号,克旱 17 号。字母 A,B 和 C 表示 3 种不同类型的 PCR 片段

6.2.4 讨论

穗发芽抗性是一个非常复杂的性状,选择抗穗发芽的基因型在育种中是很困难的,因为穗发芽抗性受到多种因素的影响,包括麦穗的持水特性和干燥特性、种子的休眠水平,以及种子在萌发时贮藏物的降解速度等(Mares 等,2005; Osa 等,2003)。种子的休眠特性是影响穗发芽的一个主要因素,可以应用于穗发芽抗性育种的分子标记辅助选择体系中。但是种子的休眠特性非常容易受环境条件的影响,所以给准确选择休眠期长的基因型带来了困难。许多与小麦穗发芽抗性相关的基因和 QTL 已被鉴定,并且准确地定位在小麦的不同染色体上(Mares 等,2005)。其中,定位在 4A 上的一个 QTL 是一个休眠的主效基因,在红粒小麦中与 *R* 基因结合后与中度休眠性状相关,标记 *Xwmc468* 和 *Xgwm397* 被鉴定位于被推测的休眠基

因的任意一侧，而且经过验证 *Xwmc468* 和 *Xgwm397* 与穗发芽抗性相关（Mares 等，2005）。本研究经过检验，在所选用的 4 个标记中只有 *Xwmc468* 与穗发芽抗性相关（实际是与品种的休眠性相关），扩增出的 A、B、C 和 D 4 种片段的平均 GI 值在红粒小麦穗发芽抗性中有显著差异（$F=2.48$，$P<0.05$），能扩增出 B 类型片段的品种更抗穗发芽，D 类型的片段对穗发芽更敏感。*Xwmc468* 在红粒小麦穗发芽抗性育种中是一个有效的标记。虽然其他的 3 个标记 *Vp1B3*、*Xgwm155* 和 *Xgwm397* 被报道与穗发芽抗性有显著的相关性，在以前的研究中 *Vp1B3* 和 *Xgwm155* 被鉴定可以用于白粒小麦的穗发芽抗性筛选（Kulwal 等，2005；杨燕等，2008；Mares 等，2005），但是在鉴定这 67 份东北和北方不同穗发芽抗性的红粒春小麦品种（系）中则表现为无相关性。

在本次研究中，我们观测到红粒小麦比起我们以前研究的白粒小麦具有更强的穗发芽抗性。在这套研究材料中选出了 GI 值小于 1%的 8 份材料，分别是 03-3339、克旱 20、03-3351、2006 杂 002、03-3769、04-4310、03-3313 和龙麦 10 号，同时被标记 *Xwmc468* 鉴定为是抗穗发芽的基因型。所以这 8 种基因型的材料是穗发芽抗性育种中非常有用的抗性基因资源。

红粒和白粒小麦的穗发芽抗性机理是不同的，而且这种差异到目前为止还不清楚。大多数情况下，红粒小麦被认为是抗穗发芽的，但是并不是所有的红粒小麦都抗穗发芽（Flintham 等，2002；Himi 等，2002），表 6-3 中和已经报道的各种红粒小麦基因型，有些 GI 值可以大于 25%，而有些基因型的 GI 值小于 1%（肖世和等，2002）。有研究表明 VP-1/ABA/GA 通过转录因子 Myb 协同作用于籽粒颜色和穗发芽抗性，Myb/c1 是控制黄酮类化合物合成基因的转录因子，其基因位于 3A、3B 和 3D 染色体的长臂，距离 *Vp-1* 基因大约 30 cM 处，与控制休眠和籽粒颜色的基因连锁（Himi 和 Nisar，2005；Groos 等，2002）。在 *Myb/c1* 基因的启动子区，VP-1 蛋白和 *Sph* 顺式元件相互作用调控其表达（Hattori 等，1992；Carson 等，1997），而且 Myb/c1 转录因子与在控制 4-黄烷酮醇还原酶（dihydroflavonol-4-reductase）基因 *DFR* 启动子的 P 元件结合，*DFR* 基因是控制花青素生物合成途径到谷物籽粒颜色的基因，位于小麦的 3A、3B 和 3D 染色体上（Himi 和 Noda，2004）。而且 *Vp-1* 的突变体抑制花青素的合成（McCarty 等，1989；Robertson，1955）。小麦 3D 染色体的长臂缺失后种子呈白色（Himi 和 Noda，2004），表明位于 3D 染色体上的 *DFR*、*Myb/c* 或者 *Vp-1D* 这 3 个基因都可能缺失，并且在籽粒颜色上获得一些功能（Xia 等，2008）。穗发芽抗性和籽粒颜色关系的调控机理非常有可能在这 3 个基因之间的相互作用之中。

6.3 应用穗发芽率和发芽指数及 STS 标记 *Vp1B3* 鉴定小麦抗穗发芽基因型

6.3.1 引言

穗发芽是指小麦在收获前遇到阴雨或在潮湿环境下的穗上发芽（Groos 等，2000；原亚萍等，2003），它使小麦加工品质严重变劣，降低甚至失去商品价值。中国长江流域、西南地区和东北春麦区常遭受穗发芽危害，北部冬麦区大部分白粒小麦品种对穗发芽高度敏感，收获期遇雨极易引起穗发芽。所以穗发芽是目前中国乃至世界小麦品质育种亟待解决的关键问题之一。

小麦穗发芽的鉴定方法概括起来有 3 种，即种子发芽测定、整穗发芽测定和 α-淀粉酶活性测定（原亚萍等，2003）。种子发芽测定是在穗发芽抗性的敏感时期即蜡熟期取样，测定籽粒的发芽率（Hagemann 和 Ciha，1984）。但这只能反映小麦籽粒的休眠情况，不能反映小麦穗发芽的总体抗性。整穗发芽测定一般在开花后 25 d、30 d 或 35 d 前后取穗进行穗上发芽。常用的方法包括发芽纸、塑料袋保湿、纱布保湿、模拟降雨等，这些方法都能较好地鉴定出不同品种的穗发芽抗性差异。α-淀粉酶活性测定，主要包括浊度测定法、酶联免疫吸附法、降落值法（FN）和黏度参数法（RVA）等。不同的穗发芽鉴定方法各有优缺点。尽管方法各异，但其实质是尽量模仿小麦成熟时的田间气候条件或是针对其某一抗性机制，获得可靠的穗发芽抗性信息，因而适合遗传研究。而在生产中需要的是具有综合抗性的品种，所以目前多采用整穗发芽法、FN 测定法或 RVA 测定法来衡量小麦穗发芽的综合抗性，并以此对育种材料进行大规模鉴定和筛选。

分子标记是鉴定穗发芽简单而可靠的方法。因此，开发抗穗发芽的分子标记是近年来国内外的重点研究领域之一。目前已经开发出一些与穗发芽抗性相关的分子标记，第二、第三、第四、第五、第六和第七染色体组均有与穗发芽抗性相关的 QTL 分布，并以 4A 染色体为主。Anderson 等（1993）定位出了 10 个与穗发芽抗性有关的 RFLP 标记。Roy 等（1999）利用 STMS（sequence-tagged micro satellite）标记在 6BS 染色体上定位了 1 个控制穗发芽的主效基因，与 *Gwmc104* 标记紧密连锁；利用 STS（sequence-tagged site）标记在 7DL 染色体上还定位了 1 个控制穗发芽的主效基因，与 *Xmst101* 标记紧密连锁。Zanetti 等（2000）以 α-淀粉酶和降落值作为穗发芽的衡量指标，分别发现了 12 个和 13 个与穗发芽有关的 QTL 位点。Mares 等（2005）应用不同的群体将控制种子休眠性状的 QTL 定位于 4A 染色体上。此外，还有一些穗发芽抗性的 QTL 被定位到不同的染色体区段（Derera，1989），在影响小麦穗发芽的众多基因中，*Vp-1* 是调节胚发育、促进胚成熟和休眠的主要转录调节因子。*Vp-1* 的同源序列已经定位在小麦第三染色体的长臂上（Bailey 和 Mckibbin，1999）。杨燕等（2007）利用普通小麦 *Vp-1* 基因的保守序列设计了引物，开发出了共显性 STS 标记 *Vp1B3*，该标记在抗性品种中能扩增出 845 bp 和 569 bp 两种片段，其基因型分别属于突变型 *Vp-1Bb* 和 *Vp-1Bc*，在感性品种中扩增出 652 bp 的片段，其基因型属于野生型 *Vp-1Ba*。品种的发芽指数 GI 与 PCR 扩增出的 3 种片段类型密切相关。

本研究首次将共显性 STS 标记 *Vp1B3*、整穗发芽率和发芽指数（种子发芽）相结合，鉴定本课题组选育的 33 份新品系，目的是了解其穗发芽抗性水平和抗性机理，筛选出穗发芽抗性较强的品种直接用于生产或用于组配杂交组合。

6.3.2 材料和方法

1.材料

2004—2006 年将 37 份小麦材料种植于中国农业科学院昌平基地，其中京冬 8 号和京 9428 为穗发芽抗性对照品种，京 411 和中优 9507 为感穗发芽对照品种，CA0178 和 CA0175

为繁殖材料，其余31份材料均为参加品比或鉴定的高代品系。

2. 穗发芽率测定

小麦在完熟期时，每品种选取5个成熟一致的主茎穗，捆成一束，在水中浸泡10 h后插入盛有沙子的塑料盒内，浇足水，用塑料布盖住保湿，置于室温下。每天喷水1次，以增加湿度，5 d后取出，统计发芽率。用手拨出籽粒，凡萌发或萌动者为发芽，反之为不发芽，最终发芽率为两年平均值。

3. 发芽指数测定

发芽指数测定方法为：

$$GI=\frac{7\times n_1+6\times n_2+5n_3\times+4\times n_4+\cdots+1\times n_7}{7\times 总}$$

式中，n_1、n_2、…、n_7分别表示种子在第1天、第2天……第7天每天的发芽粒数。

穗发芽与小麦芒的有无、颖壳及空间姿态也有一定的关系，故在籽粒发芽试验时籽粒必须采用手工脱粒而不用机械脱粒，因为机械脱粒能损伤打破种子的休眠，显著地提高种子的发芽率。

4. 基因组DNA的提取

每品种(系)选取饱满、整齐的籽粒10粒，在室温下发芽，待麦苗长至5 cm高时用剪刀剪下，液氮中研磨，CTAB法提取DNA(Gale等，2001)。

5. 引物合成

根据杨燕等(2007)开发的STS标记*Vp1B3*的引物序列合成引物。

上游引物：5′-TGCTCCTTTCCCAATTGG-3′

下游引物：5′-ACCCTCCTGCAGCTCATTG-3′

6.3.3 结果与分析

1. 品种(系)的SGR测定结果

两年整穗发芽试验除CA0474外，其余品种(系)的SGR值表现相同趋势，因此取其平均数。33份新品系与2份抗穗发芽对照品种及2份感穗发芽对照品种共37份品种(系)的SGR值见表6-5。抗穗发芽对照京冬8号和京9428的穗发芽率分别为16.9%和8.5%，二者平均穗发芽率为12.7%；感穗发芽对照京411和中优9507的穗发芽率分别为70.1%和92.3%，二者平均值为81.2%。在33份新品系中，穗芽率低于抗性对照平均值的品系共7份，分别为白粒品系CA0509(2.0%)和CA0459(9.2%)，红粒品系CA0489(6.3%)、CA0481(10.6%)、CA0518(1.3%)、CA0516(7.3%)和CA0514(1.7%)；穗芽率大于感性对照平均值的品系共7份，其余品系的穗发芽率介于抗和感对照平均值之间，其中CA0178(15.0%，白粒)、CA0465(16.7%，白粒)和CA0574(18.6%，红粒)与抗性对照京冬8接近。CA0506、CA0507、CA0508、CA0509、CA0510和CA0511这6个品系均来自杂交组合中优9507/CA9640的F_4代株系，属于近等基因系，其穗发芽率分别为70.9%、79.2%、83.5%、2.0%、55.4%和67.1%，说明分离世代的后期选择对于改良穗发芽特性仍十分重要。

2.品种(系)的GI测定结果

37份参试品种(系)的GI值见表6-5。抗穗发芽对照京冬8号和京9428的GI值分别为18.7%和7.7%,二者平均值为13.2%;感穗发芽对照京411和中优9507的GI值分别为65.8%和75.0%,其平均值为71.7%。33份新品系中GI值低于抗性对照平均值(13.2%)的品系只有CA0489(12.8%),但所有品系的GI值均低于感性对照平均值(71.7%),以CA0475(71.1%)的GI值最高。近等基因系CA0506、CA0507、CA0508、CA0509、CA0510和CA0511的GI值分别为54.3%、49.2%、46.1%、41.0%、32.5%和47.1%,表明CA0509的抗穗发芽可能与其相对较低的GI值有一定关系,但不能排除其他因素的影响。

3.种皮颜色与穗发芽抗性

33份新品系中属于红色种皮的有8份,其中5份(CA0489、CA0481、CA0518、CA0516和CA0514)具有很好的穗发芽抗性,发芽率低于抗性对照的平均值,另外3个品系的穗发芽率也较低,接近于京冬8号。这8份红粒品系中仅CA0489的GI值低于抗性对照平均值,其他7份的GI值多数较白粒品系低。在25份白粒品系中,仅CA0509和CA0459具有较好的穗发芽抗性,其他品系均感穗发芽,其GI值均高于抗性对照平均值。

表6-5 37份品种(系)的穗发芽率和发芽指数及标记 *Vp1B3* 检测结果

品名	组合	粒色	穗发芽率/%	籽粒发芽指数(GI)/%	*Vp1B3* 检测结果
CA0506	中优9507/CA9640	白	70.9	54.3	652
CA0507	中优9507/CA9640	白	79.2	49.2	652
CA0508	中优9507/CA9640	白	83.5	46.1	652
CA0509	中优9507/CA9640	白	2.0	41.0	652
CA0510	中优9507/CA9640	白	55.4	32.5	652
CA0511	中优9507/CA9640	白	67.1	47.1	652
CA0178	河农326-18/(CA8695/C39//京411)F_6	白	15.0	21.5	652
CA0175	BPM27/京411	白	86.8	52.6	652
CA0306	CA9614/中优9507	白	89.1	60.3	569
CA0349	中优16/津麦2//中优9701	白	85.7	67.9	569
CA0420	CA9614/中优8-69	白	94.7	47.8	569
CA0459	中优9507/CA9640	白	9.2	68.5	652
CA0465	中优9507/CA9640	白	16.7	55.0	652
CA0471	中优9701-4/CA9553	白	90.1	51.3	569
CA0475	CA9722/中优9507//CA9722	白	82.5	71.1	652
CA0474	CA9722/中优9507//CA9722	白	30.1	67.0	652
CA0512	中优9507/CA9640	白	47.1	56.1	652
CA0493	中优9507/CA9640	白	58.3	63.3	652
CA0501	中优9507/CA9640	白	59.7	54.2	652
CA0502	中优9507/CA9640	白	54.5	58.7	652
CA0504	中优9507/CA9640	白	65.8	32.9	652

续表 6-5

品名	组合	粒色	穗发芽率/%	籽粒发芽指数(GI)/%	*Vp1B3* 检测结果
CA0505	中优 9507/CA9640	白	42.4	29.3	652
CA0455	中优 9507/CA9640	白	41.9	53.1	652
CA0458	中优 9507/CA9640	白	31.7	38.4	652
CA0456	中优 9507/CA9640	白	37.5	62.7	652
CA0489	[(pm12/百农 3272)/pm16//CA9550]F_1/玉米	红	6.3	12.8	845
CA0481	CA9722/罗布林(冬)	红	10.6	38.8	569
CA0574	30095/中优 9701	红	18.6	59.3	569
CA0572	30095/中优 9701	红	21.3	—	652
CA0518	30095/中优 9701	红	1.3	38.2	652
CA0516	30095/中优 9701	红	7.3	22.9	652
CA0515	30095/中优 9701	红	26.8	28.7	652
CA0514	30095/中优 9701	红	1.7	40.2	652
	京 411	白	70.1	68.5	652
	中优 9507	白	92.3	75.0	652
	京冬 8	红	16.9	18.7	569
	京 9428	红	8.5	7.7	569

4.标记检测

用 STS 共显性标记 *Vp1B3* 检测 37 份品种(系)共扩增出 3 种不同大小的片段,它们是 845 bp、652 bp 和 569 bp(图 6-8),分别属于 3 种基因型 *Vp-1Bb*、*Vp-1Ba* 和 *Vp-1Bc*,其频率分别是 3%、79%和 18%。扩增出 845 bp 片段的只有红粒品系 CA0489;扩增出 569 bp 片段的品系共有 6 个,分别为 CA0306、CA0349、CA0420、CA0471、CA0481 和 CA0574,前 4 个是白粒,后 2 个是红粒。CA0506、CA0507、CA0508、CA0509、CA0510 和 CA0511 这 6 个近等基因系均扩出 652 bp 的片段(图 6-9),另外 10 份来源于中优 9507/CA9640 的品系也同样扩增出 652 bp 的片段。

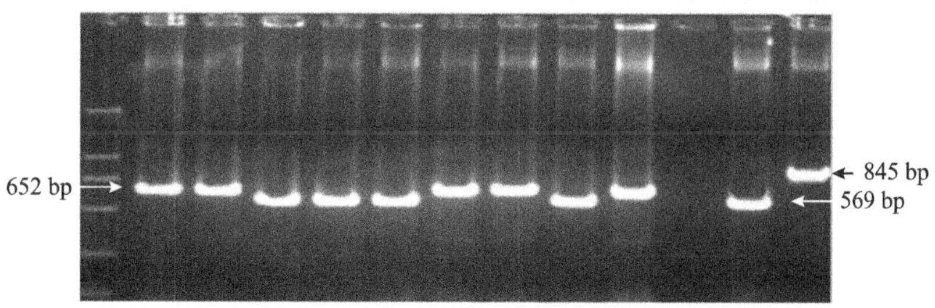

图 6-8 部分小麦新品系 *Vp1B3* PCR 检测结果

M. DNA ladder 2000;1～9 依次为 CA0175、CA0178、CA0306、CA0349、CA0420、CA0459、CA0465、CA0471 和 CA0474;11. CA0481;12. CA0489

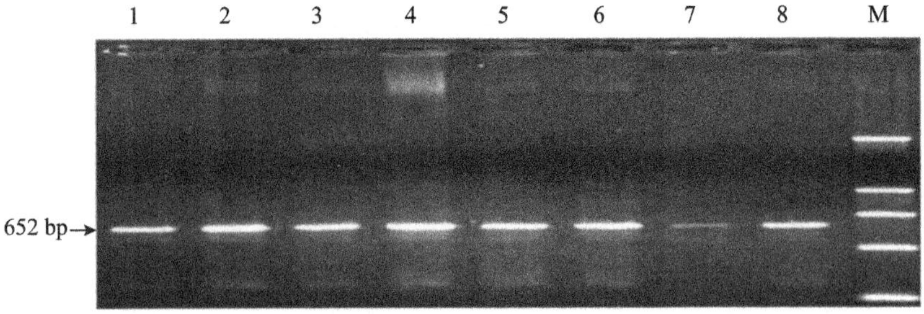

图 6-9 *Vp1B3* PCR 检测双亲 CA9640 和中优 9507 及其后代 6 份近等基因系

1～8 分别为 CA9640、中优 9507、CA0506、CA0507、CA0508、CA0509、CA0510、CA0511；M. DNA ladder 2000

通过对 33 份新品系穗发芽率、发芽指数和分子标记检测综合分析认为，红粒抗穗发芽品系 CA0489 属于 *Vp-1Bb* 基因型和红粒种皮休眠型，CA0481 属于 *Vp-1Bc* 抗穗发芽基因型，另外 3 份红粒抗穗发芽品系 CA0514、CA0516 和 CA0518 的抗性机理还需要进一步研究。2 份白粒抗穗发芽品系 CA0509 和 CA0459 的抗性可能主要与穗部性状及颖壳抑制物有关。

6.3.4 讨论

1. *Vp-1B* 等位变异与穗发芽抗性的关系

整穗发芽试验能较好反映小麦的穗发芽综合抗性，但影响穗发芽的因素较多，如种子休眠性、α-淀粉酶活性、α-淀粉酶抑制剂、迟熟 α-淀粉酶活性、穗部结构及种皮颜色、颖壳抑制物等(何震天等，2000；Gale 等，2002；Yang 等，2007b)。如果仅依靠穗发芽率对小麦的穗发芽抗性进行筛选，则不能了解抗穗发芽的机理。我们利用普通小麦 *Vp-1* 基因在穗发芽抗性与敏感品种中的差异开发出了 1 个与穗发芽抗性相关的 STS 共显性标记 *Vp1B3*(杨燕，2007)，通过对具有 *Vp-1Bb*、*Vp-1Bc* 和 *Vp-1Ba* 基因型典型穗发芽抗性品种万县白麦、西农 979，以及典型穗发芽敏感品种中优 9507 的成熟种子中 *Vp-1B* 表达量的半定量分析，编码 VP-1 全长蛋白转录本的量为 *Vp-1Bb*＞*Vp-1Bc*＞*Vp-1Ba*，*Vp-1Bb* 和 *Vp-1Bc* 与抗穗发芽性状相关，*Vp-1Ba* 与感穗发芽性状相关(Yang 等，2007b)。具有 *Vp-1Bb* 基因型的品系 CA0489(红粒)其穗发芽率和发芽指数均低于具有 *Vp-1Bc* 基因型的品系 CA0481(红粒)，两种基因型 *Vp-1* 转录本表达量的不同可能是造成其差异的原因之一，两者红皮休眠特性的不同也可能是其原因之一。

在 33 份新品系中，白粒近等基因系 CA0506、CA0507、CA0508、CA0509、CA0510 和 CA0511 的基因型均为 *Vp-1Ba*，但它们的穗发芽率差异明显，分别为 70.9%、79.2%、83.5%、2.0%、55.4%和 67.1%，其中 CA0509 极抗穗发芽。然而它们的 GI 值的差异相对较小，分别为 54.3%、49.2%、46.1%、41.0%、32.5%和 47.1%。这些近等基因系的父本 CA9640 和母本中优 9507 都属于 *Vp-1Ba* 类型，因而可以肯定 CA0509 的极抗穗发芽特性并不是由种子的强休眠性引起的，穗发芽率的差异可能是由其穗部性状或颖壳抑制物的差异引起的，这需进一步研究证实。另外来源于同一组合(中优 9507/CA9640)的品系 CA0459 和 CA0465 也存在类似现象，二者均为 *Vp-1Ba* 类型，穗发芽率和 GI 值分别为 9.2%、16.7%和 68.5%、55.0%。

另外一些白粒品系 CA0306、CA0349、CA0420 和 CA0471 虽然具有 *Vp-1Bc* 基因型，却表现出感穗发芽，其原因需要进一步研究。

2.种皮颜色与穗发芽抗性

一般情况下，红粒小麦比白粒小麦具有更强的穗发芽抗性。控制种皮颜色的 *R* 基因是一个转录调节因子，它通过调节控制类黄酮合成的几个基因的表达而影响籽粒的休眠性，从而影响穗发芽抗性（Himi 和 Noda，2005）。从本研究中 8 份红粒小麦与 25 份白粒小麦的穗发芽率和发芽指数的比较可以看出，大多数红粒小麦无论是穗发芽率还是发芽指数均低于白粒小麦，再一次证明了红粒小麦的穗发芽抗性多数优于白粒小麦。但是并不是说所有白粒小麦的穗发芽抗性就一定低于红粒小麦，白粒品系 CA0509 和 CA0459 的穗发芽率为 2.0%和 9.2%，属于极抗穗发芽品系，虽然白粒品系 CA0178 的穗发芽率和发芽指数均高于抗性对照平均值，但与抗性对照之一京冬 8 号接近。我国的一些地方品种中同样也存在对穗发芽具有极强抗性的白粒品种，如万县白麦、永川白麦、阆中白麦等。在同等条件下，由于白粒小麦比红粒小麦的出粉率高而备受面粉企业的青睐，所以培育白粒抗穗发芽品种具有更高的商业价值。CA0509 和 CA0459 不仅白粒抗穗发芽，而且品质优良。经中国农业科学院作物科学研究所分析，二者籽粒蛋白质含量分别是 17.2%和 17.1%，粉质仪形成时间为 7.4 min 和 7.0 min，稳定时间是 12.5 min 和 11.2 min，属于优质强筋型。二者综合农艺性状较好，产量比对照京冬 8 号减产 8%～10%，是很好的强筋白粒抗穗发芽亲本。CA0178 白粒、抗穗发芽接近红粒抗性对照京冬 8 号，产量高，2003—2005 年经国家北部冬麦区区域试验，平均亩产 455.3 kg，比对照增产 5.5%，生产试验 429.0 kg，比对照增产 9.3%，高抗条锈病和白粉病，抗倒伏，中熟，落黄好，不仅可作为育种亲本，而且在生产中可直接种植应用。

6.4 春小麦育种材料抗旱性和穗发芽抗性分子标记鉴定

6.4.1 引言

干旱是影响小麦产量和品质最主要的非生物因素之一（Banuelos 等，2011），而我国又是水资源短缺的国家，所以提高小麦的抗旱性能是小麦生产对育种提出的要求。干旱胁迫会引起植物体内一系列生理生化功能的改变，导致呼吸增强、光合降低、生物膜结构破坏等（杨召恩等，2013）。应对干旱胁迫，植物体内许多功能蛋白和调节蛋白的基因被诱导表达，产生一系列生理生化和形态方面的适应性变化，从而在一定范围内耐受干旱胁迫。抗旱相关的分子标记的开发及其标记的有效性评价对选育抗旱性小麦新品种、提高小麦产量、促进我国粮食生产持续稳定的发展具有重要意义。随着分子生物学的发展，与小麦抗旱相关蛋白基因的定位和相关标记的研究取得了一定进展。例如，Morgan 和 Tan（1996）利用中国春异代换系，将渗透调节相关的基因定位于 7A 染色体上，并且获得了与渗透调节相关基因紧密连锁的 RFLP 标记 *Xpsr119*。Peng 等（2009）指出在受到干旱胁迫时，抗旱小麦品种可表达较多与抗氧化有关的蛋白。活性氧的积累是导致在干旱胁迫下细胞组分损伤的直接原因之一，植物体内活性氧的清除主要依靠一些抗氧化保护的酶类(Gill 和 Tuteia，2010)。因此，提高植物的抗氧化能力可增强植物对非生物胁迫的耐性。硫氧还蛋白(thioredoxin，Trx)是一类广泛存在于植物体内的多功能蛋白，参与光合作用中的电子传递、被氧化蛋白质的修复、体内活性氧的清除等生理代谢(Arnér 和 Holmgren，2001；Wong 等，2003；Meyer 等，2002)。张帆等(2014)根据普通小麦 Trx 超家族新基因 *TaNrx-B1* 开发了 1 对与小麦抗旱性相关的显性互补 STS 标记 *TaNRX-a1* 和 *TaNRX-b1*，可以检测出两种与抗旱性相关的等位变异 *TaNRX-a* 和 *TaNRX-b*。其中，单倍型为 *TaNrx-B1a* 的材料的抗旱性极显著高于单倍型为 *TaNrx-Bb* 的材料。铁结合蛋白(ferritin，Fer)是存在于植物体内的铁贮藏蛋白，可以提高植物防御氧化胁迫能力(周志钦，2001)。鞠丽萍等(2014)根据不同抗旱性小麦中 *TaFer-A1* 基因的序列差异，开发出共显性 STS 标记 *FerA1-intrl*，可以在不同抗旱性小麦中检测出 2 种等位变异类型，分别为 *TaFer-A1a* 和 *TaFer-A1b*，且单倍型为 *TaFer-A1a* 的材料的抗旱性极显著高于单倍型为 *TaFer-A1b* 的材料。

穗发芽极大地降低了小麦的产量和加工品质(Groos 等，2002)。目前抗穗发芽小麦育种已经成为全世界小麦育种亟待解决的关键问题之一(Humphreys 和 Noll，2002)。降低小麦品种穗发芽损害的一个主要方法是利用分子标记辅助育种对品种的穗发芽抗性进行筛选，这样可以加快穗发芽抗性品种的育成。目前已经有许多与小麦穗发芽抗性相关的分子标记被开发和应用，其中，标记 *Vp1A3* 和 *Vp1B3* 是根据白粒小麦休眠基因 *viviparous-1* 在不同穗发芽抗性小麦材料中的序列差异开发出的 2 个与白粒小麦穗发芽抗性相关的分子标记，并且在育种亲本和后代的选择中表现出了高效的筛选效果(罗家传等，2008；杨燕等，2008)。用标记 *Vp1B3* 在不同休眠特性的小麦材料中共可以检测出 5 种等位基因类型，分别为 *Vp-1Ba*、*Vp-1Bb*、*Vp-1Bc*、*Vp-1Bd* 和 *Vp-1Be*，其中，*Vp-1Bb* 和 *Vp-1Bc* 是抗穗发芽基因型，且与 *Vp-1Bc* 基因型相比，*Vp*-1*Bb* 具有更高的穗发芽抗性(任立世等，2015；Yang 等，2007a，2014；Hattori 等，1994；McCarty 等，1991)。标记 *Vp1A3* 位于小麦 3A 染色体上，由 2 对引物组成包括 TaVp-1AF$_2$/R$_2$ 和 TaVp-1AF$_4$/R$_4$，在各种不同基因型材料中检测出 17 种等位变异类型；其中用引物 TaVp-1AF$_2$/R$_2$ 目前检测出 9 种片段类型，分别为 774 bp(用字母 A 表示)、789 bp(B)、783 bp(L)、780 bp(K)、765 bp(J)、762 bp(G)、759 bp(R)、733 bp(H)、725 bp(I)，其中检测出 G 片段类型的材料属于抗穗发芽类型材料(Yang 等，2014)，所以在这套材料中，用分子标记 *Vp1A3* 筛选抗穗发芽材料时我们只用了引物 TaVp-1AF$_2$/R$_2$ 来达到研究目的。标记 *TaMYB10D* 是根据不同休眠特性的小麦材料中 *TaMYB10-D1* 基因的序列差异开发出的 1 个与小麦穗发芽抗性相关的 STS 标记，共可以检测出 2 种片段类型，一种可以扩增出 1 629 bp 的片段类型，另一种扩增出非特异性片段类型，前者属于抗穗发芽类型(王晓丽，2014)。

我国春小麦主要种植省(自治区)包括黑龙江、吉林、甘肃、内蒙古和新疆，在小麦播种季节和生育早期经常会遇到干旱胁迫，而在收获季节同样会受到穗发芽的损害。本研究利用与小麦抗旱性相关的分子标记 *TaNRX-a1*、*TaNRX-b* 和 *FerA1-intrl* 以及与小麦穗发芽抗性相关的分子标记 *Vp1B3*、*Vp1A3* 和 *TaMYB10D*，对 137 份内蒙古春小麦育种材料进行抗旱性和穗发芽抗性筛选，以期为春小麦生育早期抗旱和收获期抗穗发芽育种中亲本的选择提供理论依据。

6.4.2 材料与方法

1. 供试材料

供试材料为137份内蒙古春小麦育种材料，均由内蒙古巴彦淖尔市农牧业科学研究所提供。

2. 标记及其引物

本研究中抗旱基因型检测的分子标记选用 *TaNRX-a1*、*TaNRX-b1*（张帆等，2014）和 *FerA1-intrl*（鞠丽萍等，2014）；抗穗发芽基因型检测的分子标记选用 *Vp1B3*（Humphreys 等，2002）、*Vp1A3*（罗家传等，2008；杨燕等，2008；任立世等，2015；Yang 等，2007a，2014；Hattori 等，1994；McCarty 等，1991；王晓丽，2014）和 *Tamyb10D*（王晓丽，2014），其中标记 *Vp1A3* 只选用引物 TaVp-1AF$_2$/R$_2$。*TaMYB10D* 是显性标记，为了减少该标记检测时因为 PCR 不成功而引起的误判，我们结合扩增 *TaMYB10-D1* 结构基因末尾部分时另一对引物 TaMYB10-DF$_3$/R$_3$在不同材料中的扩增结果。例如标记 *TaMYB10D* 能扩增出 1 629 bp 的特异性片段，那么引物 TaMYB10-DF$_3$/R$_3$就能扩增出 630 bp 的特异性片段，否则此标记和该引物得到的分别是非特异性扩增片段和无 PCR 产物（王晓丽，2014）。各标记引物的详细信息见表 6-6。

表 6-6 本研究选用的标记及其引物信息

分子标记	引物序列（5′→3′）	退火温度/℃	等位变异（片段大小）	参考文献
TaNRX-a1	F:CATGGCTCTTCCTGTGCG R:CTGAATCGCTATGGAAAG	52	*TaNRX-a*（841 bp）	张帆等（2014）
TaNRX-b1	F:TCTCCCGCACTGTGCCTG R:CTGAATCGCTATGGAAAG	56	*TaNRX-b*（870 bp）	张帆等（2014）
FerA1-intrl	F:CAACGAGCAGATCAAGTGAG R:GAAATCATAGCGGAAACAGA	56	*TaFer-A1a*（167 bp）；*TaFer-A1b*（170 bp）	周志钦（2001）
Vp1B3	F:TGCTCCTTTCCCAATTGG R:ACCCTCCTGCAGCTCATTG	58	*Vp-1Ba*（652 bp）；*Vp-1Bb*（845 bp）；*Vp-1Bc*（569 bp）	任立世等（2015）
Vp1A3	F:AGGACATCGGCACATCTCA R:CACCCACAAGTTCAAGCAC	59	A（774 bp）；B（789 bp）；G（762 bp）；H（733 bp）；I（725 bp）；J（765 bp）K（780 bp）；L（783 bp）；R（759 bp）	Yang 等（2014）
TaMYB10D	F:ATGGGGAGGAAGCCATGCTG R:ACTGCTGCTCGTGCCCTCC	64	1 629 bp	王晓丽（2014）
TaMYB10-DF$_3$/R$_3$	F:GGGCGAACAGACAATGAGAT R:CTTTGTTTACAGCACCAC	57	630 bp	王晓丽（2014）

3. DNA 的提取和基因组 PCR 扩增

采用 CTAB 法（Gale 等，2001）提取供试材料幼苗的基因组 DNA。PCR 反应体系为 15 μL，包括 ddH$_2$O 10.55 μL、10×PCR 缓冲液 1.5 μL、2.5 mmol/L dNTP Mix 1.2 μL、

20 mmol/L 的上下游引物各 0.3 μL、5 U/μL LA Taq 酶(购自 TaRaKa)0.15 μL 和30 ng 模板 DNA 1 μL。PCR 扩增程序：94 ℃预变性 5 min；94 ℃变性 30 s 至 1 min，退火 30 s 至 1 min，72 ℃延伸 30 s 至 1 min，35 个循环；72 ℃延伸 10 min。标记 *TaNrx-B1*、*Vp1B3* 和 *TaMYB10-D* 的 PCR 产物用 2.0%的琼脂糖凝胶电泳检测；标记 *FerA1-intrl* 的 PCR 产物用 12%的聚丙烯酰胺凝胶电泳检测；标记 *Vp1A3* 的 PCR 产物用 6%的聚丙烯酰胺凝胶电泳检测。

表 6-7　五种标记对 137 份春小麦育种材料的检测结果

序号	品种名称	*TaNRX-a1/b1* 扩增出的等位变异类型	*FerA1-intrl* 扩增出的等位变异类型	*Vp1B3* 扩增出的等位变异类型	*Vp1A3* 扩增出的片段类型	*TaMYB10D* 扩增出的片段类型
1	82170-1	*TaNRX-b*	*TaFer-A1a*	*Vp-1Bc*	H	1 629 bp
2	73B609	*TaNRX-a*	*TaFer-A1a*	*Vp-1Bc*	H	—
3	临优二号	*TaNRX-a*	*TaFer-A1b*	*Vp-1Bc*	H	—
4	临优一号	*TaNRX-a*	*TaFer-A1a*	*Vp-1Bc*	H	—
5	中国春	*TaNRX-a*	*TaFer-A1b*	*Vp-1Bb*	H	1 629 bp
6	铁秆麦	*TaNRX-a*	*TaFer-A1a*	*Vp-1Bc*	H	1 629 bp
7	扬麦 158	*TaNRX-a*	*TaFer-A1b*	*Vp-1Bc*	H	1 629 bp
8	辽春 10 号	*TaNRX-a*	*TaFer-A1a*	*Vp-1Bc*	G	1 629 bp
9	84 加 79	*TaNRX-a*	*TaFer-A1a*	*Vp-1Bc*	H	—
10	罗布林	*TaNRX-b*	*TaFer-A1b*	*Vp-1Bc*	J	1 629 bp
11	永 2352	*TaNRX-a*	*TaFer-A1b*	*Vp-1Bc*	H	—
12	05-760	*TaNRX-a*	*TaFer-A1a*	*Vp-1Bc*	H	1 629 bp
13	中宁 131051	*TaNRX-b*	*TaFer-A1b*	*Vp-1Bc*	H	1 629 bp
14	05cm220	*TaNRX-a*	*TaFer-A1b*	*Vp-1Bc*	G	—
15	G30	*TaNRX-a*	*TaFer-A1b*	*Vp-1Bc*	G	—
16	徐州 8090	*TaNRX-a*	*TaFer-A1a*	*Vp-1Bc*	H	—
17	YK6-325	*TaNRX-b*	*TaFer-A1a*	*Vp-1Bc*	G	—
18	95y16	*TaNRX-b*	*TaFer-A1a*	*Vp-1Bc*	H	—
19	yk92J63	*TaNRX-a*	*TaFer-A1a*	*Vp-1Bc*	H	1 629 bp
20	89 冬引 1615	*TaNRX-a*	*TaFer-A1a*	*Vp-1Bc*	G	—
21	青海 932	*TaNRX-a*	*TaFer-A1a*	*Vp-1Bc*	H	1 629 bp
22	03cm-338	*TaNRX-b*	*TaFer-A1a*	*Vp-1Bc*	H	—
23	金穗 8145	*TaNRX-b*	*TaFer-A1a*	*Vp-1Bc*	G	—
24	永 2739	*TaNRX-b*	*TaFer-A1a*	*Vp-1Bc*	H	—
25	8916-40	*TaNRX-a*	*TaFer-A1a*	*Vp-1Bc*	G	—
26	y31	*TaNRX-a*	*TaFer-A1b*	*Vp-1Bc*	H	—
27	05-5371	*TaNRX-a*	*TaFer-A1b*	*Vp-1Bc*	H	—
28	05-1411	*TaNRX-b*	*TaFer-A1a*	*Vp-1Bc*	H	1 629 bp

续表 6-7

序号	品种名称	*TaNRX-a1/b1* 扩增出的等位变异类型	*FerA1-intrl* 扩增出的等位变异类型	*Vp1B3* 扩增出的等位变异类型	*Vp1A3* 扩增出的片段类型	*TaMYB10D* 扩增出的片段类型
29	兰福 97-5	*TaNRX-b*	*TaFer-A1b*	*Vp-1Bc*	J	—
30	兰杂 7002	*TaNRX-a*	*TaFer-A1a*	*Vp-1Bc*	H	1 629 bp
31	沈免 210848	*TaNRX-a*	*TaFer-A1a*	*Vp-1Bc*	H	1 629 bp
32	展 8	*TaNRX-a*	*TaFer-A1a*	*Vp-1Bc*	H	1 629 bp
33	拉 2676-9	*TaNRX-a*	*TaFer-A1b*	*Vp-1Bc*	H	1 629 bp
34	05-1173	*TaNRX-b*	*TaFer-A1a*	*Vp-1Bc*	H	—
35	07-6228	*TaNRX-a*	*TaFer-A1a*	*Vp-1Bc*	H	—
36	07-6239	*TaNRX-b*	*TaFer-A1a*	*Vp-1Bc*	H	—
37	07-7165	*TaNRX-a*	*TaFer-A1b*	*Vp-1Bc*	H	—
38	08 冬中 550	*TaNRX-a*	*TaFer-A1b*	*Vp-1Bb*	H	—
39	08 冬中 6741	*TaNRX-a*	*TaFer-A1a*	*Vp-1Bc*	H	—
40	08H274	*TaNRX-b*	*TaFer-A1a*	*Vp-1Bc*	G	—
41	08H414	*TaNRX-a*	*TaFer-A1a*	*Vp-1Bc*	G	—
42	永 2356	*TaNRX-a*	*TaFer-A1b*	*Vp-1Bc*	G	—
43	宁资 08A751	*TaNRX-a*	*TaFer-A1a*	*Vp-1Bc*	G	—
44	宁 PS184	*TaNRX-a*	*TaFer-A1a*	*Vp-1Bc*	G	—
45	武 M437	*TaNRX-b*	*TaFer-A1a*	*Vp-1Bc*	H	—
46	武 E32-1	*TaNRX-b*	*TaFer-A1a*	*Vp-1Bc*	H	—
47	张掖 1 号	*TaNRX-b*	*TaFer-A1b*	*Vp-1Bc*	G	—
48	08 冬中 1807	*TaNRX-a*	*TaFer-A1a*	*Vp-1Bc*	H	—
49	巴优 2 号	*TaNRX-a*	*TaFer-A1b*	*Vp-1Bc*	G	—
50	巴丰 1 号	*TaNRX-a*	*TaFer-A1b*	*Vp-1Bc*	H	—
51	巴丰 3 号	*TaNRX-a*	*TaFer-A1b*	*Vp-1Bc*	H	—
52	巴丰 5 号	*TaNRX-a*	*TaFer-A1a*	*Vp-1Bc*	G	—
53	巴丰 6 号	*TaNRX-a*	*TaFer-A1a*	*Vp-1Bc*	H	—
54	巴麦 10 号	*TaNRX-a*	*TaFer-A1a*	*Vp-1Bc*	H	—
55	内麦 17 号	*TaNRX-b*	*TaFer-A1a*	*Vp-1Bc*	H	—
56	宁春 35 号	*TaNRX-b*	*TaFer-A1a*	*Vp-1Bc*	H	1 629 bp
57	08-1718	*TaNRX-a*	*TaFer-A1b*	*Vp-1Bc*	H	—
58	08-1783	*TaNRX-a*	*TaFer-A1a*	*Vp-1Bc*	H	—
59	08-1826	*TaNRX-a*	*TaFer-A1a*	*Vp-1Bc*	G	—
60	08-2294	*TaNRX-a*	*TaFer-A1b*	*Vp-1Bc*	H	—
61	08-3348	*TaNRX-a*	*TaFer-A1a*	*Vp-1Bc*	H	—
62	08-3410	*TaNRX-a*	*TaFer-A1a*	*Vp-1Bc*	H	1 629 bp

续表 6-7

序号	品种名称	*TaNRX-a1/b1* 扩增出的等位变异类型	*FerA1-intrl* 扩增出的等位变异类型	*Vp1B3* 扩增出的等位变异类型	*Vp1A3* 扩增出的片段类型	*TaMYB10D* 扩增出的片段类型
63	张春 11	*TaNRX-a*	*TaFer-A1b*	*Vp-1Bc*	H	1 629 bp
64	兰天 21 号	*TaNRX-b*	*TaFer-A1b*	*Vp-1Bc*	H	—
65	陇鉴 101	*TaNRX-a*	*TaFer-A1b*	*Vp-1Bc*	H	—
66	陇鉴 387	*TaNRX-a*	*TaFer-A1a*	*Vp-1Bc*	H	—
67	武春 1 号	*TaNRX-a*	*TaFer-A1b*	*Vp-1Bc*	G	—
68	宁春 10 号	*TaNRX-b*	*TaFer-A1b*	*Vp-1Bc*	G	—
69	酒 9996	*TaNRX-a*	*TaFer-A1a*	*Vp-1Bc*	G	—
70	兰天 17 号	*TaNRX-b*	*TaFer-A1b*	*Vp-1Bc*	H	1 629 bp
71	兰天 22 号	*TaNRX-b*	*TaFer-A1b*	*Vp-1Bc*	H	—
72	兰天 25 号	*TaNRX-b*	*TaFer-A1b*	*Vp-1Bc*	G	—
73	陇春 26	*TaNRX-a*	*TaFer-A1a*	*Vp-1Bc*	G	—
74	银春 8 号	*TaNRX-b*	*TaFer-A1a*	*Vp-1Bc*	H	—
75	宁春 32	*TaNRX-a*	*TaFer-A1b*	*Vp-1Bc*	H	—
76	墨引 45	*TaNRX-a*	*TaFer-A1a*	*Vp-1Bc*	H	1 629 bp
77	金穗 0095	*TaNRX-a*	*TaFer-A1a*	*Vp-1Bc*	H	—
78	临农 14	*TaNRX-a*	*TaFer-A1a*	*Vp-1Bc*	H	—
79	陇春 19	*TaNRX-b*	*TaFer-A1a*	*Vp-1Bc*	G	—
80	陇春 20	*TaNRX-b*	*TaFer-A1a*	*Vp-1Bc*	H	1 629 bp
81	河套 3 号	*TaNRX-a*	*TaFer-A1a*	*Vp-1Ba*	G	—
82	永登麦	*TaNRX-a*	*TaFer-A1b*	*Vp-1Ba*	I	—
83	矮孟牛	*TaNRX-a*	*TaFer-A1b*	*Vp-1Bc*	I	—
84	小冰 32	*TaNRX-a*	*TaFer-A1b*	*Vp-1Bb*	I	—
85	野猫	*TaNRX-a*	*TaFer-A1b*	*Vp-1Ba*	G	—
86	拉繁 8	*TaNRX-b*	*TaFer-A1a*	*Vp-1Ba*	G	—
87	陕优 225	*TaNRX-b*	*TaFer-A1b*	*Vp-1Bc*	I	—
88	05cm178	*TaNRX-b*	*TaFer-A1a*	*Vp-1Bc*	I	—
89	鉴 56	*TaNRX-a*	*TaFer-A1a*	*Vp-1Ba*	H	—
90	福建 7112	*TaNRX-a*	*TaFer-A1a*	*Vp-1Bc*	I	—
91	九三大穗/山东 7788	*TaNRX-a*	*TaFer-A1b*	*Vp-1Ba*	H	1 629 bp
92	C1845	*TaNRX-b*	*TaFer-A1a*	*Vp-1Bc*	A	—
93	34-206	*TaNRX-a*	*TaFer-A1a*	*Vp-1Bc*	I	—
94	轮选	*TaNRX-a*	*TaFer-A1b*	*Vp-1Bc*	A	—
95	农麦 2 号	*TaNRX-a*	*TaFer-A1a*	*Vp-1Bc*	I	—
96	格兰尼	*TaNRX-a*	*TaFer-A1b*	*Vp-1Bc*	I	—

续表 6-7

序号	品种名称	*TaNRX-a1/b1* 扩增出的等位变异类型	*FerA1-intrl* 扩增出的等位变异类型	*Vp1B3* 扩增出的等位变异类型	*Vp1A3* 扩增出的片段类型	*TaMYB10D* 扩增出的片段类型
97	G47	*TaNRX-a*	*TaFer-A1b*	*Vp-1Bc*	I	—
98	京吉 1056	*TaNRX-a*	*TaFer-A1a*	*Vp-1Bc*	A	—
99	07-5866	*TaNRX-b*	*TaFer-A1b*	*Vp-1Bc*	I	—
100	07-6751	*TaNRX-a*	*TaFer-A1a*	*Vp-1Bc*	I	1 629 bp
101	甘春 20 号	*TaNRX-b*	*TaFer-A1a*	*Vp-1Bc*	I	1 629 bp
102	08 冬中 216	*TaNRX-a*	*TaFer-A1a*	*Vp-1Ba*	I	—
103	08 冬中 788	*TaNRX-a*	*TaFer-A1a*	*Vp-1Ba*	I	—
104	08 冬中 1146	*TaNRX-a*	*TaFer-A1a*	*Vp-1Ba*	I	—
105	08 冬中 1791	*TaNRX-a*	*TaFer-A1a*	*Vp-1Ba*	I	—
106	08 冬中 1809	*TaNRX-a*	*TaFer-A1a*	*Vp-1Ba*	I	—
107	08 冬中 2417	*TaNRX-a*	*TaFer-A1a*	*Vp-1Ba*	I	—
108	08 冬中 3008	*TaNRX-a*	*TaFer-A1a*	*Vp-1Ba*	I	—
109	08 冬中 5378	*TaNRX-a*	*TaFer-A1b*	*Vp-1Bc*	I	—
110	偃展 1 号	*TaNRX-a*	*TaFer-A1b*	*Vp-1Ba*	I	—
111	08 冬中繁 3	*TaNRX-a*	*TaFer-A1b*	*Vp-1Ba*	H	—
112	08H415	*TaNRX-a*	*TaFer-A1b*	*Vp-1Bc*	I	—
113	08H469	*TaNRX-a*	*TaFer-A1a*	*Vp-1Bb*	I	—
114	沈太 1 号	*TaNRX-b*	*TaFer-A1a*	*Vp-1Bc*	I	1 629 bp
115	沈免 2229	*TaNRX-a*	*TaFer-A1a*	*Vp-1Bc/Vp-1Ba*	I	1 629 bp
116	武 M27-2	*TaNRX-a*	*TaFer-A1a*	*Vp-1Bc*	I	—
117	合成麦-10	*TaNRX-a*	*TaFer-A1a*	*Vp-1Bc*	I	—
118	武 08 普-6	*TaNRX-b*	*TaFer-A1a*	*Vp-1Ba*	I	1 629 bp
119	08 冬中 275	*TaNRX-a*	*TaFer-A1b*	*Vp-1Ba*	I	1 629 bp
120	08 冬中 1178	*TaNRX-a*	*TaFer-A1b*	*Vp-1Ba*	H	—
121	08 冬中 2455	*TaNRX-a*	*TaFer-A1a*	*Vp-1Ba*	I	—
122	巴优 1 号	*TaNRX-a*	*TaFer-A1a*	*Vp-1Bc*	I	—
123	08-353	*TaNRX-b*	*TaFer-A1b*	*Vp-1Bc*	I	1 629 bp
124	08-1312	*TaNRX-a*	*TaFer-A1b*	*Vp-1Bc*	I	—
125	08-1699	*TaNRX-a*	*TaFer-A1a*	*Vp-1Bc*	I	1 629 bp
126	兰天 20 号	*TaNRX-b*	*TaFer-A1b*	*Vp-1Ba*	G	—
127	陇鉴 301	*TaNRX-a*	*TaFer-A1a*	*Vp-1Bc*	I	1 629 bp
128	甘春 22	*TaNRX-b*	*TaFer-A1a*	*Vp-1Bc*	I	—
129	临麦 22	*TaNRX-b*	*TaFer-A1a*	*Vp-1Bc*	I	—
130	兰优 5074	*TaNRX-a*	*TaFer-A1b*	*Vp-1Bc*	I	—

续表 6-7

序号	品种名称	*TaNRX-a1/b1* 扩增出的等位变异类型	*FerA1-intrl* 扩增出的等位变异类型	*Vp1B3* 扩增出的等位变异类型	*Vp1A3* 扩增出的片段类型	*TaMYB10D* 扩增出的片段类型
131	甘麦 8 号	*TaNRX-a*	*TaFer-A1a*	*Vp-1Bc*	I	—
132	交原 356	*TaNRX-a*	*TaFer-A1a*	*Vp-1Bc*	I	—
133	青春 37	*TaNRX-b*	*TaFer-A1a*	*Vp-1Bc*	I	—
134	青春 556	*TaNRX-b*	*TaFer-A1a*	*Vp-1Bc*	I	—
135	武春 3 号	*TaNRX-b*	*TaFer-A1b*	*Vp-1Bc*	I	—
136	陇春 15	*TaNRX-b*	*TaFer-A1a*	*Vp-1Bc*	I	—
137	临麦 30	*TaNRX-a*	*TaFer-A1a*	*Vp-1Bc*	I	—

注:“—”代表非特异性扩增片段。

6.4.3 结果与分析

1. 标记 *Vp1B3* 的检测结果

利用标记 *Vp1B3* 对 137 份春小麦育种材料进行检测,结果(图 6-10)发现,中国春、08 冬中 550、小冰 32 和 08H469 共 4 份材料扩增出 845 bp 的特异性片段,属于 *Vp-1Bb* 单倍型,占供试材料的 2.92%;82170-1 等 112 份材料扩增出 569 bp 的特异性片段,属于 *Vp-1Bc* 单倍型,占供试材料的 81.75%;武 08 普-6 等 20 份材料扩增出 652 bp 的特异性片段,属于 *Vp-1Ba* 单倍型,占供试材料的 14.60%;沈免 2299 同时扩增出 569 bp 和 652 bp 的特异性片段,属于 *Vp-1Ba/Vp-1Bc* 杂合基因型,占供试材料的 0.73%。

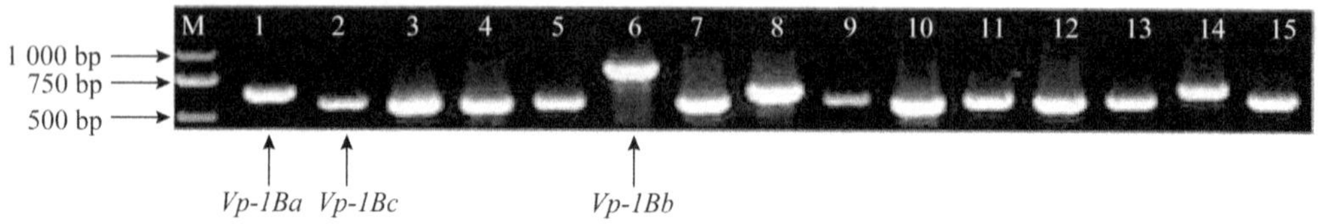

图 6-10 标记 *Vp1B3* 扩增的部分结果

M. DNA 分子量标准(DL2000);1. 武 08 普-6;2. 08H414;3. 武 E32-1;4. 08H415;5. 张掖 1 号;6. 08H469;7. 沈太 1 号;8. 08 冬中 275;9. 武 M437;10. 巴优 2 号;11. 08-1826;12. 巴优 1 号;13. 宁 PS184;14. 08 冬中 2455;15. 宁资 08A751

2. 标记 *Vp1A3* 的检测结果

利用标记 *Vp1A3* 对 137 份春小麦育种材料进行检测,结果(图 6-11)发现,永登麦等 46 份材料扩增出 725 bp 的特异性片段,属于 I 片段类型,占供试材料的 33.58%;C1845 等 3 份材料扩增出 774 bp 的特异性片段,属于 A 片段类型,占供试材料的 2.19%;82170-1 等 58 份材料扩增出 733 bp 的特异性片段,属于 H 片段类型,占供试材料的 42.34%;罗布林和兰福 97-5 扩增出 765 bp 的特异性片段,属于 J 片段类型,占供试材料的 1.46%;临优一号等 28 份材料扩增出 762 bp 的特异性片段,属于 G 片段类型,占供试材料的 20.44%。

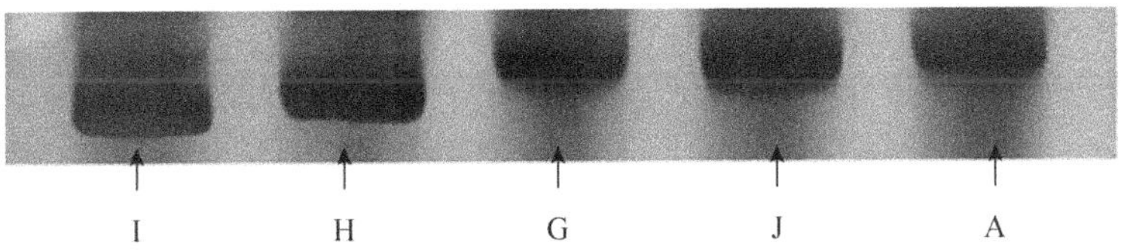

图 6-11 标记 *Vp1A3* 扩增的部分结果

I. 永登麦，H. 临优二号，G. 临优一号，J. 罗布林，A. 轮选

3. 标记 *TaMYB10D* 的检测结果

标记 *TaMYB10D* 和引物 TaMYB10-DF$_3$/R$_3$的检测结果(图 6-12)发现，82170-1 等 31 份材料同时扩增出 1 629 bp 和 630 bp 的特异性片段，能扩增出这组片段类型的材料属于抗穗发芽基因类型，占供试材料的 22.6%；73B609 等 106 份材料并未扩增出以上任何 1 个特异性片段，这部分材料属于感穗发芽基因类型，占供试材料的 77.4%。

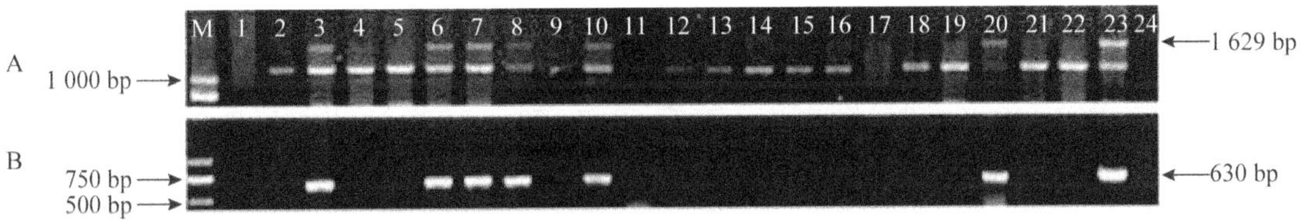

图 6-12 标记 *TaMYB10D* 扩增的部分结果

A. 引物 TaMYB10-DF$_1$/R$_2$的 PCR 扩增结果；B. 引物 TaMYB10-DF$_3$/R$_3$的 PCR 扩增结果；M. DNA 分子量标准(DL2000)；1. 河套 3 号；2. 永登麦；3. 82170-1；4. 临优二号；5. 临优一号；6. 中国春；7. 铁秆麦；8. 扬麦 158；9. 小冰 32；10. 辽春 10 号；11. 84 加 79；12. 罗布林；13. 野猫；14. 拉繁 8；15. 陕优 225；16. 05cm178；17. 05cm220；18. G30；19. 95y16；20. yk92J63；21. 鉴 56；22. 89 冬引 1615；23. 青海 932；24. 03cm-338

4. 标记 *TaNRX-a1* 和 *TaNRX-b1* 的检测结果

利用显性互补 STS 标记 *TaNRX-a1* 和 *TaNRX-b1* 对 137 份春小麦育种材料进行检测，结果(图 6-13)发现，标记 *TaNRX-a1* 在河套 3 号等 90 份材料中扩增出 841 bp 的特异性片段，在 82170-1 等 47 份材料中没有此特异性片段产生；相反，标记 *TaNRX-b1* 在 82170-1 等 47 份材料中扩增出 870 bp 的特异性片段，在河套 3 号等 90 份材料中没有扩增出该特异性片段。说明河套 3 号等 90 份材料属于 *TaNRX-a* 单倍型，占供试材料的 65.69%；82170-1 等 47 份材料属于 *TaNRX-b* 单倍型，占供试材料的 34.31%。

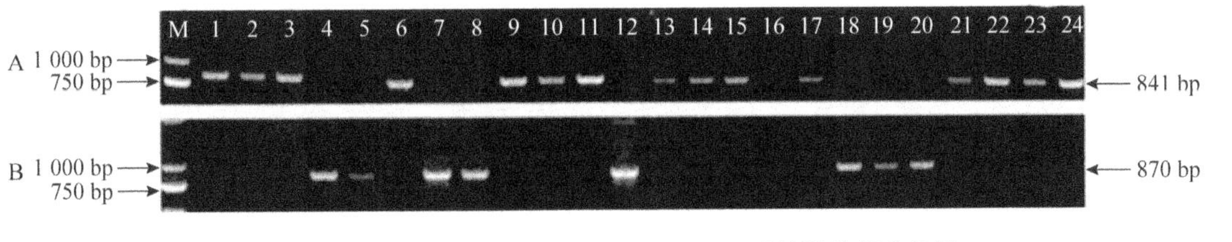

图 6-13 标记 *TaNRX-a1*(A)和 *TaNRX-b1*(B)扩增的部分结果

M. DNA 分子量标准(DL2000)；1. 鉴 56；2. 89 冬引 1615；3. 青海 932；4. 03cm-338；5. 金穗 8145；6. 福建 7112；7. 中宁 131051；8. 永 2739；9. 九三大穗/山东 7788；10. 永 2352；11. 8916-40；12. C1845；13. 34-206；14. y31；15. 05-5371；16. 05-760；17. 轮选；18. 05-1411；19. 农麦 2 号；20. 兰福 97-5；21. 兰杂 7002；22. 沈免 210848；23. 格兰尼；24. G47

5. 标记 *FerA1-intrl* 的检测结果

利用共显性 STS 标记 *FerA1-intrl* 对 137 份春小麦育种材料进行检测，结果(图 6-14)发现，河套 3 号等 87 份小麦品种(系)扩增出 167 bp 的片段，属于 *TaFer-A1a* 单倍型，占供试材料的 63.5%；永登麦等 50 份小麦品种(系)中扩增出 170 bp 的片段，属于 *TaFer-A1b* 单倍型，占供试材料的 36.5%。

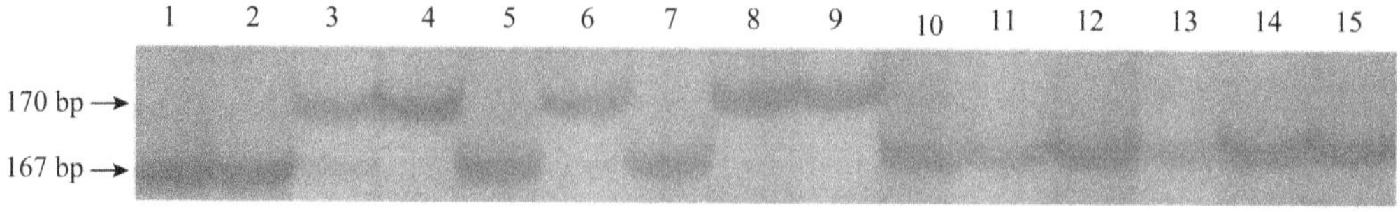

图 6-14　标记 *FerA1-intrl* 扩增的部分结果

1. 辽春 10 号；2. 84 加 79；3. 罗布林；4. 野猫；5. 拉繁 8；6. 陕优 225；7. 05cm178；8. 05cm220；9. G30；10. 徐州 8090；11. YK6-325；12. 95y16；13. yk92J63；14. 鉴 56；15. 89 冬引 1615

6.4.4 讨论

提高小麦的抗旱性能和穗发芽抗性是小麦抗逆育种中 2 个非常重要的目标，也是春小麦种植区在小麦生产中经常遇到的 2 个问题。在春小麦抗旱和抗穗发芽的育种中，正确地选择抗性亲本是决定育种成功的一个非常关键的因素。无论是小麦抗旱性还是穗发芽抗性，其抗性机理都是较为复杂的。所以如果抗性亲本选择单一依靠一个分子标记(根据某一抗性机理开发出来的分子标记)，其结果的可靠性就会降低；如果使用不同的分子标记(根据影响某一抗性机理的不同因素开发出来的分子标记)对育种亲本进行综合筛选，就会提高结果的可靠性。小麦的抗旱性是一个受众多基因控制的复杂的数量性状，且与气候、土壤等环境因素相互作用，并且在小麦的不同生长发育阶段表现出一定的差异(Lan，1998)。Mudgett 和 Clarke (1994)根据诱导基因的表达产物所涉及的不同代谢功能，将干旱胁迫应答蛋白分为功能蛋白和调节蛋白两大类，功能蛋白涉及水通道蛋白、脂转移蛋白、蛋白酶抑制因子、光合结构保护酶、LEA 蛋白、渗透调节物质和可溶性糖、抗氧化胁迫酶以及参与损伤修复的蛋白等；调节蛋白包括转录因子、蛋白激酶和蛋白磷酸酶等。本研究利用与小麦抗旱性相关的显性互补标记 *TaNRX-a1* 和 *TaNRX-b1* 以及共显性的 STS 标记 *FerA1-intrl*(均与氧胁迫信号转导途径的机理相关)在 137 份春小麦育种材料中共筛选出 58 份抗旱性材料，均属于 *TaNRX-a*/*TaFer-A1a* 的单倍型组合，占总数的 42.34%。说明这套材料的总体抗旱水平还是比较高的，再进一步结合田间观察和测试结果，完全可以从中筛选出优良抗旱亲本。

温度、湿度以及种子休眠性、α-淀粉酶活性、α-淀粉酶抑制剂、种皮颜色和颖壳抑制物等因素都影响小麦穗发芽抗性(Gale 等，2002)。其中种子的休眠特性是影响小麦穗发芽抗性众多因素中的一个主要影响因素。本研究利用 3 个与小麦种子休眠特性相关的分子标记 *Vp1B3*、*Vp1A3* 和 *TaMYB10D*，对研究材料的穗发芽抗性进行筛选，并且以前的研究表明标记 *Vp1B3* 和 *Vp1A3* 中的抗穗发芽的等位基因可能是通过非等位基因的互作来共同影响小麦种子的休眠特性，而且 *TaVp-1Agm* 和 *TaVp-1Bb* 是影响小麦籽粒休眠特性的主要的等位基因类型(杨燕等，2008)。在王晓丽(2014)的研究中，发现标记 *TaMYB10D* 与种子的休眠特性有显著的相关性。本研究中，中国春既属于 *TaVp-1Bb* 的等位基因类型，同时用 *TaMYB10D* 检测时属于抗穗发芽的片段类型，所以从基因水平上再一次证明了中国春是抗穗发芽的基因型材料，结合多年的大田表现，证明中国春在抗穗发芽性状上的可靠性。辽春10号在用3种与穗发芽抗性相关的分子标记检测时，均都属于抗穗发芽的等位基因类型，同时属于 *TaNRX-a*/*TaFer-A1a* 的单倍型组合。所以辽春10号在抗旱性和抗穗发芽的聚合育种中可以作为亲本使用。

6.5 STS标记对小麦推广品种的抗穗发芽基因型检测

6.5.1 引言

小麦穗发芽问题引起了全球小麦育种家的高度重视。小麦穗发芽不仅影响籽粒品质，同时影响小麦贮存及下季或翌年播种质量，对小麦生产造成较大经济损失。在澳大利亚西部的小麦区，每4年就会发生一次穗发芽(Biddulph 等，2007)。其中2004—2005年受小麦穗发芽的影响，农民在谷物的整体收入上损失了22%(Rajender，2008)。加拿大仅2000年，由于小麦穗发芽损害损失10亿美元左右(Clarke 等，2005)。小麦穗发芽也对我国的小麦生产造成了极大的危害。1997年，我国东北春小麦区和北方冬小麦区共 2.4×10^9 hm^2 的小麦种植区都遭受到了穗发芽的影响(Xiao 等，2002)。2009年，湖北襄樊市(现湖北襄阳市)5月下旬连续降雨，3.1×10^5 hm^2 小麦中，估计有 2.5×10^5 hm^2 小麦未收获。在未收获小麦中，发生穗发芽的面积约占80%，达 2.0×10^5 hm^2 左右。曾都区 6.7×10^4 hm^2 小麦，雨前收获面积 2.0×10^4 hm^2 左右，其余 4.7×10^4 hm^2 小麦均有不同程度穗发芽现象。因此，小麦穗发芽问题在小麦安全生产中十分突出，已经成为全球小麦育种亟待解决的问题之一。

降低小麦的穗发芽损害，提高其抗穗发芽能力的一个主要方法是在育种中利用分子标记辅助育种对育种资源和后代的穗发芽抗性进行筛选，这样可以加快穗发芽抗性品种的育成。到目前为止，已经开发出许多的与小麦穗发芽抗性相关的分子标记。Lohwasser 等(2005)利用一套重组自交系的作图群体在4A染色体长臂 和3A染色体短臂上发现了两个与穗发芽抗性相关的QTL，但是这两个QTL还需要进一步在不同的环境条件下进行有效性验证，另外一个被定位到4A染色体上的QTL位点与中等穗发芽抗性高度相关(Lohwasser 等，2005)。同样 Atsushi 和 Yoichi(2002)也在4AL染色体上发现了一个与休眠性相关的主效QTL，有趣的是此QTL与大田种植条件下的表型性状根本不相关。Zhang 等(2008)在小麦中也开发出一个PCR标记 *Xzxq118*，与同样位于4AL染色体上的 *Xgwm269* 标记一起能对由AUS1408、Halberd 和 SW95-50213 产生的后代品系的穗发芽抗性进行有效筛选。Liu 等(2008)用171份重组自交系材料将一个与穗发芽相关的主效QTL *QPhs. pseru-3AS* 定位到3AS的末端，并利用3年的田间试验数据解释41.0%的表型变异。Mares 等(2005)利用无休眠的 Cranbrook 和中度休眠的 Halberd 杂交的含157个家系的白粒小麦DH群体中鉴定出分别位于染色体2AL、2DL和4AL上的3个数量性状位点。这3个位点都是由无休眠亲本 Cranbrook 提供的，因此，这些基因的效应可能是促进快速发芽(Mares 等，2005)。

尽管目前有许多与穗发芽抗性相关的分子标记，但是能真正用于分子标记辅助育种的却很少，尤其是一些STS标记更少。*Vp-1*基因在种子的成熟、干燥及休眠的过程中起关键作用(McCarty等,1991)。研究玉米*Vp-1*突变体时发现*Vp-1*行使两个主要的功能：一是能促进胚的成熟，二是加速胚休眠，抑制其萌发(McCarty等,1991)。另外，在转基因燕麦种子中发现*AfVp1* cDNA的表达提高了燕麦的休眠性和穗发芽抗性(McKibbin等,2002)。两个与小麦穗发芽抗性相关的STS标记*Vp1A3*和*Vp1B3*陆续被开发(刘世鑫,2012;Yang等,2007b),这都是根据不同穗发芽抗性的白粒小麦品种中*Vp-1*基因的序列差异而开发出来的STS标记，与白粒小麦的休眠性有较高的相关性。*Vp1A3*标记检测发现基因型为*Vp-1Aao*或*Vp-1Ain*的材料为感穗发芽品种，而基因型为*Vp-1Agm*的材料为抗穗发芽品种(刘世鑫,2012),*Vp1A3*被定位到3A染色体长臂上，能对不同品种的穗发芽抗性进行有效的筛选。*Vp1B3*是笔者团队开发的与穗发芽抗性相关的另一个STS标记，在抗穗发芽品种中扩增出845 bp或569 bp的片段类型，在穗发芽敏感的品种中扩增出652 bp的片段类型。*Vp1B3*被定位到3B染色体长臂上，能对不同品种的穗发芽抗性进行有效的筛选(Yang等,2007b)。本研究利用*Vp1A3*和*Vp1B3*对我国白粒小麦主产区的46份推广品种进行抗穗发芽基因型的综合筛选，旨在从中筛选出抗穗发芽的基因型品种，为优质小麦的安全生产提供优质的品种资源，同时拓宽抗穗发芽小麦育种资源。

6.5.2 材料和方法

1.材料

供试材料为来源于中国白粒小麦主产区的46份小麦品种。

2.穗发芽抗性标记

本试验共选用2个穗发芽抗性标记：*Vp1A3*和*Vp1B3*,共包括3对引物，见表6-8。

表6-8 本研究中选用的2种标记明细

标记	引物名称	序列(5′→3′)	退火温度/℃	染色体	参考文献
Vp1B3 (STS)	*Vp1B3*	Forward: TGCTCCTTTC CCAATTGG Reverse: ACCCTCCTGC AGCTCATTG	58	3BL	Yang等(2007b)
Vp1A3 (STS) First set of primers	Vp-1AF$_2$/R$_2$	Forward: AGGACATCGGC ACATCTCA Reverse: CACCCACAAGT TCAAGCAC	59	3AL	Liu等(2008)
Vp1A3 (STS) Second set of primers	Vp-1AF$_4$/R$_4$	Forward: GAATGAGCTG CAGGAGGGTGA Reverse: GCA ATG CAT GAC TAA CTA GG	58		

3.DNA的提取和PCR扩增

用CTAB法从幼苗中提取基因组总DNA(Gale等,2001)。50 μL PCR反应体系中包括

10×PCR 缓冲液、125 μmol/L dNTP、8 pmol 上下游引物、2.0 U 的 Taq 酶和 100 ng 的模板 DNA。PCR 扩增程序为：94 ℃ 预变性 5 min，36 个循环包括 94 ℃变性 1 min，72 ℃延伸 1 min，最后 72 ℃延伸 10 min。*Vp1B3* 的 PCR 产物用 2.0%的琼脂糖凝胶电泳检测，*Vp1A3* 的 PCR 产物用 6%的聚丙烯酰胺凝胶电泳检测(Bassam 等，1991)。

6.5.3 结果与分析

1. STS 标记 *Vp1A3* 的检测结果

STS 标记 *Vp1A3* 包括 2 对引物序列，分别是 Vp-1AF$_2$/R$_2$ 和 Vp-1AF$_4$/R$_4$(表 6-9)。用引物 Vp-1AF$_2$/R$_2$扩增 46 份小麦品种时共得到 6 种片段类型，分别是 A(774 bp)、B(789 bp)、G(762 bp)、H(733 bp)、I(725 bp)和 J(765 bp)6 种片段类型，这 6 种片段类型已经陆续被报道(刘世鑫，2012)，分别占总数的 28.3%、8.7%、8.7%、4.3%、47.8%和 2.2%。序列分析显示 A 与野生型 *Vp-1Aa*(AJ400712)一致；B 在 2 718～2 732 bp 处有 5 个 CTT 的插入；G 在 2 718～2 729 bp 处有 4 个 CTT 的缺失；H 存在 41 bp 的缺失(11 CTT +6 bp GAATTC+2 bp TT)；I 在 2 707～2 755 bp 处有 49 bp 的缺失(3 TCT+1 TCC+12 TTC+1T)；J 在 2 721～2 729 bp 处有 3 个 CTT 的缺失。这 6 种片段类型用聚丙烯酰胺凝胶电泳可以很好地区分开，图 6-15 中是部分材料的电泳结果。导致 6 种片段类型大小不同的突变区如图 6-16 所示。它们之间多数是 CTT 重复序列的差异。

表 6-9 2 种标记检测 46 份小麦品种的结果

序号	名称	*Vp1A3* 的两对引物扩增出的 PCR 片段类型		*Vp1A3* 检测的等位基因类型	*Vp1B3* 检测的等位基因类型
		Vp-1AF$_2$/R$_2$	Vp-1AF$_4$/R$_4$		
1	陕 229	A	M	*Vp-1Aam*	*Vp-1Bc*
2	陕 354	A	M	*Vp-1Aam*	*Vp-1Bc*
3	运丰 898	A	M	*Vp-1Aam*	*Vp-1Bc*
4	扬麦 9 号	A	M	*Vp-1Aam*	*Vp-1Bc*
5	淮麦 17	A	M	*Vp-1Aam*	*Vp-1Bc*
6	川育 12	A	M	*Vp-1Aam*	*Vp-1Bc*
7	云麦 44	A	M	*Vp-1Aam*	*Vp-1Bc*
8	CA0489	A	M	*Vp-1Aam*	*Vp-1Bb*
9	京冬 8 号	A	N	*Vp-1Aan*	*Vp-1Bc*
10	京 9428	A	N	*Vp-1Aan*	*Vp-1Bc*
11	豫麦 51	A	N	*Vp-1Aan*	*Vp-1Ba*
12	皖麦 33	A	N	*Vp-1Aan*	*Vp-1Ba*
13	豫麦 62	A	O	*Vp-1Aao*	*Vp-1Ba*
14	山东 928802	B	M	*Vp-1Abm*	*Vp-1Bb*
15	豫麦 50	B	M	*Vp-1Abm*	*Vp-1Bc*
16	石麦 12	B	N	*Vp-1Abn*	*Vp-1Bc*
17	德麦 3 号	B	N	*Vp-1Abn*	*Vp-1Bc*

续表 6-9

序号	名称	*Vp1A3* 的两对引物扩增出的 PCR 片段类型		*Vp1A3* 检测的等位基因类型	*Vp1B3* 检测的等位基因类型
		$Vp\text{-}1AF_2/R_2$	$Vp\text{-}1AF_4/R_4$		
18	绵阳 31	G	M	*Vp-1Agm*	*Vp-1Bc*
19	豫麦 35	G	M	*Vp-1Agm*	*Vp-1Bc*
20	风麦 24	G	M	*Vp-1Agm*	*Vp-1Bc*
21	德麦 4 号	G	N	*Vp-1Agn*	*Vp-1Bc*
22	扬麦 5 号	H	M	*Vp-1Ahm*	*Vp-1Bc*
23	云麦 46	H	O	*Vp-1Aho*	*Vp-1Bc*
24	济麦 20	I	M	*Vp-1Aim*	*Vp-1Ba*
25	鲁麦 23	I	M	*Vp-1Aim*	*Vp-1Ba*
26	高优 503	I	M	*Vp-1Aim*	*Vp-1Bc*
27	豫麦 54	I	M	*Vp-1Aim*	*Vp-1Bc*
28	凤麦 27	I	M	*Vp-1Aim*	*Vp-1Bc*
29	云麦 39	I	M	*Vp-1Aim*	—
30	云麦 42	I	M	*Vp-1Aim*	*Vp-1Bc*
31	轮选 987	I	N	*Vp-1Ain*	*Vp-1Ba*
32	莱州 95021	I	N	*Vp-1Ain*	*Vp-1Bc*
33	淮阴 9628	I	N	*Vp-1Ain*	*Vp-1Bc*
34	鲁麦 22	I	N	*Vp-1Ain*	*Vp-1Bc*
35	鲁 95(6)161	I	N	*Vp-1Ain*	*Vp-1Bc*
36	烟优 361	I	N	*Vp-1Ain*	*Vp-1Bc*
37	豫麦 25	I	N	*Vp-1Ain*	*Vp-1Bc*
38	豫麦 49	I	N	*Vp-1Ain*	*Vp-1Bc*
39	豫麦 57	I	N	*Vp-1Ain*	—
40	淮麦 18 号	I	N	*Vp-1Ain*	*Vp-1Bc*
41	皖麦 18	I	N	*Vp-1Ain*	—
42	皖麦 19 号	I	N	*Vp-1Ain*	*Vp-1Bc*
43	皖麦 38	I	N	*Vp-1Ain*	*Vp-1Bc*
44	周麦 18	I	O	*Vp-1Aio*	*Vp-1Ba*
45	淮麦 16	I	O	*Vp-1Aio*	*Vp-1Bc*
46	PH85-16	J	M	*Vp-1Ajm*	*Vp-1Ba*

注："—" 表示没有检测到 PCR 产物。

用引物 $Vp\text{-}1AF_4/R_4$ 扩增 46 份小麦品种时共得到 3 种片段类型，分别是 M(1 080 bp)、N(1 214 bp)和 O(1 374 bp)3 种片段类型(图 6-17)，分别占总数的 47.8%、43.5%和 8.7%。序列分析表明这 3 种片段类型中，N 型为野生型，命名为 *Vp-1Aa*，与其相比 M 型基因型在第 5 个内含子的 3 429 bp 处存在 134 bp 的缺失，O 的片段类型在第 6 个外显子的 3 469 bp 处存在 160 bp 的插入。M(1 080 bp)、N(1 214 bp)和 O(1 374 bp)3 种片段类型的序列比对分析最早已经在笔者团队的研究中报道了(刘世鑫，2012)。通过对引物 $Vp\text{-}1AF_2/R_2$ 和 $Vp\text{-}1AF_4/R_4$ 的扩增结果进行统计，46 份推广品种材料中共有 13 种 *Vp-1A* 基因的等位基因，分别是 *Vp-1Aam*、*Vp-1Aan*、*Vp-1Aao*、*Vp-1Abm*、*Vp-1Abn*、*Vp-1Agm*、*Vp-1Agn*、*Vp-1Ahm*、*Vp-1Aho*、*Vp-1Aim*、*Vp-1Ain*、*Vp-1Aio* 和 *Vp-1Ajm*。这些等位基因在本研究的 46 份材料中频率分别为：17.4%、8.7%、2.2%、4.3%、4.3%、6.5%、2.2%、2.2%、2.2%、15.2%、28.3%、4.3%和 2.2%。在所检测到的 13 种等位基因类型中只有 *Vp-1Agn* 是新发现的等位基因类型，其余的 12 种等位基因类型在以前的研究中就已经发现(刘世鑫，2012)。

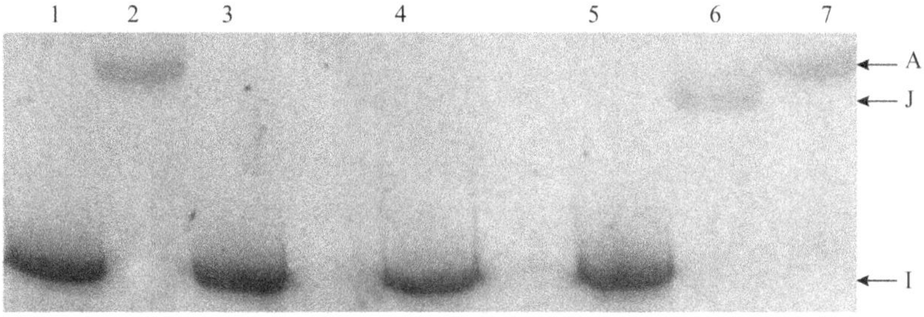

图 6-15 用标记 *Vp1A3* 中引物 Vp-1AF$_2$/R$_2$ 扩增的部分结果

1. 济麦 20；2. 京冬 8 号；3. 轮选 987；4. 云麦 42；5. 鲁麦 22；6. PH85-16；7. 扬麦 9 号

```
I   GGTTCACTACTTGTTAGCATCACTCTACACAGTAGATTATTCTGATACCATACTTCCTAT   420
H   GGTTCACTACTTGTTAGCATCACTCTACACAGTAGATTATTCTGATACCATACTTCCTAT   412
G   GGTTCACTACTTGTTAGCATCACTCTACACAGTAGATTATTCTGATACCATACTTCCTAT   416
J   GGTTCACTACTTCTTAGCATCACTCTACACAGTAGATTATTCTGATACCATACTTCCTAT   414
A   GGTTCACTACTTGTTAGCATCACTCTACACAGTAGATTATTCTGATACCATACTTCCTAT   2 700
B   GGTTCACTACTTGTTAGCATCACTCTACACAGTAGATTATTCTGATACCATACTTCCTAT   415

I   TTTTCCA.....................................................   427
H   TTTTCCATCTTCTTCTTC..........................................   430
G   TTTTCCATCTTCTTCTTC..................................CTTCTTCTT   443
J   TTTTCCATCTTCTTCTTC..........................CTTCTTCTTCTTCTT   447
A   TTTTCCATCTTCTTCTTC...................CTTCTTCTTCTTCTTCTTCTTCTT   2 742
B   TTTTCCATCTTCTTCTTCCTTCTTCTTCTTCTT...CTTCTTCTTCTTCTTCTTCTTCTT   472

I   ..............TCTTCTTCTTCTTCTTCTTCTTCTTCTTCTTCTTCTTCCAAAGTGT   473
H   .........TTCCTTCTTCTTCTTCTTCTTCTTCTTCTTCTTCTTCTTCTTCCAAAGTGT   481
G   CTTCTTCTTCTTCTTCTTCTTCTTCTTCTTCTTCTTCTTCTTCTTCTTCTTCCAAAGTGT   503
J   CTTCTTCTTCTTCTTCTTCTTCTTCTTCTTCTTCTTCTTCTTCTTCTTCTTCCAAAGTGT   507
A   CTTCTTCTTCTTCTTCTTCTTCTTCTTCTTCTTCTTCTTCTTCTTCTTCTTCCAAAGTGT   2 802
B   CTTCTTCTTCTTCTTCTTCTTCTTCTTCTTCTTCTTCTTCTTCTTCTTCTTCCAAAGTGT   532
```

图 6-16 用标记 *Vp1A3* 的 Vp-1AF$_2$/R$_2$ 引物扩增 46 份基因型材料得到的 6 种片段类型(A、B、G、H、I 和 J)序列比对的差异部分

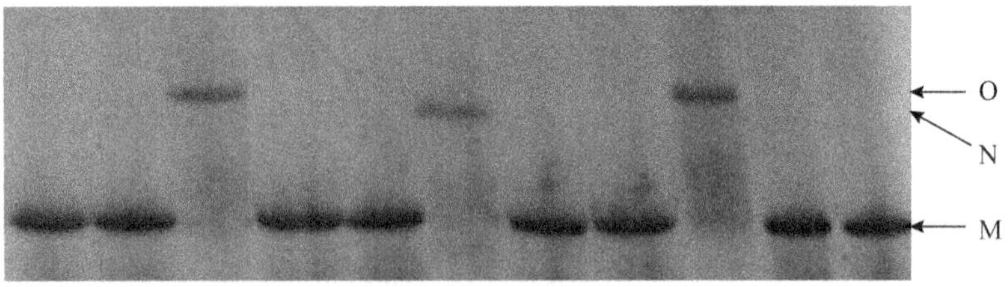

图 6-17 用标记 *Vp1A3* 的 Vp-1AF$_4$/R$_4$引物扩增的部分结果

从左到右分别是：陕 229；高优 503；周麦 18；云麦 42；济麦 20；京冬 8 号；扬麦 5 号；鲁麦 23；豫麦 62；川育 12；运丰 898

2. STS 标记 *Vp1B3*

用 STS 标记 *Vp1B3* 共检测出 3 类基因型材料，即 *Vp-1Bc*、*Vp-1Ba* 和 *Vp-1Bb*，部分结果见图 6-18。46 份材料的全部结果见表 6-9。46 份材料中分别属于 *Vp-1Bc*、*Vp-1Ba* 和 *Vp-1Bb* 基因型的材料有 33 份、8 份和 2 份，分别占总数的 71.7%、17.4%和 4.3%。另外 4 份材料，云麦 39、豫麦 57 和皖麦 18，用琼脂糖凝胶电泳没有检测到 PCR 产物。

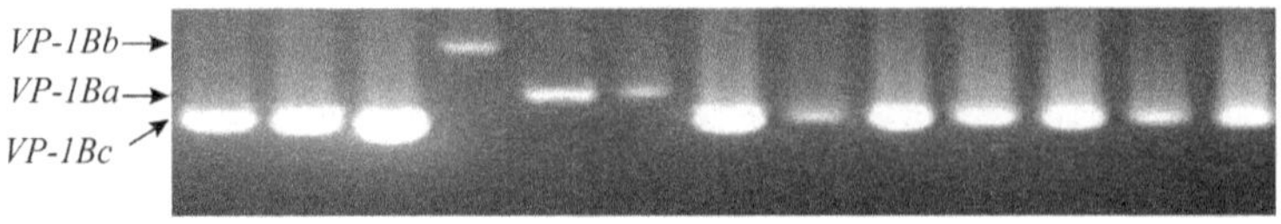

图 6-18 用标记 *Vp1B3* 扩增出的 3 种 PCR 片段类型

从左到右分别是：京冬 8 号；京 9428；云麦 44；山东 928802；鲁麦 23；豫麦 62；高优 503；豫麦 54；凤麦 27；云麦 24；鲁麦 22；皖麦 19；烟优 361

3. 抗穗发芽基因型的筛选

首先根据以前开发的标记 *Vp1B3* 的筛选结果发现，46 份材料中属于抗穗发芽基因型 *Vp-1Bc* 和 *Vp-1Bb* 的品种分别有 33 份和 2 份（表 6-9），*Vp-1Bb* 基因型的材料比 *Vp-1Bc* 基因型的材料具有更强的穗发芽抗性。另外有 8 份属于对穗发芽敏感的基因型 *Vp-1Ba*（表 6-9）。根据标记 *Vp1A3* 的筛选结果，大多数情况下，基因型为 *Vp-1Aao* 或 *Vp-1Ain* 的材料为感穗发芽品种，而基因型为 *Vp-1Agm* 的材料为更抗穗发芽品种。在本研究的 46 份材料中有属于 *Vp-1Agm* 基因型的材料共有 3 份，分别是绵阳 31、豫麦 35、凤麦 24（表 6-9），这 3 份材料同时具有 *Vp-1Bc* 基因型。根据 *Vp1A3* 和 *Vp1B3* 在 46 份材料中对抗穗发芽基因型的综合筛选结果，属于抗穗发芽基因型的材料为共筛选出 5 份，分别是绵阳 31、豫麦 35、凤麦 24、CA0489 和山东 928802，它们的 *Vp-1* 基因的单倍型分别为：*Vp-1Agm* 和 *Vp-1Bc*，*Vp-1Agm* 和 *Vp-1Bc*，*Vp-1Agm* 和 *Vp-1Bc*，*Vp-1Aam* 和 *Vp-1Bb*，*Vp-1Abm* 和 *Vp-1Bb*。

6.5.4 讨论

穗发芽抗性是一个非常复杂的性状，选择抗穗发芽的材料在育种中是很困难的，用分子标记辅助选择抗穗发芽基因型的方法可以解决这一问题。

Vp-1B 是控制种子休眠性的一个主要基因。在我们以前的研究中知道一般情况下抗穗发芽品种属于 *Vp-1Bb* 或者 *Vp-1Bc* 基因型。与野生型相比，*Vp-1Bb* 中含有 193 bp 的插入，

Vp-1Bc 中含有 83 bp 的缺失，这个插入和缺失影响了 *Vp-1B* 基因转录本的表达量(Yang 等，2007a,2007b)。与 *Vp-1Ba* 基因型的品种相比，*Vp-1Bc* 和 *Vp-1Bb* 基因型的品种具有高的穗发芽抗性，而且 *Vp-1Bb* 基因型的品种具有更高的穗发芽抗性，其发芽指数小于 8%(Yang 等，2007a)。在本研究中所用的 46 份不同基因型品种只有 2 份 845 bp 的基因型，部分原因是因为 *Vp-1Bb* 基因型经常出现在少数的具有强穗发芽抗性的地方品种中，如宜宾白麦、永川白麦、万县白麦、阆中白麦和涪陵白麦，它们都是抗穗发芽育种中非常有价值的基因资源(Yang 等，2007b)，而我们在以前的小麦育种中没有高度重视穗发芽抗性的选育。另外在我们以前的研究中就已经发现，*Vp1A3* 标记同样与小麦的休眠性相关(刘世鑫，2012)。本研究中的 46 份当代品种材料中，绵阳 31、豫麦 35、凤麦 24 是属于抗穗发芽的等位基因类型 *Vp-1Agm*。另外德麦 4 号是本研究中新发现的等位基因类型 *Vp-1Agn*，还需要我们以后该基因型的表达特性进行进一步的研究。

Vp1A3 和 *Vp1B3* 是根据 *Vp-1* 基因在 3A 和 3B 染色体上的等位变异分别开发出来的，而且经过不同等位变异表达特性研究分析证明其分别引起了 *Vp-1A* 和 *Vp-1B* 基因转录本表达特性的改变(刘世鑫，2012；Yang 等，2007a)。为了提高小麦穗发芽抗性的选择效率，将 *Vp1B3* 和 *Vp1A3* 两种 STS 标记结合起来进行穗发芽抗性选择(刘世鑫，2012)，共选出绵阳 31、豫麦 35、凤麦 24、CA0489 和山东 928802 共 5 种基因型材料，其中 CA0489 具有较强的穗发芽抗性，穗发芽率和发芽指数分别为 6.3% 和 12.8%(杨燕等，2007)。所以 *Vp1A3* 和 *Vp1B3* 通过基因的互作共同影响种子的休眠特性，在以后的抗穗发芽基因型筛选时用 *Vp1A3* 和 *Vp1B3* 综合筛选将会大大提高筛选的准确率。

6.6 分子标记 *TaMYB10D*、*TaDFR-B* 和 *Vp1B3* 的有效性验证及对抗穗发芽基因型的筛选

6.6.1 引言

穗发芽(pre-harvest sprouting,PHS)是一种世界性的自然灾害，严重影响了小麦的产量和品种。我国北方的大部分白粒小麦品种对穗发芽高度敏感，收获期遇雨极易引起穗发芽而造成重大的经济损失(杨燕，2007)。小麦穗发芽抗性是一个多基因控制的数量性状(QTL)，并容易受到周围环境的影响，穗发芽抗性机制复杂且不同品种之间穗发芽抗性机制也有差异，所以很难通过常规手段把所有抗性组分进行聚合(Derera 等，1977)。通常通过测定发芽指数(germination index,GI)来鉴定白粒小麦的穗发芽抗性(刘光辉等，2015)。籽粒发芽法能直观地反映由穗发芽造成的损失及危害，主要反映种子的休眠状况(Ma 等，2014)。但是测定发芽率容易受时间和周围环境影响，如果用与种子休眠相关的分子标记来筛选小麦种子的休眠特性，就可以直接从基因水平对种子的休眠特性进行筛选，提高了筛选的准确率。

已发掘出一些与穗发芽或休眠有关的分子标记及 QTL(Kulwal 等，2005)。Singh(2008)通过研究小麦 QTL 定位，开发出分子标记 *DuPw004*。Yang 等(2007a)利用不同穗发芽抗性

白粒小麦的休眠基因 *Vp-1* 基因，在 3B 染色体开发出一个与穗发芽抗性相关的分子标记 *Vp1B3*，通过验证，*Vp1B3* 标记的有效性较高。已知 *Vp1B3* 在白粒小麦中共扩增出 5 种等位变异类型，分别为 *TaVp-1Ba*、*TaVp-1Bb*、*TaVp-1Bc*、*TaVp-1Bd* 和 *TaVp-1Be*，其中 *TaVp-1Bd* 在欧洲的小麦品种中分布较广（Xia 等，2008），*TaVp1-Be* 目前检测只在红和尚头中存在（Yang 等，2009）。基因型为 *TaVp-1Bb* 和 *TaVp-1Bc* 的材料穗发芽抗性强，基因型为 *TaVp-1Ba* 的材料穗发芽抗性弱（杨燕，2007）。Mares 等（2005）在研究合成籽粒颜色相关基因（*R* 基因）的机制和功能中，发现一个与小麦种子休眠相关的分子标记 *Xwmc468*。红粒小麦的种皮色素是通过类黄酮生物合成途径合成的，在这个途径中，*DFR* 基因参与了花青素的合成。*TaDFR-B* 在红粒小麦中的启动子区有 8 bp 插入的属于抗穗发芽材料，没有 8 bp 插入的为感穗发芽材料，分子标记 *TaDFR-B* 可以有效筛选出具有穗发芽抗性的红粒小麦（Bi 等，2014）。*TaMYB10* 是在发育的籽粒中调控黄酮类化合物生物合成的 *R* 基因，位于 3A、3B 和 3D 染色体长臂上（Himi 和 Noda，2005），是类黄酮合成基因的转录活化剂（Himi 和 Maekawam，2011）。分子标记 *TaMYB10D* 是根据 *TaMYB10-D1* 基因在白粒小麦中存在与穗发芽抗性相关的序列多态性而开发的分子标记，在白粒小麦材料中能扩增出 2 种等位变异类型，分别是 1 629 bp 的片段和非特异性扩增片段，能扩增出 1 629 bp 片段的类型属于抗穗发芽的类型（王晓丽，2014）。虽然已经开发出许多与小麦穗发芽抗性或种子休眠特性相关的分子标记（或 QTL 位点），但是大多数的分子标记只在特定的环境和遗传背景下有效，且开发的分子标记与小麦育种的应用结合不够紧密（Mohan 等，1997）。

根据分子标记的应用原则，包括多态性高、共显性、高效性、经济方便、容易观察记载等综合因素考虑，我们筛选了 STS 标记 *TaMYB10D* 和 *Vp1B3*，以及 CAPS 标记 *TaDFR-B* 共 3 个与穗发芽抗性相关的分子标记在两套白粒小麦品种（系）自然群体中进行有效性验证，并且进一步筛选抗穗发芽的基因型材料，以拓宽抗穗发芽育种的亲本资源，给抗性亲本的选择提供依据。

6.6.2 材料与方法

1. 材料

供试材料共 181 份（表 6-10 和表 6-11），分为 2 个自然群体，其中 78 份是中国历史小麦品种（由中国农业科学院提供）；另一个自然群体是 103 份广泛分布于中国冬麦区的白粒小麦品种（系）。

表 6-10　103 份白粒小麦品种（系）的穗发芽抗性及 3 个分子标记扩增产物的分析

序号	名称	发芽指数(GI)	分子标记		
			TaMYB10D	*TaDFR-B*	*Vp1B3*
1	中优 9507	70.8	B	B	*Vp-1Ba*
2	CA0459	70.6	B	B	*Vp-1Bc*
3	CA0474	69.9	B	B	*Vp-1Ba*

续表 6-10

序号	名称	发芽指数(GI)	分子标记		
			TaMYB10D	*TaDFR-B*	*Vp1B3*
4	衡水 7228	68.4	B	B	*Vp-1Bc*
5	邯 6172	67	B	A	*Vp-1Ba*
6	CA0349	66.7	B	A	*Vp-1Bc*
7	郑麦 98	65.9	B	B	—
8	白硬冬 2 号	64.6	B	A	*Vp-1Bc*
9	京 411	64.2	B	B	*Vp-1Ba*
10	CA0475	63.2	B	B	*Vp-1Ba*
11	济南 16	61.6	B	A	*Vp-1Bc*
12	CA0306	61.5	A	B	*Vp-1Bc*
13	红良 4 号	60	B	A	*Vp-1Bb*
14	小偃 22	59	B	A	*Vp-1Ba*
15	济麦 19	58.4	B	A	*Vp-1Ba*
16	泰山 008	56.3	B	A	*Vp-1Bc*
17	周 8425B	56	A	B	*Vp-1Ba*
18	石家庄 8 号	55.8	B	B	*Vp-1Bc*
19	烟农 19	54.4	B	A	*Vp-1Bc*
20	CA0465	54.2	B	A	*Vp-1Ba*
21	冀师 02-1	52.3	B	A	*Vp-1Bc*
22	红穗白	51.9	A	B	*Vp-1Ba*
23	郑麦 004	51.4	B	A	*Vp-1Bc*
24	衡观 35	50.5	B	B	*Vp-1Bc*
25	豫麦 2 号	50.5	B	A	*Vp-1Bc*
26	鲁麦 14	50	B	A	*Vp-1Bc*
27	周麦 16	49.4	B	A	*Vp-1Ba*
28	CA0420	49.1	B	A	*Vp-1Bc*
29	陕 213	48.9	B	B	*Vp-1Ba*
30	邯 5316	47.6	B	A	*Vp-1Ba*
31	晋麦 5 号	47.3	B	A	*Vp-1Ba*
32	新麦 9 号	46.8	B	A	*Vp-1Bc*
33	泰山 9818	46.6	B	A	*Vp-1Ba*
34	CA0471	46.2	B	B	*Vp-1Ba*
35	CA0175	45.2	B	B	*Vp-1Ba*
36	豫麦 34	44.7	B	A	*Vp-1Bc*
37	秃头麦(甲)	43.6	B	B	*Vp-1Bc*
38	中育 6 号	43.4	B	A	*Vp-1Bc*

续表 6-10

序号	名称	发芽指数(GI)	分子标记		
			TaMYB10D	*TaDFR-B*	*Vp1B3*
39	石 4185	43.2	B	A	*Vp-1Bc*
40	淮麦 20	42.8	B	A	*Vp-1Bc*
41	西农 88	41.9	B	B	*Vp-1Ba*
42	藁城 8901	41.9	A	B	*Vp-1Bc*
43	烟辐 188	41.9	B	A	*Vp-1Bc*
44	徐麦 856	41.6	B	A	*Vp-1Ba*
45	偃师 4110	40.7	A	A	*Vp-1Ba*
46	淄麦 12	40.1	B	B	*Vp-1Ba*
47	济南 17	39.9	B	A	—
48	白玉花	38.9	B	A	*Vp-1Bc*
49	新麦 18	37.7	A	B	*Vp-1Ba*
50	潍麦 8 号	37.5	B	A	*Vp-1Bc*
51	烟农 15	37.4	B	A	*Vp-1Bc*
52	郑 9023	37.3	B	A	*Vp-1Bc*
53	陕 160	37	B	A	*Vp-1Bc*
54	CA0481	36.9	B	A	*Vp-1Bc*
55	豫麦 47	36.9	B	A	*Vp-1Ba*
56	衡 95 观 26	36.6	B	A	*Vp-1Bc*
57	邯 3475	36.5	B	A	*Vp-1Ba*
58	新麦 11 号	36	B	A	*Vp-1Ba*
59	中育 5 号	36	B	B	*Vp-1Bc*
60	偃展 1 号	33.2	B	A	*Vp-1Ba*
61	西农 979	32.7	B	A	*Vp-1Bc*
62	临麦 2 号	32.5	A	A	*Vp-1Ba*
63	良星 99	32.5	A	A	*Vp-1Ba*
64	鲁麦 21	32	B	A	*Vp-1Bc*
65	石新 733	31.4	B	B	*Vp-1Ba*
66	科农 9204	29.7	B	B	*Vp-1Bc*
67	辉县红	29	A	A	*Vp-1Ba*
68	PH82-2	28.7	B	A	*Vp-1Bc*
69	白穗白	25.4	B	B	*Vp-1Ba*
70	陕优 225	25.3	B	A	*Vp-1Bc*
71	CA0178	24.4	B	A	*Vp-1Ba*
72	宜宾白麦	24	A	B	*Vp-1Bb*
73	郑 3666	23.6	B	A	*Vp-1Bc*

续表 6-10

序号	名称	发芽指数(GI)	分子标记		
			TaMYB10D	*TaDFR-B*	*Vp1B3*
74	周麦 19	23.5	B	A	*Vp-1Bc*
75	内乡 19	23.5	B	A	*Vp-1Bc*
76	永川白麦	23.2	A	B	*Vp-1Bb*
77	百农 64	22.9	B	B	*Vp-1Bc*
78	陕 253	22.6	B	A	*Vp-1Bc*
79	濮麦 9 号	20	B	A	*Vp-1Ba*
80	小偃 54	18.7	B	A	*Vp-1Bc*
81	济麦 21	17.6	B	B	*Vp-1Bc*
82	陕农 757	17.3	B	A	*Vp-1Ba*
83	女儿麦	16.4	A	B	*Vp-1Bb*
84	矮抗 58	15.2	B	A	*Vp-1Ba*
85	兰考 906	15	B	A	*Vp-1Bc*
86	小偃 6 号	13.7	B	B	*Vp-1Bc*
87	荣昌白麦	10.2	A	B	*Vp-1Ba*
88	遂宁坨坨麦	10.1	A	A	*Vp-1Bc*
89	小玉花	9.7	B	B	*Vp-1Bc*
90	秃葫芦头	9.1	A	B	*Vp-1Ba*
91	阆中白麦	8.4	A	B	*Vp-1Bb*
92	内乡 173	8.3	B	A	*Vp-1Bc*
93	万县白麦	7.6	A	B	*Vp 1Bb*
94	洋小麦	7.5	A	B	*Vp-1Ba*
95	歪头白	7.2	A	B	*Vp-1Ba*
96	豫麦 18	7.2	B	A	*Vp-1Ba*
97	新麦 13 号	7	B	A	*Vp-1Bc*
98	涪陵须须白麦	6.9	A	B	*Vp-1Bb*
99	叙永	6.7	A	A	*Vp-1Ba*
100	川 362	4.5	A	B	*Vp-1Bb*
101	小白玉花	4	A	B	*Vp-1Bc*
102	丰产 3 号	3.9	B	A	*Vp-1Bc*
103	徐麦 954	3.8	B	A	*Vp-1Bc*

注：A、B 表示 2 种类型 PCR 产物；—表示没有 PCR 产物。*Vp1B3* 的检测结果来源于 Yang 等(2007a)。

表 6-11　78 份白粒小麦品种(系)的穗发芽抗性及 3 个分子标记扩增产物的分析

序号	名称	发芽指数(GI)	分子标记		
			TaMYB10D	*TaDFR-B*	*Vp1B3*
1	农大 45	100	B	A	*Vp-1Ba*
2	冀麦 14	99	A	—	*Vp-1Bc*
3	京 437	95	B	B	*Vp-1Ba*
4	延安 11	94	B	B	*Vp-1Ba*
5	京双 10 号	93.5	A	A	*Vp-1Ba*
6	京冬 1 号	92.5	A	B	*Vp-1Bc*
7	丰抗 15	92	A	B	*Vp-1Bb*
8	丰抗 10 号	87.5	A	A	*Vp-1Bc*
9	北京 5 号	84.5	B	B	*Vp-1Ba*
10	乐亭 1831	83	A	B	*Vp-1Bc*
11	石家庄 52	82	B	B	*Vp-1Ba*
12	农大 183	74	B	B	*Vp-1Ba*
13	定县 72	68	B	A	*Vp-1Ba*
14	太原 566	67	B	B	*Vp-1Ba*
15	矮早 781	65	B	B	*Vp-1Ba*
16	农大 36	64	B	A	*Vp-1Ba*
17	渭麦 8 号	59.5	B	B	*Vp-1Bc*
18	凤麦 29	54	A	B	*Vp-1Bc*
19	白芒麦	52	B	B	*Vp-1Ba*
20	凤麦 27	50.5	B	A	*Vp-1Bc*
21	巴麦 5 号	49	A	B	*Vp-1Ba*
22	逐蘼冬麦	48.5	A	B	*Vp-1Ba*
23	碧玉麦	46.5	B	B	*Vp-1Bc*
24	石家庄 407	43.5	B	A	—
25	燕京白芒白	42.5	B	A	*Vp-1Ba*
26	信阳 751	38.5	B	B	*Vp-1Bc*
27	长武 702	35	B	B	*Vp-1Ba*
28	郑 6 辐	35	B	B	*Vp-1Ba*
29	克刚	31.5	B	B	*Vp-1Bc*
30	安选 5 号	31	B	A	*Vp-1Bc*
31	官村 1 号	29	A	B	*Vp-1Bc*
32	复壮 30	28.5	B	B	*Vp-1Bb*
33	绵阳 82-36	27.8	A	A	*Vp-1Bc*
34	泾阳 60	27.8	B	B	*Vp-1Bb*
35	济南 12	22.5	B	B	*Vp-1Bb*

续表 6-11

序号	名称	发芽指数(GI)	分子标记		
			TaMYB10D	*TaDFR-B*	*Vp1B3*
36	泰山 4 号	22.5	B	B	*Vp-1Bc*
37	泰山 1 号	21	A	A	*Vp-1Bb*
38	跃进 8 号	19.5	B	B	*Vp-1Bc*
39	泰农 153	18.5	B	B	*Vp-1Bc*
40	咸农 39	18.5	B	A	*Vp-1Bc*
41	西北 612	18	A	B	*Vp-1Bc*
42	咸农 68	17.5	A	A	*Vp-1Ba*
43	内乡 5 号	17	A	A	*Vp-1Bc*
44	柚子麦	17	A	B	*Vp-1Ba*
45	青春 2 号	16.5	A	B	*Vp-1Bc*
46	陕农 17	16.5	A	A	*Vp-1Ba*
47	小偃 4 号	16	B	B	*Vp-1Bc*
48	川 484-769	15.5	A	A	*Vp-1Bc*
49	西昌 2043-117	15.5	A	A	*Vp-1Bc*
50	跃进 5 号	15.5	A	B	*Vp-1Bb*
51	宝鸡 42	15	A	B	*Vp-1Bc*
52	武农 132	15	B	A	*Vp-1Ba*
53	郑州 17	15	A	B	*Vp-1Bc*
54	大荔 52	14	B	B	*Vp-1Ba*
55	内乡 36	13.5	A	B	*Vp-1Bc*
56	双丰收	13	B	B	*Vp-1Bc*
57	盂县 4 号	13	B	A	*Vp-1Bc*
58	干农 4 号	12.5	B	B	*Vp-1Bc*
59	内乡薄地犟	11	B	B	*Vp-1Bc*
60	郑州 761	10.5	A	A	*Vp-1Bc*
61	陕旱 1 号	8.5	B	A	*Vp-1Ba*
62	西农 6028	8	A	A	*Vp-1Bc*
63	克群	8	A	B	*Vp-1Bc*
64	百农 3217	7.5	A	A	*Vp-1Bc*
65	开封 124	7	A	A	*Vp-1Bc*
66	郑州 742	7	A	B	*Vp-1Bc*
67	郑州 683	6.5	B	A	*Vp-1Bc*
68	平原 50	6	B	A	*Vp-1Ba*
69	西昌 5762	5.5	A	B	*Vp-1Bc*
70	白壳旱 2 号	5	B	A	*Vp-1Ba*
71	小偃 5 号	4.5	A	B	*Vp-1Bc*

续表 6-11

序号	名称	发芽指数(GI)	分子标记		
			TaMYB10D	*TaDFR-B*	*Vp1B3*
72	克壮	3.5	A	B	*Vp-1Bc*
73	大青芒	3.5	A	B	*Vp-1Ba*
74	许跃 6 号	2	A	A	*Vp-1Bc*
75	武农 99	1.5	A	B	*Vp-1Bc*
76	UC	0	A	A	*Vp-1Ba*
77	白骆驼	0	A	—	*Vp-1Ba*
78	金光麦	0	B	B	*Vp-1Bc*

注：A、B 表示 2 种类型 PCR 产物；—表示没有 PCR 产物。*Vp1B3* 的检测结果来源于任立世等(2015)。

2. 基因组 DNA 的提取与标记引物的合成

小麦叶片基因组 DNA 提取采用 CTAB 法(Yang 等，2007a)。分子标记 *TaMYB10D* 和 *TaDFR-B* 的引物由南京金斯瑞生物科技有限公司合成，引物序列及相关的信息见表 6-12。

表 6-12　3 个与穗发芽抗性相关的分子标记

分子标记	引物序列(5′→ 3′)	退火温度(T_m)/℃	所在染色体
TaMYB10D	Forward：ATGGGGAGGAAGCCATGCTG Reverse：ACTGCTGCTCGTGCCCTCC	64	3DL
TaDFR-B	Forward：TGCGGTCTGGCGGGGTACGT Reverse：ACGTCGAGAGAGAGAGGGAGGGG	60	3BL
Vp1B3	Forward：TGCTCCTTTCCCAATTGG Reverse：ACCCTCCTGCAGCTCATTG	58	3BL

3. PCR 反应体系扩增条件

PCR 反应体系为 25 μL，包括 10×PCR 缓冲液 2.5 μL、dNTP Mix(2.5 mmol/L)2 μL、上下游引物各 0.5 μL (20 μmol/L)、LA Taq 酶 0.25 μL(5 U/μL，TaKaRa)、模板 DNA 1 μL (100 ng)，ddH_2O 补充反应体系至 25 μL。

PCR 扩增程序：94 ℃预变性 5 min；94 ℃变性 1 min，退火 1 min(58 ℃～64 ℃)，72 ℃延伸 1 min，35 个循环；72 ℃延伸 10 min。PCR 产物用 1%的琼脂糖凝胶电泳检测。

4. 数据统计分析

用 Excel 进行数据统计，用统计软件 IBM SPSS Statistics 19 进行方差分析。

6.6.3　结果与分析

1. 供试小麦品种(系)的发芽指数(GI)

将供试材料的穗发芽抗性分为 4 个等级，即高抗穗发芽、中抗穗发芽、中感穗发芽和高感穗发芽，对应的穗发芽率分别为 0～10%、10%～30%、30%～60%和 60%～100%。

103份白粒小麦材料平均GI值为36%，包括15个高抗穗发芽品种，23个中抗穗发芽品种，53个中感穗发芽品种，12个高感穗发芽品种，分别占总品种数的14.56%、22.33%、51.46%和11.65%（表6-10）。78份白粒小麦材料平均GI值为33.01%，包括18个高抗穗发芽品种，30个中抗穗发芽品种，14个中感穗发芽品种，16个高感穗发芽品种，分别占总品种数的23.08%、38.46%、17.95%和20.51%。其中金光麦、白骆驼和UC的发芽率低于1%，属极抗品种（表6-11）。

2.穗发芽抗性相关标记的有效性验证

（1）STS标记 *TaMYB10D* 的检验结果　STS标记 *TaMYB10D* 共扩增出2种类型的片段，分别是1 629 bp片段（A类型片段），非特异性扩增片段（B类型片段）（图6-19）。在103份材料中，有23份材料扩增出A类型片段，占总材料的22.33%，GI均值为23.02；80份材料扩增出B类型片段，占总材料的77.67%，GI均值为39.74。方差分析表明：分别扩增出A片段类型和B片段类型的两类材料均值差异有统计学意义（$P<0.001$）。在78份材料中，38份材料扩增出A类型片段，占总材料的48.72%，GI均值为27.31；40份材料扩增出B类型片段，占总材料的51.28%，GI均值为38.43。方差分析表明：扩增出A片段类型和B片段类型的2类材料的均值差异有统计学意义（$P=0.05$）。综上所述，STS标记 *TaMYB10D* 与白粒小麦的穗发芽抗性相关。

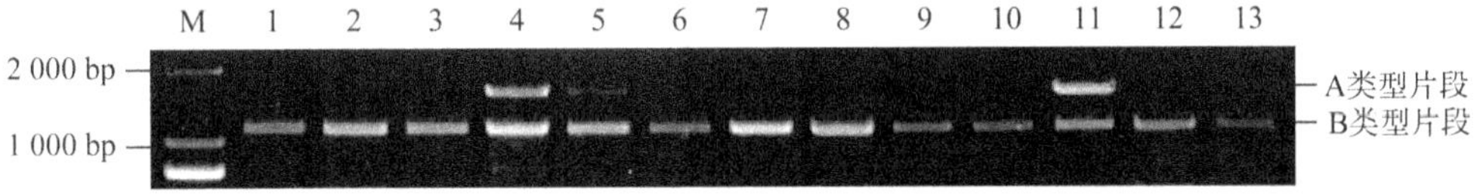

图6-19　标记 *TaMYB10D* 在部分材料中的扩增结果

1.农大36；2.CA0475；3.济南16；4.周8425B；5.凤麦29；6.冀师02-1；7.白芒麦；8.郑麦004；9.陕213；10.邯5316；11.藁城8901；12.烟辐188；13.徐麦856

（2）*TaDFR-B* 的检验结果　*TaDFR-B* 在181份材料中共扩增出2种类型片段，分别是534 bp片段（A类型片段）和526 bp片段（B类型片段）（图6-20），说明 *TaDFR-B* 在白粒小麦品种的启动子区也存在8 bp插入和缺失的多态性。在103份材料中，有63份材料扩增出A类型片段，占总材料的61.16%，GI均值为36.49；40份材料扩增出B类型片段，占总材料的38.83%，GI均值为35.24；在78份材料中，29份材料扩增出A类型片段，占总材料的37.18%，GI均值为28.23；47份材料扩增出B类型片段，占总材料的60.25%，GI均值为35.35；2份材料在琼脂糖凝胶中没有检测到PCR产物。两种片段类型间的平均GI值在2个

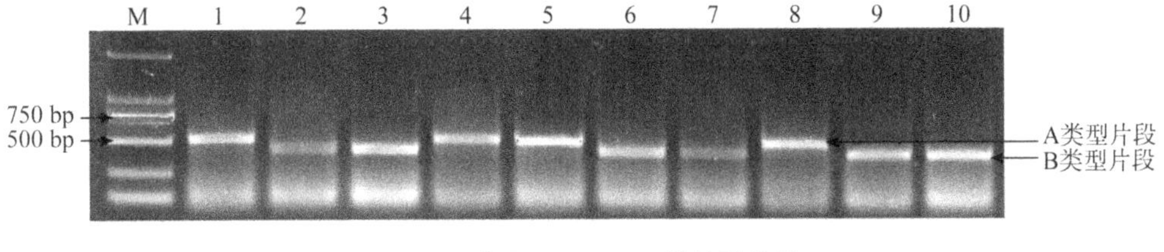

图6-20　标记 *TaDFR-B* 的扩增结果

1.延安11；2.京双10号；3.丰抗10号；4.北京5号；5.乐亭1831；6.定县72；7.邯6172；8.太原566；9.CA0349；10.白硬冬2号

自然群体中差异均没有统计学意义，说明 *TaDFR-B* 不适用于白粒小麦品种（系）材料穗发芽抗性筛选的鉴定。

6.6.4 讨论

小麦种皮的颜色是通过类黄酮生物合成途径合成的，而 *TaMYB10* 能激活类黄酮生物合成途径，*TaMYB10* 主要在发育的种子中表达（Himi 和 Maekawam，2011）。共显性分子标记 *TaMYB10D* 可有效地用于穗发芽抗性的材料筛选（王晓丽，2014）。本研究中该标记在 103 份小麦材料中扩增出的 2 种片段类型，方差分析表明这 2 簇数据的 GI 均值差异有统计学意义（$P<0.001$）。该标记在 78 份材料中也能扩增出 2 种片段类型，且两簇数据的平均 GI 值差异也有统计学意义（$P=0.05$）。

红粒小麦的穗发芽抗性普遍高于白粒小麦，有研究者检测了发育中小麦籽粒类黄酮途径中的 4 个基因的表达（即 *CHS*、*CHI*、*F3H* 和 *DFR*），结果发现相比于红粒小麦，白粒小麦中这几个基因的表达显著降低甚至被抑制不表达。*TaDFR* 基因参与花青素的合成，分子标记 *TaDFR-B* 可有效筛选出具有穗发芽抗性的红粒小麦（Bi 等，*2014*）。该分子标记在本研究中可扩增出 *2* 种类型的片段，证明在不同穗发芽抗性白粒小麦品种中 *TaDFR-B* 在启动子区也存在 *8* bp 插入的多态性，但在本研究中，该标记与白粒小麦的穗发芽抗性并不相关，可能是该基因在白粒小麦的种皮中表达不明显或者不表达。

分子标记 *Vp1B3* 可有效筛选白粒小麦的穗发芽抗性（任立世等，2015），*Vp1B3* 在白粒小麦中共扩增出 3 种类型的片段，分别为 *TaVp-1Ba*、*TaVp-1Bb* 和 *TaVp-1Bc*。3 种等位基因类型穗发芽抗性的大小为：*TaVp-1Bb*＞*TaVp-1Bc*＞*TaVp-1Ba*（杨燕，2007）。本文综合整理了前人对分子标记 *Vp1B3* 的研究，目的是结合分子标记 *TaMYB10D* 综合筛选穗发芽抗性材料，提高结果的准确性和可靠性。结果如下：在 103 份材料中，属于不同等位基因类型平均 GI 值的方差分析表明属于 *TaVp-1Bb* 的品种与属于 *TaVp-1Ba* 和 *TaVp-1Bc* 的品种平均 GI 值差异有统计学意义。在 78 份材料中，属于不同等位基因类型平均 GI 值的方差分析表明扩增出 *TaVp-1Ba* 的品种与扩增出 *TaVp-1Bb* 和 *TaVp-1Bc* 的品种 GI 均值差异有统计学意义。统计数据证明，分子标记 *Vp*1B3 与白粒小麦的穗发芽抗性密切相关。*TaMYB10D* 标记在两个自然群体中检测到 2 种等位变异类型（分别用 A 和 B 两种片段表示），在 8 份属于 *TaVp1-Bb*（抗穗发芽等位基因类型）基因类型的材料中，有 7 份属于 *TaMYB10D* 标记的 A 片段类型（抗穗发芽等位基因类型），符合率为 87.5%。

经过综合分析发现，分子标记 *TaMYB10D* 和 *Vp1B3* 的有效性和实用性较高，可以用于白粒小麦大规模的抗穗发芽基因型筛选。但标记 *TaDFR-B* 与白粒小麦穗发芽抗性无关。这个结果说明了小麦籽粒休眠和穗发芽抗性遗传基础较为复杂，所以有些开发的分子标记缺乏通用性。

6.6.5 结论

本研究中，标记 *TaDFR-B* 与穗发芽抗性差异没有统计学意义，说明其不适用于白粒小麦品种（系）材料穗发芽抗性筛选。标记 *TaMYB10D* 与小麦穗发芽抗性相关，可以对不同白粒小麦品种(系)的穗发芽抗性进行有效筛选。通过分子标记 *TaMYB10D* 和 *Vp1B3* 结合发芽指数的综合筛选,在 103 份材料中筛选出 5 份具有穗发芽抗性基因型材料,分别是:阆中白麦、万县白麦、涪陵须须白麦、川 362 和小白玉花,其单倍型分别是:*TaMYB10D*/*Vp-1Bb*、*TaMYB10D*/*Vp-1Bb*、*TaMYB10D*/*Vp-1Bb*、*TaMYB10D*/*Vp-1Bb*、*TaMYB10D*/*Vp-1Bb*、*TaMYB10D*/*Vp-1Bc*;在 78 份材料中筛选出 10 份具有穗发芽抗性基因型材料,分别为西农 6028、克群、百农 3217、开封 124、郑州 742、西昌 5762、小偃 5 号、克壮、许跃 6 号和武农 99,其单倍型均为 *TaMYB10D*/*Vp-1Bc*。这 15 份材料可作为白粒小麦穗发芽抗性育种的抗性资源。

参考文献

何震天,陈秀兰,韩月澎.白皮小麦抗穗发芽研究进展[J].麦类作物学报,2000,20(2):84-87.

鞠丽萍,张帆,蒋雷,等.小麦 *TaFer-A1* 基因抗旱相关分子标记的开发[J].麦类作物学报,2014,33(5):901-906.

刘光辉,杨随庄,黄可冰,等.四川小麦穗发芽抗性鉴定及 5 个分子标记的有效性检验[J].麦类作物学报,2015(2):167-174.

刘世鑫.休眠基因 *Viviparous-1A* 在中国小麦 3A 染色体上等位变异的鉴定及 STS 分子标记的开发[D].呼和浩特:内蒙古农业大学,2012.

罗家传,朱高纪,吴秋艳,等.河南主栽小麦品种抗穗发芽研究[J].农业科技通讯,2008(12):37-40.

任立世,刘进英,杨燕,等.107 份小麦历史品种抗穗发芽基因型的检测[J].麦类作物学报,2015,35(6):752-758.

孙果忠,闰长生,肖世和.小麦穗发芽机制研究进展[J].中国农业科技导报,2003,5(6):13-18.

王晓丽.*Tamyb10* 基因在不同穗发芽抗性白粒小麦中等位变异的鉴定和分子标记研发[D].呼和浩特:内蒙古农业大学,2014.

肖世和,闫长生,张海萍,等.小麦穗发芽研究[M].北京:中国农业科学出版社,2004.

肖世和,张秀英,闫长生,等.小麦茎秆强度的鉴定方法[J].中国农业科学,2002,1:7-11.

杨燕,张春利,陈新民,等.穗发芽率和发芽指数及 STS 标记 *Vp1B3* 在小麦抗穗发芽基因型鉴定中的应用[J].麦类作物学报,2007,27(4):577-582.

杨燕,赵献林,张勇,等.四个小麦抗穗发芽分子抗性标记有效性的验证与评价[J].作物学报,2008,34(1):17-24.

杨燕.小麦 *Vp-1* 基因的表达特性和 STS 标记的开发与应用[D].呼和浩特:内蒙古农业大学,2007.

杨召恩,杨作仁,刘坤,等.一个亚洲棉 MYB 家族新基因的克隆及特征分析[J].中国农业科学,2013,46(1):195-204.

原亚萍,陈孝,肖世和.小麦穗发芽研究[J].麦类作物学报,2003,23(3):136-139.

张帆,蒋雷,鞠丽萍,等.一个普通小麦 Trx 超家族新基因 *TaNRX* 的克隆与抗旱相关标记开发[J].作物学报,2014,40(1):29-36.

周志钦.植物铁结合蛋白基因研究现状[J].生物技术,2001,11(3):29-33.

Anderson J A, Sorrells M E, Tanksley S D. RFLP analysis of genomic regions associated with resistance to preharvest sprouting in wheat[J]. Crop Science, 1993, 33(3): 453-459.

Appels R, Francki M, Chibbar R. Advances in cereal functional genomics [J]. Funct Integr Genomics, 2003, 3: 1-24.

Arnér E S J, Holmgren A. Physiological functions of thioredoxin and thioredoxin reductase [J]. European Journal of Biochemistry, 2001, 267: 6102-6109.

Atsushi T, Yoichi A. Effect of seed coat color on seed dormancy in different environments [J]. Euphytica, 2002, 126: 99-105.

Bailey P C, Mckibbin R S. Genetic map location for orthologous *VP1* genes in wheat and rice [J]. Theoretical and Applied Genetic, 1999, 98: 281-284.

Banuelos G S, Fakra S C, Walse S S, et al. Selenium accumulation, distribution, and speciation in spineless prickly pear cactus: a drought- and salt-tolerant, selenium-enriched nutraceutical fruit crop for biofortified foods [J]. Plant Physiogy 2011, 1(155): 315-327.

Bassam B J, Caetano-Anolles G, Gresshoff P M. Fast and sensitive silver staining of DNA in polyacrylamide gels[J]. Anal Biochem, 1991, 196(1): 80-83.

Bewley J D. Seed germination and dormancy[J]. Plant Cell, 1997, 9: 1055-1066.

Bi H H, Sun Y W, XiaoY G, et al. Characterization of DFR allelic variations and their associations with pre-harvest sprouting resistance in a set of red-grained Chinese wheat germplasm [J]. Euphytica, 2014, 195(2): 197-207.

Biddulph T B, Plummer J A, Setter T L, et al. Influence of high temperature and terminal moisture stress on dormancy in wheat (*Triticum aestivum* L.) [J]. Field Crops Res, 2007, 103: 139-153.

Carson C B, Hattori T, Rosenkrans L, et al. The quiescent/colorless alleles of *viviparous 1* show that the conserved B3 domain of Vp1 is not essential for ABA-regulated gene expression in the seed[J]. Plant J, 1997, 12: 1231-1240.

Clarke F R, Clarke J M, DePauw R M, et al. Strategic approach to mitigating weather induced defects of wheat quality [J]. Euphytica, 2005, 143: 285-290.

Derera N F. Preharvest field sprouting in cereals[M]. Boca Raton: Cell Press, 1989.

Derera N F, Bhatt G M, Mcmaster G J. On the problem of pre-harvest sprouting of wheat [J]. Euphytica, 1977, 26(2): 299-308.

Flintham J, Adlam R, Bassoi M, et al. Mapping genes for resistance to sprouting damage in wheat [J]. Euphytica, 2002, 126: 39-45.

Flintham J. Different genetic components control coat-imposed and embryo-imposed dormancy in wheat[J]. Seed Science Research, 2000, 10(1): 43-50.

Gale K R, Ma W, Zhang W, et al. Simple high-throughput DNA markers for genotyping in wheat[C]. In: Eastwood R, et al. (Eds) 10th Australian Wheat Breeding Assembly Proceedings, 2001: 26-31.

Gale M D, Flintham J E, Devos K M. Cereal comparative genetics and pre-harvest sprouting

[J]. Euphytica, 2002, 126: 21-25.

Gill S S, Tuteja N. Reactive oxygen species and antioxidant machinery in abiotic stress tolerance in crop plants. [J]. Plant Physiol Biochem, 2010, 48(12): 909-930.

Giraudat J, Hauge B M, Valon C, et al. Isolation of the *Arabidopsis ABI3* gene by positional cloning. [J]. The Plant cell, 1992, 4: 1251-1261.

Groos C, Gay G, Perretant M R, et al. Study of the relationship between pre-harvest sprouting and grain color by quantitative trait loci analysis in a white × red grain bread-wheat cross[J]. Theor Appl Genet, 2002, 104: 39-47.

Groos C, Gay G, Perretant M R, et al. Study of the relationship between pre-harvest sprouting and grain color by quantitative trait loci analysis in a white × red grain bread-wheat cross [J]. Theoretical and Applied Genetics, 2000, 104: 39-47.

Hagemann M G, Ciha A J. Evaluation of methods used in testing winter wheat susceptibility to preharvest sprouting[J]. Crop Science, 1984, 24(2): 249-254.

Hattori T, Terada T, Hamasuna S T. Sequence and functional analyses of the rice gene homologous to the maize *Vp1* [J]. Plant Molecular Biology, 1994, 24(5): 805-810.

Hattori T, Vasll V, Rosenkrans L, et al. The *Viviparous-1* gene and abscisic acid activate the C1 regulatory gene for anthocyanin biosynthesis during seed maturation in maize. [J]. Genes & Development, 1992, 6(4): 609-618.

Himi E, Maekawam Development of PCR markers for *Tamyb10* related to *R-1*, red grain color gene in wheat[J]. The Oritical and Applied Genetics, 2011, 122: 1561-1576.

Himi E, Mares D J, Yanagisawa A, et al. Effect of grain colour gene (*R*) on grain dormancy and sensitivity of the embryo to abscisic acid (ABA) in wheat[J]. Journal of Experimental Botany, 2002(374): 1569-1574.

Himi E, Nisar A. Colour genes(*R* and *Rc*) for grain and coleoptile upregulate flavonoid biosynthesis genes in wheat[J]. Genome, 2005, 48(4): 747-754.

Himi E, Noda K. Isolation and location of three homoeologous dihydroflavonol-4-reductase (DFR) genes of wheat and their tissue-dependent expression[J]. Journal of Experimental Botany, 2004(396): 365-375.

Himi E, Noda K. Red grain colour gene (*R*) of wheat is a Myb-type transcription factor [J]. Euphytica, 2005, 143(3): 239-242.

Hoecker U, Vasil I K, McCarty D R. Integrated control of seed maturation and germination programs by activator and repressor functions of Viviparous-1 of maize. [J]. Genes Dev, 1995, 15(20): 2459-2469.

Humvphreys D G, Noll J. Methods for characterization of preharvest sprouting resistance in a wheat breeding program[J]. Euphytica, 2002, 126(1): 61-65.

Jones H D, Peters N C, Holdsworth M J. Genotype and environment interact to control dormancy and differential expression of the VIVIPAROUS 1 homologue in embryos of *Avena fatua*[J]. The Plant Journal, 1997, 12(4): 911-920.

King R W, von Wettstein-Knowles P. Epicuticular waxes and regulation of ear wetting and pre-harvest sprouting in barley and wheat[J]. Euphytica,2000,112(2):157-166.

Kulwal P L,Kumar N,Gaur A,et al. Mapping of a major QTL for pre-harvest sprouting tolerance on chromosome 3A in bread wheat [J]. Theoretical and Appllied Genetic,2005,111(6):1052-1059.

Lan J S. Comparison of evaluating methods for agronomic drought resistance in crops [J]. Acta Agriculturae Boreali-Occidentalis Sinical,1998,7(3):85-87.

Li C D,Ni P X,Francki M,et al. Genes controlling seed dormancy and pre-harvest sprouting in a rice-wheat-barley comparison[J]. Functional & Integrative Genomics,2004,4(2):84-93.

Liu S,Ca S,Graybosch R,et al. Quantitative trait loci for resistance to pre-harvest sprouting in US hard white winter wheat Rio blanco[J]. Theor Appl Genet,2008,117:691-699.

Lohwasser U,Röder M S,Börner A. QTL mapping of the domestication traits pre-harvest sprouting and dormancy in wheat (*Triticum aestivum* L.)[J]. Euphytica,2005,143(3):247-249.

Ma L, Li Z, Ren T H, et al. Evaluation and validation of molecular marker association with preharvest sprouting tolerance in a RIL population[J]. Journal of Triticeae Crops, 2014, 34(4):435-442.

Mares D,Mrva K,Cheong J,et al. QTL located on chromosome 4A associated with dormancy in white- and red-grained wheats of diverse origin [J]. Theoretical and Applied Genetic, 2005,111:1357-1364.

McCarty D R,Carson C B,Stinard P S,et al. Molecular analysis of viviparous-1: an abscisic acid-insensitive mutant of maize[J]. The Plant Cell,1989,1:523-532.

McCarty D R,Hattori T. The *Viviparous-1* developmental gene of maize encodes a novel transcriptional activator [J]. Cell,1991,66:895-90.

McKibbin R S,Wilkinson M D,Bailey P C,et al. Transcripts of Vp-1 homologues are misspliced in modern wheat and ancestral species[J]. Proc Natl Acad Sci USA, 2002, 99: 10203-10208.

Meyer Y,Vignols F,Reichheld J P. Classification of plant thioredoxins by sequences similarity and intron position [J]. Methods in Enzymology,2002,347:394- 402.

Mohan M,Nair S,Bhangwat A,et al. Genome mapping molecular markers and marker assisted selection in crop plant [J]. Molecular Breeding,1997(3):87-103.

Morgan J M,Tan M K. Chromosomal location of a wheat osmoregulation gene using RFLP analysis[J]. Australian of Plant Physiology,1996,23:803-806.

Mudgett M B,Clarke S. Hormonal and environmental responsiveness of developmentally regulated protein repair *Lisoaspartyl methyltransferase* in wheat [J]. Journal of Biologycal Chemistry,1994,269: 25605-25612.

Nambara E,Keith K,McCourt P,et al. Isolation of an internal deletion mutant of the *Arabidopsis thaliana ABI3* gene[J]. Plant & cell physiology,1994,35:509-513.

Osa M,Kato K,Mori M,et al. Mapping QTLs for seed dormancy and the Vp1 homologue on chromosome 3A in wheat[J]. Tag Theoretical & Applied Genetics, 2003, 106: 1491-1496.

Peng Z, Wang M, Li F, et al. A proteomic study of the response to salinity and drought stress in an introgression strain of bread wheat[J]. Molecular & Cellular Proteomics, 2009, 8 (12): 2676-2686.

Rajender S. Identification and validation of genomic regions associated with pre-harvest sprouting resistance in white-grained wheat (*Triticum aestivum* L.) [D]. Saskatoon, Saskatchewan: University of Saskatchewan, 2008.

Robertson D S. Thegenetics of vivipary in maize[J]. Genetics, 1955, 40: 745-760.

Rohde A, Prinsen E, Rycke D, et al. PtABI3 impinges on the growth and differentiation of embryonic leaves during bud set in poplar [J]. Plant Cell, 2002, 14: 1885-1901.

Roy J K, Prasad M, Varshney R K. Identification of a microsatellite on chromosomes 6B and a STS on 7D of bread wheat showing an association with pre-harvest sprouting tolerance [J]. Theoretical and Applied Genetic, 1999, 99: 336-340.

Singh R. Identification and validation of genomic regions associated with preharvest sprouing resistance in white grained wheat[D]. Saskatoon: Saskatchewan University, 2008.

Tan M K, Sharp P J, Lu M Q, et al. Genetics of grain dormancy in a white wheat[J]. Australian Journal of Agricultural Research, 2006, 57(11): 1157-1165.

Walker-Simmons M K. Enhancement of ABA responsiveness in wheat embryos at higher temperature[J]. Plant Cell Environ, 1988, 11: 769-775.

Wong J H, Balmer Y, Cai N, et al. Unraveling thioredoxin-linked metabolic processes of cereal starchy endorsperm using proteomics [J]. FEBS Letters, 2003, 547: 151-156.

Xia L Q, Ganal M W, Shewry P R, et al. Exploiting the diversity of *Viviparous 1* gene associated with pre-harvest sprouting tolerance in European wheat varieties[J]. Euphytica, 2008, 159(3): 411-417.

Xiao S H, Zhang X Y, Yan C S, et al. Germplasm improvement for pre-harvest sprouting resistance in Chinese white-grained wheat: an overview of the current strategy [J]. Euphytica, 2002, 126: 35-38.

Yang T L, Chen X D, Guo Y, et al. Genome wide copy number variation study identified a susceptibility gene, *UGT2B17*, for *Osteoporosis* [J]. Am J Hum Genet, 2008, 83: 663-674.

Yang Y, Chen X M, He Z H, et al. Distribution of *Viviparous-1* alleles in Chinese white-grained landraces, historical and current wheat cultivars[J]. Cereal Research Communications, 2009, 37(2): 169-177.

Yang Y, Ma Y Z, Xu Z S, et al. Isolation and characterization of *Viviparous-1* genes in wheat varieties with distinct pre-harvest sprouting tolerance and ABA sensitivity [J]. J Exp Bot, 2007a, 58(11): 2863-2871.

Yang Y, Zhang C L, Liu S X, et al. Characterization of the rich haplotypes of *Viviparous-1A* in Chinese wheats and development of a novel sequence-tagged site marker for pre-harvest sprouting resistance [J]. Molecular Breeding, 2014, 33(1): 75-88.

Yang Y, Zhao X L, Xia L Q, et al. Development and validation of a *Viviparous-1* STS marker for pre-harvest sprouting resistence in Chinese wheat [J]. Theoretical and Applied Genetic, 2007b, 115:971-980.

Zanetti S, Winzeler M, Keller M, et al. Genetic analysis of pre-harvest sprouting resistance in a wheat × spelt cross[J]. Crop Science, 2000, 40(5):1406-1417.

Zhang L C, Zhao G Y, Jia J Z, et al. Cloning and analysis of a salt stress related gene *TaMYB32* in wheat[J]. Acta Agronomica Sinica, 2009, 35(7):1181-1187.

Zhang X Q, Li C D, Tay A, et al. A new PCR-based marker on chromosome 4AL for resistance to pre-harvest sprouting in wheat (*Triticum aestivum* L.) [J]. Mol Breeding, 2008, 22(2): 227-236.